高等学校教材

普通化学

屈明焕 主编 祁永华 吴迪 刘琦 副主编

GENERAL CHEMISTRY

化学工业出版社
·北京·

内容简介

《普通化学》以化学反应基本原理为主线，分别介绍化学热力学、化学动力学、水溶液化学和电化学的基础知识，对物质结构基础和高分子化合物等内容进行了简单介绍。内容安排上特别注意与目前高中化学新课程的教学内容合理衔接，避免与高中教学内容过多重复。尽量反映化学学科全貌，反映学科发展和进步，体现学科交叉，以符合普通化学的课程本意。

《普通化学》读者对象以机械类、材料类、土木建筑类等工科专业学生使用为主，其它相关专业读者也可以使用。全书内容可安排50学时左右讲解完成，内容精炼具有通识性，便于学生学习掌握。

图书在版编目（CIP）数据

普通化学/屈明焕主编. —北京：化学工业出版社，2021.10
（2023.3 重印）
ISBN 978-7-122-39713-3

Ⅰ.①普…　Ⅱ.①屈…　Ⅲ.①普通化学-高等学校-教材
Ⅳ.①O6

中国版本图书馆CIP数据核字（2021）第161806号

责任编辑：陶艳玲　　　　文字编辑：苗　敏　师明远
责任校对：宋　玮　　　　装帧设计：张　辉

出版发行：化学工业出版社（北京市东城区青年湖南街13号　邮政编码100011）
印　　装：大厂聚鑫印刷有限责任公司
787mm×1092mm　1/16　印张14¾　字数374千字　2023年3月北京第1版第3次印刷

购书咨询：010-64518888　　　　售后服务：010-64518899
网　　址：http://www.cip.com.cn
凡购买本书，如有缺损质量问题，本社销售中心负责调换。

定　　价：49.00元　

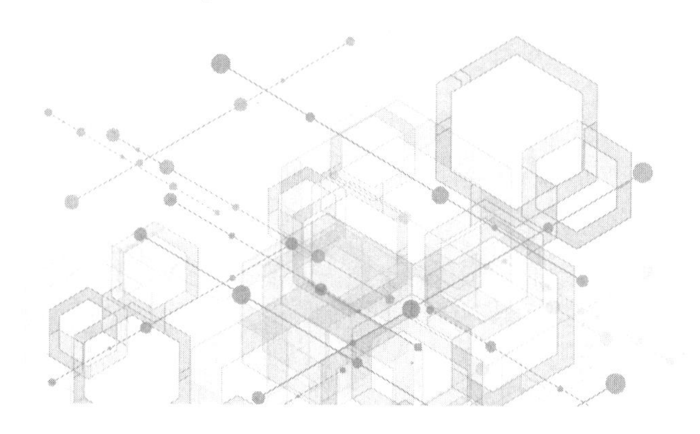

前 言

“普通化学”是一门关于物质及其变化规律的基础课，是培养高精尖技术人才所必需的一门基础课。本课程包含化学基本理论和知识，运用辩证唯物主义观点阐明化学规律，贯彻理论联系实际原则，反映工科院校的教学需求，适当地结合工程专业并反映现代科学技术的新成就。本课程的教学目的是使学生掌握必需的化学基本理论、基本知识和基本技能，并能将这些理论、知识和技能应用在工程上，培养分析和解决一些化学实际问题的能力；培养辩证唯物主义观点，为今后学习后续课程及新理论、新技术打下比较宽广而牢固的化学基础，以适应国家发展建设的需要。

本书是根据高等学校工科基础课化学课程教材编写会议制定的《高等学校工科基础课普通化学教材编写大纲（初稿）》编写的，努力贯彻理论联系实际的原则，教材内容力求精简，由浅入深，通俗易懂，便于学习。

本书的基本理论以化学平衡和物质结构理论为主。化学平衡理论主要用来判断化学反应进行的方向及限度；物质结构理论主要用来解释物质的物理、化学性质。叙述部分联系周期系阐明单质、化合物性质的递变规律。理论部分和叙述部分适当地穿插，以加强相互联系。

在内容安排上，化学平衡讨论酸碱平衡、沉淀溶解平衡和配位化合物的配位平衡，同时兼顾这三大平衡的应用；叙述部分以介绍基本理论为主，兼顾工程上某些主要无机物和有机物的特性。在化学运算方面，在讲解数据处理和误差分析的基础上，通过溶液浓度、化学平衡等必要的计算，熟悉基本运算方法，进一步巩固基本概念。在联系实际生产方面，通过与实际生产生活密切相关内容的例题和习题的引入，加深对基本理论的理解和运用。

由于工科各类专业对化学知识要求不同，学生的程度亦有差异，因此使用本书时，可结合学生实际与专业要求，适当增减。

本书编者长期从事高校“普通化学”课程的教学，了解“普通化学”知识体系，因此，在充分完善讲义、融合教学经验的基础上，编写了此书。参加本书编写工作的有祁永华（编写第3、6章）、吴迪（编写第2、5章）、刘琦（编写第1、4章）、屈明焕（编写第7、8章）、王伟娥（编写附录），全书由屈明焕统编。由于作者水平有限，疏漏及不当之处希望读者批评指正！

编者

2021.7

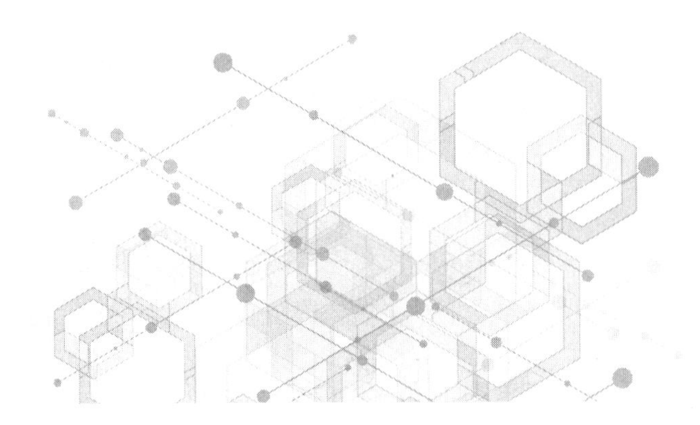

目 录

第4章 沉淀溶解平衡

第5章 氧化还原与电化学

第6章 物质结构基础

第7章 配位化合物与配位平衡

第8章 高分子化合物

附录

参考文献

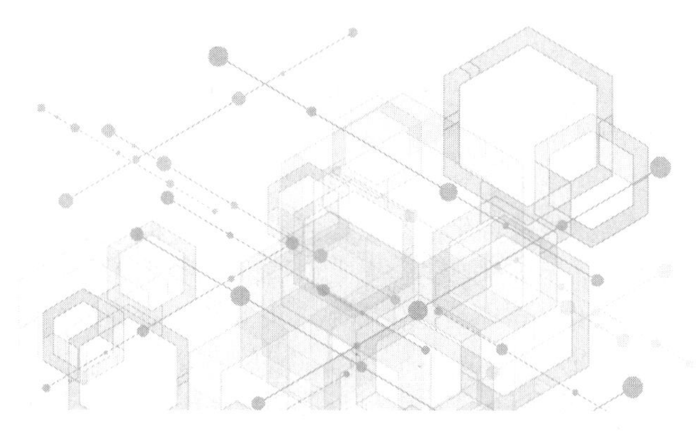

绪　　论

世界是物质的，物质是运动的。时间和空间是物质存在的形式。从宇宙间以光年为单位计算其大小的庞大星系，到人肉眼无法看到的分子、原子、电子等微观粒子，都以不同的运动形式存在着。人类本身也是物质运动和演化的产物。人类在与自然抗争获得生存与发展的过程中，不断地认识和改造自然界，建立和发展了自然科学。各门自然科学学科在各个不同的物质层次上、不同的范围内研究物质和物质运动。

（1）化学科学研究的对象与内容

化学科学是自然科学中的一门重要学科，是其他许多学科的基础。化学（chemistry）是研究物质化学运动的科学，是在分子、原子或离子等层次上研究物质的组成、结构、性质、变化规律以及变化过程中能量关系的一门科学。

化学科学来源于生产，其产生和发展与人类最基本的生产活动紧密相连，人类的衣食住行，也无不与化学科学密切相关，化学元素和化学物种是人类赖以生存的物质宝库。人类社会和经济的飞速发展，给化学科学提供了极为丰富的研究对象和物质的技术条件，开辟了广阔的研究领域。化学科学来源于生产，反过来又促进生产进步。在应对社会发展所面临的人口、资源、能源、粮食、环境、健康等方面各种问题的严峻挑战中，化学科学都发挥了不可缺少的重要作用，做出了杰出的贡献。

化学变化的基本特征为：

第一、化学变化是质变。化学变化的实质是化学键的重组，即旧化学键的破坏和新化学键的形成。因此化学要研究有关原子结构、分子结构的基本知识。

第二、化学变化是定量变化。在化学变化中参与反应的元素的种类和数目不变，因此化学变化前后物质的总质量不变，服从质量守恒定律。参与化学反应的各种物质之间有确定的化学计量关系。

第三、化学变化中伴有能量变化。化学变化中化学键的改组，伴随着体系与环境之间的能量交换，它服从能量守恒定律。

了解并掌握化学变化的这三个重要基本特征，将有助于加深我们对各种化学变化实质的理解，帮助我们掌握化学的基本理论和基本知识。

按照研究对象或研究目的不同，一般可以把化学分为无机化学、分析化学、有机化学、物理化学和高分子化学五大分支学科（二级学科）。

① 无机化学（inorganic chemistry） 无机化学是化学最早发展起来的一门分支学科。现代无机化学是以化学元素周期表为基础，研究元素及其化合物（除碳氢化合物及其衍生物）的制备、组成、结构的基础学科。

随着宇航、能源、催化、生化等领域的出现和发展，无机化学不论是在实践还是在理论方面都有了许多新的突破。无机材料化学、生物无机化学、有机金属化学等成为当今无机化学中最活跃的一些研究领域。无机材料化学为人们提供各种性能特异的新型材料。例如，用蒸气沉积法制成的硅锗氧化物光导纤维可供25000人互不干扰地同时通话。1g镧镍化合物在几百千帕的压力下竟可以吸收100mL H_2，而在减压时又可以重新释出 H_2，这种化合物成为一种高效的储氢剂。生物无机化学研究生物活性化合物的结构、物化性质与生物活性的关系，研究微量元素在生物体内的行为和作用。多种具有抑癌、抗癌作用的非铂族过渡元素配合物的合成，为人类征服癌症带来了福音。微量元素在生物体内的行为和作用日益引起人们的关注与认识，对生物体内的氧输送、酶催化、神经信息传递等过程起着至关重要的作用。各学科间交叉、融合与渗透产生的金属酶化学、物理无机化学、无机固体化学、无机高分子化学、地球化学、宇宙化学、稀有元素化学、金属间化合物化学、同位素化学等新型边缘交叉学科也都生机勃勃。

② 分析化学（analytical chemistry） 分析化学研究物质化学组成的定性鉴定和定量测定、物理性能的测试、化学结构的确定以及相应原理，研究解决上述各种表征和测量问题的方法。

分析化学包括成分分析和结构分析两个方面。成分分析主要可以划分为定性分析（qualitative analysis）和定量分析（quantitative analysis）。若按分析方法所依据的原理来分，可划分为化学分析（chemical analysis）和仪器分析（instrumental analysis）。化学分析是以物质的化学反应为基础的分析方法。仪器分析则是利用特定仪器，以物质的物理和物理化学性质为基础的分析方法，包括了光学分析法、电化学分析法、色谱分析法、质谱分析法和放射化学分析法等。

分析化学若按分析对象来划分，有无机分析和有机分析。无机分析的分析对象是无机物。在无机分析中通常要求鉴定试样是由哪些元素、离子、原子团或化合物组成的，计算各组成成分的质量分数是多少，有时也要求测定它们的存在形式（物相分析）。有机分析的分析对象是有机物。有机分析不仅要求鉴定试样的组成元素，更重要的是要进行试样的官能团分析和结构分析。

生产的高度发展要求分析化学不能仅限于测定物质的组分和含量，而且要能够提供更多、更全面的信息。科学技术的不断进步促进了分析化学理论和分析技术的发展，分析化学产生了许多新的测试方法和测试仪器，分析化学充满了活力。在分析实验室中，现代分析仪器所需采用的试样量已经可以少至 10^{-13}g，体积可以小至 10^{-12}mL，检出限可以达到 10^{-15}g，可以连续提供时间、空间分辨率很高的多维分析数据。而化学计量学的迅速兴起，已使分析化学由单纯提供数据上升到从分析数据中充分获取有用的信息和知识，成为生产和科研中实际问题的解决者。

目前，生命科学、信息科学和计算机技术的发展，使分析化学进入第三次变革之中。分析化学在测定物质组成和含量的同时，还要对物质的状态（氧化-还原态、各种结合态、结晶态)、结构(一维、二维、三维空间分布)、微区、薄层和表面的组成与结构以及化学行为和生物活性等做出瞬时追踪、无损和在线监测[原位(in situ)、活体内(in vivo)、在线(on line)、线中(in line)、实时(real time)分析]等分析测试及过程控制,甚至要求直接观察到原子和分子的形态与排列。计算机与分析仪器联用更是极大地提高了分析仪器提供信息的功能。现代分析化学正在向快速、准确、微量、微区、表面、自动化等方向发展。例如,新的过程光二极管阵列分析器(process diode array analyzer)可以做多组分气体或流动液体的在线分析,应用于试剂、食品、药物等生产过程中的产品质量控制分析,在短短的1s内就可以提供出1800种气体、液体或蒸气的分析结果。

③ 有机化学(organic chemistry) 有机化学研究碳氢化合物及其衍生物。1928年,德国科学家WÖhler在加热氰酸铵时获得了尿素,证明一个典型的有机物能够从无机物产生,宣告了生机论破产。有机合成的迅速发展促成了有机化学的建立。

④ 物理化学(physical chemistry) 物理化学应用物理测量方法和数学处理方法来研究物质及其反应,以寻求化学性质与物理性质间本质联系的普遍规律。它主要包括化学热力学、化学动力学和结构化学三个方面的研究内容。化学热力学(chemical thermodynamics)研究化学反应发生的方向和限度。化学动力学(chemical dynamics)研究化学反应的速率和机理。结构化学(structural chemistry)研究原子、分子水平的微观结构以及这种结构和物质宏观性质间的相互关系,为量子化学(quantum chemistry)的一个重要领域,以量子力学原理为基础,探讨各类化学键的本质以及原子与分子中电子运动与核运动的状态,从而在理论上阐明许多基本的化学问题。

⑤ 高分子化学(polymer chemistry) 高分子化学研究高分子化合物的结构、性能、合成方法、反应机理和高分子溶液的性质。自20世纪30年代H. Staudinger建立高分子学说以来,高分子化学得到了飞速长足的发展。各种以高分子化合物为基础的具有独特优良性能的新型合成材料,如塑料、橡胶、合成纤维、涂料、黏合剂等不断涌现,已被广泛应用于工农业生产及人们的日常生活之中。

如今,化学与物理一起成为当代自然科学的核心。化学已成为高科技发展的强大支柱。化学与人类的生存息息相关。

当前化学发展的总趋势可以概括为:从宏观到微观,从静态到动态,从定性到定量,从体相到表相,从描述到理论。化学在理论方面将会有更大的突破。在美国化学会成立一百周年纪念会上,原美国化学会会长G. T. Seaborg发表演讲时就指出:“化学必将有指数的而不是线性的增长。化学将在它对人类生活的影响方面发挥日益重大的作用”。

现代科学技术的迅猛发展促进了不同学科深入发展、交叉与融合,不同科技领域的共鸣与共振必将爆发出更为惊人的综合效果。人类对物质世界的探索至广、至深,令人惊叹!目前,科学研究所涉及的空间范围已可从10^{-18}m(电子半径)到10^{26}m(100亿光年),纵贯44个数量级,人们凭借扫描隧道显微镜已经能比较直观地看到原子和分子的形貌;所涉及的时间范围已可从10^{-22}s(共振态粒子)到10^{18}s(100亿年),横穿40个数量级。人们运用闪光分解技术已经可以直接观测到化学反应最基本的动态历程。人们已可以在飞秒级(10^{-15}s)的时间内追踪化学变化。与分子器件、纳米材料、生物体系模拟有关的亚微观体系的研究备受青睐。纳米技术涉及原子或分子团簇、超细微粒并与微电子技术密切相关,不只有理论意义而且有实用意义。与此同时,人们把越来越多的注意力投向处理复杂性问题,特别是化学与生物学、生命科学相关联的一些领域。一些物理学的新思想，如非线性科学（nonlinear science）中的耗散结构理论、混沌（chaos）理论、分形（fractal）理论等在化学中的应用日广，前景引人注目。可以估计到，在解决以开放、非平衡态为特点的生命体系中的化学问题时，必将引起化学领域的新的突破。

（2）普通化学课程的基本内容

普通化学课程是对原无机化学、分析化学和物理化学课程的基本理论、基本知识进行优化组合、有机结合而成的一门课程。其基本内容如下。

① 近代物质结构理论　研究原子结构、分子结构和晶体结构，了解物质的性质、化学变化与物质结构之间的内在联系。

② 化学平衡理论　研究化学平衡原理以及平衡移动的一般规律，具体讨论酸碱平衡、沉淀溶解平衡、氧化还原平衡和配位平衡。

③ 元素化学　在化学元素周期律的基础上，研究重要元素及其化合物的结构、组成、性质的变化规律。

④ 物质组成的化学分析方法及有关理论　应用化学平衡原理和物质的化学性质，确定物质的化学成分、测定各组分的含量，亦即通常所说的定性分析和定量分析。掌握一些基本的分析方法。

因此，普通化学课程的基本内容可以简单归纳为“结构”“平衡”“性质”“应用”八个字。学习普通化学，就是要理解并掌握物质结构的基础理论、化学反应的基本原理及其具体应用、元素化学的基本知识，培养运用普通化学的理论去解决一般化学问题的能力。

化学是一门以实验为基础的科学，化学实验始终是化学工作者认识物质、改变物质的重要手段。我国化学家戴安邦院士结合化学教育深刻指出，化学人才的智力因素由动手、观察、查阅、记忆、思维、想象和表达七种能力组成，这七种能力能够在化学实验中得到全面的训练。因此，在学习化学基本知识、基本理论的同时，必须十分重视实验，对自己进行严格、科学的实验基本操作训练，掌握实验基本技能，培养良好的科学素养。

强调化学实验的重要性并不意味着可以忽视理论的指导作用。理论能指导实践，理论能指导学习。将现象的认识提高到理论的高度，就是由感性认识到理性认识的飞跃。但是这种理性认识还必须回到实践中去，这就是检验理论和发展理论的过程，这是另一个更为重要的飞跃。

（3）普通化学课程的学习方法

① 科学方法和科学思维。科学的方法就是在仔细观察实验现象、搜集事实、获得感性知识的基础上，经过分析、比较、判断，加以由此及彼、由表及里的推理和归纳，得到概念、定律、原理和学说等不同层次的理性知识，再将这些理性知识应用到实践中去，在实践的基础上又进一步丰富了理性知识。学习普通化学也是一个从实践到理论再到实践的过程，在这整个过程中，人脑所起的作用就是科学思维。

② 掌握重点，突破难点。要在课前预习的基础上，认真听课，根据各章的教学基本要求，进行学习。凡属重点一定要学懂学通，领会贯通；对难点要做具体分析，有的难点亦是重点，有的难点并非重点。努力学会运用理论知识去分析解决实际问题。

③ 学习中注意让“点的记忆”汇成“线的记忆”。记忆力的培养有四个指标：记忆的正确性、敏捷性、持久性和备用性。课程的基本理论、基本知识要反复理解与应用，在理解中

进行记忆。把“一”记住了，真正理解了，“一”可以变成“三”。通过归纳，寻找联系，由“点的记忆”汇成“线的记忆”。

④ 着重培养自学能力。充分利用图书馆、资料室，通过参阅各种参考资料，帮助自己更深刻地理解与掌握课程的基本理论和基本知识。

⑤ 重视实验。结合实验，巩固、深入、扩大理论知识，掌握实验基本操作技能，培养重事实、贵精确、求真相、尚创新的科学精神和实事求是的科学态度以及分析问题、解决问题的能力。

⑥ 学点化学史。化学在形成、发展过程中，有无数前辈为此付出了辛勤的劳动，做出了巨大的贡献。他们的成功经验与失败教训值得我们借鉴，而他们那种不怕困难、百折不挠、脚踏实地、勤奋工作、严谨治学、实事求是的精神更值得我们学习。

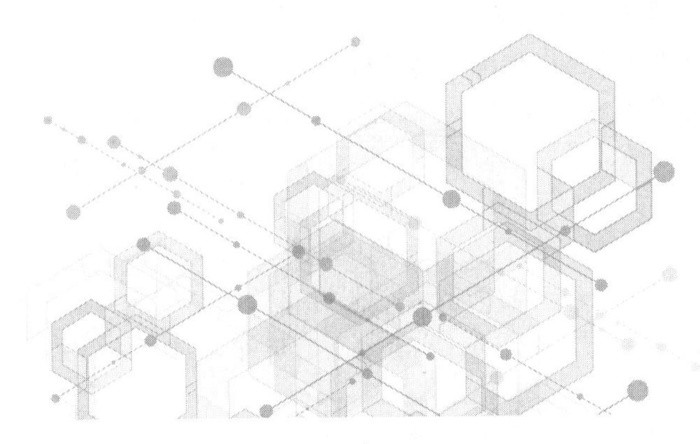

第1章　化学计量、误差与数据处理

化学是一门实验科学，许多实验工作本身离不开计量，往往一个实验中有许多计量过程。

化学计量主要包含化学中的测定及计算两个方面。在计量过程中，误差总是客观存在的。误差的产生具有一定的规律性。误差可以设法消除或减免。实验中通过计量得到的实验数据往往是有限的，数据处理就是要对这些计量所得的数据进行正确的取舍、表示和评价，以使实验结果尽量接近客观真实值。

1.1　化学中的计量

1.1.1　化学中的计量

化学工作中常常会遇到一些物理量的计量，例如质量、体积、长度、温度、压力、时间、物质的量、浓度等。根据规定，这些物理量必须采用国际单位制（International System of Units，简称 SI）规定的单位。

化学中常用的一些量及其单位见表 1-1。

表 1-1　化学中常用的一些量及其单位

量	量的符号	单　位	单位符号	量	量的符号	单　位	单位符号
元素的原子量	A_r	—	1	物质 B 的质量浓度	ρ_B	千克每升	$kg \cdot L^{-1}$
物质的分子量	M_r	—	1	相对密度	d	—（以前称比重）	1
摩尔质量	M	千克每摩	$kg \cdot mol^{-1}$	物质 B 的质量分数	ω_B	—	1
摩尔体积	V_m	立方米每摩	$m^3 \cdot mol^{-1}$	物质 B 的摩尔分数	x_B	—	1
物质 B 的相对活度	a_m，a_B	—	1	物质 B 的物质的量浓度	c_B，[B]	摩每立方米	$mol \cdot m^{-3}$
物质 B 的活度系数	γ_B	—	1	物质 B 的质量摩尔浓度	b_B，m_B	摩每千克	$mol \cdot kg^{-1}$
密度	ρ	千克每立方米	$kg \cdot m^{-3}$				

注：无量纲量是指单位为一的量，这种量纲为一的量表示为数。

物质组成的量度有多种表示方法。按照国际标准和国家标准规定："B组成的量度有质量（摩尔）浓度、浓度或物质的量浓度和物质的质量分数（摩尔分数）"等表示方法。化学上还常用质量分数、质量浓度和滴定度等表示物质的组成。

（1）物质的量浓度

物质的量浓度（concentration of amount-of-substance，简称为浓度，concentration）是指单位体积溶液（solution）所含溶质（solute）的物质的量（amount of substance）。

例如，物质B的物质的量浓度以符号 c_B 或［B］表示，即

$$c_B = n_B / V \tag{1-1}$$

式中，n_B 是溶质B的物质的量；V 是溶液的体积（volume）。物质的量浓度的单位可以是 $mol \cdot dm^{-3}$，也可以是 $mol \cdot L^{-1}$。物质的量浓度随着温度的变化而变化。

（2）质量摩尔浓度

质量摩尔浓度（molality）是指单位质量溶剂（solvent）中所含溶质B的物质的量，以 b_B 或 m_B 表示，即

$$b_B = n_B / m_A \tag{1-2}$$

式中，m_A 为溶剂的质量。质量摩尔浓度的单位为 $mol \cdot kg^{-1}$。质量摩尔浓度的优点在于其量值不随温度而变化，这十分有利于物理化学对有关问题的讨论。

（3）摩尔分数

物质B的摩尔分数（mole fraction of substances）是指物质B的物质的量与混合物总的物质的量之比，以符号 x_B 表示，即

$$x_B = n_B / n_{总} \tag{1-3}$$

物质的摩尔分数无量纲。物质的摩尔分数一般用于表示溶液中溶质、溶剂的相对量。

以上这几种物质组成的量度方法都是以物质的量为基础的。

物质的量 n 的单位为摩尔（mole）。摩尔是一个特定系统的物质的量，该系统中所包含的基本单元数与0.012kg碳-12的原子数目相等。如果系统中物质B的基本单元数目与0.012kg碳-12的原子数目一样多，则物质B的物质的量 n_B 就是1mol。

基本单元可以是原子、分子、离子、电子及其他粒子，或是这些粒子的特定组合。因此，在涉及系统中物质B的物质的量 n_B 以及使用单位摩尔时，必须注明基本单元，否则就没有明确的意义。同样，在涉及物质的量浓度、摩尔质量等时，也必须指出基本单元。

（4）物质的质量分数

物质B的质量分数（mass fraction of substance）是指物质B的质量与混合物质量之比，一般以符号 ω_B 表示，即

$$\omega_B = m_B / m \tag{1-4}$$

式中，m 为混合物的质量。物质的质量分数无量纲。也可以采用数学符号%表示物质的质量分数，这种表示方法在物质组成的测定中应用较多。

（5）质量浓度

物质B的质量浓度（mass concentration of substance）是指单位体积溶液中所含溶质B的质量，一般以符号 ρ_B 表示，即

$$\rho_B = m_B / V \tag{1-5}$$

式中，V 是指溶液的体积，而不是溶剂的体积。质量浓度的单位为 $kg \cdot L^{-1}$，也可以采用 $g \cdot L^{-1}$。

（6）滴定度

滴定度（titer）是指与每毫升标准溶液相当的待测组分的质量（单位为 g），用 T（待测组分/标准溶液）来表示。滴定度是滴定分析中的专用表示法。例如 $T(NaOH/H_2SO_4)=0.04001g \cdot mL^{-1}$，表示每毫升 H_2SO_4 标准溶液相当于 0.04001g NaOH。在实际生产中，常常需要测定大批试样中同一组分的含量，这时若用滴定度来表示标准溶液所相当的被测物质的质量，则计算待测组分的含量就比较方便。

若物质 B 与组分 X 之间按下式反应：

$$xX+bB \Longrightarrow cC+dD$$

则物质 B 的物质的量浓度 c_B 与滴定度 $T_{X/B}$ 之间有如下关系：

$$c_B=\frac{b}{x}\times\frac{T_{X/B}}{M_X}\times10^3 \tag{1-6}$$

式中，M_X 为待测组分的摩尔质量；X 表示待测组分。

有时，滴定度是指每毫升标准溶液所含溶质的质量。例如 $T(I_2)=0.01468g \cdot mL^{-1}$，即指每毫升标准碘溶液含有碘 0.01468g。这种表示方法的应用范围不如上一种广泛。

［例 1-1］ 已知浓盐酸的密度为 $1.19g \cdot mL^{-1}$，其中 HCl 的质量分数约为 37%，求 $c(HCl)$。

解： 物质 B 的物质的量 n_B 与物质 B 的质量 m_B 之间有以下关系：

$$n_B=m_B/M_B$$

式中，M_B 为物质 B 的摩尔质量，$g \cdot mol^{-1}$。

因此，1000mL 浓盐酸中含有的 $n(HCl)$ 为：

$$\begin{aligned} n(HCl) &= m(HCl)/M(HCl) \\ &= 1.19g \cdot mL^{-1}\times1000mL\times0.37/36.5g \cdot mol^{-1} \\ &= 12.1mol^{❶} \end{aligned}$$

根据式(1-1)，得

$$\begin{aligned} c(HCl) &= n(HCl)/V(HCl) \\ &= 12.1mol \cdot L^{-1} \end{aligned}$$

严格来讲，在采用有关的量方程进行运算的过程中，式中的物理量代入数值时都应带有单位。为使算式简明起见，以后本书在运算过程中一般采用只代入数值而不附单位的方式，仅在最后的结果上注明单位的习惯写法。

1.1.2 滴定分析法概述

分析化学是化学表征和测量的科学，研究物质化学组成的分析方法以及有关理论，其任务是鉴定物质的化学结构、化学成分及测定各成分的含量。

测定试样中有关成分的含量是定量分析化学的任务。

定量分析方法主要有滴定分析法和重量分析法。两者将在后续章节中分别加以详细讨论。这里仅对滴定分析法做一概括介绍。

滴定分析法（titrimetry）是最常用的以化学反应为基础的化学分析法，广泛应用于物质组成的测定。

---

❶ 量符号的附加记号除有些有特定位置外，最常用的是右上角与右下角。此外，当量的附加记号比较多时，可以用括号齐线地置于量符号之后。

1.1.2.1 滴定分析的基本过程

滴定分析是用滴定管将标准溶液滴加到含有被测物质的溶液中，直到它们恰好反应完全为止，根据标准溶液的浓度、所消耗标准溶液的体积、化学反应的计量关系以及被测物质的质量等，求得被测物质的含量。滴定分析中经常涉及如下术语：

标准溶液（standard solution） 已知准确浓度的试剂溶液，有时又称滴定剂（titrant）。

滴定（titration） 将滴定剂从滴定管滴加到被测物质溶液中的过程。

化学计量点（stoichiometric point） 加入的滴定剂与被测组分正好作用完全的一点。化学计量点通常没有明显的外部特征，一般可以根据指示剂的变色来确定。

指示剂（indicator） 通常是一种通过改变颜色来指示终点到达的物质。

滴定终点（titration end-point） 滴定时指示剂刚好发生颜色变化的转变点，滴定就在此刻停止。

终点误差（end-point error） 由于滴定终点与化学计量点不一定刚好符合所造成的误差。终点误差是滴定分析误差的主要来源之一，其大小取决于化学反应的完全程度以及指示剂选择是否恰当等。

1.1.2.2 滴定分析法的分类

滴定分析所利用的化学反应称为滴定反应（titration reaction）。

根据滴定反应的类型不同，滴定分析法可以分为酸碱滴定法（acid-base titration，亦称中和滴定法）、沉淀滴定法（precipitation titration，亦称容量沉淀法）、配位滴定法（complexometric titration）以及氧化还原滴定法（redox titration）。

适合用作滴定分析的化学反应必须具备以下基本要求。

① 反应能定量地按一定的反应方程式进行，无副反应发生，反应完全程度大于99.9%。这是滴定分析法进行定量计算的依据。

② 反应能迅速完成。

③ 有简便可靠的确定终点的方法。

凡能满足以上要求的反应就可以直接应用于滴定分析，即用标准溶液直接滴定进行测定。这种滴定方式就称为直接滴定法。

凡是不具备滴定反应条件的反应，可以设法采用间接滴定法、置换滴定法、返滴定法等方式进行测定。

例如 Al^{3+} 与 EDTA 试剂之间的作用非常缓慢，不能用直接法滴定，但 Zn^{2+} 与 EDTA 的反应很快，而且又有合适的指示剂。因此，可以在 Al^{3+} 溶液中先加入一定量的过量的 EDTA 标准溶液并加热，待 Al^{3+} 与 EDTA 反应完全后，再用 Zn^{2+} 标准溶液去滴定过量的 EDTA，这样就可以间接测得样品中 Al 或 Al_2O_3 的质量分数。这种滴定方式就是返滴定法。其他的滴定方式将在后续有关章节中讨论。

1.1.2.3 标准溶液的配制与标定

配制标准溶液一般有下列两种方法。

（1）直接法

准确称取一定量的物质，溶解后，定量转移到容量瓶内，稀释到一定体积，然后计算出该溶液的准确浓度。

可以用直接法配制标准溶液或标定溶液浓度的物质称为基准物（primary standard substance）。基准物必须具备下列条件。

① 物质必须具有足够的纯度（>99.9%）。一般可用基准试剂或优级纯试剂。

② 物质的组成（包括结晶水）与其化学式应完全符合。如 $H_2C_2O_4 \cdot 2H_2O$、$Na_2B_4O_7 \cdot 10H_2O$。

③ 稳定。

另外，摩尔质量应尽可能大些，以减小称量误差。

常用的基准物有邻苯二甲酸氢钾、$H_2C_2O_4 \cdot 2H_2O$、$K_2Cr_2O_7$、金属锌等。

但是，用来配制标准溶液的物质大多数不符合上述条件，此时必须用间接法配制。

（2）间接法

粗略地称取一定量物质或量取一定体积溶液，配制成接近于所需要浓度的溶液。然后用基准物或另一种已精确知道浓度的标准溶液来确定其准确浓度。这种确定浓度的操作过程，称为标定（standardization）。

间接法配制溶液的计算以及确定基准物称样量的计算与一般定量计算相同。

1.1.3 化学中的计算

1.1.3.1 一般定量计算

对于确定的化学反应：

$$aA + bB \longrightarrow cC + dD$$

物质 B 的量与物质 A 的量之间存在以下关系：

$$n_B = (b/a)n_A \tag{1-7}$$

根据这种计量关系就可以进行有关的定量计算。

在实际工作中，许多化学反应往往进行得不完全，或者是有副反应发生，如果需要求算某产物的产率，仍然可以该反应为基础进行计算。

［例 1-2］ 2mol $ZnSO_4$ 与 2.1mol $(NH_4)_2CO_3$ 反应，能得到多少克活性 ZnO？已知有关反应如下：

$$2ZnSO_4(aq) + 2(NH_4)_2CO_3(aq) + H_2O(l) \longrightarrow ZnCO_3 \cdot Zn(OH)_2(s) + 2(NH_4)_2SO_4(aq) + CO_2(g)$$

$$ZnCO_3 \cdot Zn(OH)_2(s) \xrightarrow{\triangle} 2ZnO(s) + H_2O(g) + CO_2(g)$$

解：根据反应方程式，2mol $ZnSO_4$ 与 2mol $(NH_4)_2CO_3$ 反应，可以得到 2mol 活性 ZnO。显然 $(NH_4)_2CO_3$ 过量。

$$n(ZnSO_4) = n\{(NH_4)_2CO_3\} = n(ZnO) = 2mol$$

因此

$$m(ZnO) = n(ZnO) \cdot M(ZnO) = 2 \times 81.39 = 163(g)$$

1.1.3.2 滴定分析中的定量计算

滴定分析中的定量计算主要包括用直接法和间接法配制标准溶液时的有关计算、滴定分析测定结果的计算。

［例 1-3］ 欲配制 $c(HCl) = 0.2mol \cdot L^{-1}$ 的盐酸溶液 1000mL，应量取 $c(HCl) = 12mol \cdot L^{-1}$ 的浓盐酸多少毫升？

解：此题涉及有关溶液稀释的计算。虽然稀释前后溶液的体积发生了变化，但所含溶质的物质的量保持不变。因此：

如果稀释前浓度为 c_1，体积为 V_1(mL)；稀释后浓度为 c_2，体积为 V_2(mL)，则有：

$$c_1V_1 = c_2V_2$$

$$12 \times V_1 = 0.2 \times 1000$$
$$V_1 = 16.7(\mathrm{mL}) \approx 17(\mathrm{mL})$$

［**例 1-4**］ 选用邻苯二甲酸氢钾作基准物，标定 $c(\mathrm{NaOH}) = 0.2\mathrm{mol \cdot L^{-1}}$ 的氢氧化钠溶液的准确浓度。现欲控制耗去的 NaOH 溶液体积在 25mL 左右，应称取基准物多少克？如改用草酸（$H_2C_2O_4 \cdot 2H_2O$）作基准物，又应称取多少克？

解： 以邻苯二甲酸氢钾（$KHC_8H_4O_4$）为基准物时，其滴定反应式为：

$$(\mathrm{KHC_8H_4O_4})(\mathrm{aq}) + \mathrm{OH^-}(\mathrm{aq}) = \mathrm{KC_8H_4O_4^-}(\mathrm{aq}) + \mathrm{H_2O}(\mathrm{l})$$

有
$$n(\mathrm{NaOH}) = n(\mathrm{KHC_8H_4O_4})$$
$$c(\mathrm{NaOH})V(\mathrm{NaOH}) = m(\mathrm{KHC_8H_4O_4})/M(\mathrm{KHC_8H_4O_4})$$

故
$$m(\mathrm{KHC_8H_4O_4}) = c(\mathrm{NaOH})V(\mathrm{NaOH})M(\mathrm{KHC_8H_4O_4})$$
$$= 0.2 \times 25 \times 10^{-3} \times 204.2$$
$$= 1.021 \approx 1(\mathrm{g})$$

若改用 $H_2C_2O_4 \cdot 2H_2O$ 作基准物时，其滴定反应式为：

$$\mathrm{H_2C_2O_4}(\mathrm{aq}) + 2\mathrm{OH^-} = \mathrm{C_2O_4^{2-}}(\mathrm{aq}) + 2\mathrm{H_2O}(\mathrm{l})$$

有
$$n(\mathrm{NaOH}) = 2n(\mathrm{H_2C_2O_4 \cdot 2H_2O})$$
$$c(\mathrm{NaOH})V(\mathrm{NaOH}) = 2m(\mathrm{H_2C_2O_4 \cdot 2H_2O})/M(\mathrm{H_2C_2O_4 \cdot 2H_2O})$$

故
$$m(\mathrm{H_2C_2O_4 \cdot 2H_2O}) = c(\mathrm{NaOH})V(\mathrm{NaOH})M(\mathrm{H_2C_2O_4 \cdot 2H_2O})/2$$
$$= 0.2 \times 25 \times 10^{-3} \times 126.1/2$$
$$= 0.3152 \approx 0.3(\mathrm{g})$$

显然，如果选择 $H_2C_2O_4 \cdot 2H_2O$ 作为基准物，所需称样的量小多了，相对来说，称样时产生的误差就会大些。可见，在标定 NaOH 时，选用摩尔质量较大的邻苯二甲酸氢钾作基准物比选用 $H_2C_2O_4 \cdot 2H_2O$ 要好些，这样称样量大，可以减小称量的相对误差。

［**例 1-5**］ 测定工业纯碱中 Na_2CO_3 的含量时，称取 0.2648g 试样，用 $c(\mathrm{HCl}) = 0.1970\mathrm{mol \cdot L^{-1}}$ 的盐酸标准溶液滴定，以甲基橙指示终点，用 HCl 标准溶液 24.45mL。求纯碱中 Na_2CO_3 的质量分数。

解： 该题涉及的滴定反应是：

$$2\mathrm{HCl} + \mathrm{Na_2CO_3} = 2\mathrm{NaCl} + \mathrm{H_2CO_3}$$

有
$$m(\mathrm{Na_2CO_3}) = m(\mathrm{HCl})/2$$

故
$$\omega(\mathrm{Na_2CO_3}) = c(\mathrm{HCl})V(\mathrm{HCl})M(\mathrm{Na_2CO_3})/2m \times 100\%$$
$$= 0.1970 \times 24.45 \times 10^{-3} \times 106.0/(2 \times 0.2648) \times 100\%$$
$$= 96.41\%$$

1.2 误差

计量或测定是人类认识和改造客观世界的一种重要手段，人们通过计量或测定获得客观世界的定量信息，获得有关事物某种特征的数字表征。

计量或测定中的误差是指测定结果与真实结果之间的差值。在计量或测定中，误差是客观存在的。在化学中，所用的数据、常数大多数来自实验，通过计量或测定得到。获得这些数据或常数所采用的计量装置本身有一定的计量或测量误差。因此，在物质组成的测定中，即使用最可靠的分析方法，最精密的仪器，由很熟练的分析人员进行测定，也不可能得到绝对准确的结果。同一个人对同一样品进行多次测定，所得结果也不尽相同。在化学的计算中还常会有许多近似处理，这种近似处理所求得的结果与精确计算所得的结果之间也存在一定的误差。另外，化学计量的最终结果不仅表示了具体数值的大小，而且还表示了计量本身的精确程度。因此，我们有必要了解实验过程中，特别是物质组成的定量测定过程中误差产生的原因及其出现的规律，学会采取相应措施减小误差，以使测定结果接近客观真实值。

1.2.1 误差的分类

根据误差产生的原因与性质，定量化学分析中的误差可以分为系统误差、随机误差及过失误差三类。

1.2.1.1 系统误差

系统误差（systematic error）是指在一定的实验条件下，由于某个或某些经常性的因素按某些确定的规律起作用而形成的误差。系统误差的大小、正负在同一实验中是固定的，会使测定结果系统偏高或系统偏低，其大小、正负往往可以测定出来。

产生系统误差的主要原因如下。

（1）方法误差

这是由于测定方法本身不够完善而引入的误差。例如，重量分析中由于沉淀溶解损失而产生的误差，滴定分析中由于指示剂选择不够恰当而造成的误差。

（2）仪器误差

由于仪器本身不够精确或没有调整到最佳状态所造成的误差。例如，天平两臂不相等，砝码、滴定管、容量瓶、移液管等未经校正而引入的误差。

（3）试剂误差

由于试剂不纯或者所用的去离子水不合规格，引入微量的待测组分或对测定有干扰的杂质而造成的误差。

（4）主观误差

由于操作人员主观原因造成的误差。例如，对终点颜色的辨别不同，有人偏深，有人偏浅；用移液管取样进行平行滴定时，有人总是想使第二份滴定结果与前一份滴定结果相吻合，在判断终点或读取滴定读数时，就不自觉地受这种“先入为主”想法的影响，从而产生主观误差。这类误差在操作中不能完全避免。

当实验条件改变时，系统误差会按某一确定的规律变化。重复测定不能发现和减小系统误差，只有改变实验条件，才能发现它，找出其产生的原因之后可以设法校正或消除。所以系统误差又称为可测误差。

1.2.1.2 偶然误差

偶然误差亦称随机误差（random errror）。偶然误差是测定过程中一系列有关因素微小的随机波动而形成的具有相互抵偿性的误差。偶然误差的大小及正负在同一实验中不是恒定的，并很难找到产生的确切原因，所以偶然误差又称为不定误差。

产生偶然误差的原因有许多。例如，在测量过程中温度、湿度、气压以及灰尘等的偶然波动都可能引起数据波动。又如在读取滴定管读数时，估计小数点后第二位的数值时，几次读数也并不一致。这类误差在操作中难以觉察、难以控制、无法校正，因此不能完全避免。

从表面上看，偶然误差的出现似乎没有规律，但是，如果反复进行很多次测定，就会发现偶然误差的出现是符合一般统计规律的，如下。

① 大小相等的正、负误差出现的概率相等；

② 小误差出现的概率较大，大误差出现的概率较小，特大误差出现的概率更小。

这些规律可以用误差的标准正态分布曲线(standard normal distribution curve)（图 1-1）表示。

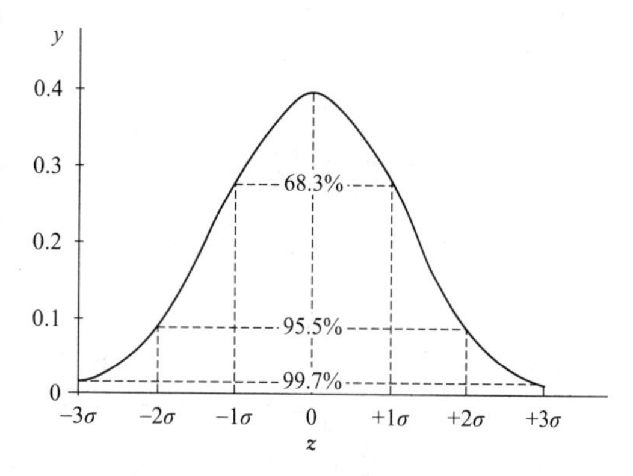

图 1-1　误差的标准正态分布曲线

图 1-1 中横轴代表偶然误差的大小，以总体标准差 σ 为单位（关于 σ 的具体意义参见 1.4 节），纵轴代表偶然误差发生的概率。

1.2.1.3　过失误差

在测定过程中，由于操作者粗心大意或不按操作规程办事而造成的测定过程中溶液溅失、加错试剂、看错刻度、记录错误，以及仪器测量参数设置错误等不应有的失误，都属于过失误差（gross error）。过失误差会对计量或测定结果带来严重影响，必须注意避免。如果证实操作中有过失，则所得结果应删除。为此，在实验中必须严格遵守操作规程，一丝不苟，耐心细致，养成良好的实验习惯。

应该指出，系统误差与偶然误差的划分也不是绝对的，有时很难区别某种误差是系统误差还是偶然误差。

例如，判断滴定终点的迟早、观察颜色的深浅，就总有一定的偶然性。此外，对于不同的操作方法，误差的性质也会有所不同。例如，对于具有分刻度的吸量管，不同的吸量管误差可能是不相同的。如果用几支吸量管吸取相同体积的同一溶液，所产生的误差属于偶然误差；如果只用一支吸量管，几次吸取相同体积的同一溶液，所造成的误差应属于系统误差；如果每次使用不同的刻度区吸取溶液，由于不同刻度区的误差大小可能不同，有正有负，这时产生的误差就会转化为偶然误差。

1.2.2　误差的减免

系统误差可以采用一些校正的办法或制定标准规程的办法加以校正，使之减免或消除。

例如，在测定物质组成时，选用公认的标准方法与所采用的方法进行比较，可以找出校正数据，消除方法误差。

在实验前对使用的砝码、容量器皿或其他仪器进行校正，可以消除仪器误差。

进行空白试验，即在不加试样的情况下，按照试样测定步骤和分析条件进行分析试验，所得的结果称为空白值，从试样的测定结果中扣除此空白值，就可消除由试剂、蒸馏水及器皿引入的杂质所造成的系统误差。

进行对照试验，即用已知含量的标准试样按所选用的测定方法，用同样的试剂，在同样的条件下进行测定，找出、改正数据或直接在试验中纠正可能引起的误差。对照试验是检查测定过程中有无系统误差最有效的方法。

随着测定次数的增加，偶然误差的平均值将会趋于零。因此，根据这一规律，可以采取适当增加测定次数、取其平均值的办法减小偶然误差。

1.2.3　误差的表示方法

1.2.3.1　误差与准确度

误差可以用来衡量测定结果准确度高低。

准确度（accuracy）是指在一定条件下，多次测定的平均值与真实值的接近程度。误差愈小，说明测定的准确度愈高。

误差可以用绝对误差（absolute error）和相对误差（relative error）来表示：

$$\text{绝对误差} \qquad E=\overline{x}-x_T \tag{1-8}$$

$$\text{相对误差} \qquad RE=E/x_T \tag{1-9}$$

式中，$\overline{x}$ 为多次测定的算术平均值，$\overline{x}=\frac{1}{n}\sum_{i=1}^{n}x_i=\frac{x_1+x_2+\cdots+x_n}{n}$；$x_T$ 为真实值。为了避免与物质的质量分数相混淆，相对误差一般常用千分率（‰）表示。

如果测定平均值大于真实值，绝对误差为正值，表明测定结果偏高；如果测定平均值小于真实值，绝对误差为负值，表明测定结果偏低。

由于相对误差反映了误差在真实值中所占的比例，因而它更有实际意义。例如，使用分析天平称量两物体的质量各为 1.5268g 和 0.1526g，假定两者的真实值分别为 1.5267g 和 0.1525g，则两者称量的绝对误差分别为：

$$E_1=1.5268-1.5267=+0.0001\text{g}$$

$$E_2=0.1526-0.1525=+0.0001\text{g}$$

显然，两物称量的绝对误差是相同的。但是，两物称量的相对误差分别为：

$$RE_1=+0.0001\text{g}/1.5267=+0.06‰$$

$$RE_2=+0.0001\text{g}/0.1525=+0.6‰$$

两物体称量的绝对误差相同，但由于两物体的质量不同，称量的相对误差就不同。可见，物体的质量越大，称量的相对误差就越小，误差对测定结果准确度的影响就越小。

需要指出，真实值是客观存在的，但又是难以得到的。这里所说的真实值是指人们设法采用各种可靠的分析方法，由不同的具有丰富经验的分析人员、在不同的实验室进行反复多次的平行测定，再通过数据统计的方法处理而得到的相对意义上的真值。例如，国际会议和国际标准化组织在国际上公认的一些量值，像原子量，以及国家标准样品的标准值等，都可以认为是真值。

1.2.3.2 偏差与精密度

在不知道真实值的场合，可以用偏差来衡量测定结果的好坏。

偏差（deviation）又称为表观误差，是指各次测定值与测定的算术平均值之差。偏差可以用来衡量测定结果精密度的高低。

精密度（precision）是指在同一条件下，对同一样品进行多次重复测定时各测定值相互接近的程度。偏差愈小，说明测定的精密度愈高。

偏差同样可以用绝对偏差和相对偏差来表示。

一组平行测定值中，单次测定值（x_i）与算术平均值（$\overline{x}$）（arithmetical mean）之间的差称为该测定值的绝对偏差 d，简称偏差：

$$d_i=x_i-\overline{x} \tag{1-10}$$

偏差在算术平均值中所占的比例称为相对偏差：

$$\text{相对偏差}=\frac{d_i}{\overline{x}} \tag{1-11}$$

由于各次测定值对平均值的偏差有正有负，故偏差之和等于零。为了说明分析结果的精密度，通常用平均偏差（$\overline{d}$）（average deviation）衡量：

$$\bar{d}=\frac{|d_1|+|d_2|+\cdots+|d_n|}{n}=\frac{\sum_{i=1}^{n}|x_i-\bar{x}|}{n} \tag{1-12}$$

平均偏差没有负值。

$$相对平均偏差=\frac{\bar{d}}{\bar{x}} \tag{1-13}$$

用平均偏差表示精密度比较简单。但是，由于在一系列测定结果中，小偏差占多数，大偏差占少数，如果按总的测定次数求平均偏差，所得的结果会偏小，大偏差得不到应有的反映。

[例 1-6] 某人进行了两组测定，所得数据各次测量的偏差、次数和平均偏差如下：

第一组，$d_i=x_i-\bar{x}$：+0.11、−0.73、+0.24、+0.51、−0.14、0.00、+0.30、−0.21

$n=8$

$\bar{d}=0.28$

第二组，$d_i=x_i-\bar{x}$：+0.18、+0.26、−0.25、−0.37、+0.32、−0.28、+0.31、−0.27

$n=8$

$\bar{d}=0.28$

两组测定结果的平均偏差虽然相同，但实际上第一组测定数据中出现了两个大偏差，测定结果的精密度不如第二组好。因此用平均偏差就反映不出这二批数据的好坏。

在物质组成的测定中，有时还用重复性和再现性来表示不同情况下测定结果的精密度。

重复性（repeatability）表示同一分析人员在同一条件下所得到的测定结果的精密度。

再现性（reproducibility）表示不同实验室或不同分析人员在各自条件下所得测定结果的精密度。

1.2.3.3　准确度与精密度的关系

在物质组成的测定中，系统误差是主要的误差来源，决定了测定结果的准确度，而偶然误差则决定了测定结果的精密度。评价一项分析结果的优劣，应该从测定结果的准确度和精密度两个方面入手。如果测定过程中没有消除系统误差，那么测定结果的精密度即使再高，也不能说明测定结果是准确的，只有消除了测定过程中的系统误差之后，精密度高的测定结果才是可靠的。

图 1-2 表示了甲、乙、丙、丁四位分析者测定同一试样中铁含量的分析结果。

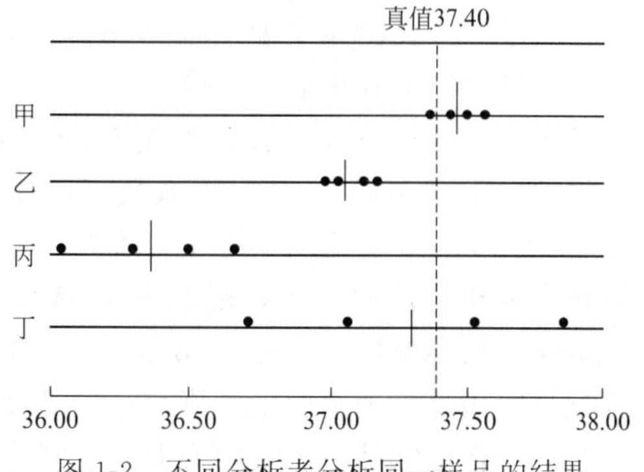

图 1-2　不同分析者分析同一样品的结果

（● 表示个别测量值，| 表示平均值）

由图可见：甲所得结果准确度与精密度均好，结果可靠；

乙的精密度虽很高，但准确度较低，显然测定过程中存在系统误差，如能找到原因加以校正或消除，可以得到较准确的结果；

丙的精密度与准确度均很差；

丁的平均值虽也接近真实值，但几个数值彼此相差甚远，仅是由于大的正、负误差相互抵消才使结果凑巧接近真实值。如果只取 2 次或 3 次来平均，结果就会与真实值相差很大，因此这个结果也是不可靠的。

综上所述，一个理想的测定结果，既要精密度好，又要准确度高。精密度高是保证准确度好的先决条件。精密度差，所测结果不可靠，就失去了衡量准确度的前提。但是，高的精密度不一定能保证高的准确度，可能有系统误差。只有在消除了系统误差之后，精密度高的分析结果才是既准确又精密的。初学者的分析结果不准确，往往是由于操作上的过失造成的，这多数可以从初学者分析结果的精密度不合格上反映出来。因此初学者在分析测定过程中，首先要努力做到使自己测定结果的精密度符合规定的标准。

1.3 有效数字

有效数字（significant figures）是指实际能够测量到的数字。也就是说，在一个数据中，除了最后一位是不确定的或是可疑的外，其他各位数字都是确定的。

例如，使用50mL滴定管进行滴定，滴定管的最小刻度为0.1mL，所测得的体积读数记录为25.87mL，这表示前三位数字是准确的，只有第四位数是估读出来的，属于可疑数字。因此这四位数字都是有效数字，不仅表示滴定的体积读数在25.86～25.88mL之间，而且说明体积计量的精度为±0.01mL。

1.3.1 有效数字的位数

在确定有效数字位数时，首先应注意数“0”的意义。

例如，NaOH溶液的浓度记录为$c(NaOH)=0.2080mol \cdot L^{-1}$，表明该NaOH溶液的浓度有$\pm 0.0001mol \cdot L^{-1}$的绝对误差，有效数字为四位。最后面的“0”作为普通数字使用，因此是有效数字；中间的“0”也作为普通数字使用，也是有效数字；最前面的“0”则不是有效数字，只起定位的作用。这一浓度也可以记成$2.080\times 10^{-1} mol \cdot L^{-1}$，这样的表示可以帮助读者更好地理解上述3种位于不同位置的“0”的意义。

又如，某标准物质的质量为0.0566g。这一数据中，数字前面的两个“0”不是有效数字，只起定位作用，因此共有三位有效数字。若以mg为单位，则该记录为56.6mg，三位有效数字。

其次，有效数字的位数应与测量仪器的精度相对应。

例如，如果在滴定中使用了50mL滴定管，由于它可以读至±0.01mL，故记录的数据就必须而且只能记到小数点后第二位。

又如，一般分析天平称量的绝对误差为±0.0001g。假如用此分析天平称取试样的质量，记录为1.5182g，为五位有效数字，其最后的一位数字是可疑的，表示试样的真实质量在1.5181～1.5183g之间，称量的绝对误差为±0.0001g，这与分析者在称量时所用分析天平的精度是相符合的。如若记录为1.518g，为四位有效数字，其最后一位数字是可疑的，表示试样的真实质量为1.517～1.519g，称量的绝对误差为±0.001g，这样的记录与分析者在称量时所用分析天平的精度当然是不符合的。

第三，在化学计算中常常会遇到一些分数和倍数关系，由于它们都是自然数，并非由测量所得，因此应该把它们看成足够有效，即有无限位有效数字。

第四，化学中常遇到pH、pM、lgK等对数值，它们有效数字的位数仅取决于其小数部分的位数，整数部分只说明该数的方次。例如pH=11.02，只有两位有效数字，不是四位。因为$[H^{+}]=9.5\times 10^{-12}$。

像3600这样的数据，其有效数字位数不确定，因为末位的“0”是否是有效数字不明，故最好是以 10 的指数形式表示，例如，表示为 3.6×10^3 或 3.600×10^3，分别为两位或四位有效数字。

1.3.2 有效数字的修约规则

一般实验中各种测量得到的数据大多是被用来计算实验结果的，而每种测量数据的误差都会传递到结果中去。因此，我们必须运用有效数字的修约规则进行修约，做到合理取舍，既不无原则地保留过多位数使计算复杂化，也不随意舍弃任何尾数而使结果的准确度受到影响。

舍去多余数字的过程称为数字修约过程，目前所遵循的数字修约规则多采用“四舍六入五成双”规则。例如，3.1424、3.2156、5.6235、4.6245 等修约成四位有效数字时，应分别为 3.142、3.216、5.624、4.624。

1.3.3 有效数字的运算规则

1.3.3.1 加减法

当测定结果是几个测量数据相加或相减时，所保留的有效数字的位数取决于小数点后位数最少的那个，即绝对误差最大的那个数据。例如，将 0.0121、25.64 及 1.05782 三个数据相加，由于每个数据的最末一位都是可疑的，其中 25.64 小数点后第二位就不准确了，即从小数点后第二位开始即使与准确的有效数字相加，所得出来的数字也不会准确了。因此，可先按照修约规则修约后再进行运算，各数据以及计算结果都取小数点后第二位，这样，计算结果应为 $0.01+25.64+1.06=26.71$，其绝对误差为 ±0.01，与各数据中绝对误差最大的 25.64 相近。如果直接运算得到 26.70992 是不正确的。

1.3.3.2 乘除法

当测定结果是几个测量数据相乘或相除时，所保留的有效数字的位数取决于有效数字位数最少的那个，即相对误差最大的那个数据。例如，进行下式的运算时：

$0.0325\times5.103\times60.06/139.8=$

各数据 0.0325：$\pm0.0001/0.0325=\pm3‰$；

5.103：$\pm0.2‰$；

60.06：$\pm0.2‰$；

139.8：$\pm0.7‰$

可见，四个数据中，相对误差最大、即准确度最差的是 0.0325，是三位有效数字，因此计算结果也应取三位有效数字。为此，在进行运算前可先修约成三位有效数字然后再运算，得到 0.0712。如果把不修约就直接运算得到的 0.0712504 作为答案就不对了，因为 0.0712504 的相对误差为 $\pm0.001‰$，而在本例的测量中根本没有达到如此高的准确程度。

在进行有效数字运算时，还应注意下列几点。

① 若某个数据第一位有效数字大于或等于 8，则有效数字的位数可以多算一位，如 8.37 虽然只有三位，但是可以看作四位有效数字。

② 在计算过程中一般可以暂时多保留一位数字，得到最后结果时，再根据“四舍六入五成双”的规则弃去多余的数字。采用计算器进行连续运算，会保留过多的有效数字，注意在最后应把结果修约成适当位数，以正确表达测定结果的准确度。

③ 涉及化学平衡的计算中，由于化学平衡常数的有效数字多为两位，故结果一般保留两位有效数字。

④ 在物质组成的测定中，组分含量大于10%，结果一般保留四位有效数字；组分含量为1%～10%，结果一般保留三位有效数字；组分含量小于1%，则结果通常保留两位有效数字。

⑤ 大多数情况下，表示误差时取一位有效数字即可，最多取两位。

1.4 实验数据的处理

化学中计量或测定所得到的数据往往是有限的。例如，在物质组成的分析测定中，人们不可能也没必要对所要分析研究的对象全部进行测定，只可能是随机抽取一部分样品进行分析，所得到的测定值也只能是有限的。在分析过程中，由于误差是客观存在的，因此测得的数据往往参差不齐。如何对这些有限的数据进行正确的评价，判断分析结果的可靠性，并用这些结果来指导实践，便成为一个十分重要的问题。

分析化学中广泛地采用统计学的方法来处理各种分析数据，以便更科学地反映研究对象的客观实在。在统计学中，人们把所要分析研究对象的全体称为总体或母体。从总体中随机抽取一部分样品进行平行测定所得到的一组测定值称为样本或子样。每个测定值被称为个体。样本中所含个体的数目则称为样本容量或样本大小。

例如，要测定某批工业纯碱产品的总碱量，首先按照分析的要求进行采样、制备，得到200g样品。这些样品就是供分析用的总体。如果我们称取6份样品进行测定，得到6个测定值，那么这组测定值就是被测样品的一个随机样本，样本容量为6。

一般在表示测定结果之前，首先要对所测得的一组数据进行整理，排除有明显过失的测定值，再对有怀疑但又没有确凿证据的与大多数测定值差距较大的测定值，采取数理统计的方法决定取舍，最后进行统计处理，计算数据的平均值、各数据对平均值的偏差、平均偏差和标准偏差，最后按照要求的置信度求出平均值的置信区间，计算出结果可能达到的准确范围。

1.4.1 测定结果的表示

通常报告分析测定结果应包括测定的次数、数据的集中趋势以及数据的分散程度等几个部分。

1.4.1.1 数据集中趋势的表示

对于无限次测定，可以用总体平均值μ来衡量数据的集中趋势。

对于有限次测定，一般有两种表示方法。

(1) 算术平均值 (arithmetical mean)

算术平均值简称平均值，以$\overline{x}$表示：

$$\overline{x}=\frac{1}{n}\sum_{i=1}^{n}x_i \tag{1-14}$$

对于有限次测定，测定值通常是围绕$\overline{x}$集中的。当测定次数无限增多时，$n\rightarrow\infty$，$\overline{x}\rightarrow\mu$，因此$\overline{x}$是$\mu$的最佳估计值。可以用总体平均值$\mu$来衡量数据的集中趋势。若没有系统误差，则总体平均值就是真值x_T。

(2) 中位数 (median)

将数据按大小顺序排列，位于正中的数据称为中位数。当n为奇数时，居中者即是；当n为偶数时，正中两个数的平均值为中位数。

在一般情况下，数据的集中趋势以第一种方法表示较好。只有在测定次数较少、又有大误差出现或是数据的取舍难以确定时，才以中位数表示。

1.4.1.2　数据分散程度的表示

数据分散程度的表示方法有多种，可以根据情况选用。

（1）样本标准差（sample standard deviation）

样本标准差简称标准差，以 S 表示。用统计方法处理数据时，广泛用标准差衡量数据的分散程度。在分析化学中，一般只做有限次的测定，根据概率可以导出有限次测定时样本标准差 S 的数学表达式：

$$S=\sqrt{\frac{\sum_{i=1}^{n}(x_i-\overline{x})^2}{n-1}} \tag{1-15}$$

式中，$n-1$ 称为偏差的自由度，以 f 表示。它是指能用于计算一组测定值分散程度的独立变数的数目。例如，在不知道真值的场合，如果只进行一次测定，$n=1$，则 $f=0$，表示不可能计算测定值的分散程度。显然只有进行 2 次以上的测定，才有可能计算数据的分散程度。

对于无限次测定，可以采用总体标准差（population standard deviation）σ 衡量数据的分散程度。

$$\sigma=\sqrt{\frac{\sum_{i=1}^{n}(x_i-\mu)^2}{n}} \tag{1-16}$$

显然，当 $n\rightarrow\infty$时，$\overline{x}\rightarrow\mu$，$n-1$ 与 n 的区别可以忽略，$S\rightarrow\sigma$。

在计算标准偏差时，对单次测量偏差加以平方，这样做不仅可以避免单次测量偏差相加时正、负抵消，更重要的是大偏差能更显著地反映出来，故能更好地说明数据的分散程度。

如若例 1-6 中的两组测定数据用标准偏差来表示，则：

第一组：$S=\sqrt{\dfrac{\sum d_i^2}{n-1}}$

$$=\sqrt{\frac{(0.11)^2+(0.73)^2+(0.24)^2+(0.51)^2+(0.14)^2+(0.30)^2+(0.21)^2}{8-1}}$$

$=0.38$

第二组：$S=\sqrt{\dfrac{\sum d_i^2}{n-1}}$

$$=\sqrt{\frac{(0.18)^2+(0.26)^2+(0.25)^2+(0.37)^2+(0.32)^2+(0.28)^2+(0.31)^2+(0.27)^2}{8-1}}$$

$=0.30$

可见标准偏差比平均偏差能更灵敏地反映出大偏差的存在，第二组测定数据分散程度小，精密度要好于第一组数据。

（2）变异系数（variation coefficient）

单次测量结果的相对标准偏差称为变异系数，以 CV 表示。

$$CV(相对标准偏差)=\frac{S}{\overline{x}} \tag{1-17}$$

计算标准偏差时，可以按照公式，先后求出 $\overline{x}$，d_i 和 $\sum d_i^2$，然后计算出 S 和 CV。

以上两种表示数据分散程度的方法应用较广，特别是在样本较大的场合。如果测定次数较少，还可采用以下两种方法。

（3）极差（range）与相对极差

极差又称为全距，以 R 表示：

$$R=X_{max}-X_{min} \tag{1-18}$$

式中，X_{max}表示测定值中的最大值；X_{min}则表示测定值中的最小值。

$$相对极差=R/\overline{x} \tag{1-19}$$

（4）平均偏差（average deviation）$\overline{d}$ 与相对平均偏差$\frac{\overline{d}}{\overline{x}}$

如式(1-12)、式(1-13)

以上四种表示法常用于单样本测定时一组测定值分散程度的表示。如果我们做多次的平行分析，也就是多样本测定，就会得到一组平均值 $\overline{x}_1$，$\overline{x}_2$，$\overline{x}_3$，…，这时就应采用平均值的标准差来衡量这组平均值的分散程度。显然，平均值的精密度比单次测定的精密度要高。

（5）平均值的标准差

平均值的标准差用 $S_{\overline{x}}$表示。统计学可以证明，对有限次测定

$$S_{\overline{x}}=\frac{S}{\sqrt{n}} \tag{1-20}$$

统计学同样可以证明，对无限次测定

$$\sigma_{\overline{x}}=\frac{\sigma}{\sqrt{n}} \tag{1-21}$$

从以上的关系可以看出，平均值的标准差 $S_{\overline{x}}$增加与测定次数的平方成反比，即 $S_{\overline{x}}/S=1/\sqrt{n}$。增加测定次数，可以提高测定结果的精密度，但是实际上增加测定次数所取得的效果是有限的。从图 1-3 可知，开始时 $S_{\overline{x}}/S$ 随 n 增加而很快减小；在 $n>5$ 以后变化就慢了；当 $n>10$ 时，变化已很小。这说明在实际工作中，一般测定次数无需过多，3～4 次已足够了。对要求高的分析，可测定 5～9 次。

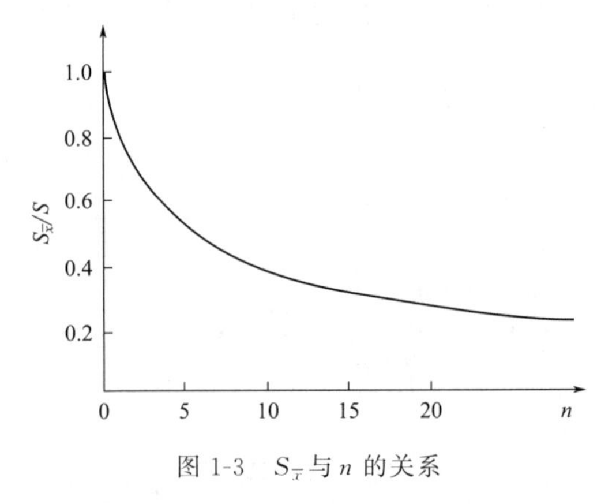

图 1-3　$S_{\overline{x}}$与 n 的关系

报导分析结果时，要体现出数据的集中趋势和分散情况，一般只需报告下列三项数值，就可进一步对总体平均值可能存在的区间做出估计：

测定次数 n；

平均值 $\overline{x}$，表示集中趋势（衡量准确度）；

标准偏差 S，表示分散性（衡量精密度）。

［例 1-7］　分析铁矿中铁的质量分数，得如下数据：0.3745，0.3720，0.3750，0.3730，0.3725，计算此分析结果的平均值、中位数、极差、平均偏差、标准偏差、变异系

数和平均值的标准偏差。

解： $\overline{x}=\dfrac{0.3745+0.3720+0.3750+0.3730+0.3725}{5}=0.3734$

$M=0.3730$

$R=0.3750-0.3720=0.0030$

各次测量偏差分别是：

$d_1=+0.0011, d_2=-0.0014, d_3=-0.0004, d_4=+0.0016, d_5=-0.0009$

$$\overline{d}=\frac{\sum|d_i|}{n}=\frac{0.0011+0.0014+0.0004+0.0016+0.0009}{5}=0.0011$$

$$S=\sqrt{\frac{\sum d_i^2}{n-1}}=\sqrt{\frac{0.0011^2+0.0014^2+0.0004^2+0.0016^2+0.0009^2}{5-1}}=0.0013$$

$$CV=\frac{S}{\overline{x}}\times 100\%=0.0035$$

$$S_{\overline{x}}=\frac{S}{\sqrt{n}}=\frac{0.0013}{\sqrt{5}}=0.00058$$

分析结果只需要报告出 $\overline{x}$、S、n，即可表示出集中趋势与分散情况。上例结果可表示为：

$\overline{x}=0.3734$，$S=0.0013$，$n=5$

目前大多数计算器都具有一定的数据统计处理功能，输入测量数据后即可直接得到 n、$\overline{x}$、S 等数据，读者应努力学会使用，以提高运算效率。

1.4.2　置信度与平均值的置信区间

由有限的测定数据所得到的算术平均值总带有一定的不确定性，因此，在实际工作中估计算术平均值与总体平均值的近似程度是很有意义的。这就是要讨论的平均值的置信区间(confidence interval)，简称置信区间或置信界限。

1.4.2.1　偶然误差的正态分布与置信度

在 1.2 节中我们已经知道偶然误差的出现是符合正态分布规律的。根据标准正态分布曲线（图 1-1），统计学可以证明，对于无限次测定，样本值 x 落在 $\mu\pm\sigma$ 范围内的概率为 68.3%；落在 $\mu\pm 2\sigma$ 范围内的概率为 95.5%；落在 $\mu\pm 3\sigma$ 范围内的概率为 99.7%。这意味着如果我们进行 1000 次测定，只有 3 次测定是落在 $\mu\pm 3\sigma$ 范围之外。这种测定值在一定范围内出现的概率就称为置信度（confidence）或置信概率，以 P 表示；把测定值落在一定误差范围以外的概率（$1-P$）称为显著性水准，以 α 表示。显然在一般情况下，偏差超过 $\pm 3\sigma$ 的测定值出现的可能性是很小的，特别是在有限次测定中，出现这样大偏差的测定值是不大可能的。所以实际工作中一旦出现偏差超过 $\pm 3\sigma$ 的测定值，我们就可以认为它不是由于偶然误差造成的，应该将它剔除。

1.4.2.2　平均值的置信区间

对于有限次测定，一般以标准差 S 来估计测定值的分散情况。用 S 来代替 σ 时，测定值或其偏差是不符合正态分布的，只有采用 t 分布来处理，t 分布值表见表 1-2。

表 1-2　t 分布值表

自由度 f	置信度 P			
	50%	90%	95%	99%
1	1.00	6.31	12.71	63.66
2	0.82	2.92	4.30	9.93
3	0.76	2.35	3.18	5.84
4	0.74	2.13	2.78	4.60
5	0.73	2.02	2.57	4.03
6	0.72	1.94	2.45	3.71
7	0.71	1.90	2.37	3.50
8	0.71	1.86	2.31	3.36
9	0.70	1.83	2.26	3.25
10	0.70	1.81	2.23	3.17
20	0.69	1.73	2.09	2.85
∞	0.67	1.65	1.96	2.58

对于有限次测定，置信区间是指在一定置信度下，以平均值 $\overline{x}$ 为中心、包括总体平均值 μ 在内的范围，即

$$\mu=\overline{x}\pm t_{\alpha,f}S_{\overline{x}}=\overline{x}\pm\frac{t_{\alpha,f}S}{\sqrt{n}} \tag{1-22}$$

此式表明真值与平均值的关系，说明平均值的可靠性。式中，S 为标准偏差；n 为测定次数；$t_{\alpha,f}$ 为在选定的某一置信度下的概率系数。$t_{\alpha,f}$ 可查表得到，一般是取 $P=95\%$ 时的 t 值，当然有时也可采用 $P=90\%$ 或 $P=99\%$ 时的 t 值。$t_{\alpha,f}S_{\overline{x}}$ 称为误差限或估计精度，$(\pm\frac{t_{\alpha,f}S}{\sqrt{n}})$ 就是平均值的置信区间。

[例 1-8]　某水样总硬度测定的结果为：$n=5$，$\overline{\rho}(CaO)=19.87mg\cdot L^{-1}$，$S=0.085$，求置信度 P 分别为 90%或 95%时的置信区间。

解： 查表 1-2，$P=90\%$时，$t_{0.10,4}=2.13$。

由式 1-22 得

$$\mu=\overline{\rho}\pm t_{\alpha,f}\frac{S}{\sqrt{n}}=19.87\pm\frac{2.13\times0.085}{\sqrt{5}}=19.87\pm0.08(mg\cdot L^{-1})$$

$P=95\%$时，查得 $t_{0.05,4}=2.78$，

由式 1-22 得

$$\mu=19.87\pm\frac{2.78\times0.085}{\sqrt{5}}=19.87\pm0.10(mg\cdot L^{-1})$$

数据处理的结果说明：①置信度 $P=90\%$时，我们有 90%的把握认为此水样的总硬度是在 $19.79\sim19.95mg\cdot L^{-1}$之间；或者说，在 $19.87\pm0.08mg\cdot L^{-1}$区间内包含总体平均值的把握有 90%。

②由此例可见，置信度 P 低，置信区间就小。但是应该注意，并不是置信度定得越低越好，因为置信度定得太低的话，判断失误的可能性就越大。

1.4.3 可疑数据的取舍——Q检验法

在一组平行测定值中，人们往往会发现其中某个或某几个测定值明显比其他测定值大得多或者小得多。这些离群的数据又没有明显的引起过失的原因。这种偏离较大的数据称为可疑值（doubtable value）或离群值等。可疑值的取舍必须采用统计的方法加以判断。常用的方法有Q检验法、四倍法、格鲁布斯（Grubbs）法[1]等。

这里仅介绍其中常用的一种简便方法——Q检验法。

Q检验法的基本步骤如下。

① 将测定值（包括可疑值）由小到大排列，即 $x_1<x_2<\cdots\cdots<x_n$。

② 计算Q值。若 x_n 为可疑值，则

$$Q_{计算}=\frac{x_n-x_{n-1}}{x_n-x_1}$$

若 x_1 为可疑值，则

$$Q_{计算}=\frac{x_2-x_1}{x_n-x_1}$$

$Q_{计算}$越大，说明可疑值离群越远，至一定界限时即应舍去。

③ 根据测定次数 n 和所要求的置信度 P，查Q表。表1-3为统计学家已经计算出的两种置信度下的Q表。

表1-3 两种置信度下舍弃可疑数据的Q表

测定次数	3	4	5	6	7	8	9	10
$P=90\%$	0.94	0.76	0.64	0.56	0.51	0.47	0.44	0.41
$P=95\%$	1.53	1.05	0.86	0.76	0.69	0.64	0.60	0.58

④ 如果 $Q_{计算}>Q_{表}$，则舍去可疑值，否则就应保留该可疑值。

如果一组数据中不止一个可疑值，仍然可以参照以上步骤逐一进行处理。但这种情况下最好采用格鲁布斯法。

[例1-9] 用邻苯二甲酸氢钾标定NaOH溶液的浓度，4次标定的结果分别为0.1955，0.1958，0.1952，0.1982mol·L^{-1}。问0.1982这一值能否舍去（置信度90%）。

解：① 按大小顺序排列：0.1952，0.1955，0.1958，0.1982。

② x_n 为可疑值，$Q_{计算}=\frac{x_n-x_{n-1}}{x_n-x_1}=\frac{0.1982-0.1958}{0.1982-0.1952}=0.80$

③ 查表1-3，$n=4$，$P=90\%$时，得 $Q_{表}=0.76$

$Q_{计算}>Q_{表}$，故0.1982这一测定值可以舍去，不参加数据处理。

对可疑数据的处理一般分以下几步。

① 尽可能从各方面查找原因，如是过失造成自然不必保留。

② 如没有明显的过失原因，一般就采用Q检验法判断。如果判断该可疑值不能舍去，此数据就必须参与数据处理。

③ 如果 $Q_{计算}$ 与 $Q_{表}$ 值相近，可疑值又无法舍弃时，一般可采用中位数报告结果；对要求较高的分析，则最好再测定一次或两次，然后再进行处理。

---

[1] 武汉大学，等．分析化学[M]．北京：高等教育出版社，1982：131-133.

习 题

1-1 称取纯金属锌 0.3250g，溶于 HCl 溶液后，在 250mL 容量瓶中定容，计算该标准 Zn^{2+} 溶液的浓度。

1-2 计算下列溶液的滴定度 T，以 $g \cdot mL^{-1}$ 表示：

① $c(HCl)=0.2015mol \cdot L^{-1}$ 的 HCl 溶液，用来测定 $Ca(OH)_2$、NaOH；

② $c(NaOH)=0.1732mol \cdot L^{-1}$ 的 NaOH 溶液，用来测定 $HClO_4$、CH_3COOH。

1-3 有一 NaOH 溶液，其浓度为 $0.5450mol \cdot L^{-1}$，取该溶液 100.0mL，需加水多少毫升方能配成 $0.5000mol \cdot L^{-1}$ 溶液？

1-4 欲配制 $c(HCl)=0.5000mol \cdot L^{-1}$ 的 HCl 溶液。现有 $c(HCl)=0.4920mol \cdot L^{-1}$ 的 HCl 溶液 100mL，应加入 $c(HCl)=1.021mol \cdot L^{-1}$ 的 HCl 溶液多少毫升？

1-5 SnF_2 是一种牙膏的添加剂，由分析得知 1.340g 样品中含 F 1.20×10^{-3}g。问：

① 样品中有多少克 SnF_2？

② 样品中 SnF_2 的质量分数是多少？

1-6 胃酸中 HCl 的近似浓度 $c(HCl)=0.17mol \cdot L^{-1}$。计算中和 50.0mL 这种酸所需的下列抗酸剂的质量：

① $NaHCO_3$；　　② $Al(OH)_3$

1-7 以 $AgNO_3$ 滴定某一水源样品中的 Cl^-：

$$AgNO_3(aq)+Cl^-(aq) \xlongequal{} AgCl(s)+NO_3^-(aq)$$

如果需要 20.2mL $c(AgNO_3)=0.100mol \cdot L^{-1}$ 的 $AgNO_3$ 溶液与样品中所有的 Cl^- 反应，那么 10.0g 水样中含有 Cl^- 多少克？

1-8 下列情况分别引起什么误差？如果是系统误差，应如何消除？

① 砝码未经校正；

② 容量瓶和移液管不配套；

③ 在重量分析中被测组分沉淀不完全；

④ 试剂含被测组分；

⑤ 以含量约为 99% 的 $Na_2C_2O_4$ 作基准物标定 $KMnO_4$ 溶液的浓度；

⑥ 读取滴定管读数时，小数点后第二位数字估读不准；

⑦ 天平两臂不等长。

1-9 某铁矿石中 Fe 的质量分数为 0.3916，若甲分析得结果为 0.3912、0.3915 和 0.3918，乙分析得 0.3919、0.3924 和 0.3928。试比较甲、乙两人分析结果的准确度和精密度。

1-10 甲、乙两人同时分析一矿物中 S 的质量分数，每次取样 3.5g，分析结果分别报告为：

甲：0.00042，0.00041；

乙：0.0004199，0.0004201。

哪份报告的分析结果是合理的？为什么？

1-11 标定 $c(HCl)=0.1mol \cdot L^{-1}$ 的 HCl 溶液。欲消耗 HCl 溶液 25mL 左右，应称取 Na_2CO_3 基准物多少克？从称量误差考虑能否达到 0.1% 的准确度？若改用硼砂（$Na_2B_4O_7 \cdot 10H_2O$）为基准物，结果又如何？

1-12 下列数据中各包含几位有效数字？

① 0.0376　② 1.2067　③ 0.2180　④ 1.8×10^{-5}

1-13　按有效数字运算规则，计算下列各式：

① $2.187\times0.854+9.6\times10^{-5}-0.0326\times0.00814$

② $213.64+4.4+0.3244$

③ $\dfrac{9.827\times50.62}{0.005164\times136.6}$

④ $\sqrt{\dfrac{1.5\times10^{-8}\times6.1\times10^{-8}}{3.3\times10^{-5}}}$

1-14　经分析测得某试样 Mn 的质量分数为 0.4124、0.4127、0.4123 和 0.4126。求分析结果的平均偏差和标准偏差。

1-15　测定某样品中 N 的质量分数，6 次平行测定的结果是 0.2048、0.2055、0.2058、0.2060、0.2053、0.2050。

① 计算这组数据的平均值、中位数、极差、平均偏差、标准差、变异系数和平均值的标准差；

② 若此样品是标准样品，其 N 的质量分数为 0.2045，计算以上测定结果的绝对误差和相对误差。

1-16　测定某矿石中 W 的质量分数，测定结果为 0.2039、0.2041、0.2043。计算平均值的标准差 $S_{\bar{x}}$ 及置信度为 95%的置信区间。

1-17　测定某一热交换器水垢中 P_2O_5 和 SiO_2 的质量分数，测定结果分别如下（已校正系统误差）：

$\omega(P_2O_5)$：0.0844，0.0832，0.0845，0.0852，0.0869，0.0838

$\omega(SiO_2)$：0.0150，0.0151，0.0168，0.0122，0.0163，0.0172

根据 Q 检验法对可疑数据进行取舍（置信度 90%），然后求出平均值、平均偏差（$\bar{d}$）、标准差和置信度为 90%时平均值的置信区间。

1-18　某学生标定 HCl 溶液的浓度时，得到下列数据：0.1011，0.1010，0.1012，0.1016mol·L^{-1}。按 Q 检验法进行判断，当置信度为 90%时，第四个数据是否应保留？若再测定一次，得到 0.1014，上面第四个数据是否应该保留？

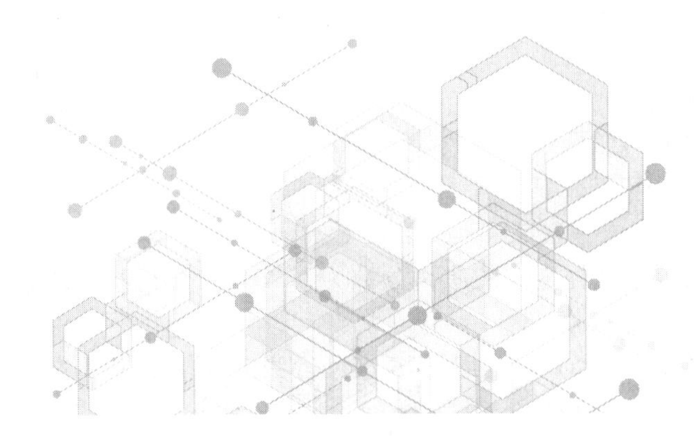

第2章　化学反应的基本原理

化学是研究物质的组成、结构、性质及其变化规律的科学。在研究化学反应时，人们主要关心化学反应的方向、限度、速率以及化学反应中所伴随发生的能量变化，本章通过对化学热力学、动力学基础知识的学习，要求掌握化学热力学的基本概念、基本原理，能够正确判断化学反应进行的方向、进行的程度以及改变化学反应速率的方法。

2.1　化学反应中的能量关系

任何化学反应的发生总是伴随着形式多样的能量变化，如酸碱中和要放出热量，氯化铵溶于水要吸收热量等。

2.1.1　热力学基本概念

2.1.1.1　体系与环境

在研究化学反应的能量变化关系时，为了研究方便，常常把研究的对象与周围部分区分开来讨论。在化学上把所研究的对象称为体系（system），而把体系之外的、与体系密切相关的部分称为环境（surrounding）。例如研究溶液中的反应，则溶液就是我们研究的体系，而盛溶液的容器以及溶液上方的空气等都是环境。根据体系与环境之间物质和能量的交换情况不同，可以把体系分为以下三类：

敞开体系（open system）：体系与环境之间既有物质交换，又有能量交换。

封闭体系（close system）：体系与环境之间没有物质交换，只有能量交换。

孤立体系（isolated system）：体系与环境之间既没有物质交换，又没有能量交换。

例如一个盛水的广口瓶为一个敞开体系，因为瓶子内外既有能量交换，又有物质交换（瓶中水蒸发和瓶外空气溶解）；如在此瓶上盖上瓶塞，则此时瓶内外只有能量交换而无物质交换，这时成为一个封闭体系；如将上述瓶子换为带盖的杜瓦瓶（绝热），由于瓶内外既无物质交换，又无能量交换，则构成一个孤立体系。体系与环境之间可以有确定的界面，也可以是假想存在的界面。体系与环境因研究的对象改变而发生改变。

2.1.1.2 过程和途径

体系的状态发生变化时，状态变化的经过称为过程（process）。如果体系在温度恒定的情况下进行变化，则该变化称为“恒温过程”；同理，在压力、体积不变时，分别称为“恒压过程”“恒容过程”。体系与环境间无热量交换，则称为“绝热过程”。

体系由一种状态变化到另一种状态，可以经由不同的方式，这种从同一始态变到同一终态的不同方式称为途径（path）。因此，可以把体系状态变化的具体方式称为途径。对于每一个变化过程，其途径可以有无限多个。

2.1.1.3 状态和状态函数

体系的状态（state）是指体系所有物理性质和化学性质的总和。体系的热力学性质包括温度、压力、体积、物质的量及我们将要介绍的热力学能、焓、熵、Gibbs 自由能等。当体系的状态确定时，体系的这些性质也随之确定；反之，体系的这些性质确定时，体系的状态也就确定下来了。

状态函数（state function）是指确定体系状态性质的物理量，如温度、压力等。体系的状态函数具有一个重要的性质，就是其数值的大小只与体系所处的状态有关。也就是说，体系从一种状态变化到另一种状态时，状态函数的变化值只与体系的始态和终态有关，而与完成该变化所经历的途径无关。如一种气体的温度由始态的 25℃变到终态的 50℃，变化的途径不论是先从 25℃降低温度到 0℃，再升高温度到 50℃，或者是从 25℃直接升高温度到 50℃，状态函数的增量 ΔT 只由体系的终态（50℃）和始态（25℃）所决定，其状态函数的变化结果都是相同的。

2.1.1.4 热和功

在热力学中，把热（heat）看作当体系与环境之间存在温差时，高温物体向低温物体所传递的能量，用符号 Q 表示。热力学上规定环境向体系传递热量，体系吸热 $Q>0$，为正值；反之，体系向环境传递热量，体系放热 $Q<0$，为负值。

我们把除热以外体系与环境间所交换的其他一切形式的能量称为功（work），用符号 W 表示。由于体系的体积变化反抗外力作用而与环境交换的能量称为体积功。例如，许多化学反应是在敞口的容器中进行的，反应时，体系由于体积变化就会对抗外界压力做体积功，与环境进行能量交换，此外还有电功、表面功等。热力学规定环境对体系做功时，$W>0$；体系对环境做功时，$W<0$。本章我们主要讨论体积功。

热和功这两个物理量是能量传递的两种形式，与变化的途径有关，当体系变化的始态、终态确定后，Q、W 随着途径的不同而不同，所以热和功都不是状态函数，只有指明具体途径才能计算变化过程的热和功。热和功的单位均为焦耳（J）。

2.1.1.5 热力学能

在化学热力学中一般只注意体系内部的能量，称为热力学能（thermodynamic energy），也称内能（internal energy），用符号 U 表示，单位是 J。热力学能是指体系内分子运动的平动能、转动能、振动能、电子及核的运动能量，以及分子与分子相互吸引与排斥作用所产生的势能等能量的总和。

由于至今人类还不能完全认识微观粒子的全部运动形式，所以热力学能的绝对值还无法知道。但是，实际应用中只要知道热力学能的变化值就足够了。因为热力学能是状态函数，它的变化值只与体系的始、终态有关，而与变化的过程和途径无关，所以热力学能的变化值可以通过体系与环境间交换的能量来度量。

2.1.2 化学反应中的能量变化

许多化学反应中都伴随着能量的变化，我们把研究化学反应热效应的科学称为热化学。化学反应热效应是指体系在不做非体积功的等温过程中所放出或吸收的热量，化学反应热效应简称反应热。

2.1.2.1 热力学第一定律

任何变化过程中能量不会自生自灭，只能从一种形式转化为另一种形式，在转化过程中能量的总值不变，这就是能量守恒与转化定律。将能量守恒与转化定律应用于热力学中即称为热力学第一定律。

若封闭体系在状态1时，体系的热力学能为U_1，在状态2时，体系的热力学能为U_2，当体系由状态1变化至状态2时，体系热力学能的变化

$$\Delta U = U_2 - U_1 = Q + W \tag{2-1}$$

式中，ΔU为体系热力学能的变化；Q为体系吸收的热量；W为体系所做的体积功。

由于热和功均不是状态函数，所以其数值与变化的过程、途径有关，但热力学能是状态函数，其变化值仅与始态和终态有关，而与变化的过程、途径无关。

（1）化学计量数（υ）

某化学反应方程式： $a\mathrm{A}+m\mathrm{M} = g\mathrm{G}+d\mathrm{D}$

若移项表示，即为 $-a\mathrm{A}-m\mathrm{M}+g\mathrm{G}+d\mathrm{D}=0$

随着反应的进行，反应物A、M不断减少，产物G、D不断增加，令：

$$-a=\upsilon_{\mathrm{A}} \qquad -m=\upsilon_{\mathrm{M}} \qquad g=\upsilon_{\mathrm{G}} \qquad d=\upsilon_{\mathrm{D}}$$

代入上式得： $\upsilon_{\mathrm{A}}\mathrm{A}+\upsilon_{\mathrm{M}}\mathrm{M}+\upsilon_{\mathrm{G}}\mathrm{G}+\upsilon_{\mathrm{D}}\mathrm{D}=0$

简化为化学计量式的通式：

$$\sum_{\mathrm{B}}\upsilon_{\mathrm{B}}\mathrm{B}=0 \tag{2-2}$$

通式中，B表示包含在反应中的分子、原子、离子，而υ_{B}为数字或简分数，称为（物质）B的化学计量数（stoichiometric number）。根据规定，反应物的化学计量数为负，而产物的化学计量数为正。这样，υ_{A}、υ_{M}、υ_{G}、υ_{D}分别为物质A、M、G、D的化学计量数。

如合成氨反应： $N_2+3H_2 = 2NH_3$

$\upsilon(N_2)=-1$、$\upsilon(H_2)=-3$、$\upsilon(NH_3)=2$分别为该方程的计量系数，表明反应中每消耗1mol N_2和3mol H_2必生成2mol NH_3。

（2）焓和焓变

在压力恒定的条件下进行的反应，称为恒压反应，其反应过程中伴随的热量变化称为恒压反应热，以Q_p表示。在体积恒定的条件下进行的反应，相应称为恒容反应热，以Q_v表示。

由于大多数反应是在压力恒定条件下进行的（如敞口容器内的反应），假设反应的过程中只做体积功，则有$W=-p\Delta V$，按热力学第一定律，可得：

$$\Delta U = Q + W = Q_p + W$$

$$Q_p = \Delta U - W = U_2 - U_1 - (-p\Delta V) = U_2 - U_1 + p(V_2 - V_1) = (U_2 + pV_2) - (U_1 + pV_1)$$

式中的U、p、V都是状态函数，所以它们的组合（$U+pV$）也是状态函数，在热力学上定义$H=U+pV$，称为焓（enthalpy），以H表示。焓与热力学能相似，绝对值无法确定，但焓的变化值可以求得：

$$Q_p = (U_2 + pV_2) - (U_1 + pV_1) = H_2 - H_1 = \Delta H$$

即

$$Q_p = \Delta H \tag{2-3}$$

ΔH 为体系的焓变（change of enthalpy），具有能量单位（J）。即温度一定时，在恒压下只做体积功时，体系的化学反应热效应 Q_p 在数值上等于体系的焓变 ΔH。因此焓可以认为是物质的热含量，即物质内部可以转变为热的能量。在热力学上规定，放热反应的 $\Delta H<0$，吸热反应的 $\Delta H>0$。

由于在恒压反应中 $\Delta U=Q_p+W$，而 $Q_p=\Delta H$，得：

$$Q_p-\Delta U=-W=p\Delta V\text{，即 }\Delta H-\Delta U=-W=p\Delta V \tag{2-4}$$

对始态和终态均为液体或固体的反应体系来说，因为体积的变化 ΔV 不大，可以忽略不计，可以得到：

$$\Delta H\approx\Delta U \tag{2-5}$$

对于有气体参加的反应，$p\Delta V=p(V_2-V_1)=(n_2-n_1)RT=\Delta nRT$，则得：

$$\Delta H=\Delta U+\Delta nRT \tag{2-6}$$

式中，n_2 为所有气体产物物质的量的总和；n_1 为所有气体反应物物质的量的总和；Δn 为反应前后气体物质的量的变化。例如：$2H_2(g)+O_2(g)=\!=\!=2H_2O(g)$，$\Delta n=2-(1+2)=-1$。

对于恒容反应过程，由于 $\Delta V=0$，则 $W=-p\Delta V=0$，可以得到：

$$\Delta U=Q_v \tag{2-7}$$

即体系恒容过程，化学反应的热效应 Q_v 在数值上等于体系热力学能的变化值 ΔU。

2.1.2.2　热化学方程式

表示化学反应与热效应关系的化学方程式称为热化学方程式。如：

$$H_2(g)+\frac{1}{2}O_2(g)\xrightarrow{298.15K,100kPa}H_2O(g);\quad Q_p=\Delta_rH_m^{\ominus}=-241.82kJ\cdot mol^{-1}$$

上式表示在 298.15K、100kPa 下，当 1mol H_2 与 $\frac{1}{2}$mol O_2 反应生成 1mol $H_2O(g)$ 时，放出 241.82kJ 热量。$\Delta_rH_m^{\ominus}$ 称为摩尔反应焓变，下标 r（reaction）表示一般的化学反应，m（mole）表示摩尔。

反应热效应与许多因素有关，书写热化学方程式时应注意以下几个问题。

① 应注明反应的温度和压力等反应条件。如不注明，则为 298.15K、100kPa。其他温度、压力应注明，因为其对化学反应的焓变值有影响。

热力学中规定了物质的标准状态：气态物质的标准状态是压力为 100kPa 的理想气体。液态或固态物质的标准状态是在 100kPa 下，其相应的最稳定的纯物质。对溶液来说，溶质的标准状态是质量摩尔浓度为 $1.0mol\cdot kg^{-1}$ 的溶液，对于稀溶液常近似用溶质的物质的量浓度 $1.0mol\cdot L^{-1}$ 替代质量摩尔浓度，其压力为 100kPa；把稀溶液的溶剂看作纯物质，其标准状态是标准压力下的纯液体。各物质均处于标准状态时的反应焓变称为标准反应焓变，以 $\Delta_rH_m^{\ominus}$ 表示之。

以往的标准压力曾长期定为 $p^{\ominus}=1atm=101.325kPa$，然而此数值使用时总感不便，为此，国际标准化组织（ISO）已把标准压力由 101.325kPa 改为 100kPa（或 1bar），以便更方便采用 SI 单位。我国国家技术监督局于 1993 年公布的国家标准（GB 3100～3102—1993）也已做了相应的变动。

② 必须注明各反应物与生成物的聚集状态。通常以 g、l、s 分别表示气、液、固三态，以 aq 表示水溶液。物质状态不同，反应热效应不同。例如，反应生成的是 $H_2O(l)$ 而不是 $H_2O(g)$ 时，放出的热量就要多一些，因为水液化时要放出一定能量。

③ 正确书写反应的化学计量方程式。因为反应的焓变必须和化学计量方程式相对应。

2.1.2.3 标准摩尔生成焓

反应热效应一般可以通过实验测定得到，但有些复杂反应是难以控制的，因此，有些物质的反应热效应就不易测准，例如，在恒温、恒压下碳不完全燃烧生成 CO 的反应。

根据化学反应热效应的定义，反应热效应的大小与反应条件有关。为了便于比较和汇集，一般采用标准状态下的标准摩尔反应焓变表示反应热效应。

标准状态下，由最稳定的单质生成单位物质的量的某物质的焓变，称为该物质的标准摩尔生成焓。用符号 $\Delta_f H_m^{\ominus}$ 表示，上标“$\ominus$”表示标准态，下标“f”（formation）表示生成反应，下标“m”表示摩尔。

根据上述定义，最稳定单质的标准摩尔生成焓等于零。需要注意，当一种元素有两种或两种以上的单质时，只有一种是最稳定的。如碳的两种同素异形体石墨和金刚石，石墨是碳的稳定单质，它的标准摩尔生成焓等于零。由稳定单质转变为其他形式的单质时，也有焓变。如：

$$\text{C(石墨)} \longrightarrow \text{C(金刚石)} \qquad \Delta_r H_m^{\ominus} = 1.8966\text{kJ} \cdot \text{mol}^{-1}$$

其他常见物质的稳定态为：S（正交硫），Sn（白锡），H_2，N_2，O_2，Cl_2（气态），Br_2（液态），I_2（固态）。

标准摩尔生成焓是热化学计算中的重要数据。通过比较相同类型化合物的标准摩尔生成焓数据，可以判断这些化合物的相对稳定性。

2.1.2.4 盖斯定律

1840 年盖斯（G. H. Hess）根据大量的实验结果总结出：“任一化学反应，不论是一步完成的，还是分几步完成的，其热效应都是一样的。”这就是盖斯定律。这个定律指出，反应热效应只与反应物和生成物的始态和终态（温度、物质的聚集态和物质的量）有关，而与变化的途径无关。

根据这一定律，可以设计反应过程计算出一些不能用实验方法直接测定的反应热效应。

［**例 2-1**］ 已知反应 $C(s) + O_2(g) = CO_2(g) \quad \Delta_r H_{m_1}^{\ominus} = -393.5\text{kJ} \cdot \text{mol}^{-1}$ （1）

$$CO(g) + \frac{1}{2}O_2(g) = CO_2(g) \quad \Delta_r H_{m_2}^{\ominus} = -283.0\text{kJ} \cdot \text{mol}^{-1} \qquad (2)$$

求：反应 $C(s) + \frac{1}{2}O_2(g) = CO(g)$ 的 $\Delta_r H_m^{\ominus}$

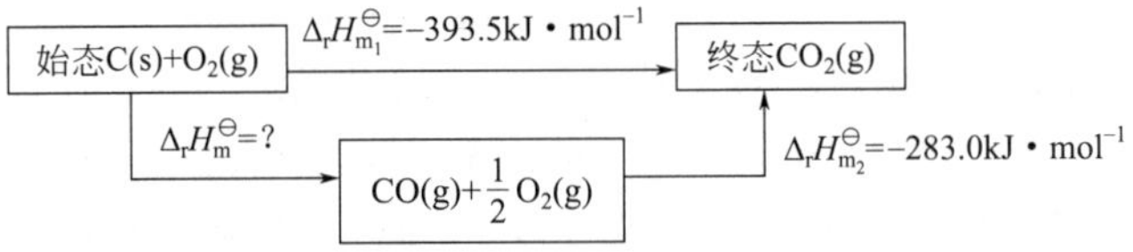

始态$C(s)+O_2(g)$ —— $\Delta_r H_{m_1}^{\ominus}=-393.5\text{kJ} \cdot \text{mol}^{-1}$ → 终态$CO_2(g)$

始态$C(s)+O_2(g)$ —— $\Delta_r H_m^{\ominus}=?$ → $CO(g)+\frac{1}{2}O_2(g)$ —— $\Delta_r H_{m_2}^{\ominus}=-283.0\text{kJ} \cdot \text{mol}^{-1}$ → 终态$CO_2(g)$

解： 由盖斯定律可知 $\Delta_r H_{m_1}^{\ominus} = \Delta_r H_m^{\ominus} + \Delta_r H_{m_2}^{\ominus}$

所以 $\Delta_r H_m^{\ominus} = \Delta_r H_{m_1}^{\ominus} - \Delta_r H_{m_2}^{\ominus} = -393.5 - (-283.0) = -110.5(\text{kJ} \cdot \text{mol}^{-1})$

由此可见，盖斯定律的实质是焓，为状态函数，焓变与途径无关。

实际上，根据盖斯定律，我们可以把热化学方程式像代数方程式那样进行运算。即方程式相加（或相减），其热效应的数值也相加（或相减）。

2.1.3 化学反应热的计算

2.1.3.1 由标准摩尔生成焓计算标准反应焓变

根据盖斯定律，可以利用标准摩尔生成焓来计算各种化学反应的热效应（标准反应焓变）。因为化学反应是质量守恒的，所以用相同种类和数量的单质既可以组成全部的反应物，又可以组成全部的生成物，如果分别知道了反应物和生成物的标准摩尔生成焓，即可求出反应的热效应。

由盖斯定律可以推出化学反应的标准摩尔反应焓变等于生成物的标准摩尔生成焓的总和减去反应物的标准摩尔生成焓的总和。对于一般的化学反应 $aA+bB = gG+dD$，若任一物质均处于温度为 T 的标准状态时，该化学反应的标准摩尔反应焓变为：

$$\Delta_r H_m^{\ominus} = \sum \upsilon_i \Delta_f H_m^{\ominus}(\text{生成物}) - \sum \upsilon_i \Delta_f H_m^{\ominus}(\text{反应物}) \tag{2-8}$$

式中，υ_i 表示反应式中物质的化学计量数（注意化学计量数的正、负号），根据有关物质的标准摩尔生成焓，可应用该式计算出反应的标准摩尔反应焓变。

［例 2-2］ 试计算下列反应的 $\Delta_r H_m^{\ominus}$。

$$4NH_3(g) + 5O_2(g) = 4NO(g) + 6H_2O(g)$$

解：	$NH_3(g)$	$O_2(g)$	$NO(g)$	$H_2O(g)$
$\Delta_f H_m^{\ominus}/kJ \cdot mol^{-1}$	−46.11	0	90.25	−241.82

$$\begin{aligned}\Delta_r H_m^{\ominus} &= [4\Delta_f H_m^{\ominus}(NO)+6\Delta_f H_m^{\ominus}(H_2O)]-[4\Delta_f H_m^{\ominus}(NH_3)+5\Delta_f H_m^{\ominus}(O_2)]\\ &= [4\times(90.25)+6\times(-241.82)]-[4\times(-46.11)+5\times 0] = -905.48(kJ \cdot mol^{-1})\end{aligned}$$

要注意，某物质的标准摩尔生成焓除了与反应温度、压力有关外，还与物质本身的聚集状态有关，计算时一定要注意，不能混淆。

2.1.3.2　由键能估算标准反应焓变

断开气态物质 1mol 化学键，使之成为气态原子所需要的能量叫键能 E。在恒温恒压下，由于一般反应的 $p\Delta V$ 比起 ΔH 是较小的，可用 ΔH 代替 ΔU，因而断开气态物质中 1mol 化学键所产生的热效应 ΔH 可近似等于键能。

化学反应的实质是断开反应物分子的化学键，形成生成物分子的化学键。断开化学键需要吸收能量，形成化学键要放出能量，通过化学键的断开与形成，应用键能的数据，可以近似估算化学反应热效应。

［例 2-3］ 计算乙烯与水作用制备乙醇的反应热效应　$C_2H_4(g)+H_2O(g) = C_2H_5OH(g)$

解： $E_{C=C}=615.05kJ \cdot mol^{-1}$　$E_{C-H}=413.38kJ \cdot mol^{-1}$　$E_{O-H}=462.75kJ \cdot mol^{-1}$

$E_{C-C}=347.69kJ \cdot mol^{-1}$　$E_{C-O}=351.46kJ \cdot mol^{-1}$

反应过程中，断开的键有：4 个 C—H 键；1 个 C═C 键；2 个 O—H 键。

形成的键有：5 个 C—H 键；1 个 C—C 键；1 个 C—O 键；1 个 O—H 键。

$$\begin{aligned}\Delta_r H_m^{\ominus} &= (4\times E_{C-H}+E_{C=C}+2\times E_{O-H})-(5\times E_{C-H}+E_{C-C}+E_{C-O}+E_{O-H})\\ &= (4\times 413.38+615.05+2\times 462.75)-(5\times 413.38+347.69+351.46+462.75)\\ &= -34.73(kJ \cdot mol^{-1})\end{aligned}$$

由此可知，化学反应的热效应近似等于所有反应物的键能总和减去所有生成物键能总和。

由于结构化学中键能的数据不够完全，而且在不同的化合物中，同一化学键的键能不一定相同，如在 C_2H_4 和 C_2H_5OH 中 C—H 键的键能是有差别的，化学手册中的键能数值只是同一化学键的平均值，因而此方法不能精确求得反应的热效应，仅仅能用来估算反应热。

2.2　化学反应的方向和限度

在化学反应的研究中，人们主要关心在给定条件下化学反应进行的方向，能否得到预期的产物。这些就是本节要解决的问题。

2.2.1 化学反应的自发过程和熵变

2.2.1.1 化学反应的自发过程

自然界所发生的一切变化过程都有一定的方向性。例如，水总是自动地由高处流向低处，而不会自动地反向流动；当两个温度不同的物体相互接触时，热可以自动地从高温物体传给低温物体，经过足够长的时间后，两物体的温度趋于相同。这种在一定条件下不需外界做功，一经引发就能自动进行的过程，称为自发过程（对于化学过程，也称自发反应），而只有借助外力做功才能进行的过程叫非自发过程。由此可知，自发过程与非自发过程是一个互逆的过程；自发过程和非自发过程都是可以进行的，区别就在于自发过程可以自动进行，而非自发过程则需要借助外力才能进行，当条件变化时，自发过程与非自发过程可以发生转化。如 $CaCO_3$ 的分解反应，在常温下，为非自发过程，而在 910℃时该反应可以自发进行。在一定条件下，自发过程能一直进行直到其变化的最大限度，也就是化学平衡状态。

在长期的社会实践中，人们发现很多自发反应，其过程中都伴随有能量放出，也就是有使物质体系倾向于能量最低的趋势，如 H_2 和 O_2 化合生成 H_2O 的过程。因此，早在 19 世纪，人们就试图以反应焓变作为自发过程的判据，认为在恒温恒压下，$\Delta_r H_m < 0$ 时，过程能自发进行；$\Delta_r H_m > 0$ 时，过程不能自发进行。这种以反应焓变作为判断反应方向的依据，简称焓变判据。

但是，对于在常温下，冰自动融化生成水的反应，焓变判据无法解释，说明在判断反应方向时，除了反应焓变外，还有其他因素影响反应方向。通过对冰水转化的反应进行进一步的研究发现，在冰的晶体中，H_2O 分子有规则地排列在一定的晶格点上，是一种有序的状态，而在液态水中，H_2O 分子可以自由移动，即没有确定的位置，也没有固定的距离，是一种无序的状态；盐类的溶解、固体的分解等也是如此。如固体 $CaCO_3$ 的分解，生成 CaO 固体和 CO_2 气体，在该变化过程中，不仅分子数增多，而且增加了气体产物，相对于固体和液体来说，气体分子运动更自由，分子间具有更大的混乱度。总之，体系的混乱度增大了。因此，自发过程都有使体系混乱度趋于最大的趋势。这种以体系混乱度变化来判断反应方向的依据，简称熵判据。

由于体系的混乱度与自发变化的方向有关，为了找到更准确实用的反应方向判据，引入了一个新的概念——熵（entropy）。

2.2.1.2 熵与化学反应的熵变

体系内组成物质的微观粒子运动的混乱程度，在热力学中用熵来表示（符号为 S）。不同的物质，不同的条件，其熵值不同。因此，熵是描述物质混乱度大小的物理量，是状态函数。体系的混乱度越大，对应的熵值就越大。标准压力下，在绝对零度时，任何纯物质完整无损的纯净晶体的熵值为零（$S_0^\ominus = 0$，下标“0”表示在 0K 时）。以此为基础，可求得其他温度下的熵值（$S_T^\ominus$）。

$$\Delta S^\ominus = S_T^\ominus - S_0^\ominus = S_T^\ominus - 0 = S_T^\ominus$$

$S_T^\ominus$ 即为该纯物质在温度 T 时的熵。某单位物质的量的纯物质在标准状态下的熵值称为标准摩尔熵 $S_m^\ominus$，单位为 $J \cdot mol^{-1} \cdot K^{-1}$。附录 3 中给出 298.15K 下一些常见物质的标准摩尔熵 $S_m^\ominus$ 值。

比较物质的标准熵值，可以得到如下的规律。

① 物质的聚集状态不同，其熵值不同，同种物质气态熵最大，液态熵次之，固态熵最小；即 $S_m^\ominus(g)>S_m^\ominus(l)>S_m^\ominus(s)$。

② 熵与物质分子量有关，分子结构相似而分子量又相近的物质熵值相近，如 $S_m^\ominus(CO)=197.674J \cdot mol^{-1} \cdot K^{-1}$，$S_m^\ominus(N_2)=191.5J \cdot mol^{-1} \cdot K^{-1}$；分子结构相似而分子量不同的物质，熵随分子量增大而增大，如 HF、HCl、HBr、HI 的 $S_m^\ominus$ 分别为 $173.79J \cdot mol^{-1} \cdot K^{-1}$、$186.7J \cdot mol^{-1} \cdot K^{-1}$、$198.59J \cdot mol^{-1} \cdot K^{-1}$、$206.48J \cdot mol^{-1} \cdot K^{-1}$。

③ 当结构及分子量都相近时，结构复杂的物质具有更大的熵值。如 $S_m^\ominus(C_2H_5OH,g)=282.70J \cdot mol^{-1} \cdot K^{-1}$；$S_m^\ominus(CH_3—O—CH_3,g)=266.38J \cdot mol^{-1} \cdot K^{-1}$。

④ 物质的熵值随温度升高而增大。气态物质的熵值随压力增大而减小。压力对液态、固态物质的熵影响很小，可以忽略不计。

熵与焓一样，化学反应的熵变 $\Delta_r S_m$ 与反应焓变 $\Delta_r H_m$ 的计算原则相同，只取决于反应的始态和终态，而与变化的途径无关。因此应用标准摩尔熵 $S_m^\ominus$ 的数值可以算出化学反应的标准摩尔反应熵变 $\Delta_r S_m^\ominus$：

$$\Delta_r S_m^\ominus=\sum \upsilon_i S_m^\ominus(\text{生成物})-\sum \upsilon_i S_m^\ominus(\text{反应物}) \tag{2-9}$$

［例 2-4］ 计算 298.15K、100kPa 下，$CaCO_3(s)═══CaO(s)+CO_2(g)$ 的 $\Delta_r S_m^\ominus$。

解： $S_m^\ominus(CaCO_3,s)=92.9J \cdot mol^{-1} \cdot K^{-1}$；$S_m^\ominus(CaO,s)=38.2J \cdot mol^{-1} \cdot K^{-1}$；$S_m^\ominus(CO_2,g)=213.7J \cdot mol^{-1} \cdot K^{-1}$

$$\begin{aligned}\Delta_r S_m^\ominus &=\sum \upsilon_i S_m^\ominus(\text{生成物})-\sum \upsilon_i S_m^\ominus(\text{反应物})\\ &=S_m^\ominus(CaO,s)+S_m^\ominus(CO_2,g)-S_m^\ominus(CaCO_3,s)\\ &=38.2+213.7-92.9\\ &=159(J \cdot mol^{-1} \cdot K^{-1})\end{aligned}$$

熵值增加有利于反应自发进行，但与反应的焓变一样，不能仅用熵变作为自发过程的判据（仅对于孤立体系 $\Delta S_{\text{孤立}}>0$，过程自发进行）。如在 0℃以下，水将自动结成冰，此过程为熵减小的反应，这表明反应的自发性与熵变、焓变都有关系，因此，引入一个新的热力学函数吉布斯自由能。

2.2.2 Gibbs 自由能

1878 年美国著名物理化学家吉布斯（J. W. Gibbs）提出了一个与焓、熵、温度相关的新物理量，称为吉布斯自由能。

2.2.2.1 Gibbs 自由能的计算

因为反应的自发过程与焓变、熵变和温度有关，而且 H、S、T 均为状态函数，热力学研究证实：$G=H-TS$；G 也是状态函数，定义为吉布斯函数，或称为吉布斯自由能(Gibbs free energy)。假设某一反应，在状态Ⅰ时，其焓为 H_1，熵为 S_1；状态Ⅱ时，焓为 H_2，熵为 S_2；在恒温下进行反应，则 $\Delta H=H_2-H_1$，$T\Delta S=T(S_2-S_1)$；两者相减可得：

$$\Delta H-T\Delta S=H_2-H_1-T(S_2-S_1)=(H_2-TS_2)-(H_1-TS_1)=G_2-G_1=\Delta G$$

G 的绝对值是无法确定的，但我们关心的是在一定条件下体系的 Gibbs 自由能变 ΔG 的数值。ΔG 的性质与 ΔH 相似，与物质的量有关，正、逆反应的 ΔG 数值相等，符号相反。

在给定温度和标准状态下，由稳定单质生成1mol某物质时的Gibbs自由能变称为该物质的标准摩尔生成吉布斯自由能变，以符号“$\Delta_f G_m^\ominus$”（有时简写成$\Delta G_f^\ominus$）表示，单位是$kJ \cdot mol^{-1}$。同时，热力学规定298.15K时，稳定单质的标准摩尔生成吉布斯自由能变为零，即$\Delta_f G_m^\ominus$（稳定单质，298.15K）=0。$\Delta_f G_m^\ominus$数值通常情况下为298.15K时的数值，如为其他温度，则应指明相应的温度。

对于一个化学反应，在标准状态下，反应前后吉布斯自由能的变化值称为反应的标准摩尔吉布斯自由能变（$\Delta_r G_m^\ominus$），可按下式求得：

$$\Delta_r G_m^\ominus = \sum \upsilon_i \Delta_f G_m^\ominus(\text{生成物}) - \sum \upsilon_i \Delta_f G_m^\ominus(\text{反应物}) \quad (2\text{-}10)$$

$$\Delta_r G_m^\ominus = \Delta_r H_m^\ominus - T\Delta_r S_m^\ominus \quad (2\text{-}11)$$

因为$\Delta_r H_m^\ominus$和$\Delta_r S_m^\ominus$的值随温度变化不大，我们可以近似认为其与温度无关，所以可以用298.15K时的$\Delta_r H_m^\ominus$和$\Delta_r S_m^\ominus$替代其它任意温度下的$\Delta_r H_m^\ominus(T)$和$\Delta_r S_m^\ominus(T)$，来计算任意温度下的$\Delta_r G_m^\ominus(T)$。即$\Delta_r G_{m,T}^\ominus \approx \Delta_r H_{m,298.15K}^\ominus - T\Delta_r S_{m,298.15K}^\ominus$

［例2-5］ 已知反应如下，由两种方法计算$\Delta_r G_m^\ominus$（298.15K）并比较数值大小。

	$H_2(g)$ +	$Cl_2(g)$ ══	$2HCl(g)$
$\Delta_f G_m^\ominus(298.15K)/kJ \cdot mol^{-1}$	0	0	−95.27
$\Delta_f H_m^\ominus(298.15K)/kJ \cdot mol^{-1}$	0	0	−92.31
$S_m^\ominus(298.15K)/J \cdot mol^{-1} \cdot K^{-1}$	130.6	223.0	186.7

解： $\Delta_r G_m^\ominus(298.15K) = 2\Delta_f G_m^\ominus(HCl,g) - \Delta_f G_m^\ominus(H_2,g) - \Delta_f G_m^\ominus(Cl_2,g)$

$= 2\times(-95.27) - 0 - 0 = -190.54(kJ \cdot mol^{-1})$

$\Delta_r H_m^\ominus(298.15K) = 2\Delta_f H_m^\ominus(HCl,g) - \Delta_f H_m^\ominus(H_2,g) - \Delta_f H_m^\ominus(Cl_2,g)$

$= 2\times(-92.31) - 0 - 0 = -184.62(kJ \cdot mol^{-1})$

$\Delta_r S_m^\ominus(298.15K) = 2S_m^\ominus(HCl,g) - S_m^\ominus(H_2,g) - S_m^\ominus(Cl_2,g)$

$= 2\times186.7 - 223.0 - 130.6 = 19.8(J \cdot mol^{-1} \cdot K^{-1})$

$\Delta_r G_m^\ominus(298.15K) = \Delta_r H_m^\ominus(298.15K) - T\Delta_r S_m^\ominus(298.15K)$

$= -184.62 - 298.15\times19.8\div1000 = -190.52(kJ \cdot mol^{-1})$

由计算可见，两种方法计算得到的$\Delta_r G_m^\ominus$基本相等。

2.2.2.2 自发反应方向的判据

热力学研究指出，在封闭体系中，恒温、恒压只做体积功的条件下，自发变化的方向是Gibbs自由能变减小的方向，即

$\Delta_r G_m < 0$　自发过程，反应能够正向自发进行。

$\Delta_r G_m > 0$　非自发过程，反应能够逆向自发进行。

$\Delta_r G_m = 0$　反应处于平衡状态。

这就是恒温恒压下，自发变化方向的吉布斯自由能变判据。

由式(2-11)可以看出，吉布斯自由能变包括焓变和熵变两种与反应方向有关的因子，体现了焓变和熵变两种效应的对立统一，可以准确地判断化学反应的方向。具体情况可分如

下几种情况：

① 如果 $\Delta_r H_m < 0$（放热），同时 $\Delta_r S_m > 0$（熵增加），则 $\Delta_r G_m < 0$，在任意温度下，正反应均能自发进行。如 $H_2(g) + Cl_2(g) = 2HCl(g)$。

② 如果 $\Delta_r H_m > 0$（吸热），同时 $\Delta_r S_m < 0$（熵减少），则 $\Delta_r G_m > 0$，在任意温度下，正反应均不能自发进行，但其逆反应可在任意温度下自发进行。如 $3O_2(g) = 2O_3(g)$。

③ 如果 $\Delta_r H_m < 0$（放热），同时 $\Delta_r S_m < 0$（熵减少），低温下 $|\Delta_r H_m| > |T\Delta_r S_m|$，则 $\Delta_r G_m < 0$，正反应能自发进行；高温下 $|\Delta_r H_m| < |T\Delta_r S_m|$，则 $\Delta_r G_m > 0$，正反应不能自发进行。如反应：$2NO(g) + O_2(g) = 2NO_2(g)$。

④ 如果 $\Delta_r H_m > 0$（吸热），同时 $\Delta_r S_m > 0$（熵增加），低温下 $|\Delta_r H_m| > |T\Delta_r S_m|$，则 $\Delta_r G_m > 0$，正反应不能自发进行；高温下 $|\Delta_r H_m| < |T\Delta_r S_m|$，则 $\Delta_r G_m < 0$，正反应能自发进行。如反应：$CaCO_3(s) = CaO(s) + CO_2(g)$。

由上述四种情况看放热反应不一定都能正向进行，吸热反应在一定条件下也可以自发进行。①、②两种情况焓变、熵变的效应方向一致，而③、④两种情况的焓变、熵变效应方向相反，低温下，以焓变为主，高温下，以熵变为主。随温度变化自发过程与非自发过程之间相互转化。当 $\Delta_r G_m = 0$ 时，体系处于平衡状态。此时温度改变，反应方向发生改变，该温度称为转变温度 $T_{转}$。

$$\Delta_r G^{\ominus}_{m,T} \approx \Delta_r H^{\ominus}_{m,298.15K} - T\Delta_r S^{\ominus}_{m,298.15K}$$

$$T_{转} \approx \frac{\Delta_r H_{m,298.15K}}{\Delta_r S^{\ominus}_{m,298.15K}} \tag{2-12}$$

从前面的讨论中可以看出，判断反应方向使用的是 $\Delta_r G_m$，而非 $\Delta_r G^{\ominus}_m$。我们前面所介绍的计算方法均为求解 $\Delta_r G^{\ominus}_m$。那么 $\Delta_r G_m$ 与 $\Delta_r G^{\ominus}_m$ 是什么关系呢？

实际上，许多化学反应并不是在标准状态下进行的，在等温、等压及非标准状态下，对任一反应来说：　$m\text{A} + n\text{B} = p\text{C} + q\text{D}$

根据热力学公式推导，我们可以得到如下的关系式：

$$\Delta_r G_m = \Delta_r G^{\ominus}_m + RT\ln Q \quad 或\ \Delta_r G_m = \Delta_r G^{\ominus}_m + 2.303RT\lg Q \tag{2-13}$$

此式称为化学反应等温方程式，式中 Q 称为反应商。

对于气相反应：$Q = \dfrac{[p(\text{C})/p^{\ominus}]^p[p(\text{D})/p^{\ominus}]^q}{[p(\text{A})/p^{\ominus}]^m[p(\text{B})/p^{\ominus}]^n}$

对于水溶液中的反应：$Q = \dfrac{[c(\text{C})/c^{\ominus}]^p[c(\text{D})/c^{\ominus}]^q}{[c(\text{A})/c^{\ominus}]^m[c(\text{B})/c^{\ominus}]^n}$

对于固体、纯液体，由于它们对 $\Delta_r G_m$ 的影响较小，故它们不出现在反应商的表达式中，如 $Zn(s) + 2H^+(aq) = Zn^{2+}(aq) + H_2(g)$

其反应商的表达式为：$Q = \dfrac{[c(Zn^{2+})/c^{\ominus}][p(H_2)/p^{\ominus}]}{[c(H^+)/c^{\ominus}]^2}$

表达式中的 p_i 为该气体分压。当反应中各物质均处于标准状态时，$Q=1$，则 $\Delta_r G_m = \Delta_r G^{\ominus}_m$，可用 $\Delta_r G^{\ominus}_m$ 来判断反应方向。但多数反应处于非标准状态，$\Delta_r G_m \neq \Delta_r G^{\ominus}_m$，此时，只有当 $|\Delta_r G^{\ominus}_m| > 40\text{kJ}\cdot\text{mol}^{-1}$ 时，才可以用 $\Delta_r G^{\ominus}_m$ 判定反应方向。

$\Delta_r G^{\ominus}_m < -40\text{kJ}\cdot\text{mol}^{-1}$　　一般为自发过程，反应能够正向自发进行

$\Delta_r G^{\ominus}_m > 40\text{kJ}\cdot\text{mol}^{-1}$　　一般为非自发过程，反应能够逆向自发进行

[例 2-6]　已知反应 $CaCO_3(s) = CaO(s) + CO_2(g)$，试判断 298.15K 和 1500K 下正

反应是否能自发进行，并求其转变温度。

解： 反应的方程式为：　$CaCO_3(s) \longrightarrow CaO(s) + CO_2(g)$

	$CaCO_3(s)$	$CaO(s)$	$CO_2(g)$
$\Delta_f H_m^\ominus(298.15K)/kJ \cdot mol^{-1}$	−1207.6	−634.9	−393.5
$S_m^\ominus(298.15K)/J \cdot mol^{-1} \cdot K^{-1}$	91.7	38.2	213.8

$$\Delta_r H_m^\ominus(298.15K) = \Delta_f H_m^\ominus(CaO,s) + \Delta_f H_m^\ominus(CO_2,g) - \Delta_f H_m^\ominus(CaCO_3,s)$$
$$= -634.9 + (-393.5) - (-1207.6) = 179.20(kJ \cdot mol^{-1})$$

$$\Delta_r S_m^\ominus(298.15K) = S_m^\ominus(CaO,s) + S_m^\ominus(CO_2,g) - S_m^\ominus(CaCO_3,s)$$
$$= 38.2 + 213.8 - 91.7 = 160.3(J \cdot mol^{-1} \cdot K^{-1})$$

$$\Delta_r G_m^\ominus(298.15K) = \Delta_r H_m^\ominus(298.15K) - T\Delta_r S_m^\ominus(298.15K)$$
$$= 179.20 - 298.15 \times 160.3 \div 1000 = 131.4(kJ \cdot mol^{-1})$$

$\Delta_r G_m^\ominus(298.15K) > 40kJ \cdot mol^{-1}$，反应不能正向自发进行。

$$\Delta_r G_m^\ominus(1500K) \approx \Delta_r H_m^\ominus(298.15K) - T\Delta_r S_m^\ominus(298.15K)$$
$$= 179.20 - 1500 \times 160.3 \div 1000 = -61.25(kJ \cdot mol^{-1})$$

此时，$\Delta_r G_m^\ominus(1500K) < -40kJ \cdot mol^{-1}$，正反应可以自发进行。

$$T_{转} \approx \frac{\Delta_r H_{m,298.15K}^\ominus}{\Delta_r S_{m,298.15K}^\ominus} = \frac{179.20 \times 10^3}{160.3} = 1118K$$

[例 2-7] 计算 320K 时，反应 $2HI(g) \longrightarrow H_2(g) + I_2(g)$ 的 $\Delta_r G_m$ 和 $\Delta_r G_m^\ominus$ 并判断反应进行的方向。已知 $p_{HI} = 0.0400MPa$　$p_{H_2} = 0.00100MPa$　$p_{I_2} = 0.00100MPa$

解：

	$2HI(g)$	$H_2(g)$	$I_2(g)$
$\Delta_f H_m^\ominus(298.15K)/kJ \cdot mol^{-1}$	26.5	0	62.438
$S_m^\ominus(298.15K)/J \cdot mol^{-1} \cdot K^{-1}$	206.48	130.6	260.6

$$\Delta_r H_m^\ominus(298.15K) = \Delta_f H_m^\ominus(H_2,g) + \Delta_f H_m^\ominus(I_2,g) - 2\Delta_f H_m^\ominus(HI,g)$$
$$= 0 + 62.438 - 2 \times 26.5 = 9.438(kJ \cdot mol^{-1})$$

$$\Delta_r S_m^\ominus(298.15K) = S_m^\ominus(H_2,g) + S_m^\ominus(I_2,g) - 2S_m^\ominus(HI,g)$$
$$= 130.6 + 260.6 - 2 \times 206.48 = -21.76(J \cdot mol^{-1} \cdot K^{-1})$$

$$\Delta_r G_m^\ominus(320K) = \Delta_r H_m^\ominus(298.15K) - T\Delta_r S_m^\ominus(298.15K)$$
$$= 9.438 - 320 \times (-21.76) \div 1000 = 16.401(kJ \cdot mol^{-1})$$

$$\Delta_r G_m = \Delta_r G_m^\ominus + 2.303RT\lg Q$$
$$= 16.401 + 2.303 \times 8.314 \times 10^{-3} \times 320\lg\frac{(0.00100/0.100) \times (0.001/0.100)}{(0.0400/0.100)^2}$$
$$= -3.23(kJ \cdot mol^{-1})$$

由于 $\Delta_r G_m < 0$，所以反应可以正向进行。

[例 2-8] 对于反应 $CCl_4(l) + H_2(g) \longrightarrow HCl(g) + CHCl_3(l)$，比较①在 298.15K 和标准状态下，② $p_{H_2} = 1.00 \times 10^6 Pa$ 和 $p_{HCl} = 1.00 \times 10^4 Pa$ 时自发反应的方向。已知 $\Delta_r H_m^\ominus(298.15K) = -90.34kJ \cdot mol^{-1}$，$\Delta_r S_m^\ominus(298.15K) = 41.5J \cdot mol^{-1} \cdot K^{-1}$。

解： ① $\Delta_r G_m^\ominus(298.15K) = \Delta_r H_m^\ominus(298.15K) - T\Delta_r S_m^\ominus(298.15K)$
$$= -90.34 - 298.15 \times 41.5 \div 1000 = -102.7(kJ \cdot mol^{-1})$$

$\Delta_r G_m^{\ominus} < 0$，在标准状态下，正反应自发进行。

② $\Delta_r G_m = \Delta_r G_m^{\ominus} + RT\ln Q$

$$= \Delta_r G_m^{\ominus} + RT\ln \frac{p_{HCl}/p^{\ominus}}{p_{H_2}/p^{\ominus}}$$

$$= -102.7 + 8.314\times10^{-3}\times298.15\times\ln\frac{1.00\times10^4/1.00\times10^5}{1.00\times10^6/1.00\times10^5}$$

$$= -114.1(\text{kJ}\cdot\text{mol}^{-1})$$

在非标准状态时，$\Delta_r G_m < 0$，所以正反应可以自发进行。

2.2.3　可逆反应与化学平衡

一个热力学上可进行的反应会百分之百地转化为生成物吗？如果不是，转化率是多少？怎样才能提高转化率以便获得更多的产物？这就是我们要讨论的化学平衡及化学平衡的移动问题。

2.2.3.1　可逆反应与化学平衡

在一定的反应条件下，一个反应既能由反应物转变为生成物，又能由生成物转变为反应物，这样的反应称为可逆反应（reversible reaction）。几乎所有的化学反应都是可逆的，只是可逆的程度不同而已。通常把自左向右进行的反应称为正反应，将自右向左进行的反应称为逆反应。

可逆反应 $CO(g) + H_2O(g) \rightleftharpoons CO_2(g) + H_2(g)$，若反应开始时，体系中只有 CO 和 $H_2O(g)$ 分子，则此时只能发生正反应，随着反应的进行，CO 和 $H_2O(g)$ 分子数目减少；一旦体系中出现 CO_2 和 H_2 分子，就开始出现逆反应，随着反应的进行，CO_2 和 H_2 分子增多。当体系内正反应速率等于逆反应速率时，体系中各种物质的浓度不再发生变化，即单位时间内有多少反应物分子变为产物分子，就同样有多少产物分子转变成反应物分子，这样就建立了一种动态平衡，称化学平衡（chemical equilibrium）。

与上述相似，若反应开始时体系中只有 CO_2 和 H_2 分子，此时，只能进行逆反应；随着反应的进行，CO_2 和 H_2 分子数目减少；CO 和 $H_2O(g)$ 分子的数目逐渐增多，直到体系内正反应速率等于逆反应速率，此时也可以建立一种动态平衡。

无论是哪一种情况，当反应经过无限长时间后，反应体系中最终的物质组成是相同的，并且不再发生变化（只要反应条件不发生变化）。

所有参与反应的物质均处于同一相（化学中，把物理性质与化学性质完全相同的部分称为相）中的化学平衡叫均相平衡（homogenous phase chemical equilibrium），如上例。而把处于不同相中的物质参与的化学平衡叫多相平衡（multiple phase chemical equilibrium），如碳酸钙的分解反应。

化学平衡具有以下特征：

① 化学平衡是一种动态平衡（dynamic equilibrium）。当体系达到平衡时，表面看似乎反应停止了，但实际上正、逆反应始终在进行，只不过由于两者的反应速率相等，单位时间内每一种物质的生成量与消耗量相等，从而使得各种物质的浓度保持不变。

② 化学平衡可以从正、逆反应两个方向达到，即无论从反应物开始还是由生成物开始，均可达到平衡。

③ 当体系达到化学平衡时，只要外界条件不变，无论经过多长时间，各物质的浓度都将保持不变；一旦外界条件改变，原有的平衡会被破坏，将在新的条件下建立新的平衡。

2.2.3.2 标准平衡常数 $K^{\ominus}$

人们通过大量的实验发现，任何可逆反应不管反应的始态如何，在一定温度下达到化学平衡时，各生成物平衡浓度的幂的乘积与反应物平衡浓度幂的乘积之比为一个常数，称为化学平衡常数（chemical equilibrium constant）。它表明了反应体系内各组分的量之间的相互关系。

对于反应：
$$mA+nB \rightleftharpoons pC+qD$$

若为气体反应：
$$K_p=\frac{[p(C)]^p[p(D)]^q}{[p(A)]^m[p(B)]^n} \tag{2-14}$$

若为溶液中溶质反应：
$$K_c=\frac{[c(C)]^p[c(D)]^q}{[c(A)]^m[c(B)]^n} \tag{2-15}$$

由于 K_c、K_p 都是把测定值直接代入平衡常数表达式中计算所得，因此它们均属实验平衡常数（或经验平衡常数）。其数值和量纲随所用浓度、压力单位不同而不同，其量纲不为 1（仅当反应的 $\Delta n=0$ 时量纲为 1）。由于实验平衡常数使用非常不方便，因此国际上现已统一改用标准平衡常数。

标准平衡常数（也称热力学平衡常数）$K^{\ominus}$ 的表达式（也称为定义式）为：

若为气体反应：
$$K^{\ominus}=\frac{[p(C)/p^{\ominus}]^p[p(D)/p^{\ominus}]^q}{[p(A)/p^{\ominus}]^m[p(B)/p^{\ominus}]^n} \tag{2-16}$$

若为溶液中溶质反应：
$$K^{\ominus}=\frac{[c(C)/c^{\ominus}]^p[c(D)/c^{\ominus}]^q}{[c(A)/c^{\ominus}]^m[c(B)/c^{\ominus}]^n} \tag{2-17}$$

标准平衡常数与实验平衡常数表达式相比，不同之处在于每种溶质的平衡浓度项均应除以标准浓度，每种气体物质的平衡分压均应除以标准压力。也就是气体物质用相对分压表示，溶液中溶质用相对浓度表示，这样标准平衡常数没有量纲，即量纲为 1。标准压力为 $p^{\ominus}=100kPa$，标准浓度为 $c^{\ominus}=1.0mol \cdot L^{-1}$。

固体、纯液体不出现在标准平衡常数的表达式中，如：

$$Zn(s)+2H^+(aq) \rightleftharpoons Zn^{2+}(aq)+H_2(g)$$
$$K^{\ominus}=\frac{[c(Zn^{2+})/c^{\ominus}][p(H_2)/p^{\ominus}]}{[c(H^+)/c^{\ominus}]^2}$$

标准平衡常数只与温度有关，而与压力和浓度无关。在一定温度下，每个可逆反应均有其特定的标准平衡常数。标准平衡常数表达了平衡体系的动态关系。标准平衡常数的数值大小表明在一定条件下反应进行的程度。标准平衡常数数值很大，表明反应向右进行的趋势很大，达到平衡时体系将主要由生成物组成；反之，标准平衡常数数值很小，达到平衡时体系将主要为反应物。

书写标准平衡常数表达式时，应注意以下几点：

① 标准平衡常数中，一定是生成物相对浓度（或相对分压）相应幂的乘积作分子；反应物相对浓度（或相对分压）相应幂的乘积作分母；其中的幂为该物质化学计量方程式中的计量系数。

② 标准平衡常数中，气态物质以相对分压表示，溶液中的溶质以相对浓度表示，而纯固体、纯液体不出现在标准平衡常数表达式中（视为常数）。

③ 标准平衡常数表达式必须与化学方程式相对应，同一化学反应，方程式书写不同时，其标准平衡常数的数值也不同。

$N_2(g)+3H_2(g) \rightleftharpoons 2NH_3(g)$ $\qquad K^{\ominus}=\dfrac{(p_{NH_3}/p^{\ominus})^2}{(p_{H_2}/p^{\ominus})^3(p_{N_2}/p^{\ominus})}$

$\frac{1}{2}N_2(g)+\frac{3}{2}H_2(g) \rightleftharpoons NH_3(g)$ $\qquad K^{\ominus}{}'=\dfrac{(p_{NH_3}/p^{\ominus})}{(p_{H_2}/p^{\ominus})^{3/2}(p_{N_2}/p^{\ominus})^{1/2}}$

$2NH_3(g) \rightleftharpoons N_2(g)+3H_2(g)$ $\qquad K^{\ominus}{}''=\dfrac{(p_{H_2}/p^{\ominus})^3(p_{N_2}/p^{\ominus})}{(p_{NH_3}/p^{\ominus})^2}$

三者的表达式不同，但存在如下关系：$K^{\ominus}=(K^{\ominus}{}')^2=1/K^{\ominus}{}''$

［例2-9］ 实验测得 SO_2 氧化为 SO_3 的反应在1000K时，各物质的平衡分压为 $p_{SO_2}=27.2kPa$，$p_{O_2}=40.7kPa$，$p_{SO_3}=32.9kPa$，计算1000K时反应 $2SO_2(g)+O_2(g) \rightleftharpoons 2SO_3(g)$ 的标准平衡常数 $K^{\ominus}$。

解： $2SO_2(g)+O_2(g) \rightleftharpoons 2SO_3(g)$

根据标准平衡常数的定义式：

$$K^{\ominus}=\frac{(p_{SO_3}/p^{\ominus})^2}{(p_{SO_2}/p^{\ominus})^2 \cdot (p_{O_2}/p^{\ominus})}=\frac{(32.9/100)^2}{(27.2/100)^2\times(40.7/100)}=3.59$$

2.2.3.3 多重平衡规则

如果一个化学反应式是若干相关化学反应式的代数和，在相同的温度下，这个反应的平衡常数就等于它们相应的平衡常数的积（或商）。这个规则叫多重平衡规则。

多重平衡规则在平衡的运算中很重要，当某化学反应的平衡常数难以测得，或不易从文献中查得时，可利用多重平衡规则通过相关的其他化学反应方程式的平衡常数进行间接计算获得。

［例2-10］ 已知下列反应在1123K时的平衡常数：

① $C(s)+CO_2(g) \rightleftharpoons 2CO(g)$ $\qquad K_1^{\ominus}=1.3\times10^{14}$

② $CO(g)+Cl_2(g) \rightleftharpoons COCl_2(g)$ $\qquad K_2^{\ominus}=6.0\times10^{-3}$

计算反应 $2COCl_2(g) \rightleftharpoons C(s)+CO_2(g)+2Cl_2(g)$ 在1123K的平衡常数 $K^{\ominus}$。

解： $2CO(g) \rightleftharpoons C(s)+CO_2(g)$ $\qquad K_1^{\ominus}{}'=1/K_1^{\ominus}$

$2COCl_2(g) \rightleftharpoons 2CO(g)+2Cl_2(g)$ $\qquad K_2^{\ominus}{}'=1/(K_2^{\ominus})^2$

两式相加得：$2COCl_2(g) \rightleftharpoons C(s)+CO_2(g)+2Cl_2(g)$

由多重平衡规则 $K^{\ominus}=K_1^{\ominus}{}'K_2^{\ominus}{}'=1/K_1^{\ominus}\times1/(K_2^{\ominus})^2=2.1\times10^{-10}$

2.2.3.4 有关化学平衡的计算

化学平衡一旦建立，就存在一定的定量关系，应用平衡的概念，我们可做一些重要的运算。比较常见的有以下两种：其一是求标准平衡常数；其二是求平衡浓度、平衡转化率。

$$平衡转化率=\frac{平衡时某反应物已转化的量}{该反应物的初始量}\times100\%$$

它与一般转化率的含义不同，转化率是指反应进行到某时刻已转化的反应物的量（并非平衡状态）与其原始量的比值，所以实际转化率总是低于平衡转化率。

有关平衡常数、平衡浓度或理论转化率的计算一般分三步进行：①按已知条件列出化学反应式；②按指定反应式的计量关系进行反应开始时、变化的及平衡时物料的衡算（根据题意可以用 n 或 c）；③根据②的物料衡算，列出表达式进行具体运算。特别要注意，若用物质的量进行衡算时，则要转换成相对浓度或相对分压方可代入 $K^{\ominus}$ 的表达式。

［例2-11］ 1000K时，将1.00mol SO_2 与1.00mol O_2 充入容积为5.00L的密闭容器

中，平衡时，有 0.85mol $SO_3(g)$ 生成，求 1000K 时 $K^{\ominus}$。

解： $2SO_2(g)+O_2(g) \rightleftharpoons 2SO_3(g)$

	SO_2	O_2	SO_3
反应初始量/mol	1.00	1.00	0.00
反应平衡量/mol	0.15	0.575	0.85

各物质分压：$p_{SO_3}=\dfrac{n_{SO_3}RT}{V}=\dfrac{0.85\times8.314\times1000}{5.00\times10^{-3}}=1.41(\text{MPa})$

同理可得：$p_{SO_2}=\dfrac{n_{SO_2}RT}{V}=\dfrac{0.15\times8.314\times1000}{5.00\times10^{-3}}=0.249(\text{MPa})$

$$p_{O_2}=\frac{n_{O_2}RT}{V}=\frac{0.575\times8.314\times1000}{5.00\times10^{-3}}=0.956(\text{MPa})$$

$$K^{\ominus}_{1000\text{K}}=\frac{(p_{SO_3}/p^{\ominus})^2}{(p_{SO_2}/p^{\ominus})^2(p_{O_2}/p^{\ominus})}=\frac{(1.41/0.1)^2}{(0.249/0.1)^2\times(0.956/0.1)}=335.4$$

［**例 2-12**］ 在 250℃时，PCl_5 的分解反应：$PCl_5(g) \rightleftharpoons PCl_3(g)+Cl_2(g)$，其平衡常数 $K^{\ominus}=1.78$，如果将一定量的 PCl_5 放入一密闭容器中，在 250℃、200kPa 下，反应达到平衡，求 PCl_5 的分解率是多少。

解： 设有 $x$mol $PCl_5(g)$ 分解

	$PCl_5(g)$	$\rightleftharpoons$	$PCl_3(g)$	+	$Cl_2(g)$	
起始量/mol	n		0.0		0.0	
平衡量/mol	$n-x$		x		x	总平衡摩尔数 $n+x$
平衡摩尔分数	$n-x/n+x$		$x/n+x$		$x/n+x$	$p_{总}/p^{\ominus}=2$

$$K^{\ominus}=\frac{\left(\dfrac{x}{n+x}\times\dfrac{p}{p^{\ominus}}\right)\left(\dfrac{x}{n+x}\times\dfrac{p}{p^{\ominus}}\right)}{\left(\dfrac{n-x}{n+x}\times\dfrac{p}{p^{\ominus}}\right)}=1.78$$

$$\frac{\left(\dfrac{2x}{n+x}\right)^2}{\dfrac{2(n-x)}{n+x}}=\frac{2x^2}{(n+x)(n-x)}=1.78$$

$$2x^2=1.78(n^2-x^2)$$

$$3.78x^2=1.78n^2$$

$$\left(\frac{x}{n}\right)^2=\frac{1.78}{3.78}=0.471$$

$\dfrac{x}{n}=0.686$　分解率 $=0.686\times100\%=68.6\%$

2.2.3.5 标准平衡常数与标准摩尔 Gibbs 自由能变

平衡常数也可以由化学反应等温方程式导出，根据式(2-13)

$$\Delta_r G_m=\Delta_r G_m^{\ominus}+RT\ln Q$$

若体系处于平衡状态，则 $\Delta_r G_m=0$，并且反应商 Q 项中的各气体物质的相对分压或各溶质的相对浓度均指平衡相对分压或平衡相对浓度，亦即 $Q=K^{\ominus}$。此时，

$$\Delta_r G_m^{\ominus}+RT\ln K^{\ominus}=0$$

$$\Delta_r G_m^{\ominus}=-RT\ln K^{\ominus}=-2.303RT\lg K^{\ominus} \tag{2-18}$$

$$\lg K^{\ominus}=-\frac{\Delta_r G_m^{\ominus}}{2.303RT} \tag{2-19}$$

根据化学反应的等温方程式，可以推导出标准平衡常数与标准摩尔Gibbs自由能变的关系式(2-19)；显然，在温度恒定时，如果我们已知了一些热力学数据，就可以求得反应的标准摩尔Gibbs自由能变$\Delta_r G_m^{\ominus}$，进而求出该化学反应的标准平衡常数$K^{\ominus}$。反之，我们知道了标准平衡常数$K^{\ominus}$，就可以求得该反应的标准摩尔Gibbs自由能变$\Delta_r G_m^{\ominus}$。

从关系式(2-19)中可以知道，在一定的温度下，$\Delta_r G_m^{\ominus}$的代数值越小，则标准平衡常数$K^{\ominus}$的值越大，反应进行的程度越大；$\Delta_r G_m^{\ominus}$的代数值越大，则标准平衡常数$K^{\ominus}$的值越小，反应进行的程度越小。

[例2-13]　分别计算$C(s)+CO_2(g) \rightleftharpoons 2CO(g)$在298K、1173K时的标准平衡常数$K^{\ominus}$。

已知$\Delta_r H_m^{\ominus}(298K)=172.5kJ\cdot mol^{-1}$，$\Delta_r S_m^{\ominus}(298K)=0.1759(kJ\cdot mol^{-1}\cdot K^{-1})$。

解：
$$\Delta_r G_m^{\ominus}(298K)=\Delta_r H_m^{\ominus}(298K)-T\Delta_r S_m^{\ominus}(298K)=172.5-298\times0.1759=120.1(kJ\cdot mol^{-1})$$

$$\Delta_r G_m^{\ominus}(1173K)=\Delta_r H_m^{\ominus}(298K)-T\Delta_r S_m^{\ominus}(298K)=172.5-1173\times0.1759=-33.8(kJ\cdot mol^{-1})$$

则
$$\lg K^{\ominus}(298K)=-\frac{\Delta_r G_m^{\ominus}(298K)}{2.303RT}=-\frac{120.1\times1000}{2.303\times8.314\times298}=-21.04$$

$$K^{\ominus}(298K)=8.94\times10^{-22}$$

$$\lg K^{\ominus}(1173K)\approx-\frac{\Delta_r G_m^{\ominus}(1173K)}{2.303RT}=-\frac{-33.8\times1000}{2.303\times8.314\times1173}=1.5$$

$$K^{\ominus}(1173K)=32$$

2.2.4　化学平衡的移动

化学反应是一种动态平衡，平衡时正反应速率等于逆反应速率，体系内各组分的浓度不再随时间而变化。但这种平衡是暂时的、相对的和有条件的；如果反应条件发生变化，正、逆反应速率就不再相等，可逆反应的平衡状态将发生变化，直至反应体系在新的条件下建立新的动态平衡。但在新的平衡体系中，各反应物和生成物的浓度已不同于原来平衡状态时的数值。这种由于条件变化，使可逆反应从一种反应条件下平衡状态转变到另一种反应条件下平衡状态的变化过程称为化学平衡的移动。这里所说的条件是指浓度、压力和温度。

在改变反应条件后，化学反应由原来的平衡状态变为不平衡状态，此时反应将继续进行，其移动是使反应的Q值趋近于标准平衡常数$K^{\ominus}$。我们可以根据下列关系判定化学平衡移动的方向。

$Q<K^{\ominus}$　平衡能够正向移动，直到达到新的平衡。

$Q>K^{\ominus}$　平衡能够逆向移动，直到达到新的平衡。

$Q=K^{\ominus}$　处于平衡状态，不移动。

下面分别讨论浓度、压力、温度对化学平衡的影响。

2.2.4.1　浓度对化学平衡的影响

在一定条件下，反应$mA+nB \rightleftharpoons pC+qD$达到平衡时，按式(2-16)或式(2-19)计算，均可得标准平衡常数$K^{\ominus}$。若增大反应物浓度或减小产物浓度，计算浓度商Q，此时

$Q<K^{\ominus}$，系统不再处于平衡状态，为了达到平衡，则必须增大生成物的浓度或减小反应物的浓度，因此，反应体系向正反应方向移动，直至 Q 值重新达到 $K^{\ominus}$ 值，使体系建立新的化学平衡；若减小反应物浓度或增大产物浓度，此时 $Q>K^{\ominus}$，反应朝着生成反应物的方向进行，即反应逆向进行。

［例 2-14］ 反应 $Fe^{2+}(aq)+Ag^{+}(aq)\rightleftharpoons Fe^{3+}(aq)+Ag(s)$ 在 25℃时标准平衡常数为 5.0，$AgNO_3$ 和 $Fe(NO_3)_2$ 的起始浓度均为 0.10mol·L^{-1}，$Fe(NO_3)_3$ 的起始浓度为 0.010mol·L^{-1}，求：

① 平衡时 Ag^{+}、Fe^{2+}、Fe^{3+} 的平衡浓度和 Ag^{+} 的平衡转化率。

② 如果保持 Ag^{+} 和 Fe^{3+} 浓度不变，向体系中加入 Fe^{2+}，使其浓度增大 0.20mol·L^{-1}，Ag^{+} 在新条件下的平衡转化率。

解： ①

	$Fe^{2+}(aq)$ +	$Ag^{+}(aq)$ $\rightleftharpoons$	$Fe^{3+}(aq)+Ag(s)$
开始时浓度/mol·L^{-1}	0.10	0.10	0.010
变化浓度/mol·L^{-1}	$-x$	$-x$	$+x$
平衡时浓度/mol·L^{-1}	$0.10-x$	$0.10-x$	$0.010+x$
平衡时相对浓度	$0.10-x$	$0.10-x$	$0.010+x$

根据标准平衡常数的表达式：$K^{\ominus}=\dfrac{(c_{Fe^{3+}}/c^{\ominus})}{(c_{Fe^{2+}}/c^{\ominus})(c_{Ag^{+}}/c^{\ominus})}=\dfrac{(0.010+x)}{(0.10-x)^2}=5.0$

$$x=0.021(\text{mol}\cdot\text{L}^{-1})$$

$c_{Fe^{2+}}=c_{Ag^{+}}=0.10-0.021=0.079(\text{mol}\cdot\text{L}^{-1})$　　$c_{Fe^{3+}}=0.010+0.021=0.031(\text{mol}\cdot\text{L}^{-1})$

$$Ag^{+}\text{的转化率}=\frac{0.021}{0.10}\times100\%=21\%$$

②

	$Fe^{2+}(aq)$ +	$Ag^{+}(aq)$ $\rightleftharpoons$	$Fe^{3+}(aq)+Ag(s)$
开始时浓度/mol·L^{-1}	0.30	0.10	0.010
变化浓度/mol·L^{-1}	$-y$	$-y$	$+y$
平衡时浓度/mol·L^{-1}	$0.30-y$	$0.10-y$	$0.010+y$
平衡时相对浓度	$0.30-y$	$0.10-y$	$0.010+y$

根据标准平衡常数的表达式：

$$K^{\ominus}=\frac{(c_{Fe^{3+}}/c^{\ominus})}{(c_{Fe^{2+}}/c^{\ominus})(c_{Ag^{+}}/c^{\ominus})}=\frac{(0.010+y)}{(0.10-y)(0.30-y)}=5.0$$

$$y=0.051(\text{mol}\cdot\text{L}^{-1})$$

$$Ag^{+}\text{在新条件下的平衡转化率}=\frac{0.051}{0.10}\times100\%=51\%$$

从计算可知，反应系统中增加反应物的量，平衡正向移动，可以提高 Ag^{+} 的转化率。

2.2.4.2 压力对化学平衡的影响

对于有气体物质参加的化学反应，压力变化可能引起化学平衡发生变化，所以在一定条件下，压力对化学平衡会产生影响，其影响情况视具体情况而确定。

对于气相反应　　$mA(g)+nB(g)\rightleftharpoons pC(g)+qD(g)$

达到平衡时：　　$K^{\ominus}=\dfrac{[p(C)/p^{\ominus}]^{p}[p(D)/p^{\ominus}]^{q}}{[p(A)/p^{\ominus}]^{m}[p(B)/p^{\ominus}]^{n}}$

如将已达平衡的反应体系压缩，在保持温度不变的条件下，使体积压缩至 $1/x$（$x>1$），则由道尔顿分压定律可知，每一组分气体的分压增加 x 倍。

$$Q=\frac{[xp(\mathrm{C})/p^{\ominus}]^{p}\cdot[xp(\mathrm{D})/p^{\ominus}]^{q}}{[xp(\mathrm{A})/p^{\ominus}]^{m}\cdot[xp(\mathrm{B})/p^{\ominus}]^{n}}=x^{(p+q)-(m+n)}\cdot K^{\ominus}\qquad Q=x^{\Delta n}\cdot K^{\ominus}$$

式中，$\Delta n=(p+q)-(m+n)$ 为反应前后气体物质摩尔数的变化值。

当 $\Delta n>0$ 时，$Q>K^{\ominus}$，平衡应向逆反应方向（即气体分子数减少的方向）移动。

当 $\Delta n<0$ 时，$Q<K^{\ominus}$，平衡应向正反应方向（即气体分子数减少的方向）移动。

当 $\Delta n=0$ 时，$Q=K^{\ominus}$，此时压力变化对平衡没有影响。

［例 2-15］ 把 CO_2 和 H_2 的混合物加热至 1123K，反应：$CO_2(g)+H_2(g)\rightleftharpoons CO(g)+H_2O(g)$ 达到平衡时，$K^{\ominus}=1$。①假设达到平衡时，有 90% 的 H_2 转化为 $H_2O(g)$，问原来的 CO_2 与 H_2 是按怎样的摩尔比混合的。②如果在上述已达平衡的体系中加入 H_2，使 CO_2 与 H_2 的摩尔比为 $n_{CO_2}/n_{H_2}=1$，体系总压力为 100kPa，试判断平衡移动方向，并计算达平衡时各物质的分压及 H_2 的转化率。③如果保持温度不变，将反应体系的体积压缩至原来的 1/2，试判断平衡能否移动。

解：①

	$CO_2(g)$	+ $H_2(g)$ $\rightleftharpoons$	$CO(g)$	+ $H_2O(g)$
起始量/mol	x	y	0	0
各物质起始分压/Pa	xRT/V	yRT/V	0	0
各物质平衡分压/Pa	$(x-0.9y)RT/V$	$0.1yRT/V$	$0.9yRT/V$	$0.9yRT/V$
各物质相对平衡分压/Pa	$(x-0.9y)RT/V/p^{\ominus}$	$0.1yRT/V/p^{\ominus}$	$0.9yRT/V/p^{\ominus}$	$0.9yRT/V/p^{\ominus}$

将上述各物质的相对平衡分压代入标准平衡常数的表达式中，并进行整理，消去相同的各项：

$$K^{\ominus}=\frac{(0.9y)^2}{(x-0.9y)(0.1y)}=1\qquad 8.1y=x-0.9y\qquad x/y=9$$

②

	$CO_2(g)$	+ $H_2(g)$ $\rightleftharpoons$	$CO(g)$	+ $H_2O(g)$
原各物质平衡分压/Pa	$8.1yRT/V$	$0.1yRT/V$	$0.9yRT/V$	$0.9yRT/V$
改变摩尔比后分压/Pa	$8.1yRT/V$	$8.1yRT/V$	$0.9yRT/V$	$0.9yRT/V$
原各物质相对平衡分压/Pa	$(x-0.9y)RT/V/p^{\ominus}$	$0.1yRT/V/p^{\ominus}$	$0.9yRT/V/p^{\ominus}$	$0.9yRT/V/p^{\ominus}$
新条件下相对平衡分压/Pa	$8.1y(1-\alpha)RT/V/p^{\ominus}$	$8.1y(1-\alpha)RT/V/p^{\ominus}$	$(0.9y+8.1y\alpha)RT/V/p^{\ominus}$	$(0.9y+8.1y\alpha)RT/V/p^{\ominus}$

将上述各物质的相对平衡分压代入反应商的表达式中，并进行整理，消去相同的各项：

$Q=(0.9)^2/(8.1)^2=0.01$　　$Q<K^{\ominus}$　故平衡正向移动

将新条件下各物质的相对平衡分压代入标准平衡常数的表达式中，并进行整理，消去相同的各项：

$$\frac{(0.9+8.1\alpha)^2}{[8.1(1-\alpha)]^2}=1.0\qquad \text{解得：}\alpha=44\%$$

各物质的平衡分压 $p_{CO}=p_{H_2O}=\dfrac{n_i}{n}\times p=\dfrac{0.9+3.6}{18}\times 100\mathrm{kPa}=25.0\mathrm{kPa}$

$$p_{CO_2}=p_{H_2}=\frac{n_i}{n}\times p=\frac{8.1\times(1-0.44)}{18}\times 100\mathrm{kPa}=25.2\mathrm{kPa}$$

③ 当体系体积压缩至原来的 1/2 时，压力增大一倍。由于反应前后气体摩尔数变化值为零，所以此时 $Q=K^{\ominus}$，平衡不移动。

向已达到平衡的体系中加入惰性气体组分对化学平衡的影响可分为两种情况：

① 在恒温恒压下，向已达到平衡的体系中加入惰性气体组分，由于反应总压不变，加入惰性气体前：$p_{总}=\sum p_i$，而加入惰性气体后：$p_{总}=\sum p'_i+p_{惰}$，由于总压 $p_{总}$ 不变，而 $p_{惰}$ 是大于零的，所以 $\sum p_i>\sum p'_i$，相当于气体的相对平衡分压减小，则平衡向气体分子数增多的方向移动。

［例 2-16］ 乙烷裂解生成乙烯，$C_2H_6(g) \rightleftharpoons C_2H_4(g)+H_2(g)$，已知在 1273K、100kPa 下，反应达到平衡时，$p_{C_2H_6}=2.65kPa$，$p_{C_2H_4}=49.35kPa$，$p_{H_2}=49.35kPa$，求 $K^{\ominus}$ 并说明生产中，常在恒温恒压下加入过量水蒸气提高乙烯产率的原理。

解： $$K^{\ominus}=\frac{(p_{C_2H_4}/p^{\ominus})(p_{H_2}/p^{\ominus})}{p_{C_2H_6}/p^{\ominus}}=\frac{(49.35/100)^2}{2.65/100}=9.19$$

在恒温恒压下加入水蒸气，由于总压不变，则各组分的相对分压减小，$Q<K^{\ominus}$，平衡应向正反应方向（即气体分子数增多的方向）移动。

② 若在恒温恒容下，向已达到平衡的体系中加入惰性组分，此时气体总压力 $p_{总}=\sum p'_i+p_{惰}$，总压增大，而各物质分压 p_i 保持不变，此时 $Q=K^{\ominus}$，所以，平衡不发生移动。

对于一般只有液体、固体参加的反应，由于压力的影响很小，平衡不发生移动，因此，可以认为压力对液、固相的反应平衡无影响。

2.2.4.3 温度对化学平衡的影响

浓度、压力对化学平衡的影响是通过改变体系的组成，使 Q 改变，而 $K^{\ominus}$ 并不改变，因为标准平衡常数只是温度的函数，其值大小与浓度、压力无关，所以改变平衡体系的浓度、压力时，不会改变平衡常数，只会使平衡的组成发生变化。但是温度的变化将直接导致 $K^{\ominus}$ 值的变化，从而使化学平衡发生移动，引起平衡组分和反应物的平衡转化率改变。

由式(2-11) 和式(2-18) 分别得：

$$\Delta_r G_m^{\ominus}=\Delta_r H_m^{\ominus}-T\Delta_r S_m^{\ominus}$$

$$\Delta_r G_m^{\ominus}=-RT\ln K^{\ominus}$$

$$-RT\ln K^{\ominus}=\Delta_r H_m^{\ominus}-T\Delta_r S_m^{\ominus}$$

$$\ln K^{\ominus}=-\frac{\Delta_r H_m^{\ominus}}{RT}+\frac{\Delta_r S_m^{\ominus}}{R} \tag{2-20}$$

假定可逆反应在温度 T_1 和 T_2 时，标准平衡常数分别为 $K_1^{\ominus}$ 和 $K_2^{\ominus}$，当温度变化范围较小时，标准摩尔反应焓变 $\Delta_r H_m^{\ominus}$ 和标准摩尔反应熵变 $\Delta_r S_m^{\ominus}$ 的值随温度变化不明显，近似为常数，则可以得到：

$$\ln K_1^{\ominus}=-\frac{\Delta_r H_m^{\ominus}}{RT_1}+\frac{\Delta_r S_m^{\ominus}}{R}$$

$$\ln K_2^{\ominus}=-\frac{\Delta_r H_m^{\ominus}}{RT_2}+\frac{\Delta_r S_m^{\ominus}}{R}$$

两式相减可得：

$$\ln\frac{K_2^{\ominus}}{K_1^{\ominus}}=-\frac{\Delta_r H_m^{\ominus}}{R}\left(\frac{1}{T_2}-\frac{1}{T_1}\right) \tag{2-21}$$

上式称为范特霍夫（Van't Hoff）方程，表示在实验温度范围内，视 $\Delta_r H_m^\ominus$ 为常数时，标准平衡常数与温度 T 的关系式。式(2-21）也可以写成：

$$\ln\frac{K_2^\ominus}{K_1^\ominus}=\frac{\Delta_r H_m^\ominus}{R}\left(\frac{T_2-T_1}{T_2T_1}\right) \tag{2-22}$$

显然，温度变化使 $K^\ominus$ 值增大还是减小，与标准摩尔反应焓变值的正、负有关。若是放热反应即 $\Delta_r H_m^\ominus<0$，提高反应温度 T，则 $\ln\frac{K_2^\ominus}{K_1^\ominus}<0$，$K^\ominus$ 值随反应温度升高而减小，平衡向逆反应方向移动；若是吸热反应，即 $\Delta_r H_m^\ominus>0$，提高反应温度 T，则 $\ln\frac{K_2^\ominus}{K_1^\ominus}>0$，$K^\ominus$ 值随反应温度升高而增大，平衡向正反应方向移动。即升高温度，平衡将向吸热反应方向移动；降低温度，平衡将向放热反应方向移动。

[例2-17]　合成氨反应 $\frac{1}{2}N_2(g)+\frac{3}{2}H_2(g)\rightleftharpoons NH_3(g)$ 在298K时平衡常数为 $K_{298K}^\ominus=1.93\times10^3$，反应的热效应 $\Delta_r H_m^\ominus=-53.0kJ\cdot mol^{-1}$，计算该反应在773K时 $K_{773}^\ominus$ 并判断升温是否有利于反应进行。

解： $$\lg\frac{K_{773K}^\ominus}{K_{298K}^\ominus}=\frac{\Delta_r H_m^\ominus}{2.303R}\left(\frac{1}{298}-\frac{1}{773}\right)=\frac{-53000}{2.303\times8.314}\left(\frac{1}{298}-\frac{1}{773}\right)=-5.708$$

$$\frac{K_{773K}^\ominus}{K_{298K}^\ominus}=1.96\times10^{-6}\qquad K_{773K}^\ominus=1.96\times10^{-6}\times1.93\times10^3=3.78\times10^{-3}$$

升温对反应不利。

2.2.4.4　催化剂与化学平衡的关系

催化剂是指能够改变化学反应速率而自身的质量和性质都不变的物质。催化剂只能加快体系达到平衡的时间，而不能改变体系的平衡组成，因而催化剂对化学平衡的移动没有影响。

2.2.4.5　化学平衡移动的原理

综上所述，吕·查德里（Le Chatelier）在1887年总结出一条规律，即吕·查德里原理：如果改变平衡的条件之一，如温度、压力和浓度，平衡必向着能减少这种改变的方向移动。应用此原理可以判断化学平衡移动的方向。体系处于化学平衡时，如果增大反应物的浓度，反应就向正反应方向移动；如果增大体系的总压力，体系就向气体分子数减少的方向移动；如果升高体系的温度，体系就向吸热反应方向移动。

这条规律适用于所有达到动态平衡的体系，而不适用于尚未达到平衡的体系。

2.3　化学反应速率

对于一个化学反应，当判断出反应方向后，并不表示该反应一定能用于生产实际，因为一个在热力学上可进行的化学反应，其反应速率的快慢将直接决定该反应的应用前景。化学反应的速度千差万别，有的反应可以在瞬间完成，如酸碱中和反应；有的反应可以很慢，需要几年、几十年甚至几万年。而在实际生产中，人们总是希望那些有利的反应进行得越快越好，那些不利的反应，如金属腐蚀等，进行得越慢越好。

2.3.1　化学反应速率的基本概念

在化学上，用单位时间内反应物浓度的减小或生成物浓度的增加来表示反应速率（rate

of chemical reaction)。浓度的单位常用 $mol \cdot L^{-1}$，时间的单位可选秒（s）、分（min）、小时（h）等。因此反应速率的单位为 $mol \cdot L^{-1} \cdot s^{-1}$、$mol \cdot L^{-1} \cdot min^{-1}$ 或 $mol \cdot L^{-1} \cdot h^{-1}$。绝大多数化学反应在进行中，反应速率是不断变化的，因此在描述化学反应速率时可选用平均速率和瞬时速率两种。

2.3.1.1　平均速率

平均速率是指在 Δt 时间内，用反应物浓度的减小或生成物浓度的增加来表示的反应速率。对于反应 $mA+nB \longrightarrow pC+qD$，以各种物质表示的平均速率为：

$$v_A=-\frac{\Delta c_A}{\Delta t} \qquad v_B=-\frac{\Delta c_B}{\Delta t} \qquad v_C=\frac{\Delta c_C}{\Delta t} \qquad v_D=\frac{\Delta c_D}{\Delta t}$$

［**例 2-18**］　在测定 $K_2S_2O_8$ 与 KI 反应速率的实验中，所得数据如下：

	$S_2O_8^{2-}(aq)$	$+3I^-(aq)$	$\longrightarrow 2SO_4^{2-}(aq)$	$+I_3^-(aq)$
$c_0/mol \cdot L^{-1}$	0.077	0.077	0	0
$c_{90s}/mol \cdot L^{-1}$	0.074	0.068	0.006	0.003

计算反应开始后 90s 内的平均速率。

解：

$$v_{(S_2O_8^{2-})}=-\frac{\Delta c_{S_2O_8^{2-}}}{\Delta t}=-\frac{0.074-0.077}{90-0}=3.3\times10^{-5}(mol \cdot L^{-1} \cdot s^{-1})$$

$$v_{(I^-)}=-\frac{\Delta c_{I^-}}{\Delta t}=-\frac{0.068-0.077}{90-0}=1.0\times10^{-4}(mol \cdot L^{-1} \cdot s^{-1})$$

$$v_{(SO_4^{2-})}=\frac{\Delta c_{SO_4^{2-}}}{\Delta t}=\frac{0.006-0}{90-0}=6.7\times10^{-5}(mol \cdot L^{-1} \cdot s^{-1})$$

$$v_{(I_3^-)}=\frac{\Delta c_{I_3^-}}{\Delta t}=\frac{0.003-0}{90-0}=3.3\times10^{-5}(mol \cdot L^{-1} \cdot s^{-1})$$

$$v_{S_2O_8^{2-}}=\frac{1}{3}v_{I^-}=\frac{1}{2}v_{SO_4^{2-}}=v_{I_3^-}$$

计算表明，反应速率用不同物质表示时，其数值不相等，而实际上它们所表示的是同一反应速率。因此在表示某一反应速率时，应标明是哪种物质的浓度变化。但是，若都除以反应物前的计量系数，则得到相同的反应速率值。

［**例 2-19**］　在 400℃下，把 0.1mol CO 和 0.1mol NO_2 引入容积为 1L 的容器中，每隔 10s 抽样，快速冷却，终止反应，分析 CO 的浓度结果如下。

$c_{CO}/mol \cdot L^{-1}$	0.100	0.067	0.050	0.040	0.033
t/s	0	10	20	30	40

解： 0～10s 平均速率：$v_{CO}=-\frac{\Delta c_{CO}}{\Delta t}=-\frac{0.067-0.10}{10-0}=0.0033(mol \cdot L^{-1} \cdot s^{-1})$

10～20s 平均速率：$v_{CO}=-\frac{\Delta c_{CO}}{\Delta t}=-\frac{0.050-0.067}{20-10}=0.0017(mol \cdot L^{-1} \cdot s^{-1})$

20～30s 平均速率：$v_{CO}=-\frac{\Delta c_{CO}}{\Delta t}=-\frac{0.040-0.050}{30-20}=0.0010(mol \cdot L^{-1} \cdot s^{-1})$

30～40s 平均速率：$v_{CO}=-\frac{\Delta c_{CO}}{\Delta t}=-\frac{0.033-0.040}{40-30}=0.0007(mol \cdot L^{-1} \cdot s^{-1})$

从计算结果可以看出，同一物质在不同的反应时间内，其反应速率不同。随着反应的进行，反应速率减小，而且始终在变化，因此平均速率不能准确地表达出化学反应在某一瞬间的真实反应速率。只有采用瞬时速率才能说明反应的真实情况。

2.3.1.2 瞬时速率

瞬时反应速率是指某反应在某一时刻的真实速率。它等于时间间隔趋于无限小时的平均速率的极限值。瞬时反应速率可以根据作图的方法求出。以浓度为纵坐标，时间为横坐标作 $c \sim t$ 图，在时间 t 处作该点的切线，该切线的斜率即为该物质在时间 t 处的瞬时反应速率，也可按公式计算。

对于反应 $$A+M \xlongequal{} G+D$$

$$v_A = \lim_{\Delta t \to 0}\left(-\frac{\Delta c_A}{\Delta t}\right) = -\frac{dc_A}{dt} \quad v_M = -\frac{dc_M}{dt} \quad v_G = \frac{dc_G}{dt} \quad v_D = \frac{dc_D}{dt}$$

瞬时反应速率能够真实反映化学反应的过程，但用理论求解的不多，较常见的是由实验测得一系列数据，然后通过作图得到反应速率。

2.3.2 影响化学反应速率的因素

化学反应的速率大小主要取决于物质的本性，也就是内因起主要作用。比如，一般的无机反应速率较快，而有机反应相对较慢。但一些外部条件，如浓度、压力、温度和催化剂等，对反应速率的影响也是不可忽略的。

2.3.2.1 浓度对反应速率的影响

(1) 质量作用定律

从大量的实验中发现，对于大多数化学反应，反应物浓度增大，反应速率增大。因此得到了质量作用定律（law of mass action）：在恒温下，反应速率与各反应物浓度的相应幂的乘积成正比。对于一般反应 $mA+nB \xlongequal{} pC+qD$

$$v = kc_A^{\alpha} \cdot c_B^{\beta} \tag{2-23}$$

式(2-23) 称为反应速率方程（rate equation)。式中比例系数 k 称为反应的速率常数(rate constant)，其数值与浓度无关，但受反应温度影响；不同的反应 k 值不同，同一反应 k 值与浓度无关，但同一反应不同温度下 k 值也不同。其单位由反应级数来确定，通式为：$mol^{1-n} \cdot L^{n-1} \cdot s^{-1}$，$\alpha$ 和 β 称为反应物 A 和 B 的反应级数，$\alpha+\beta$ 称为总反应级数。反应级数可以是整数，也可以是分数，表明反应速率与各反应物浓度之间的关系，即某一反应物浓度的改变对反应速率的影响程度。反应的速率方程一般是通过实验得到的，但对于基元反应，可以根据反应方程式直接写出。速率方程所表示的为瞬时反应速率。

(2) 反应级数

一个化学反应是否是基元反应，与反应进行的具体历程有关，是通过实验确定的。在化学上，把从反应物经一步反应就直接转变为生成物的反应称为基元反应（元反应）(elementary reaction)。而把从反应物经多步反应才转变为生成物的反应称为复杂反应（非基元反应)。显然，复杂反应是由两个或两个以上的基元反应组成的。

质量作用定律适用于基元反应，也就是 $\alpha=m$、$\beta=n$，速率方程可以直接根据反应方程式写出，并应用其进行计算。但对复杂反应来说，$\alpha \neq m$、$\beta \neq n$，所以不能直接根据化学方程式写出速率方程，其速率方程是通过实验得到的。人们通过研究发现，质量作用定律的速率方程适用于复杂反应中的每一步基元反应。如：

基元反应 $2NO(g)+O_2(g) \xlongequal{} 2NO_2(g)$ $\quad v=kc_{NO}^2 \cdot c_{O_2}$

复杂反应 $2NO(g)+2H_2(g) \xlongequal{} N_2(g)+2H_2O(g)$ $\quad v=kc_{NO}^2 \cdot c_{H_2}$

对于基元反应，可直接由质量作用定律写出速率方程；对于非基元反应，反应速率与氢气浓度的一次方成正比，而不是二次方，不适用质量作用定律，不能直接根据反应方程式写出速率方程。原因在于，该反应是分步进行的，具体反应历程如下：

$2NO(g)+H_2(g)═══N_2(g)+H_2O_2(g)$ 慢反应

$H_2O_2(g)+H_2(g)═══2H_2O(g)$ 快反应

在两个反应中，第二个反应进行得很快，即 $H_2O_2(g)$ 一旦出现，反应迅速发生，生成 $H_2O(g)$，而第一个反应进行得较慢，因此总的反应速率取决于第一步慢反应的速率。由于每一步反应均为基元反应，所以根据质量作用定律，可以得到反应的速率方程为

$$v=kc_{NO}^2 \cdot c_{H_2}$$

在大多数复杂反应的速率方程中，浓度的指数与方程式的计量系数是不一致的，其反应级数必须由实验来确定。但如果知道了复杂反应的机理，即知道了它是由哪些基元反应组成的，就可以根据质量作用定律写出其速率方程。

需要注意的是，以上的讨论都基于均相反应，对于有固体或纯液体参与的反应，如果它们不溶于反应介质中，则不出现在表达式中。

根据前面的讨论，可以得到这样的结论：当增大反应物的浓度时，化学反应的速率增大(零级反应除外)。此时，除正反应速率增大外，逆反应速率也相应增大，这是因为，随着反应进行，反应物的一部分转化为生成物，因此，与原浓度相比生成物的浓度也相应增大，故而，逆反应速率也相应增大。但正、逆反应速率增大的倍数是不同的，正反应速率增大的倍数要大于逆反应速率增大的倍数。对于零级反应，由于其反应级数为零，所以其反应速率与浓度无关。

2.3.2.2 温度与化学反应速率

浓度改变可以引起反应速率变化，对反应级数较大的反应影响比较明显，而对反应级数较小的反应则影响较小，所以在实际生产中的应用受到了较大的限制。对于大多数反应，温度升高，反应速率增大，只有极少数反应（如 NO 氧化生成 NO_2）例外。实验证明，反应温度每升高 10℃，反应速率增大 2～4 倍。

(1) 阿仑尼乌斯（Arrhenius）公式

1889 年阿仑尼乌斯研究了蔗糖水解速率与温度的关系，提出了反应速率常数与温度之间的经验关系式——阿仑尼乌斯方程：

$$k=Ae^{-E_a/RT} \tag{2-24}$$

用对数表示为：

$$\ln k=-E_a/RT+\ln A \tag{2-25}$$

$$\lg k=-E_a/2.303RT+\lg A \tag{2-26}$$

式中，A 称为指前因子；E_a 为活化能；k 是反应速率常数；R 是摩尔气体常数。在温度变化不大的范围内，A 与 E_a 不随温度而变化，可以视为常数。从式中看出，温度微小变化都将导致 k 发生较大变化，从而引起反应速率发生较大变化。

对同一反应，已知活化能和某温度 T_1 的速率常数 k_1，可求任意温度 T_2 下的速率常数 k_2，或已知两个温度下的速率常数，可求该反应的活化能。由阿仑尼乌斯公式可得：

$$\lg k_2=-E_a/2.303RT_2+\lg A \quad 和 \quad \lg k_1=-E_a/2.303RT_1+\lg A$$

两式相减，可得：

$$\lg\frac{k_2}{k_1}=\frac{E_a}{2.303R}\left(\frac{T_2-T_1}{T_1T_2}\right) \tag{2-27}$$

[例2-20] 已知某反应，当温度从27℃升高到37℃时，速率常数加倍，估算该反应的活化能。

解： 由 $\lg\frac{k_2}{k_1}=\frac{E_a}{2.303R}\left(\frac{T_2-T_1}{T_1T_2}\right)$ 可得 $E_a=2.303R\times\frac{T_1T_2}{T_2-T_1}\times\lg\frac{k_2}{k_1}$

$$E_a=2.303R\times\frac{300\times310}{310-300}\times\lg2=53.5(\text{kJ}\cdot\text{mol}^{-1})$$

(2) 活化能

阿仑尼乌斯提出了一个设想，即不是反应物分子之间的任何一次直接作用都能发生反应。在直接碰撞中能量高的分子能发生反应称为活化分子（activated molecule）。在统计热力学中把活化分子平均能量与反应物分子平均能量的差值称为活化能（activated enerny）。对于复杂反应，活化能是组成总反应各基元反应活化能的代数和，因而没有明确的物理意义，被称为表观活化能。

从阿仑尼乌斯公式可以看出，反应速率常数不仅与温度有关，而且与反应活化能有关。

① 对于同一化学反应，活化能 E_a 一定，温度越高，k 值越大。一般情况下，温度每升高10℃，k 值将增大2～10倍。

② 在同一温度下，活化能 E_a 大的反应，其 k 值较小，反应速率慢；反之，活化能 E_a 小，反应速率常数 k 值大，反应速率快。

③ 对于同一反应，在高温区，升高温度时，k 值增大的倍数小，而在低温区，升高同样温度时，k 值增大的倍数大。

④ 当升高温度的数值相同时，E_a 大的反应，k 值增大的倍数大；E_a 小的反应，k 值增大的倍数小。

[例2-21] 在 N_2O_5 气相分解反应中，$2N_2O_5(g)$══$4NO_2(g)+O_2(g)$，已知338K时，$k_1=4.87\times10^{-3}\text{s}^{-1}$；318K时，$k_2=4.98\times10^{-4}\text{s}^{-1}$。求①该反应的活化能 E_a 及②298K时的速率常数 k_3。

解： ① 因为 $\lg\frac{k_2}{k_1}=\frac{E_a}{2.303R}\left(\frac{T_2-T_1}{T_1T_2}\right)$

所以 $E_a=2.303R\left(\frac{T_1T_2}{T_2-T_1}\right)\lg\frac{k_2}{k_1}$

$$=2.303\times8.314\times10^{-3}\times\left(\frac{338\times318}{318-338}\right)\lg\frac{4.98\times10^{-4}}{4.87\times10^{-3}}=102(\text{kJ}\cdot\text{mol}^{-1})$$

② 由 $\lg\frac{k_1}{k_3}=\frac{E_a}{2.303R}\left(\frac{1}{T_3}-\frac{1}{T_1}\right)$

得 $\lg k_3=\lg k_1-\frac{E_a}{2.303R}\left(\frac{1}{T_3}-\frac{1}{T_1}\right)$

$$=\lg(4.87\times10^{-3})-\frac{102\times10^3}{2.303\times8.314}\left(\frac{1}{298}-\frac{1}{338}\right)=-4.428$$

$k_3=3.73\times10^{-5}\text{s}^{-1}$

2.3.2.3 催化剂和催化作用

增大反应物浓度、升高反应温度均可使化学反应速率加快，但是，浓度增大使反应物的量加大，反应成本提高；有些时候升高温度，又会产生副反应。所以，在有些情况下，上述两种手段的利用受到限制。如果采用催化剂（catalyst），则可以有效地增大反应速率。

催化剂是那些能显著改变反应速率，而在反应前后自身的组成、质量和化学性质基本不变的物质。其中，能加快反应速率的称为正催化剂；能减慢反应速率的称为负催化剂。例如合成氨生产中使用的铁，硫酸生产中使用的 V_2O_5 以及促进生物体化学反应的各种酶（如淀粉酶、蛋白酶、脂肪酶等）均为正催化剂；减慢金属腐蚀的缓蚀剂，防止橡胶、塑料老化的抗老化剂等均为负催化剂。不过通常所说的催化剂一般是指正催化剂。

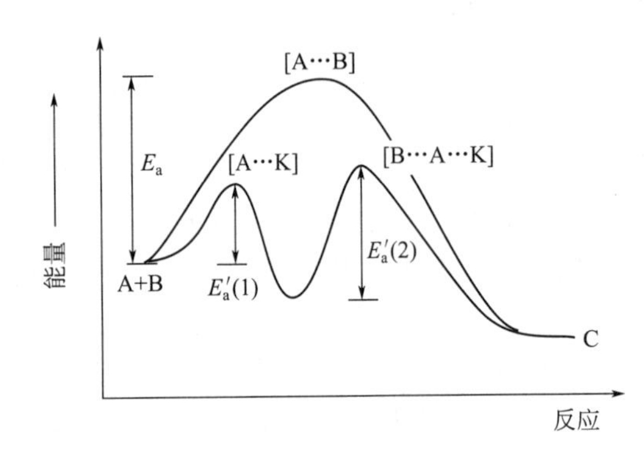

图 2-1　催化反应活化能示意图

催化剂之所以能显著地增大化学反应速率，是由于催化剂与反应物之间形成一种势能较低的活化配合物，从而改变了反应的历程，与无催化剂的反应历程相比较，所需的活化能显著地降低，如图 2-1 所示，从而使活化分子百分数和有效碰撞次数增多，导致反应速率增大。对于反应 $A+B \longrightarrow C$，原反应历程为：$A+B \longrightarrow [A\cdots B] \rightarrow C$，其反应活化能为 E_a。加入催化剂 K 改变了反应历程：

$$A+K \longrightarrow [A\cdots K] \longrightarrow AK \qquad \text{反应的活化能为 } E_a(1)$$

$$AK+B \longrightarrow [B\cdots A\cdots K] \longrightarrow C+K \qquad \text{反应的活化能为 } E_a(2)$$

由于 $E_a(1)<E_a$、$E_a(2)<E_a$，所以有催化剂 K 参与的反应是一个活化能较低的反应，因而反应速率加快了。

对于催化反应应注意以下几个方面：

① 催化剂只能通过改变反应途径来改变反应速率，但不能改变反应的焓变（$\Delta_r H_m^\ominus$）、反应方向和限度。

② 在反应速率方程中，催化剂对反应速率的影响体现在反应速率常数（k）上。对确定的反应来说，反应温度一定时，采用不同的催化剂一般有不同的 k 值。

③ 对可逆反应来说，催化剂等值地降低了正、逆反应的活化能。

④ 催化剂具有选择性。某一反应或某一类反应使用的催化剂往往对其他反应无催化作用。例如，合成氨使用的铁催化剂无助于 SO_2 的氧化。在化工生产上，复杂的反应系统常常利用催化剂加速反应并抑制其他反应进行，以提高产品的质量和产量。

催化剂在现代化学、化工中起着极为重要的作用。据统计，化工生产中约有 85% 的化学反应需要使用催化剂，尤其在当前的大型化工、石油化工中，很多化学反应用于生产都是在找到了优良的催化剂后才付诸实现的。

2.3.2.4　其他影响反应速率的因素

热力学上把物系中物理状态和化学组成、性质完全相同的均匀部分称为一个“相”。根据体系和相的概念，可以把化学反应分为单相反应和多相反应两类。

单相反应（均匀体系反应）：反应体系中只存在一个相的反应。例如气相反应、某些液相反应均属单相反应。

多相反应（不均匀体系反应）：反应体系中同时存在着两个或两个以上相的反应。例如气-固相反应（如煤的燃烧、金属表面的氧化等）、固-液相反应（如金属与酸的反应）、固-固相反应（如水泥生产中的若干主反应等）、某些液-液相反应（如油脂与 NaOH 水溶液的反应）等均属多相反应。

在多相反应中，由于反应在相与相间的界面上进行，因此多相反应的反应速率除了上述的几种影响因素外，还可能与反应物的接触面积和接触机会有关。为此，化工生产上往往把固态反应物先行粉碎、拌匀，再进行反应；将液态反应物喷淋、雾化，使其与气态反应物充分混合、接触；对于溶液中进行的多相反应则普遍采用搅拌、振荡的方法，强化扩散作用，增加反应物的碰撞频率并使生成物及时脱离反应界面。

此外，超声波、激光以及高能射线的作用也可能影响某些化学反应的反应速率。

2.3.3　反应速率理论简介

化学反应速率千差万别，除了浓度、温度及催化剂外，其本质原因还是物质本身性质，是微观粒子相互作用的结果。如何去阐明这些微观现象的本质，这属于反应速率理论的问题。为了解决这个问题，化学家提出了各种揭示化学反应内在联系的模型，其中最重要、应用最广泛的是有效碰撞理论和过渡状态理论。

2.3.3.1　有效碰撞理论

该理论认为，发生化学反应的先决条件是反应物分子之间要相互碰撞，但是当分子间发生碰撞的部位不匹配或碰撞的能量不足时，往往碰撞结果不能引发化学反应。实验证明只有当某些具有比普通分子能量高的分子在一定的方位上相互碰撞后，才有可能引起化学反应。在动力学中，把能导致化学反应发生的碰撞称为有效碰撞，能发生有效碰撞的分子称为活化分子。由气体分子运动论可知，气体分子在容器中不断地做无规则运动，通过无数次的碰撞进行能量交换，并使每个分子具有不同的能量。图2-2用统计方法得出了在一定温度下，气体分子能量分布规律，即分子能量分布曲线。它表示在一定温度下，气体分子具有不同的能量。图中 $E_{平}$ 表示分子的平均能量，E_1 表示活化分子的平均能量，是发生化学反应分子所必须具有的能量，即只有当气体中有些能量大于或等于 E_1 的分子相互碰撞后，才能发生有效碰撞，才能引起化学反应。$E_1-E_{平}=E_a$，E_a 称为活化能。任何一个具体的化学反应，在一定温度下，均有一定的 E_a 值。E_a 越大的反应，由于能满足这样大能量的分子数越少，因而有效碰撞次数越少，化学反应速率越慢。反之亦然。

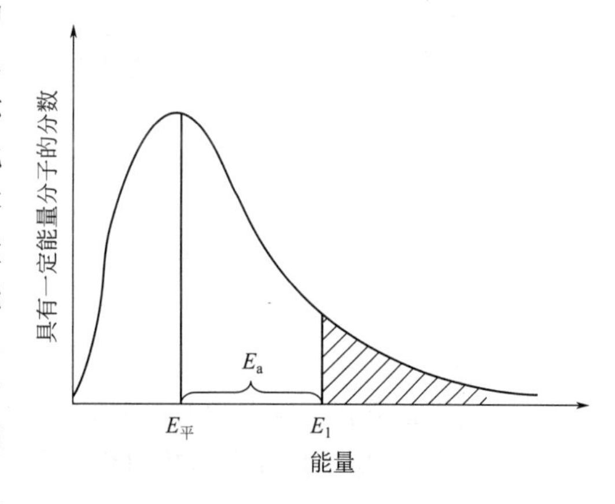

图2-2　气体分子能量分布规律

具备了足够能量的碰撞也并不都发生反应，碰撞的取向也将影响碰撞的结果，只有当碰撞处于有利取向时才发生反应。如CO与NO_2碰撞时，只有CO中的C与NO_2中的O迎头相碰时才会发生化学反应。这种取向的概率很小，综合以上因素，反应速率表达式为：

$$速率=f\times p\times z$$

式中　f——活化分子的百分数；

p——碰撞处于有利反应取向的概率；

z——反应物分子碰撞次数。

由于 f 和 p 都远远小于1，所以反应速率远远小于碰撞次数。

有效碰撞理论为深入研究化学反应速率与活化能的关系提供了理论依据，但它并未从分子内部原子重新组合的角度来揭示活化能的物理意义。

2.3.3.2 过渡状态理论

反应速率的另一个理论是过渡状态理论，又称为活化配合物理论。该理论认为：在化学反应过程中，当反应物分子充分接近到一定的程度时，分子所具有的动能转变为分子内相互作用的势能，而使反应物分子中原有的旧化学键被削弱，新的化学键逐步形成，形成一个势能较高的过渡状态［ON…O…CO］，该过渡态极不稳定，因此，活化配合物一经形成就极易分解。它既可分解为产物 NO 和 CO_2，又可分解为原反应物 NO_2 和 CO 分子。当活化配合物［ON…O…CO］中靠近 C 原子的那一个 N—O 键完全断开，新形成的 O—C 键进一步强化时，即形成了产物 NO 和 CO_2，此时整个体系的势能降低，反应即告完成。

$$NO_2+CO \rightleftharpoons [\overset{\displaystyle O}{\overset{|}{N}}\cdots O\text{—}C\cdots O] \longrightarrow CO_2+NO$$

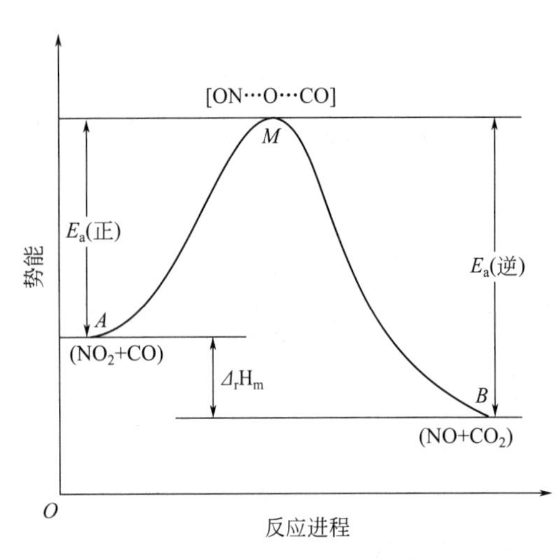

图 2-3　反应过程中势能变化示意图

图 2-3 为反应过程中势能变化示意图。图中 M 点对应的能量为基态活化配合物［ON…O…CO］的势能，A 点对应的能量为基态反应物（NO_2+CO）分子对的势能，B 点对应的能量为基态生成物（$NO+CO_2$）分子对的势能。在过渡状态理论中，所谓活化能是指使反应进行所必须克服的势能垒，即图中 M 与 A 的能量差，因而属理论活化能范畴。由此可见，过渡状态理论中活化能的定义与分子碰撞理论中活化能的定义有所不同，但其含义实质上是一致的。

习　题

2-1　某气缸中有气体 1.20L，在 97.3kPa 下气体从环境吸收了 800J 的热量后，在恒压下体积膨胀到 1.50L，试计算系统的热力学能变 ΔU。

2-2　在 0℃、100kPa 下，取体积为 1.00L 的 CH_4 和 1.00L 的 CO 分别完全燃烧。分别计算在 25℃、100kPa 下它们的热效应。

2-3　根据 298.15K 时有关的 $\Delta_f H_m^\ominus$，计算下列反应的 $\Delta_r H_{m,298.15K}^\ominus$ 各是多少。

① $N_2H_4(l)+O_2(g) = N_2(g)+2H_2O(l)$

② $H_2O(l)+\frac{1}{2}O_2(g) = H_2O_2(g)$

③ $H_2O_2(g) = H_2O_2(l)$

根据上述三个反应的 $\Delta_r H_{m,298.15K}^\ominus$，计算下列反应的 $\Delta_r H_{m,298.15K}^\ominus$：

$$N_2H_4(l)+2H_2O_2(l) = N_2(g)+4H_2O(l)$$

2-4　① 已知 298.15K 时，$CaO(s)+CO_2(g) = CaCO_3(s)$　$\Delta_r H_m^\ominus=-178.26kJ\cdot mol^{-1}$，求 $CaCO_3$ 的 $\Delta_f H_m^\ominus$。

② 已知 298.15K 时，$\Delta_f H_m^\ominus(CaC_2, s)=-62.8kJ\cdot mol^{-1}$；

$CaC_2(s)+\frac{5}{2}O_2(g) = CaCO_3(s)+CO_2(g)$　$\Delta_r H_m^\ominus=-1537.61kJ\cdot mol^{-1}$。求 $CaCO_3(s)$

的 $\Delta_f H_m^\ominus$。

2-5 已知：$H_2(g)+\frac{1}{2}O_2(g)=\!=\!=H_2O(l)$；$H_2O(l)$ 的 $\Delta_f H_m^\ominus=-286kJ\cdot mol^{-1}$；H—H 的键能$=+436kJ\cdot mol^{-1}$；O$\overset{...}{=}$O 的键能$=+498kJ\cdot mol^{-1}$；$H_2O(g)\longrightarrow H_2O(l)$ $\Delta_r H_m^\ominus=-42kJ\cdot mol^{-1}$；试计算 O—H 的键能。

2-6 由下列数据计算 N—H 键能和 $H_2N—NH_2$ 中 N—N 键能。已知 $NH_3(g)$ 的 $\Delta_f H_m^\ominus=-46.11kJ\cdot mol^{-1}$，$H_2N—NH_2(g)$ 的 $\Delta_f H_m^\ominus=+95kJ\cdot mol^{-1}$，H—H 的键能$=+436kJ\cdot mol^{-1}$，N≡N 的键能$=+946kJ\cdot mol^{-1}$。

2-7 判断下列反应中，哪些是熵增加过程，并说明理由。

① $I_2(s)=\!=\!=I_2(g)$

② $H_2O(l)=\!=\!=H_2(g)+\frac{1}{2}O_2(g)$

③ $2CO(g)+O_2(g)=\!=\!=2CO_2(g)$

2-8 下列各热力学函数中，哪些数值是零？

① $\Delta_f H_m^\ominus(O_3,g,298.15K)$

② $\Delta_f G_m^\ominus(I_2,g,298.15K)$

③ $\Delta_f H_m^\ominus(Br_2,s,298.15K)$

④ $S_m^\ominus(H_2,g,298.15K)$

⑤ $\Delta_f G_m^\ominus(N_2,g,298.15K)$

2-9 据下列反应中 $\Delta_r H_m^\ominus$ 和 $\Delta_r S_m^\ominus$ 数值的正负：

① $N_2(g)+O_2(g)\rightleftharpoons 2NO(g)$

② $Mg(s)+Cl_2(g)\rightleftharpoons MgCl_2(s)$

③ $H_2(g)+S(s)\rightleftharpoons H_2S(g)$

说明哪些反应在任何温度下都能正向进行，哪些反应只在高温或低温下才能进行。

2-10 已知下列反应为基元反应：

① $SO_2Cl_2=\!=\!=SO_2+Cl_2$

② $CH_3CH_2Cl=\!=\!=C_2H_4+HCl$

③ $2NO_2=\!=\!=2NO+O_2$

④ $NO_2+CO=\!=\!=NO+CO_2$

试根据质量作用定律写出它们的反应速率表达式，并指出反应级数。

2-11 对于反应 $A(g)+B(g)\longrightarrow C(g)$，若 A 的浓度为原来的两倍，反应速率也为原来的两倍；若 B 浓度为原来的两倍，反应速率为原来的四倍，试写出该反应的速率方程。

2-12 某反应 $A\longrightarrow B$，当 A 的浓度为 $0.40mol\cdot L^{-1}$时，反应速率为 $0.020mol\cdot L^{-1}\cdot s^{-1}$。分别求出①反应是一级反应及②反应是二级反应时的速率常数 k。

2-13 反应 $HI(g)+CH_3I(g)\rightleftharpoons CH_4(g)+I_2(g)$，在 650K 时速率常数是 2.0×10^{-5}，在 670K 时速率常数是 7.0×10^{-5}，求反应的活化能 E_a。

2-14 已知某反应的速率方程为 $v=kc_{A_2}c_{B_2}^{1/2}$，说明下列反应机理是否符合：$B_2\rightleftharpoons 2B$，$A_2+B=\!=\!=$产物（慢）。

2-15 写出下列反应的标准平衡常数表达式：

① $CH_4(g)+H_2O(g)\rightleftharpoons CO(g)+3H_2(g)$

② $C(s)+H_2O(g) \rightleftharpoons CO(g)+H_2(g)$

③ $2MnO_4^-(aq)+5H_2O_2(aq)+6H^+(aq) \rightleftharpoons 2Mn^{2+}(aq)+5O_2(g)+8H_2O(l)$

2-16 如将 1.00mol SO_2 和 1.00mol O_2 的混合物，在 600℃ 和 100kPa 下缓慢通过 V_2O_5 催化剂，生成 SO_3，达到平衡后（设压力不变），测得混合物中剩余的氧气为 0.615mol，试计算 $K^\ominus$。

2-17 常压下（$P_{总}$=100kPa）可逆反应 $H_2(g)+I_2(g) \rightleftharpoons 2HI(g)$ 在 700℃时 $K^\ominus$ 为 54.2。如反应开始时 H_2 和 I_2 的物质的量都是 1.00mol，求在 100kPa 下达到平衡时各物质的分压及 I_2 的转化率。如 H_2 的物质的量增加为 1.214mol，此时 I_2 的总转化率为多少？

2-18 在 1L 容器中含有 N_2、H_2 和 NH_3 的平衡混合物，其中 N_2 0.30mol、H_2 0.40mol、NH_3 0.10mol。如果温度保持不变，需往容器中加入多少摩尔 H_2，才能使 NH_3 的平衡分压增大一倍？

2-19 合成氨反应：$N_2(g)+3H_2(g) \rightleftharpoons 2NH_3(g)$ 在 30.4MPa、500℃时，$K^\ominus$ 为 0.78×10^{-4}。计算下列反应的 $K^\ominus_{773K}$。

① $\frac{1}{2}N_2(g)+\frac{3}{2}H_2(g) \rightleftharpoons NH_3(g)$

② $2NH_3(g) \rightleftharpoons N_2(g)+3H_2(g)$

2-20 已知下列反应在 1300K 时的平衡常数：

① $H_2(g)+\frac{1}{2}S_2(g) \rightleftharpoons H_2S(g)$，$K_1^\ominus=0.80$；

② $3H_2(g)+SO_2(g) \rightleftharpoons H_2S(g)+2H_2O(g)$，$K_2^\ominus=1.8\times10^4$。

计算反应 $4H_2(g)+2SO_2(g) \rightleftharpoons S_2(g)+4H_2O(g)$ 在 1300K 时的平衡常数 $K^\ominus$。

2-21 已知在高温下：$2HgO(s) \rightleftharpoons 2Hg(g)+O_2(g)$，在 450℃时，所生成的两种气体的总压力为 107.99kPa，在 420℃时分解总压力为 51.60kPa。

① 计算在 450℃和 420℃时的平衡常数 $K^\ominus$ 以及在 450℃和 420℃时 p_{O_2}、p_{Hg}，由此推断该反应是吸热反应还是放热反应。

② 如果将 10.0g 氧化汞放在 1.0L 的容器中，温度升高至 450℃，问有多少克 HgO 没有分解。

2-22 根据吕·查德里原理，讨论下列反应：

$$2Cl_2(g)+2H_2O(g) \rightleftharpoons 4HCl(g)+O_2(g) \qquad \Delta_rH_m^\ominus>0$$

将 Cl_2、$H_2O(g)$、HCl、O_2 四种气体混合，反应达到平衡时，下列左面的操作条件改变对右面的平衡数值有何影响（操作条件中没有注明的，是指温度不变、体积不变）？

① 增大容器体积 $n_{H_2O,g}$

② 加 O_2 $n_{H_2O,g}$

③ 加 O_2 n_{O_2}

④ 加 O_2 n_{HCl}

⑤ 减小容器体积 $n_{Cl_2,g}$

⑥ 减小容器体积 p_{Cl_2}

⑦ 减小容器体积 $K^\ominus$

⑧ 升高温度 $K^\ominus$

⑨ 加氮气 n_{HCl}

⑩ 加催化剂 n_{HCl}

2-23 在下列平衡体系中，要使反应向正方向移动，可采用哪些方法？并指出所采用的方法对 $K^\ominus$ 值有何影响，怎样影响（变大或变小）？

① $CaCO_3(s) \rightleftharpoons CaO(s)+CO_2(g) \qquad \Delta_rH_m^\ominus>0$

② $2SO_2(g)+O_2(g) \rightleftharpoons 2SO_3(g) \qquad \Delta_rH_m^\ominus<0$

③ $N_2(g)+3H_2(g) \rightleftharpoons 2NH_3(g)$　　　$\Delta_r H_m^{\ominus}<0$

2-24　水煤气反应 $C(s)+H_2O(g) \rightleftharpoons CO(g)+H_2(g)$，问：

① 此反应在 298.15K、标准状态下能否正向进行？

② 若升高温度，反应能否正向进行？

③ 100kPa 下，在什么温度时此体系为平衡体系？

2-25　在一定温度下 Ag_2O 受热分解，反应式为：$Ag_2O(s) \rightleftharpoons 2Ag(s)+\frac{1}{2}O_2(g)$，假设反应的 $\Delta_r H_m^{\ominus}$、$\Delta_r S_m^{\ominus}$ 不随温度变化而改变，估算 Ag_2O 的最低分解温度和在该温度下的平衡常数 $K^{\ominus}$ 以及 O_2 的分压。

2-26　对于可逆反应 $C(s)+H_2O(g) \rightleftharpoons CO(g)+H_2(g)$，$\Delta_r H_m^{\ominus}>0$，判断下列说法是否正确，为什么？

① 达到平衡时各反应物和生成物的浓度一定相等。

② 升高温度 $v_{正}$ 增大，$v_{逆}$ 减小，所以平衡向右移动。

③ 由于反应前后分子数相等，所以增大压力对平衡没有影响。

④ 加入催化剂使 $v_{正}$ 增大，所以平衡向右移动。

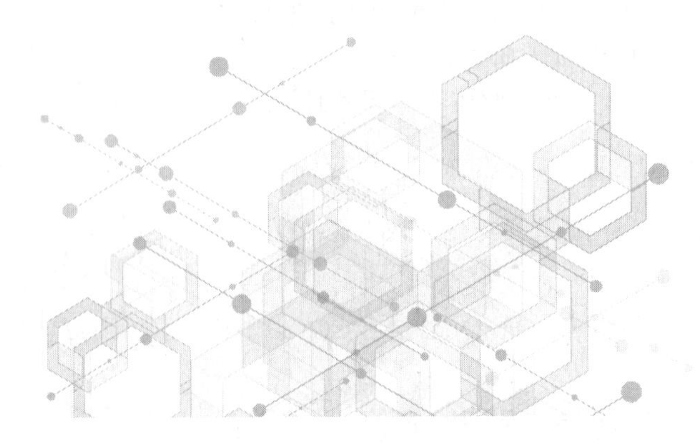

第3章 酸碱平衡

本章将以酸碱质子理论为主来讨论水溶液中的酸碱平衡及有关应用。化学反应根据不同的特点，可以分为许多不同的类型，如酸碱反应、沉淀反应、热分解反应、取代反应等。酸碱反应是一类极为重要的化学反应，活化能一般较小（小于 $40kJ \cdot mol^{-1}$），反应速度很快，因此通常只研究平衡问题。压力对液相反应的影响可忽略，且由于反应热效应较小，平衡常数随温度变化不大，故液相中的酸碱反应在一定温度范围内受温度的影响也可忽略。

3.1 酸碱质子理论与酸碱平衡

3.1.1 酸、碱与酸碱反应的实质

根据酸碱质子理论，凡是能给出质子（H^+）(proton) 的物质就是酸，凡是能接受质子的物质就是碱。当一种酸给出质子之后，它的剩余部分就是碱。

3.1.1.1 酸、碱的共轭关系与酸碱半反应

乙酸（可以简写为 HAc）能给出质子，所以 HAc 就是酸，它的剩余部分 Ac^- 由于对质子具有一定的亲和力，能够接受质子而成为 HAc，按照酸碱质子理论，Ac^- 就是碱：

$$HAc \rightleftharpoons H^+ + Ac^-$$

这种因一个质子得失而相互转变的每一对酸碱就被称为共轭酸碱对（conjugate acid-base pair）。

又如氨水，NH_3 能接受质子，按照酸碱质子理论它就是碱；NH_4^+ 可以失去质子而成为 NH_3，所以 NH_4^+ 就是 NH_3 的共轭酸（conjugate acid）：

$$NH_3 + H^+ \rightleftharpoons NH_4^+$$

这种酸及其共轭碱（或碱及其共轭酸）相互转变的反应就称为酸碱半反应。

再看以下一些酸碱半反应：

$$H_2CO_3 \rightleftharpoons H^+ + HCO_3^-$$

$$HCO_3^- \rightleftharpoons H^+ + CO_3^{2-}$$

$$^+NH_3—CH_2—CH_2—^+NH_3 \rightleftharpoons H^+ + ^+NH_3—CH_2—CH_2—NH_2$$

从以上例子可以看出，根据酸碱质子理论，酸或碱可以是中性分子，也可以是阴离子或阳离子。总之，酸比它的共轭碱（conjugate base）多一个质子；或者说碱比它的共轭酸少一个质子。

应注意以下两点。

① 酸、碱是相对的。同一种物质在不同的介质（medium）或溶剂（solvent）中常具有不同的酸碱性。例如 HCO_3^-，在 $HCO_3^- \rightleftharpoons H^+ + CO_3^{2-}$ 半反应中它表现为酸。可是在以下另一个半反应中，HCO_3^- 就成了碱：

$$HCO_3^- + H^+ \rightleftharpoons H_2CO_3$$

再如，HAc 在水溶液中是一种弱酸，但在液氨中就成为强酸了。

② 共轭酸碱体系是不能独立存在的。由于质子的半径特别小，电荷密度很大，它只能在水溶液中瞬间出现。因而当溶液中某一种酸给出质子后，必定要有一种碱来接受。例如 HAc 在水溶液中解离时，溶剂 H_2O 就是接受质子的碱：

$$\underset{\text{酸}_1}{HAc(aq)} \rightleftharpoons H^+(aq) + \underset{\text{碱}_1}{Ac^-(aq)}$$

$$+)\quad \underset{\text{碱}_2}{H_2O(l)} + H^+(aq) \rightleftharpoons \underset{\text{酸}_2}{H_3O^+(aq)}$$

$$\underset{\text{酸}_1}{HAc(aq)} + \underset{\text{碱}_2}{H_2O(l)} \rightleftharpoons \underset{\text{酸}_2}{H_3O^+(aq)} + \underset{\text{碱}_1}{Ac^-(aq)}$$

反应式中 H_3O^+ 称为水合质子（hydrated proton）。

上式就是乙酸在水中的解离（dissociation）平衡，平时书写时简化为：

$$HAc \rightleftharpoons H^+ + Ac^-$$

3.1.1.2　酸碱反应的实质

从以上乙酸在水中的解离平衡就可以看出，酸碱解离反应是质子的转移反应。

再如 HAc 与 NH_3 的酸碱反应：

$$\underset{\text{酸}_1}{HAc} + \underset{\text{碱}_2}{NH_3} \rightleftharpoons \underset{\text{酸}_2}{NH_4^+} + \underset{\text{碱}_1}{Ac^-} \quad (H^+ \text{ 由 HAc 转移至 } NH_3)$$

很明显，反应由 HAc—Ac^- 与 NH_3—NH_4^+ 两个共轭酸碱对所组成，同样是一种质子的转移过程。

因此，根据酸碱质子理论，酸碱反应实际上是两个共轭酸碱对共同作用的结果，反应的实质就是质子的转移。

3.1.1.3　水的离子积

对于水体系，在酸的解离过程中，水分子接受质子，起了碱的作用；而在碱的解离过程中，水分子释放质子，起了酸的作用。因此，水是一种两性溶剂。

由于水分子的两性，一个水分子可以从另一个水分子中夺取质子而形成 H_3O^+ 和 OH^-，即

$$H_2O + H_2O \rightleftharpoons H_3O^+ + OH^-$$

这种仅仅在溶剂分子之间发生的质子传递作用就称为溶剂的质子自递反应，反应的平衡

常数称为溶剂的质子自递常数，一般以 $K_s^\ominus$ 表示。水的质子自递常数又称为水的离子积（ionic product），以 $K_W^\ominus$ 表示：

$$K_W^\ominus=\left\{\frac{c^{eq}(H_3O^+)}{c^\ominus}\right\}\left\{\frac{c^{eq}(OH^-)}{c^\ominus}\right\} \tag{3-1a}$$

式中，$c^{eq}(H_3O^+)$、$c^{eq}(OH^-)$ 分别表示质子传递作用达到平衡时 H_3O^+、OH^- 的平衡浓度；$c^\ominus$ 为标准态浓度，即 $c^\ominus=1mol\cdot L^{-1}$。

上式通常简写为：

$$K_W^\ominus=[H_3O^+][OH^-] \tag{3-1b}$$

或

$$K_W^\ominus=[H^+][OH^-] \tag{3-1c}$$

25℃时，$K_W^\ominus=1.0\times10^{-14}$。

3.1.2 酸碱平衡与酸、碱的相对强度

根据酸碱质子理论，酸或碱的强弱取决于物质给出质子或接受质子的能力大小。物质给出质子的能力愈强，其酸性（acidity）也就愈强，反之就愈弱。同样，物质接受质子的能力愈强，碱性（basicity）就愈强，反之也就愈弱。

在水中，酸给出质子或碱接受质子能力的大小可以用酸或碱的解离常数（dissociation constant）$K_a^\ominus$ 或 $K_b^\ominus$ 来衡量。

3.1.2.1 酸碱解离平衡与解离平衡常数

（1）一元弱酸与一元弱碱

例如 HAc 在水溶液中的解离平衡：

$$HAc \rightleftharpoons H^+ + Ac^-$$

解离反应的平衡常数为：

$$K_a^\ominus(HAc)=\frac{[H^+][Ac^-]}{[HAc]}$$

$K_a^\ominus$ 愈大，表明该弱酸的解离程度愈大，给出质子的能力就愈强。例如 25℃时，HAc 在水中的 $K_a^\ominus=1.74\times10^{-5}$，而 HCN 的 $K_a^\ominus=6.17\times10^{-10}$。显然 HCN 在水中给出质子的能力较 HAc 弱，故相对而言 HAc 的酸性就较 HCN 强。

又如氨在水中的解离平衡为：

$$NH_3+H_2O \rightleftharpoons NH_4^+ + OH^-$$

解离反应的平衡常数为：

$$K_b^\ominus(NH_3)=\frac{[NH_4^+][OH^-]}{[NH_3]}$$

$K_b^\ominus$ 愈大，表明该弱碱的解离平衡正向进行的程度愈大，接受质子的能力就愈强。例如 25℃时，NH_3 在水中的 $K_b^\ominus=1.79\times10^{-5}$，而苯胺（$C_6H_5NH_2$）的 $K_b^\ominus=3.98\times10^{-10}$。显然 NH_3 在水中接受质子的能力较苯胺强，故相对而言苯胺的碱性较 NH_3 弱。

一般认为，$K^\ominus>1$ 的酸（或碱）为强酸（strong acid）（或强碱，strong base）；$K^\ominus$ 在 $1\sim10^{-3}$ 的酸（或碱）为中强酸（或碱）；$K^\ominus$ 在 $10^{-4}\sim10^{-7}$ 的酸（或碱）为弱酸（weak acid）（或弱碱，weak base）；若酸（或碱）的 $K^\ominus<10^{-7}$，则称为极弱酸（或极弱碱）。当然，这种划分也不是绝对的。

对于一定的酸、碱，$K_a^{\ominus}$ 或 $K_b^{\ominus}$ 的大小同样与浓度无关，只与温度、溶剂有关。由于酸碱解离平衡过程的焓变较小，因而在室温范围内，一般可以不考虑温度的影响。

酸、碱的 $K_a^{\ominus}$ 或 $K_b^{\ominus}$ 可以通过实验测得，也可以根据有关热力学数据求得。

(2) 多元酸（或碱）解离平衡

多元酸（或碱）在水中的解离是逐级进行的。

例如 H_2CO_3 在水中分两步解离：

$$H_2CO_3 \xrightleftharpoons{K_{a_1}^{\ominus}} H^+ + HCO_3^-$$

$$K_{a_1}^{\ominus} = \frac{[H^+][HCO_3^-]}{[H_2CO_3]}$$

$$HCO_3^- \xrightleftharpoons{K_{a_2}^{\ominus}} H^+ + CO_3^{2-}$$

$$K_{a_2}^{\ominus} = \frac{[H^+][CO_3^{2-}]}{[HCO_3^-]}$$

由于 CO_3^{2-} 对 H^+ 的吸引力强于 HCO_3^- 对 H^+ 的吸引力，再加上一级解离对二级解离的抑制作用（后面将讨论），故多元酸（或碱）逐级解离常数间的关系为：

$$K_1^{\ominus} > K_2^{\ominus} > K_3^{\ominus} > \cdots\cdots$$

又如 Na_2CO_3 这种二元碱，在水中的解离也分两步进行。

$$CO_3^{2-} + H_2O \xrightleftharpoons{K_{b_1}^{\ominus}} OH^- + HCO_3^-$$

$$K_{b_1}^{\ominus} = \frac{[OH^-][HCO_3^-]}{[CO_3^{2-}]}$$

$$HCO_3^- + H_2O \xrightleftharpoons{K_{b_2}^{\ominus}} OH^- + H_2CO_3$$

$$K_{b_2}^{\ominus} = \frac{[OH^-][H_2CO_3]}{[HCO_3^-]}$$

总的解离平衡为：　　$CO_3^{2-} + 2H_2O \rightleftharpoons 2OH^- + H_2CO_3$

根据多重平衡原理，多元酸（或多元碱）总解离平衡的平衡常数为：

$$K^{\ominus} = K_1^{\ominus} K_2^{\ominus} K_3^{\ominus} \cdots\cdots \tag{3-2}$$

3.1.2.2　解离度（degree of dissociation）

对于酸或碱这类电解质（electrolyte），在水中的解离程度还可以用解离度来表征，或者说，解离度也可以用于比较弱酸（或弱碱）的相对强弱。

解离度一般用 α 表示，是指某电解质在水中解离达到平衡时已解离电解质的浓度与电解质原始浓度之比。即

$$解离度 = \frac{解离部分弱电解质的浓度}{未解离前弱电解质浓度}$$

在水中，温度、浓度相同的条件下，解离度大的酸（或碱），$K^{\ominus}$ 就大，该酸（或碱）的酸性（或碱性）相对就强。

[例 3-1]　HAc 在 25℃时，$K_a^{\ominus} = 1.74 \times 10^{-5}$。求 $0.20 mol \cdot L^{-1}$ HAc 的解离度。

解 $$HAc \rightleftharpoons H^+ + Ac^-$$

平衡浓度 $0.20(1-\alpha)$ 0.20α 0.20α

因为 $K_a^\ominus(HAc)=\dfrac{[H^+][Ac^-]}{[HAc]}$

所以 $1.74\times10^{-5}=\dfrac{(0.20\alpha)^2}{0.20(1-\alpha)}$

解得 $\alpha=0.93\%$

3.1.2.3 共轭酸碱对 $K_a^\ominus$ 与 $K_b^\ominus$ 的关系

(1) 一元弱酸及其共轭碱

Ac^- 在水中存在以下解离平衡：

$$Ac^- + H_2O \rightleftharpoons HAc + OH^-$$

解离平衡常数为：

$$K_b^\ominus(Ac^-)=\frac{[HAc][OH^-]}{[Ac^-]}$$

将 HAc 的解离平衡常数表达式与 Ac^- 的解离平衡常数表达式相乘：

$$K_a^\ominus(HAc)K_b^\ominus(Ac^-)=\frac{[H^+][Ac^-]}{[HAc]}\times\frac{[HAc][OH^-]}{[Ac^-]}$$
$$=[H^+][OH^-]$$

因此，对于一元弱酸及其共轭碱，$K_a^\ominus$ 与 $K_b^\ominus$ 具有以下关系：

$$K_a^\ominus K_b^\ominus=K_W^\ominus=1.0\times10^{-14}(25℃) \tag{3-3}$$

可见，若某种弱酸的 $K_a^\ominus$ 较大，给出质子的能力较强，那么相对而言，其共轭碱的 $K_b^\ominus$ 就会较小，该共轭碱接受质子的能力相对就较弱，碱性相对也就较弱。例如 HAc 的 $K_a^\ominus(HAc)=1.74\times10^{-5}$，是一种弱酸；而 Ac^- 的 $K_b^\ominus(Ac^-)=\dfrac{1.0\times10^{-14}}{K_a^\ominus(HAc)}=\dfrac{1.0\times10^{-14}}{1.74\times10^{-5}}=5.7\times10^{-10}$，显然 Ac^- 就是一种极弱的碱。

(2) 多元酸（或碱）

例如，H_2CO_3 以及 CO_3^{2-} 各级解离常数之间的关系。

将 $K_{a_1}^\ominus(H_2CO_3)$ 与 $K_{b_2}^\ominus(CO_3^{2-})$ 两个平衡常数表达式相乘：

$$K_{a_1}^\ominus(H_2CO_3)\cdot K_{b_2}^\ominus(CO_3^{2-})=\frac{[H^+][HCO_3^-]}{[H_2CO_3]}\times\frac{[H_2CO_3][OH^-]}{[HCO_3^-]}$$
$$=[H^+][OH^-]$$

同样，将 $K_{a_2}^\ominus(H_2CO_3)$ 与 $K_{b_1}^\ominus(CO_3^{2-})$ 两个平衡常数表达式相乘可得：

$$K_{a_2}^\ominus(H_2CO_3)\times K_{b_1}^\ominus(CO_3^{2-})=[H^+][OH^-]$$

因此，二元酸及其共轭碱的解离常数之间具有以下关系：

$$K_{a_1}^\ominus\times K_{b_2}^\ominus=K_{a_2}^\ominus\times K_{b_1}^\ominus=[H^+][OH^-]=K_W^\ominus \tag{3-4}$$

利用共轭酸碱对相应酸或碱的解离常数就能求得对应共轭碱或共轭酸的解离常数，并用于有关酸碱平衡的讨论。

[例 3-2] 求 $H_2PO_4^-$ 离子的 $K_{b_3}^\ominus$ 及 $pK_{b_3}^\ominus$，并判断 NaH_2PO_4 水溶液呈酸性还是碱性。

解 $H_2PO_4^-$ 离子是 H_3PO_4 的共轭碱，H_3PO_4 又是一种三元酸。根据三元酸及其共轭碱解离常数之间的关系：

$$K_{a_1}^{\ominus}\times K_{b_3}^{\ominus}=K_{a_2}^{\ominus}\times K_{b_2}^{\ominus}=K_{a_3}^{\ominus}\times K_{b_1}^{\ominus}=[H^+][OH^-]=K_W^{\ominus}$$

因此
$$K_{b_3}^{\ominus}=\frac{K_W^{\ominus}}{K_{a_1}^{\ominus}}$$

H_3PO_4 的 $K_{a_1}^{\ominus}=6.92\times10^{-3}$，所以

$$K_{b_3}^{\ominus}=\frac{1.0\times10^{-14}}{6.92\times10^{-3}}=1.4\times10^{-12}$$

因为　$pK_{b_3}^{\ominus}=-\lg K_{b_3}^{\ominus}$

所以　$pK_{b_3}^{\ominus}=11.85$

NaH_2PO_4 在水溶液中的解离情况较为复杂，主要有以下两个解离平衡存在：

酸式解离，即给出质子的解离反应：$H_2PO_4^- \xrightleftharpoons{K_{a_2}^{\ominus}} H^+ + HPO_4^{2-}$

碱式解离，即接受质子的解离反应：$H_2PO_4^- + H_2O \xrightleftharpoons{K_{b_3}^{\ominus}} OH^- + H_3PO_4$

这种在水溶液中既能给出质子、又能接受质子的物质就称为两性物质。除 NaH_2PO_4 外，还有 $NaHCO_3$、$(NH_4)_2CO_3$ 以及邻苯二甲酸氢钾等物质。对于这类物质，其水溶液呈酸性还是碱性，可以根据不同解离过程相应解离常数的相对大小来判断。对于本例，$H_2PO_4^-$ 的酸式解离相应的 $K_{a_2}^{\ominus}=6.23\times10^{-8}$，碱式解离已求得 $K_{b_3}^{\ominus}=1.4\times10^{-12}$。显然，$K_{a_2}^{\ominus}>K_{b_3}^{\ominus}$，说明 $H_2PO_4^-$ 在水溶液中的酸式解离能力要比其碱式解离能力强。因此，NaH_2PO_4 溶液将以酸式解离为主，从而使溶液呈现弱酸性。

3.2 酸碱平衡的移动

3.2.1 稀释定律

[例 3-3] 求 $2.0\times10^{-2}\,mol\cdot L^{-1}$ HAc 溶液的解离度。

解

$$HAc \rightleftharpoons H^+ + Ac^-$$

平衡浓度/$mol\cdot L^{-1}$　$2.0\times10^{-2}(1-\alpha)$　$2.0\times10^{-2}\alpha$　$2.0\times10^{-2}\alpha$

$$K_a^{\ominus}(HA)=\frac{[H^+][A^-]}{[HA]}$$

$$1.74\times10^{-5}=\frac{2.0\times10^{-2}\alpha^2}{(1-\alpha)}$$

$$\alpha^2=\frac{1.74\times10^{-5}}{2.0\times10^{-2}}$$

解得 $\alpha=2.9\%$

很明显，HAc 稀释 10 倍，解离度从 0.93%增大为 2.9%。

计算结果表明，弱酸的解离度是随着水溶液稀释而增大的，这一规律就称为稀释定律(dilution law)。

需要注意的是，解离度随溶液稀释而增大，并不意味着溶液中的离子浓度也相应增大。另外，当用解离度来衡量不同电解质的电离强弱时必须指明它们的浓度。

3.2.2 同离子效应

[例 3-4] 在 $0.20mol\cdot L^{-1}$ HAc 水溶液中，加入 NaAc 固体，使 NaAc 的浓度为

0.10mol·L^{-1}。计算 HAc 的解离度。

解

$$HAc \rightleftharpoons H^+ + Ac^-$$

平衡浓度/mol·L^{-1} $\quad 0.20(1-\alpha) \quad 0.20\alpha \quad 0.10+0.20\alpha$

$$K_a^{\ominus}(HAc)=\frac{[H^+][Ac^-]}{[HAc]}$$

$$1.74\times10^{-5}=\frac{0.20\alpha\times(0.10+0.20\alpha)}{0.20(1-\alpha)}$$

式中，$1-\alpha$ 中，α 同样可以忽略，解得 $\alpha=0.017\%$

计算结果表明，当 0.20mol·L^{-1} HAc 水溶液中加入 NaAc 固体，使 NaAc 的浓度为 0.10mol·L^{-1}时，HAc 的解离度由不加 NaAc 时的 0.93%降低到 0.017%。

这种含有共同离子的易溶强电解质使得弱酸（或弱碱）解离度降低的现象，就称为同离子效应（common ion effect）。

3.2.3 活度、离子强度与盐效应

对于强电解质，在水溶液中应该完全解离，但实验测定时却发现它们的解离度也没有达到 100%。例如 18℃ 时，0.1mol·L^{-1} HCl 溶液的表观解离度为 92%，0.1mol·L^{-1} NaOH 溶液的表观解离度只有 84%。

这种现象产生的主要原因是荷电离子之间以及离子和溶剂分子之间的相互作用，使得每一个离子的周围都吸引着一定数量带相反电荷的离子，形成了所谓的离子氛（ion atomosphere），见图 3-1。甚至有些阴、阳离子会形成离子对，从而影响了离子在溶液中的活动性，降低了离子在化学反应中的作用能力，使得离子参加化学反应的有效浓度要比实际浓度低。这种离子在化学反应中起作用的有效浓度称为活度（activity），以 a 表示，对于稀溶液：

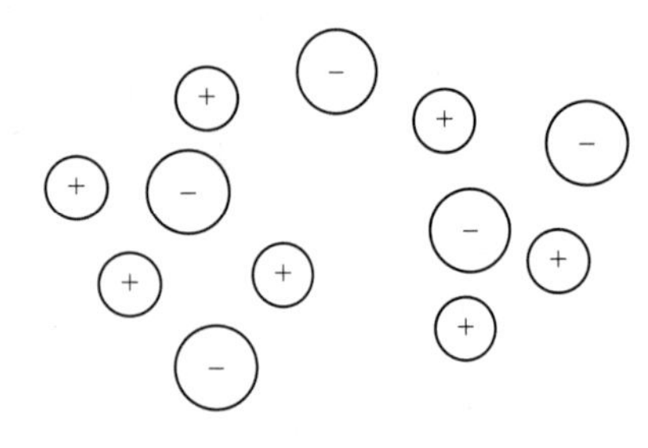

图 3-1 离子氛

$$a=\gamma c \tag{3-5}$$

式中，γ 称为活度系数（activity coefficient）或活度因子，表示溶液中离子间相互吸引和牵制作用的大小。

活度系数的大小与离子浓度，尤其是离子电荷数有关。为了更好地说明这一问题，引入了离子强度（ionic strength）的概念，并定义为：

$$I=\frac{1}{2}(c_1z_1^2+c_2z_2^2+\cdots+c_nz_n^2)=\frac{1}{2}\sum_{i=1}^{n}c_iz_i^2 \tag{3-6}$$

式中，c_i、z_i 分别为溶液中第 i 个离子的浓度和电荷数。

上式表明，溶液的浓度愈大，离子所带的电荷愈多，离子强度也就愈大。离子强度愈大，离子间相互牵制作用愈大，离子的活度系数也就愈小，相应离子的活度就愈低。

一般来说，对于较稀的弱电解质、难溶电解质或极稀的强电解质，$\gamma=1$，平衡处理时就可以采用浓度代替活度；对于一般的强电解质溶液以及较浓的弱电解质溶液，$\gamma<1$，因此，强电解质在水溶液中似乎没有完全解离。另外，如果在弱电解质溶液中，加入一定量的强电解质，也会影响弱电解质的解离平衡。例如，在 HAc 溶液中，如果加入 NaCl 之类的强电解质，就会使 HAc 的解离度增大，原因就在于 H^+ 及 Ac^- 碰撞重新结合成 HAc 的机

会减少。这种在弱电解质溶液中，加入易溶强电解质使该弱电解质解离度增大的现象就称为盐效应（salt effect）。这种效应显然是与同离子效应完全相反的作用。

例如，对于 HA 弱酸水溶液，若有其它强电解质存在，离子强度较大的情况下：

$$K_a^{\ominus'}=\frac{a^{eq}(H^+)\cdot a^{eq}(A^-)}{a^{eq}(HA)}$$

这里 $K_a^{\ominus'}$ 称为活度平衡常数。一般手册中所查得的解离常数大多数是活度平衡常数。

一般来说，只有在离子强度较大的场合、要求较高的情况下才考虑盐效应，所以多数情况下可以直接使用浓度平衡常数表达式进行有关计算。

3.2.4 温度的影响

对于 Ac^- 或 NH_4^+ 这类物质在水中的解离反应，温度对平衡移动的影响较为明显。

例如氨和盐酸的反应：

$$NH_3+H_3O^+ \rightleftharpoons NH_4^+ +H_2O，\Delta_r H_m=-52.21kJ\cdot mol^{-1}$$

由焓变的性质可知，NH_4^+ 在水中解离反应的 $\Delta_r H_m=52.21kJ\cdot mol^{-1}$，为吸热过程，温度升高会使 $K_a^{\ominus}(NH_4^+)$ 增大。因而提高温度，平衡将朝着有利于形成 NH_3 的方向移动，使弱电解质 NH_4^+ 的解离度增大。

对于 $Bi(NO_3)_3$、$FeCl_3$、$SnCl_2$、$SbCl_3$ 以及 Al_2S_3 等物质，在水溶液中与水发生以下质子转移反应：

$$Bi(NO_3)_3+H_2O \rightleftharpoons BiONO_3\downarrow +2HNO_3$$

$$FeCl_3+3H_2O \rightleftharpoons Fe(OH)_3\downarrow +3HCl$$

$$SnCl_2+H_2O \rightleftharpoons Sn(OH)Cl\downarrow +HCl$$

这类反应有固相产生，平衡能向右进行得较为完全，这种平衡称为多相离子平衡，反应也称为水解反应。对于 $FeCl_3$ 之类的电解质，与多元酸、多元碱在水中的解离相似，也是逐级进行的，但它们的水解过程更为复杂。稀释定律同样适用于这类水解反应，即溶液愈稀，解离度就愈大。加入一定的强酸能抑制相应的水解反应，例如，在 $Bi(NO_3)_3$ 水溶液中若加入硝酸，就能抑制 $Bi(NO_3)_3$ 水解。相反，若加入碱溶液，就会促进其水解。另外，这类反应同样是吸热反应，因此，温度愈高，水解愈严重。例如，$FeCl_3$ 稀溶液水解程度小，看不出有 $Fe(OH)_3$ 沉淀产生，但长时间煮沸后，就会析出棕色沉淀。

根据以上这类有难溶物质生成的水解平衡的特点，在配制一些易水解物质的水溶液时，就必须先将这些物质溶解在其相应的酸中。例如配制 $SnCl_2$ 溶液时，就必须先加入适量 HCl 溶液，或将 $SnCl_2$ 溶于较浓的 HCl 溶液中，然后再稀释到一定的浓度，且配制过程中不能加热，以免产生 Sn(OH)Cl。当然，这类水解反应也有其可利用的一方面，常常用于实际生产中的分离或提纯。例如，可以根据 $Bi(NO_3)_3$ 易水解而制取高纯度的 Bi_2O_3；可以利用 Fe^{3+} 易水解，使之形成 $Fe(OH)_3$ 而从反应体系中分离出去等。

3.3 酸碱平衡中组分分布及浓度计算

3.3.1 酸度、初始浓度、平衡浓度与物料等衡

严格来说，酸度（acid degree）是指溶液中 H_3O^+ 的活度，常用 pH 值表示，pH=

$-\lg\{a^{eq}(H_3O^+)\}$，但在稀溶液中可以简写为：

$$pH=-\lg[H^+] \tag{3-7}$$

应注意初始浓度与平衡浓度的区别。平时所表示的物质水溶液的浓度一般都是指初始浓度（或总浓度，在分析化学中又称为分析浓度）。例如，0.20mol·L^{-1}的 HAc 水溶液，0.20mol·L^{-1}就是初始浓度，表示 HAc 水溶液中已解离的 Ac^- 和未解离的 HAc 等各种存在形式的总浓度，即 $c(HAc)=[HAc]+[Ac^-]=0.20mol\cdot L^{-1}$ ｛本书以 c(B) 表示 B 物质的初始浓度，[B] 表示 B 物质的平衡浓度，以示区别｝。

这种物质在水溶液中解离达到平衡时，各种存在形式的平衡浓度之和等于该物质的总浓度的关系，就称为物料等衡关系，其数学表达式就称为物料等衡式（material balance equation）。

再如，$c(Na_2CO_3)$ 的 Na_2CO_3 水溶液，组分 CO_3^{2-} 的物料等衡式为：

$$c(Na_2CO_3)=[H_2CO_3]+[HCO_3^-]+[CO_3^{2-}]$$

而组分 Na^+ 的物料等衡式为：

$$2c(Na_2CO_3)=[Na^+]$$

3.3.2 分布系数与分布曲线

分布系数（distribution coefficient）是指溶液中某种组分存在形式的平衡浓度占其总浓度的分数，一般以 δ 表示。当溶液酸度改变时，组分的分布系数会发生相应的变化。组分的分布系数与溶液酸度的关系就称为分布曲线（distribution curve）。

对于一元弱酸，例如 HAc 溶液，HAc 和 Ac^- 的分布系数分别为：

$$\delta(HAc)=\frac{[HAc]}{c(HAc)},\delta(Ac^-)=\frac{[Ac^-]}{c(HAc)}$$

根据物料平衡

$$c(HAc)=[HAc]+[Ac^-]$$

$$\delta(HAc)=\frac{[HAc]}{[HAc]+[Ac^-]}=\frac{1}{1+\frac{[Ac^-]}{[HAc]}}$$

因为

$$K_a^{\ominus}(HAc)=\frac{[H^+][Ac^-]}{[HAc]}$$

则

$$\frac{[Ac^-]}{[HAc]}=\frac{K_a^{\ominus}}{[H^+]}$$

代入上式可得

$$\delta[HAc]=\frac{1}{1+\frac{K_a^{\ominus}}{[H^+]}}=\frac{[H^+]}{[H^+]+K_a^{\ominus}} \tag{3-8a}$$

同样可得：

$$\delta(Ac^-)=\frac{[Ac^-]}{c(HAc)}=\frac{K_a^{\ominus}}{[H^+]+K_a^{\ominus}} \tag{3-8b}$$

将 δ(HAc) 与 $\delta(Ac^-)$ 相加：

$$\delta(\mathrm{HAc})+\delta(\mathrm{Ac^-})=\frac{[\mathrm{H^+}]}{[\mathrm{H^+}]+K_a^{\ominus}}+\frac{K_a^{\ominus}}{[\mathrm{H^+}]+K_a^{\ominus}}=1 \tag{3-9}$$

显然，某物质水溶液中各种存在形式分布系数之和等于1。

如果以pH值为横坐标，各存在形式的分布系数为纵坐标，可得如图3-2所示的分布曲线。从图3-2中可以看到，当$\mathrm{pH}=\mathrm{p}K_a^{\ominus}$时，$\delta(\mathrm{HAc})=\delta(\mathrm{Ac^-})=0.5$，溶液中HAc与$Ac^-$两种形式各占50%；当$\mathrm{pH}\ll \mathrm{p}K_a^{\ominus}$时，$\delta(\mathrm{HAc})\gg\delta(\mathrm{Ac^-})$，即溶液中HAc为主要的存在形式；而当$\mathrm{pH}\gg \mathrm{p}K_a^{\ominus}$时，$\delta(\mathrm{HAc})\ll\delta(\mathrm{Ac^-})$，主要以$Ac^-$形式存在。

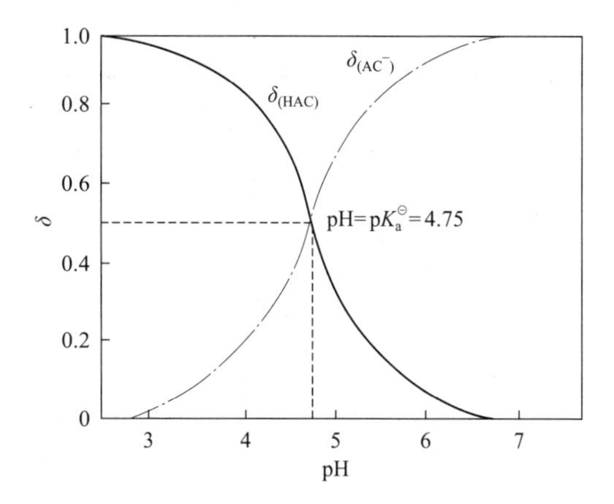

图3-2　HAc的δ-pH图

对于二元酸，例如草酸（$H_2C_2O_4$），溶液中的存在形式有$H_2C_2O_4$以及$HC_2O_4^-$、$C_2O_4^{2-}$等，为简便起见，分别用δ_2以及δ_1、δ_0表示含两个质子、一个质子和无质子组分的分布系数。

$$\delta_2=\frac{[\mathrm{H_2C_2O_4}]}{c(\mathrm{H_2C_2O_4})}$$

$$\delta_1=\frac{[\mathrm{HC_2O_4^-}]}{c(\mathrm{H_2C_2O_4})}$$

$$\delta_0=\frac{[\mathrm{C_2O_4^{2-}}]}{c(\mathrm{H_2C_2O_4})}$$

$$c(\mathrm{H_2C_2O_4})=[\mathrm{H_2C_2O_4}]+[\mathrm{HC_2O_4^-}]+[\mathrm{C_2O_4^{2-}}]$$

因此

$$\delta_2=\frac{[\mathrm{H_2C_2O_4}]}{c(\mathrm{H_2C_2O_4})}=\frac{[\mathrm{H_2C_2O_4}]}{[\mathrm{H_2C_2O_4}]+[\mathrm{HC_2O_4^-}]+[\mathrm{C_2O_4^{2-}}]}$$

$$=\frac{1}{1+\frac{[\mathrm{HC_2O_4^-}]}{[\mathrm{H_2C_2O_4}]}+\frac{[\mathrm{C_2O_4^{2-}}]}{[\mathrm{H_2C_2O_4}]}}$$

其中

$$\frac{[\mathrm{HC_2O_4^-}]}{[\mathrm{H_2C_2O_4}]}=\frac{K_{a_1}^{\ominus}}{[\mathrm{H^+}]}$$

根据多重平衡规则，有

$$\mathrm{H_2C_2O_4} \rightleftharpoons \mathrm{C_2O_4^{2-}}+2\mathrm{H^+}$$

$$K_{a_1}^{\ominus}K_{a_2}^{\ominus}=\frac{[\mathrm{C_2O_4^{2-}}][\mathrm{H^+}]^2}{[\mathrm{H_2C_2O_4}]}$$

将以上关系代入上式，并整理得：

$$\delta_2=\frac{[\mathrm{H^+}]^2}{[\mathrm{H^+}]^2+[\mathrm{H^+}]K_{a_1}^{\ominus}+K_{a_1}^{\ominus}K_{a_2}^{\ominus}} \tag{3-10a}$$

同理可得：

$$\delta_1=\frac{[\mathrm{H^+}]^2K_{a_1}^{\ominus}}{[\mathrm{H^+}]^2+[\mathrm{H^+}]K_{a_1}^{\ominus}+K_{a_1}^{\ominus}K_{a_2}^{\ominus}} \tag{3-10b}$$

$$\delta_0=\frac{K_{a_1}^{\ominus}K_{a_2}^{\ominus}}{[H^+]^2+[H^+]K_{a_1}^{\ominus}+K_{a_1}^{\ominus}K_{a_2}^{\ominus}} \quad (3\text{-}10c)$$

同样：

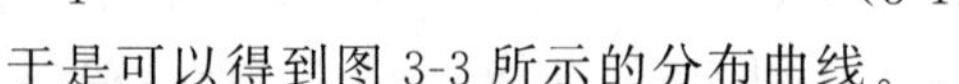

$$\delta_2+\delta_1+\delta_0=1 \quad (3\text{-}11)$$

于是可以得到图 3-3 所示的分布曲线。

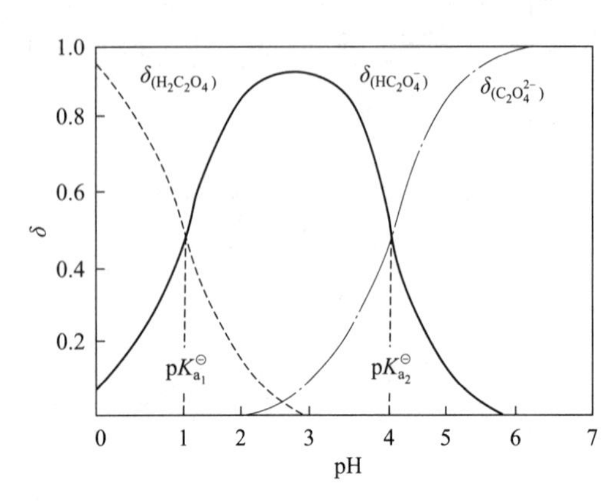

图 3-3　$H_2C_2O_4$ 的 δ-pH 图

由图 3-3 可知：

当 $pH \ll pK_{a_1}^{\ominus}$ 时，$\delta_2 \gg \delta_1$，溶液中主要存在 $H_2C_2O_4$；

当 $pK_{a_1}^{\ominus} \ll pH \ll pK_{a_2}^{\ominus}$ 时，$\delta_1 \gg \delta_2$ 和 $\delta_1 \gg \delta_0$，溶液中主要存在 $HC_2O_4^-$；

当 $pH \gg pK_{a_2}^{\ominus}$ 时，$\delta_0 \gg \delta_1$，这时溶液中主要存在 $C_2O_4^{2-}$。

由于草酸 $pK_{a_1}^{\ominus}=1.23$，$pK_{a_2}^{\ominus}=4.19$，比较接近，因此在 $HC_2O_4^-$ 的优势区内，各种形式的存在情况比较复杂。计算表明，在 pH＝2.2～3.2 时，明显出现三种组分同时存在的情况，而在 pH＝2.71 时，虽然 $HC_2O_4^-$ 的分布系数达到最大（0.938），但 δ_2 与 δ_0 的数值也各占 0.031。

3.3.3　组分平衡浓度计算的基本方法

3.3.3.1　由解离平衡直接求算

［例 3-5］　常温、常压下 H_2S 在水中的饱和溶解度为 $0.10\text{mol}\cdot L^{-1}$，试求 H_2S 饱和溶液中［HS^-］、［S^{2-}］，并找出 S^{2-} 浓度与溶液酸度的关系。

解： 已知 25℃时，$K_{a_1}^{\ominus}=8.90\times10^{-8}$，$K_{a_2}^{\ominus}=1.26\times10^{-14}$。

设一级解离所产生的 HS^- 浓度为 $x\text{mol}\cdot L^{-1}$，二级解离所产生的 S^{2-} 浓度为 $y\text{mol}\cdot L^{-1}$，则有：

$$H_2S \rightleftharpoons H^+ + HS^-$$

平衡浓度/$\text{mol}\cdot L^{-1}$　　$0.10-x$　　$x+y$　　$x-y$

$$HS^- \rightleftharpoons H^+ + S^{2-}$$

平衡浓度/$\text{mol}\cdot L^{-1}$　　$x-y$　　$x+y$　　y

由于 $K_{a_1}^{\ominus} \gg K_{a_2}^{\ominus}$，再加上一级解离对二级解离的抑制作用，体系［$H^+$］≈$x$；同样溶液中［$HS^-$］≈$x$，所以 HS^- 的平衡浓度可以直接根据 H_2S 的一级解离求得。

$$K_{a_1}^{\ominus}=\frac{[H^+][HS^-]}{[H_2S]}$$

$$K_{a_1}^{\ominus}=\frac{x^2}{0.10-x}\approx 8.90\times10^{-8}$$

可解得：　　$x=9.4\times10^{-5}\text{mol}\cdot L^{-1}$

溶液中 S^{2-} 浓度可以通过二级解离求出：

$$K_{a_2}^{\ominus}=\frac{[H^+][S^{2-}]}{[HS^-]}$$

$$[H^+]\approx[HS^-]$$

$$[S^{2-}] \approx K_{a_2}^{\ominus} = 1.26 \times 10^{-14} \text{mol} \cdot L^{-1}$$

溶液中 S^{2-} 浓度与溶液酸度的关系可以从总解离平衡求得。

$$H_2S \rightleftharpoons 2H^+ + S^{2-}$$

根据多重平衡规则，$K^{\ominus} = K_{a_1}^{\ominus} K_{a_2}^{\ominus}$，因此

$$K_{a_1}^{\ominus} \cdot K_{a_2}^{\ominus} = \frac{[H^+]^2[S^{2-}]}{[H_2S]}$$

$$[H^+] = \sqrt{\frac{K_{a_1}^{\ominus} K_{a_2}^{\ominus}[H_2S]}{[S^{2-}]}}$$

对于 H_2S 饱和溶液，由于 H_2S 的解离程度不大，$[H_2S] \approx c(H_2S)$，所以：

$$[H^+] = \sqrt{\frac{8.90 \times 10^{-8} \times 1.26 \times 10^{-14} \times 0.10}{[S^{2-}]}} = \sqrt{\frac{1.12 \times 10^{-22}}{[S^{2-}]}}$$

根据这一关系，若在 H_2S 溶液中加入强酸，使 $[H^+]$ 提高，就能显著降低 $[S^{2-}]$。因此，通过调节 H_2S 溶液的酸度，就可以有效地控制 H_2S 溶液中的 S^{2-} 浓度。

3.3.3.2 由分布系数求算

[例 3-6] 常温常压下、CO_2 饱和水溶液中，$c(H_2CO_3) = 0.04 \text{mol} \cdot L^{-1}$。求①pH=5.00 时溶液中各种存在形式的平衡浓度；②pH=8.00，溶液中的主要存在形式为何种组分。

解 CO_2 在饱和水溶液中主要有三种存在形式，分别为 H_2CO_3、HCO_3^-、以及 CO_3^{2-}。

根据平衡浓度与分布系数的关系，可得：

$$[H_2CO_3] = \delta_2 c(H_2CO_3)$$

$$[HCO_3^-] = \delta_1 c(H_2CO_3)$$

$$[CO_3^{2-}] = \delta_0 c(H_2CO_3)$$

① pH=5.00 时，

$$\delta_2 = \frac{[H^+]^2}{[H^+]^2 + [H^+]K_{a_1}^{\ominus} + K_{a_1}^{\ominus} K_{a_2}^{\ominus}}$$

$$= \frac{(10^{-5.00})^2}{(10^{-5.00})^2 + 10^{-5.00} \times 4.47 \times 10^{-7} + 4.47 \times 10^{-7} \times 4.68 \times 10^{-11}}$$

$$= 0.96$$

同样可求得：

$$\delta_1 = 0.04$$

$$\delta_0 \approx 0$$

所以

$$[H_2CO_3] = 0.04 \times 0.96 = 3.8 \times 10^{-2} \text{mol} \cdot L^{-1}$$

$$[HCO_3^-] = 0.04 \times 0.04 = 1.6 \times 10^{-3} \text{mol} \cdot L^{-1}$$

② pH=8.00 时，同理可求得：

$$\delta_2 = 0.02$$

$$\delta_1 = 0.97$$

$$\delta_0 = 0.01$$

可见 pH=8.00 时，溶液中的主要存在形式是 HCO_3^-。

3.4 溶液酸度的计算

溶液的酸度可以通过测定或计算获得。计算的方法主要有代数法（又称计算法）和图解法两种，在此主要讨论酸碱质子理论中的代数法。

3.4.1 质子条件式的确定

所谓质子条件是指酸碱反应中质子转移的等衡关系，它的数学关系式就称为质子条件式或质子等衡式（proton banlance equation），以 PBE 表示。

质子条件式主要由即零水准法以及由物料等衡式与电荷等衡式求得。在此，以浓度为 c mol·L^{-1}的 Na_2CO_3 溶液为例，主要用零水准法确定质子条件式。

零水准法首先要选取零水准，其次再将体系中其它存在形式与零水准相比，看哪些组分得质子，哪些组分失质子，得、失质子数是多少，最后根据得失质子的物质的量应相等的原则写出等式。

作为零水准的物质一般是参与质子转移的大量物质，对 Na_2CO_3 溶液来说，大量存在并参与质子转移的物质是 CO_3^{2-} 和 H_2O，选择两者作为零水准，它们参与以下平衡：

$$H_2O+H_2O \rightleftharpoons H_3O^+ +OH^-$$

$$CO_3^{2-} +H_2O \rightleftharpoons HCO_3^- +OH^-$$

$$HCO_3^- +H_2O \rightleftharpoons H_2CO_3+OH^-$$

显然，除 CO_3^{2-} 及 H_2O 外，其它存在形式有 H_3O^+、OH^-、HCO_3^-、H_2CO_3。将 H_3O^+、OH^- 与 H_2O 相比，H_3O^+ 是得一个质子的产物，OH^- 是失一个质子的产物；将 HCO_3^-、H_2CO_3 分别与 CO_3^{2-} 相比，HCO_3^- 是得到一个质子的产物，而 H_2CO_3 是得到两个质子的产物。根据得失质子的物质的量应该相等的原则，可得：

$$n(H^+)+n(HCO_3^-)+2n(H_2CO_3)=n(OH^-)$$

或
$$[H^+]+[HCO_3^-]+2[H_2CO_3]=[OH^-]$$

即
$$[H^+]=[OH^-]-[HCO_3^-]-2[H_2CO_3]$$

或
$$[OH^-]=[H^+]+[HCO_3^-]+2[H_2CO_3]$$

上式就是 Na_2CO_3 溶液的质子条件式，它表明这种水溶液的 OH^- 是由三方面贡献的，按上式右边顺序分别是水的解离、CO_3^{2-} 的一级解离和二级解离。

除了零水准法外，根据物料平衡以及电荷平衡也能求得质子条件式。

所谓电荷平衡是指平衡时，溶液中正电荷的总浓度应等于负电荷的总浓度，它的数学表达式称为电荷等衡式（charge balance equation），以 CBE 表示。例如，c mol·L^{-1} Na_2CO_3 溶液：

$$Na_2CO_3(aq) = 2Na^+(aq)+CO_3^{2-}(aq)$$

电荷等衡式为：

$$[Na^+]+[H^+]=[OH^-]+[HCO_3^-]+2[CO_3^{2-}]$$

即
$$2c+[H^+]=[OH^-]+[HCO_3^-]+2[CO_3^{2-}]$$

再根据物料等衡式：

$$c(CO_3^{2-})=[H_2CO_3]+[HCO_3^-]+[CO_3^{2-}]$$

同样可以求得质子条件式。

[例 3-7] 分别写出 NaAc、NH_4Cl、NH_4Ac 水溶液的质子条件式。

解 对于 NaAc 水溶液，可以选择 H_2O、Ac^- 作为零水准，有以下平衡存在：

$$H_2O+H_2O \rightleftharpoons H_3O^+ +OH^-$$

$$Ac^- +H_2O \rightleftharpoons HAc+OH^-$$

与 H_2O 相比，H_3O^+ 是得一个质子的产物，OH^- 是失一个质子的产物；与 Ac^- 相比，

HAc是得一个质子的产物，因此

$$[H^+]+[HAc]=[OH^-]$$

对于NH_4Cl水溶液，可以选择H_2O、NH_4^+作为零水准，存在以下平衡：

$$H_2O+H_2O \rightleftharpoons H_3O^+ + OH^-$$

$$NH_4^+ \rightleftharpoons H^+ + NH_3$$

与H_2O相比H_3O^+是得一个质子的产物，OH^-是失一个质子的产物；与NH_4^+相比，NH_3是失一个质子的产物，所以

$$[H^+]=[OH^-]+[NH_3]$$

对于NH_4Ac水溶液，可以选择H_2O、NH_4^+、Ac^-作为零水准，有以下平衡存在：

$$H_2O+H_2O \rightleftharpoons H_3O^+ + OH^-$$

$$NH_4^+ \rightleftharpoons H^+ + NH_3$$

$$Ac^- + H_2O \rightleftharpoons HAc + OH^-$$

与H_2O相比H_3O^+是得一个质子的产物，OH^-是失一个质子的产物；与NH_4^+相比，NH_3是失一个质子的产物；与Ac^-相比，HAc是得一个质子的产物，因此

$$[H^+]+[HAc]=[OH^-]+[NH_3]$$

或

$$[H^+]=[OH^-]+[NH_3]-[HAc]$$

3.4.2 一元弱酸（碱）溶液酸度的计算

一元弱酸HA水溶液中有以下解离平衡：

$$HA \rightleftharpoons H^+ + A^-$$

$$H_2O \rightleftharpoons H^+ + OH^-$$

可以选择H_2O、HA为零水准，因此PBE为：

$$[H^+]=[OH^-]+[A^-] \tag{3-12}$$

上式说明，这种一元弱酸水溶液中的$[H^+]$来自两个方面，一方面是水解离的贡献，即

$$[OH^-]=\frac{K_w^\ominus}{[H^+]}$$

另一方面是弱酸本身解离的贡献，即

$$[A^-]=\frac{K_a^\ominus[HA]}{[H^+]}$$

将以上两个平衡关系代入式(3-12)，整理可得：

$$[H^+]=\sqrt{K_a^\ominus[HA]+K_w^\ominus} \tag{3-13a}$$

式中$[HA]$可以用两种方式求得，即$[HA]=c-[H^+]$或$[HA]=\delta_1 c$，而$\delta_1=\frac{[H^+]}{[H^+]+K_a^\ominus}$。式(3-13a)就是计算一元弱酸水溶液酸度的精确式。

显然，精确式的求解较为麻烦，实际工作中也常常没有必要，可以按计算的允许误差（5%）做近似处理。

① 如果$cK_a^\ominus \geqslant 10K_w^\ominus$，就可以忽略$K_w^\ominus$，即不考虑水解离的贡献：

$$[H^+]=\sqrt{K_a^\ominus(c-[H^+])} \tag{3-13b}$$

式(3-13b)就是计算一元弱酸水溶液$[H^+]$的近似式。

② 如果再满足$\frac{c}{K_a^{\ominus}} \geqslant 10^5$，则［HA］≈$c$：

$$[H^+]=\sqrt{K_a^{\ominus} c} \quad (3\text{-}13c)$$

这就是计算一元弱酸水溶液［H$^+$］的最简式。

③ 如果只满足$\frac{c}{K_a^{\ominus}} \geqslant 10^5$，但不满足$cK_a^{\ominus} \geqslant 10K_W^{\ominus}$：

$$[H^+]=\sqrt{K_a^{\ominus} c+K_W^{\ominus}} \quad (3\text{-}13d)$$

(3-13d) 也属于计算近似式。

对于一元弱碱，处理方法以及计算公式、使用条件也相似，只需把相应公式及判断条件中的$K_a^{\ominus}$换成$K_b^{\ominus}$，将［H$^+$］换成［OH$^-$］即可。

［例 3-8］ 计算 0.10mol·L^{-1} NH_4Cl 溶液的 pH 值（已知 NH_3 的 $K_b^{\ominus}=1.79\times10^{-5}$）。

解 由于 NH_4Cl 为 NH_3 的共轭酸，

$$K_a^{\ominus}(NH_4^+)=\frac{K_W^{\ominus}}{K_b^{\ominus}(NH_3)}=\frac{1.0\times10^{-14}}{1.79\times10^{-5}}=5.59\times10^{-10}$$

因 $cK_a^{\ominus}>10K_W^{\ominus}$，$\frac{c}{K_a^{\ominus}}>10^5$

故 $[H^+]=\sqrt{K_a^{\ominus} c}$

$=\sqrt{5.56\times10^{-10}\times0.10}=7.5\times10^{-6}\,mol\cdot L^{-1}$

pH=5.12

［例 3-9］ 计算浓度为 0.10mol·L^{-1}的一氯乙酸溶液的 pH 值（已知一氯乙酸的 $K_a^{\ominus}=1.40\times10^{-3}$）。

解 因 $cK_a^{\ominus}>10K_W^{\ominus}$，$\frac{c}{K_a^{\ominus}}<10^5$

故 $[H^+]=\sqrt{K_a^{\ominus}\{c-[H^+]\}}$

$=\sqrt{1.40\times10^{-3}\times\{0.10-[H^+]\}}$

解得：$[H^+]=1.1\times10^{-2}\,mol\cdot L^{-1}$，pH=1.96

［例 3-10］ 计算 1.0×10^{-4}mol·L^{-1} HCN 溶液的 pH 值（已知 HCN 的 $K_a^{\ominus}=6.17\times10^{-10}$）。

解 因 $cK_a^{\ominus}<10K_W^{\ominus}$，$\frac{c}{K_a^{\ominus}}>10^5$

故 $[H^+]=\sqrt{K_a^{\ominus} c+K_W^{\ominus}}$

$=\sqrt{6.17\times10^{-10}\times1.0\times10^{-4}+1.0\times10^{-14}}$

$=2.7\times10^{-7}\,mol\cdot L^{-1}$

pH=6.57

［例 3-11］ 计算 0.10mol·L^{-1} NH_3 溶液的 pH 值（已知 NH_3 的 $K_b^{\ominus}=1.79\times10^{-5}$）。

解 因 $cK_b^{\ominus}>10K_W^{\ominus}$，$\frac{c}{K_b^{\ominus}}>10^5$

故 $[OH^-]=\sqrt{K_b^{\ominus} c}$

$=\sqrt{1.79\times10^{-5}\times0.10}=1.3\times10^{-3}\,mol\cdot L^{-1}$

$pOH=2.89$

$pH=pK_W^{\ominus}-pOH=14.00-2.89=11.11$

3.4.3 两性物质溶液酸度的计算

在此以 NaHA 这种两性物质为例，计算该物质水溶液的酸度。

对于 NaHA 这种多元酸，其水溶液中存在以下解离平衡：

$$HA^- \rightleftharpoons H^+ + A^{2-}$$

$$HA^- + H_2O \rightleftharpoons H_2A + OH^-$$

$$H_2O \rightleftharpoons H^+ + OH^-$$

可以选择 H_2O、HA^- 为零水准，因此这一水溶液的 PBE 为：

$$[H^+]=[OH^-]+[A^{2-}]-[H_2A] \tag{3-14}$$

可见这种水溶液的酸度是由三方面所贡献的，按 PBE 式右边的顺序分别是水解离、HA^- 的酸式解离、HA^- 的碱式解离。

式中 $[OH^-]=\dfrac{K_W^{\ominus}}{[H^+]}$，$[A^{2-}]=K_{a_2}^{\ominus}\times\dfrac{[HA^-]}{[H^+]}$，$[H_2A]=\dfrac{[HA^-][H^+]}{K_{a_1}^{\ominus}}$。

将这些平衡关系代入式(3-14) 并整理得：

$$[H^+]=\sqrt{\frac{K_{a_1}^{\ominus}\{K_{a_2}^{\ominus}[HA^-]+K_W^{\ominus}\}}{K_{a_1}^{\ominus}+[HA^-]}} \tag{3-15a}$$

上式就是计算 NaHA 水溶液酸度的精确式。在计算时同样可以从具体情况出发，做合理的简化处理：

① 由于一般的多元酸 $K_{a_1}^{\ominus}$ 与 $K_{a_2}^{\ominus}$ 都相差较大，因而 HA^- 的二级解离以及 HA^- 接受质子的能力都比较弱，可以认为 $[HA^-]\approx c$，所以

$$[H^+]=\sqrt{\frac{K_{a_1}^{\ominus}(K_{a_2}^{\ominus}c+K_W^{\ominus})}{K_{a_1}^{\ominus}+c}} \tag{3-15b}$$

② 若 $cK_{a_2}^{\ominus}>10K_W^{\ominus}$，这时就可以忽略水解离的贡献，则

$$[H^+]=\sqrt{\frac{K_{a_1}^{\ominus}K_{a_2}^{\ominus}c}{K_{a_1}^{\ominus}+c}} \tag{3-15c}$$

上式就是计算 NaHA 溶液 $[H^+]$ 的近似式。

③ 若体系还满足 $c>10K_{a_1}^{\ominus}$，这时就可忽略分母中的 $K_{a_1}^{\ominus}$ 项：

$$[H^+]=\sqrt{K_{a_1}^{\ominus}K_{a_2}^{\ominus}} \tag{3-15d}$$

或

$$pH=\frac{1}{2}(pK_{a_1}^{\ominus}+pK_{a_2}^{\ominus}) \tag{3-15e}$$

式(3-15d) 或式(3-15e) 就是计算 NaHA 水溶液酸度的最简式。

④ 同样，若体系只满足 $c>10K_{a_1}^{\ominus}$，而不满足 $cK_{a_2}^{\ominus}>10K_W^{\ominus}$，那么就不能忽略水解离的贡献：

$$[H^+]=\sqrt{\frac{K_{a_1}^{\ominus}(K_{a_2}^{\ominus}c+K_W^{\ominus})}{c}} \tag{3-15f}$$

[例 3-12] 计算 $0.10mol\cdot L^{-1}$ $NaHCO_3$ 溶液的 pH 值。已知 $pK_{a_1}^{\ominus}=6.35$，$pK_{a_2}^{\ominus}=10.33$。

解 因 $cK_{a_2}^{\ominus}>10K_{W}^{\ominus}$，$c>10K_{a_1}^{\ominus}$

故 $$pH=\frac{1}{2}(pK_{a_1}^{\ominus}+pK_{a_2}^{\ominus})$$

$$=\frac{1}{2}(6.35+10.33)=8.34$$

[例 3-13] 分别计算 $0.050mol \cdot L^{-1}$ NaH_2PO_4 溶液以及 $1.0\times10^{-2} mol \cdot L^{-1}$ Na_2HPO_4 溶液的 pH 值。已知 25℃时 $K_{a_1}^{\ominus}=6.92\times10^{-3}$，$K_{a_2}^{\ominus}=6.23\times10^{-8}$，$K_{a_3}^{\ominus}=4.8\times10^{-13}$。

解 对于 NaH_2PO_4，

因 $cK_{a_2}^{\ominus}>10K_{W}^{\ominus}$，$c<10K_{a_1}^{\ominus}$

故 $$[H^+]=\sqrt{\frac{K_{a_1}^{\ominus}K_{a_2}^{\ominus}c}{K_{a_1}^{\ominus}+c}}$$

$$=\sqrt{\frac{6.92\times10^{-3}\times6.23\times10^{-8}\times0.050}{6.92\times10^{-3}+0.050}}$$

$$=1.9\times10^{-5} mol \cdot L^{-1}$$

$$pH=4.72$$

而对于 Na_2HPO_4，

因 $cK_{a_2}^{\ominus}<10K_{W}^{\ominus}$，$c>10K_{a_1}^{\ominus}$

故 $$[H^+]=\sqrt{\frac{K_{a_1}^{\ominus}(K_{a_2}^{\ominus}c+K_{W}^{\ominus})}{c}}$$

$$=\sqrt{\frac{6.23\times10^{-8}\times(4.8\times10^{-13}\times1.0\times10^{-2}+1.0\times10^{-14})}{1.0\times10^{-2}}}$$

$$=3.0\times10^{-10} mol \cdot L^{-1}$$

$$pH=9.52$$

3.4.4 其它酸碱体系 pH 值的计算

3.4.4.1 极稀强酸（或强碱）水溶液

对于极稀的一元强酸（或强碱）水溶液（浓度接近水的解离 $10^{-7} mol \cdot L^{-1}$），要求较高时就应考虑水解离的贡献。

[例 3-14] 计算 $3.0\times10^{-7} mol \cdot L^{-1}$ HCl 溶液的 pH 值。

解 由于 HCl 溶液本身较稀，所解离出的 H^+ 浓度与水的解离所产生的 H^+ 离子浓度相同数量级，因而不能忽略水解离的贡献。

因 $$[H^+]=\frac{1}{2}(c+\sqrt{c^2+4K_{W}^{\ominus}})$$

$$=\frac{1}{2}[3.0\times10^{-7}+\sqrt{(3.0\times10^{-7})^2+4\times1.0\times10^{-14}}]$$

$$=3.3\times10^{-7} mol \cdot L^{-1}$$

$$pH=6.48$$

如果忽略水的解离，采用最简式，则 $[H^+]=3.0\times10^{-7} mol \cdot L^{-1}$，pH=6.52，存在计算误差：

$$RE=\frac{3.0\times10^{-7}-3.3\times10^{-7}}{3.3\times10^{-7}}\times100\%=-9\%$$

3.4.4.2　多元酸（或碱）水溶液

多元酸（或多元碱）大多数情况下可以作为一元弱酸（或一元弱碱）处理。

［例 3-15］　室温时饱和 H_2CO_3 溶液的浓度约为 $0.040mol\cdot L^{-1}$，计算该溶液的 pH 值（已知 $pK_{a_1}^{\ominus}=6.35$，$pK_{a_2}^{\ominus}=10.33$）。

解　$K_{a_1}^{\ominus}=4.47\times10^{-7}$，$K_{a_2}^{\ominus}=4.68\times10^{-7}$，因 $K_{a_1}^{\ominus}\gg K_{a_2}^{\ominus}$，可以作为一元弱酸处理。

因　$cK_{a_1}^{\ominus}>10K_{W}^{\ominus}$，$c/K_{a_1}^{\ominus}>10^5$，所以

$$[H^+]=\sqrt{cK_{a_1}^{\ominus}}$$

$$=\sqrt{0.040\times4.47\times10^{-7}}=1.3\times10^{-4}$$

$$pH=3.89$$

3.4.4.3　弱酸（或弱碱）及其共轭碱（或共轭酸）水溶液

由于同离子效应的存在，无论是弱酸（或弱碱），还是共轭碱（或共轭酸），解离度都不是很大，故这种水溶液酸度的计算一般可以采用最简式。

$$[H^+]=K_a^{\ominus}\times\frac{c_a}{c_b}\quad 或\ pH=pK_a^{\ominus}+\lg\frac{c_b}{c_a}\tag{3-16}$$

式中：$K_a^{\ominus}$ 为弱酸（或共轭酸）的解离常数；c_a 为弱酸（或共轭酸）的总浓度；c_b 为弱碱（或共轭碱）的总浓度。

［例 3-16］　将浓度为 $0.30mol\cdot L^{-1}$的吡啶溶液和 $0.10mol\cdot L^{-1}$的 HCl 溶液等体积混合，求此溶液的 pH 值，已知吡啶的 $pK_b^{\ominus}=8.70$。

解　吡啶是一种有机弱碱，与 HCl 的反应为：

$$C_5H_5N+HCl=C_5H_5NH^++Cl^-$$

显然，吡啶是过量的，弱碱 C_5H_5N 与其共轭酸 $C_5H_5NH^+$ 组成了体系。

在此，$c_a=\frac{0.10}{2}=0.050mol\cdot L^{-1}$，$c_b=\frac{0.30-0.10}{2}=0.10mol\cdot L^{-1}$

此体系由弱碱与其共轭酸构成，尽管 $K_b^{\ominus}$ 不大，但两组分浓度均较大。另外，由于同离子效应，各自的解离也不是太多，因此

$$[H^+]=K_a^{\ominus}\times\frac{c_a}{c_b}$$

或

$$pH=pK_a^{\ominus}+\lg\frac{c_b}{c_a}$$

$$=pK_W^{\ominus}-pK_b^{\ominus}+\lg\frac{c_b}{c_a}=14.00-8.70+\lg\frac{0.10}{0.050}$$

$$=5.60$$

对于多元酸（或多元碱）及其共轭酸（或共轭碱）所组成的系统，若显酸性或中性，一般也可以采用最简式计算（HSO_4^--SO_4^{2-} 例外）。

［例 3-17］　将 300mL $0.50mol\cdot L^{-1}$ H_3PO_4 溶液与 500mL $0.50mol\cdot L^{-1}$ NaOH 溶液

混合。求此混合溶液的 pH 值，已知 $pK_{a_2}^{\ominus}=7.21$。

解 $\begin{matrix} 0.15\text{mol } H_3PO_4 \\ 0.25\text{mol NaOH} \end{matrix} \longrightarrow \begin{matrix} \text{生成 } 0.15\text{mol } H_2PO_4^- \\ \text{余 } 0.10\text{mol NaOH} \end{matrix} \longrightarrow \begin{matrix} \text{生成 } 0.10\text{mol } HPO_4^{2-} \\ \text{余 } 0.05\text{mol } H_2PO_4^- \end{matrix}$

水溶液中主要存在下列平衡：

$$H_2PO_4^- \rightleftharpoons HPO_4^{2-} + H^+$$

$$HPO_4^{2-} + H_2O \rightleftharpoons H_2PO_4^- + OH^-$$

因 $pK_{a_2}^{\ominus}=7.21$，$pK_{b_2}^{\ominus}=pK_W^{\ominus}-pK_{a_2}^{\ominus}=14.00-7.21=6.79$

故 可以用最简式计算：

$$pH=pK_{a_2}^{\ominus}+\lg\frac{c_b}{c_a}=7.21+\lg\frac{0.10}{0.05}=7.51$$

解得：pH=7.51

3.5 溶液酸度的控制与测试

3.5.1 酸碱缓冲溶液

人们在实践中发现，弱酸（或多元酸）及其共轭碱或弱碱（或多元碱）及其共轭酸所组成的溶液，以及两性物质溶液都具有一个共同的特点，即当体系适当稀释或加入少量强酸或少量强碱时，溶液的酸度能基本维持不变。这种具有保持溶液 pH 值相对稳定的溶液就称为酸碱缓冲溶液（buffer solution of acid-base）。在反应体系中加入这种溶液，就能达到控制酸度的目的。

3.5.1.1 酸碱缓冲溶液的作用原理

在此以 100mL 浓度均为 $0.10\text{mol}\cdot L^{-1}$的 HAc 和 NaAc 混合溶液为例来说明酸碱缓冲溶液的作用原理。

这一体系水溶液中存在以下解离平衡：

$$HAc \rightleftharpoons H^+ + Ac^-$$

平衡浓度/$\text{mol}\cdot L^{-1}$ $\quad 0.10-x \quad x \quad 0.10+x$

显然，系统中有前面所讨论过的同离子效应，溶液的酸度为：

$$pH_0=pK_a^{\ominus}+\lg\frac{c_b}{c_a}$$

$$=4.76+\lg\frac{0.10}{0.10}=4.76$$

由上式可见，这一体系的酸度（pH 值）主要由 c_b/c_a 的比值所决定，由于溶液中它们具有较高的浓度，只要 c_b、c_a 变化不大，这一比值就不会有太大的变化，取对数后对系统酸度的影响就不会太大。

例如，若向体系中加入 $0.010\text{mol}\cdot L^{-1}$ NaOH 溶液 10mL，这时体系中的 HAc 就会与 NaOH 作用，生成 NaAc。显然，HAc 是体系中的抗碱组分。这时，

$$c_a=0.10\times\frac{100}{110}-0.010\times\frac{10}{110}=0.090(\text{mol}\cdot L^{-1})$$

$$c_b=0.10\times\frac{100}{110}+0.010\times\frac{10}{110}=0.092(\text{mol}\cdot L^{-1})$$

溶液的 pH 值为：

$$pH=4.76+\lg\frac{0.092}{0.090}=4.77$$

这种情况下酸度的改变值为 $\Delta pH=pH-pH_0=4.77-4.76=0.01$。

若不是向体系中加入 NaOH 溶液，而是加入 $0.010mol\cdot L^{-1}$ HCl 溶液 10mL，这时由于体系中有 NaAc 存在，能与 HCl 作用生成 HAc。显然，NaAc 这一抗酸组分的存在使 c_b、c_a 也变化不大，c_b/c_a 的比值也就改变不大，体系的酸度就能基本维持不变。

体系若适当稀释，并不会改变 c_b/c_a 的比值，因此，体系酸度也就基本不变。

显然，弱酸及其共轭碱所组成的溶液能够抵抗体积变化，外加少量酸、碱或是体系中某一化学反应所产生的少量酸或碱对体系酸度的影响，其原因就在于其中具有浓度较大、能抗酸或抗碱的组分，由于同离子效应的作用，体系酸度基本不变。弱碱及其共轭酸、两性物质溶液等同样具有酸碱缓冲作用也都是这个原理。

3.5.1.2 缓冲能力与缓冲范围

需要注意的是任何酸碱缓冲溶液的缓冲能力都是有限的，若向体系中加入过多的酸或碱，或是过分稀释，都有可能使酸碱缓冲溶液失去缓冲作用。当指定 pH 值时，缓冲溶液缓冲能力的大小一般可以用缓冲指数 β 来衡量。

对于 $HA-A^-$ 所构成的缓冲体系，溶液 $pH=pK_a^{\ominus}\pm1$，$\beta=2.3\delta_{HA}\delta_{A^-}c_{HA}$。当 $pK_a^{\ominus}\approx pH$ 或 $[HA]=[A^-]$ 时，

$$\beta_{max}=0.58c_{HA} \tag{3-17}$$

因此，酸碱缓冲溶液的总浓度愈大，构成缓冲体系两组分的浓度比值愈接近 1，缓冲溶液的缓冲能力也就愈强。

外加一定量强酸或强碱所带来的缓冲溶液 pH 值的改变可以用缓冲容量 α 来衡量。对于 $HA-A^-$ 所构成的缓冲体系，缓冲容量 α 在缓冲范围 $pH_1\sim pH_2$ 的表达式为：

$$\alpha=(\delta_2^{A^-}-\delta_1^{A^-})c_{HA} \tag{3-18}$$

式中，$\delta_2^{A^-}$、$\delta_1^{A^-}$ 分别为 A^- 在 pH_2 和 pH_1 时的分布系数。

例如，1L 总浓度为 $0.1mol\cdot L^{-1}$ 的 $HAc-Ac^-$ 缓冲溶液，可求得当 pH 值从 3.74 改变到 5.74 时的缓冲容量为 $0.082mol\cdot L^{-1}$。表明若要将这一缓冲体系的 pH 从 3.74 调整到 5.74，需加 NaOH 的量为 0.082mol。

另外，通常一个酸碱缓冲体系能起有效缓冲作用的范围也是有限的。这点从 $HAc-Ac^-$ 的分布曲线图中可以看得很明显。当 $pH=pK_a^{\ominus}$ 时，$[Ac^-]/[HAc]=1$，$\delta(HAc)=\delta(Ac^-)=0.5$；只有在 $pH=3.74\sim5.74$，$[Ac^-]/[HAc]$ 有较大变化时，pH 值才可能变化很小，即在这个范围内，$HAc-Ac^-$ 缓冲溶液才具有较好的缓冲效果。一般来说，$HA-A^-$ 酸碱缓冲溶液的缓冲范围（buffer range）为：

$$pH\approx pK_a^{\ominus}\pm1 \tag{3-19}$$

3.5.1.3 酸碱缓冲溶液的分类及选择

酸碱缓冲溶液根据用途不同可以分成两大类，即普通酸碱缓冲溶液和标准酸碱缓冲溶液。标准酸碱缓冲溶液简称标准缓冲溶液，主要用于校正酸度计，它们的 pH 值一般都严格通过实验测得。普通酸碱缓冲溶液主要用于化学反应或生产过程中酸度的控制，在实际工作中应用很广，在生物学上也有重要意义。例如人体血液的 pH 值能维持在 7.35～7.45 之间，就是靠血液中所含有的 $H_2CO_3-NaHCO_3$ 以及 $NaH_2PO_4-Na_2HPO_4$ 等缓冲体系，从而保证细胞的正常代谢以及整个机体的生存。

酸碱缓冲溶液选择时主要考虑以下三点：

① 对正常的化学反应或生产过程不构成干扰，也就是说，除维持酸度外，不能发生副反应。

② 应具有较强的缓冲能力。为了达到这一要求，所选择体系中两组分的浓度比应尽量接近 1，且浓度适当大些为好。

③ 所需控制的 pH 值应在缓冲溶液的缓冲范围内。若酸碱缓冲溶液由弱酸及其共轭碱组成，则 $pK_a^{\ominus}$ 应尽量与所需控制的 pH 值一致。

另外，在实际工作中，有时只需要对 H^+ 或 OH^- 有抵消作用即可，这时可以选择合适的弱碱或弱酸作为酸或碱的缓冲剂，加入体系后与酸或碱作用产生共轭酸或共轭碱与之组成缓冲体系。例如，在电镀等工业中，常用 H_3BO_3、柠檬酸、NaAc、NaF 等作为缓冲剂。

表 3-1 列举了一些常见的酸碱缓冲体系，可供选择时参考。

表 3-1　一些常见的酸碱缓冲体系

缓冲体系	$pK_a^{\ominus}$（* 或 $pK_b^{\ominus}$）	缓冲范围（pH 值）
HAc-NaAc	4.76	3.6～5.6
NH_3-NH_4Cl	4.75	8.3～10.3
$NaHCO_3$-Na_2CO_3	10.33	9.3～11.3
KH_2PO_4-K_2HPO_4	7.21	5.9～8.0
H_3BO_3-$Na_2B_4O_7$	9.2	7.2～9.2

3.5.1.4　缓冲溶液的计算与配制

对于标准缓冲溶液，如果要进行理论计算则必须考虑离子强度的影响。而普通酸碱缓冲溶液的计算较为简单，一般都可以采用最简式。

[例 3-18]　对于 HAc-NaAc 以及 HCOOH-HCOONa 两种缓冲体系，若要配制 pH 值为 4.8 的酸碱缓冲溶液，应选择何种体系为好？现有 $6.0mol \cdot L^{-1}$ HAc 溶液 12mL，要配成 250mL pH=4.8 的酸碱缓冲溶液，应称取固体 $NaAc \cdot 3H_2O$ 多少克？

解　据 $pH = pK_a^{\ominus} + \lg \frac{c_b}{c_a}$

若选用 HAc-NaAc 体系，$\lg \frac{c_b}{c_a} = pH - pK_a^{\ominus} = 4.8 - 4.76 = 0.04$

$$\frac{c_b}{c_a} = 1.10$$

若选用 HCOOH-HCOONa 体系，$\lg \frac{c_b}{c_a} = 4.8 - 3.75 = 1.05$

$$\frac{c_b}{c_a} = 11.2$$

显然，HAc-NaAc 体系的 $pK_a^{\ominus}$ 与所需控制的 pH 值接近，两组分的浓度比值也接近 1，它的缓冲能力就比 HCOOH-HCOONa 体系强。因而应选择 HAc-NaAc 缓冲体系。

根据以上计算及选择，若要配制 250mL pH = 4.8 的酸碱缓冲溶液，由 $c(HAc) = \frac{12 \times 6.0}{250} = 0.288(mol \cdot L^{-1})$ 以及 $\frac{c_b}{c_a} = 1.10$，则

$$c_b = 1.10 \times 0.288 = 0.317(\text{mol} \cdot \text{L}^{-1})$$

所以称取 $NaAc \cdot 3H_2O$ 的质量 $m(NaAc \cdot 3H_2O) = c_b M(NaAc \cdot 3H_2O) \times \frac{250}{1000}$

$$= 0.317 \times 136 \times \frac{250}{1000} = 11(\text{g})$$

3.5.2　酸度的测试与酸碱指示剂

3.5.2.1　酸度计测量溶液的 pH 值

酸度计是采用电势比较法（本部分有关内容将主要在后续课程中介绍）进行溶液酸度测量的。测定时将两支电极与被测溶液组成化学电池，根据电池电动势与溶液中 H^+ 活度之间的关系进行测量。两支电极中一支称为指示电极，其电极电势（后续章节讨论）会随被测离子活度不同而变。酸度测量时所用的指示电极为 pH 玻璃电极，其敏感膜一般只对溶液中的 H^+ 有响应；另一支为参比电极，在一定条件下，测量过程中其电势保持基本不变。一般常用的参比电极为饱和甘汞电极（SCE）。酸度测量时也可以采用 pH 复合电极，这种电极将 pH 玻璃电极和 Ag-AgCl 参比电极复合在一起。

在 pH 测量时，先将两支电极与已知准确 pH 值的标准缓冲溶液构成化学电池，这时电池电动势为：

$$E_S = K_S + 0.0592\text{pH}_S$$

式中，K_S 在一定条件下是一个常数。

将标准缓冲溶液的 pH 值在酸度计上调节出来，这一操作过程称为定位。然后再将两支电极与被测溶液组成化学电池，电池电动势为：

$$E_X = K_X + 0.0592\text{pH}_X$$

式中，K_X 在一定条件下也是一个常数。若测定条件完全一致，$K_S = K_X$，以上两式相减，可得：

$$\text{pH}_X = \text{pH}_S + \frac{E_X - E_S}{0.0592} \tag{3-20}$$

通过比较 ΔE，就能得出被测溶液的 pH 值。

除了采用酸度计测量溶液 pH 值外，实际工作中还常常采用 pH 试纸（pH-test paper）或酸碱指示剂（acid-base indicator）来测试溶液的酸度。pH 试纸由多种酸碱指示剂按一定的比例配制而成。

3.5.2.2　酸碱指示剂

（1）酸碱指示剂作用原理

酸碱指示剂本身一般都是弱的有机酸或有机碱，在不同的酸度条件下具有不同的结构和颜色。例如，酚酞指示剂在水溶液中是一种无色的二元酸，有以下解离平衡存在：

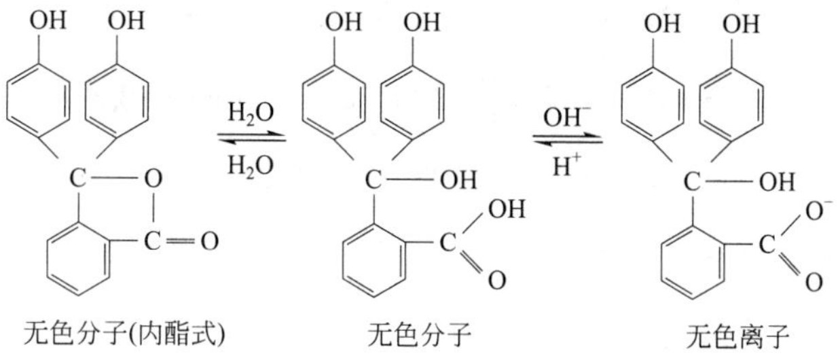

无色分子(内酯式)　$\underset{H_2O}{\overset{H_2O}{\rightleftharpoons}}$　无色分子　$\underset{H^+}{\overset{OH^-}{\rightleftharpoons}}$　无色离子

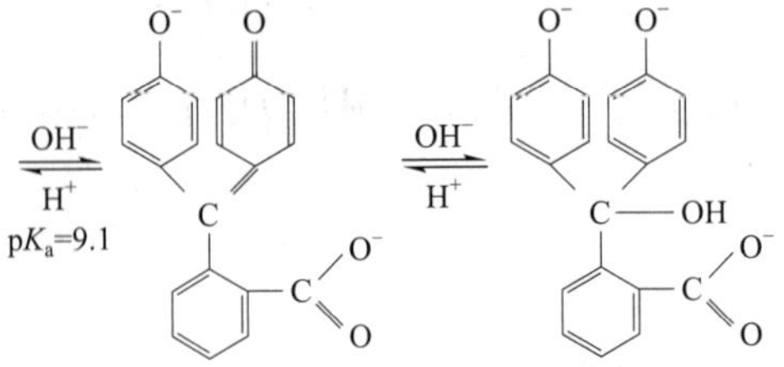

$\underset{\text{H}^+}{\overset{\text{OH}^-}{\rightleftharpoons}}$ $\mathrm{p}K_a=9.1$ 红色离子(醌式) 碱性溶液中 $\underset{\text{H}^+}{\overset{\text{OH}^-}{\rightleftharpoons}}$ 无色离子(羟酸盐式)

酚酞结构变化的过程也可简单表示为：

$$\text{无色分子}\underset{\text{H}^+}{\overset{\text{OH}^-}{\rightleftharpoons}}\text{无色离子}\underset{\text{H}^+}{\overset{\text{OH}^-}{\rightleftharpoons}}\text{红色离子}\underset{\text{H}^+}{\overset{\text{浓碱}}{\rightleftharpoons}}\text{无色离子}$$

上式表明，这个转变过程是可逆的，当溶液 pH 值降低时，平衡向反方向移动，酚酞又变成无色分子。因此，酚酞在 pH<9.1 的酸性溶液中均呈无色，当 pH>9.1 时形成红色组分，在浓的强碱溶液中又呈无色。故酚酞指示剂是一种单色指示剂。

另一种常用的酸碱指示剂甲基橙则是一种弱的有机碱，在溶液中有如下解离平衡存在：

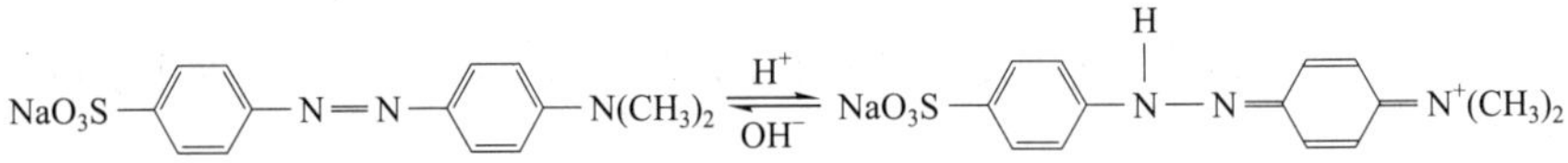

$$\mathrm{NaO_3S{-}C_6H_4{-}N{=}N{-}C_6H_4{-}N(CH_3)_2}\underset{\text{OH}^-}{\overset{\text{H}^+}{\rightleftharpoons}}\mathrm{NaO_3S{-}C_6H_4{-}NH{-}N{=}C_6H_4{=}N^+(CH_3)_2}$$

黄色分子(偶氮式)　　　　红色离子(醌式)

显然，甲基橙与酚酞相似，在不同的酸度条件下具有不同的结构及颜色，所不同的是，甲基橙是一种双色指示剂，酸性条件下呈红色，碱性条件下显黄色。

正由于酸碱指示剂在不同的酸度条件下具有不同的结构及颜色，因而当溶液酸度改变时，平衡发生移动，使得酸碱指示剂从一种结构变为另一种结构，从而使溶液的颜色发生相应的改变。

若以 HIn 表示一种弱酸型指示剂，$\mathrm{In^-}$ 为其共轭碱，在水溶液中存在以下平衡：

$$\mathrm{HIn \rightleftharpoons H^+ + In^-}$$

相应的平衡常数为

$$K_a^{\ominus}(\mathrm{HIn})=\frac{[\mathrm{H^+}][\mathrm{In^-}]}{[\mathrm{HIn}]}$$

或

$$\frac{[\mathrm{In^-}]}{[\mathrm{HIn}]}=\frac{K_a^{\ominus}(\mathrm{HIn})}{[\mathrm{H^+}]} \tag{3-21}$$

式中，$[\mathrm{In^-}]$ 代表碱式色的深度；$[\mathrm{HIn}]$ 代表酸式色的深度。

由（3-21）可见，只要酸碱指示剂一定，$K_a^{\ominus}(\mathrm{HIn})$ 在一定条件下为一常数，$\frac{[\mathrm{In^-}]}{[\mathrm{HIn}]}$ 就只取决于溶液中 $[\mathrm{H^+}]$ 的大小，所以酸碱指示剂能指示溶液酸度。

（2）酸碱指示剂的变色范围及其影响因素

根据式(3-21)，当溶液中的 $[\mathrm{H^+}]$ 发生改变时，$[\mathrm{In^-}]$ 和 $[\mathrm{HIn}]$ 的比值也发生改变，溶液的颜色也逐渐改变。一般来说，若 $\frac{[\mathrm{In^-}]}{[\mathrm{HIn}]}\geqslant 10$，看到的为碱式色；若 $\frac{[\mathrm{In^-}]}{[\mathrm{HIn}]}\leqslant 0.1$，看到的是酸式色；当 $[\mathrm{In^-}]=[\mathrm{HIn}]$ 时，为酸碱指示剂的理论变色点，$\mathrm{pH}=\mathrm{p}K_a^{\ominus}(\mathrm{HIn})$。即

$\frac{[\mathrm{In^-}]}{[\mathrm{HIn}]}$	$<\frac{1}{10}$	$=\frac{1}{10}$	$=1$	$=10$	>10
	酸式色	略带碱式色	中间色	略带酸式色	碱式色

因此，酸碱指示剂的变色范围（color change interval）一般是 $pH = pK_a^{\ominus}(HIn) \pm 1$。

由此可见，不同的酸碱指示剂，$pK_a^{\ominus}(HIn)$ 不同，它们的变色范围就不同，所以不同的酸碱指示剂一般就能指示不同的酸度变化。表3-2列出了一些常用酸碱指示剂的变色范围。

表3-2 一些常用的酸碱指示剂

指示剂	变色范围 pH	颜色变化	pK(HIn)	常用溶液	10mL 试液用量/滴
百里酚酞	1.2～2.8	红～黄	1.7	0.1%的20%乙醇溶液	1～2
甲基黄	2.9～4.0	红～黄	3.3	0.1%的90%乙醇溶液	1
甲基橙	3.1～4.4	红～黄	3.4	0.05%的水溶液	1
溴酚蓝	3.0～4.6	黄～紫	4.1	0.1%的20%乙醇溶液或其钠盐水溶液	1
溴甲酚绿	4.0～5.6	黄～蓝	4.9	0.1%的20%乙醇溶液或其钠盐水溶液	1～3
甲基红	4.4～6.2	红～黄	5.2	0.1%的60%乙醇溶液或其钠盐水溶液	1
溴百里酚蓝	6.2～7.6	黄～蓝	7.3	0.1%的20%乙醇溶液或其钠盐水溶液	1
中性红	6.8～8.0	红～黄橙	7.4	0.1%的60%乙醇溶液	1
苯酚红	6.8～8.4	黄～红	8.0	0.1%的60%乙醇溶液或其钠盐水溶液	1
酚酞	8.0～10.0	无～红	9.1	0.5%的90%乙醇溶液	1～3
百里酚蓝	8.0～9.6	黄～蓝	8.9	0.1%的20%乙醇溶液	1～4
百里酚酞	9.4～10.6	无～蓝	10.0	0.1%的90%乙醇溶液	1～2

影响酸碱指示剂变色范围的因素主要有以下几方面。

① 酸碱指示剂的变色范围是靠人的眼睛观察出来的，人眼对不同颜色的敏感程度不同，不同人员对同一种颜色的敏感程度不同，以及酸碱指示剂两种颜色之间的相互掩盖作用，会导致变色范围不同。例如，甲基橙的变色范围就不是 pH＝2.4～4.4，而是 pH＝3.1～4.4，这就是人眼对红色比对黄色敏感，使得酸式一边的变色范围相对较窄。

② 温度、溶剂以及一些强电解质也会改变酸碱指示剂的变色范围，主要在于这些因素会影响指示剂解离常数 $K_a^{\ominus}(HIn)$ 的大小。例如，甲基橙指示剂在18℃时的变色范围为 pH＝3.1～4.4，而100℃时为 pH＝2.5～3.7。

③ 对于单色指示剂，例如酚酞，指示剂的用量不同也会影响变色范围，用量过多将会使变色范围向 pH 值低的一方移动。另外，用量过多还会影响酸碱指示剂变色的敏锐程度。

(3) 混合酸碱指示剂（mixed indicator）与 pH 试纸

混合指示剂利用颜色互补来提高变色的敏锐性，可以分为以下两类。

① 由两种或两种以上酸碱指示剂按一定的比例混合而成。例如，溴甲酚绿（$pK_a^{\ominus}=4.9$）和甲基红（$pK_a^{\ominus}=5.2$）两种指示剂，前者酸色为黄色，碱色为蓝色；后者酸色为红色，碱色为黄色。当它们按照一定的比例混合后，由于共同作用的结果，溶液在酸性条件下显橙红色，碱性条件下显绿色。在 pH≈5.1 时，溴甲酚绿的碱性成分较多，显绿色，而甲基红的酸性成分较多，显橙红色，两种颜色互补得到灰色，变色很敏锐。几种常用的混合指示剂见表3-3。

表 3-3 几种常用的混合指示剂

指示剂溶液的组成	变色时的 pH 值	颜色		备注
		酸式色	碱式色	
1 份 0.1%甲基橙乙醇溶液 1 份 0.1%次甲基蓝乙醇溶液	3.25	蓝紫	绿	pH3.2,蓝紫色;3.4,绿色
1 份 0.1%甲基橙水溶液 1 份 0.25%靛蓝二磺酸水溶液	4.1	紫	黄绿	
1 份 0.1%溴甲酚绿钠盐水溶液 1 份 0.2%甲基橙水溶液	4.3	橙	蓝绿	pH3.5,黄色;4.05,绿色;4.3,浅绿
3 份 0.1%溴甲酚绿乙醇溶液 1 份 0.2%甲基红乙醇溶液	5.1	酒红	绿	
1 份 0.1%溴甲酚绿钠盐水溶液 1 份 0.1%氯酚红钠盐水溶液	6.1	黄绿	蓝紫	pH5.4,蓝绿色;5.8,蓝色;6.0,蓝带紫
1 份 0.1%中性红乙醇溶液 1 份 0.1%次甲基蓝乙醇溶液	7.0	紫蓝	绿	pH7.0,紫蓝
1 份 0.1%甲酚红钠盐水溶液 3 份 0.1%百里酚蓝钠盐水溶液	8.3	黄	紫	pH8.2,玫瑰红;8.4,清晰的紫色
1 份 0.1%百里酚蓝 50%乙醇溶液 3 份 0.1%酚酞 50%乙醇溶液	9.0	黄	紫	从黄到绿,再到紫
1 份 0.1%酚酞乙醇溶液 1 份 0.1%百里酚酞乙醇溶液	9.9	无	紫	pH9.6,玫瑰红;10,紫色
2 份 0.1%百里酚酞乙醇溶液 1 份 0.1%茜素黄 R 乙醇溶液	10.2	黄	紫	

② 由某种酸碱指示剂与一种惰性染料按一定的比例配成。在指示溶液酸度的过程中，惰性染料本身并不发生颜色改变，只是起衬托作用，通过颜色互补来提高变色的敏锐性。

常用的 pH 试纸就是将多种酸碱指示剂按一定比例混合浸制而成的，能在不同的 pH 值时显示不同的颜色，从而较为准确地确定溶液的酸度。pH 试纸可以分为广泛 pH 试纸和精密 pH 试纸两类，其中精密 pH 试纸就是利用混合指示剂使酸度控制在较窄的范围内；而广泛 pH 试纸由甲基红、溴百里酚蓝、百里酚蓝以及酚酞等酸碱指示剂按一定比例混合，溶于乙醇，浸泡滤纸而制成。

3.6 酸碱滴定法

3.6.1 强碱滴定强酸或强酸滴定强碱

3.6.1.1 酸碱滴定曲线

酸碱滴定曲线就是指滴定过程中溶液的 pH 随滴定剂体积或滴定分数变化的关系曲线。滴定曲线（titration curve）可以借助酸度计或其它分析仪器测得，也可以通过计算的方式得到。

在此以 0.1000mol·L^{-1} NaOH 溶液滴定 20.00mL 同浓度 HCl 溶液为例，讨论强碱滴定强酸的滴定曲线。

滴定反应为：

$$H^+ + OH^- \rightleftharpoons H_2O$$

① 滴定前　溶液的酸度取决于酸的原始浓度。

$[H^+]$=0.1000mol·L^{-1}，故 pH=1.00。

② 滴定开始至化学计量点前　该阶段溶液的酸度主要取决于剩余酸的浓度。

例如，当加入 NaOH 溶液 19.98mL 时，HCl 溶液剩余 0.02mL，因此 $[H^+]=\frac{0.1000\times0.02}{19.98+20.00}=5.0\times10^{-5}$ mol·L^{-1}，pH=4.30。

③ 化学计量点　$[H^+]_{sp}=1.0\times10^{-7}$ mol·L^{-1}，故 pH_{sp}=7.00。

④ 化学计量点后　溶液的酸度取决于过量碱的浓度。

例如，当加入 NaOH 溶液 20.02mL 时，$[OH^-]=\frac{0.1000\times0.02}{20.00+20.02}=5.0\times10^{-5}$ mol·L^{-1}，pH=9.70。

若按以上方式进行较为详细的计算，就可以得到加入不同量 NaOH 溶液时相应溶液的 pH（见表 3-4）。以 NaOH 溶液加入量为横坐标，对应的溶液 pH 为纵坐标作图，就能得到图 3-4 所示的滴定曲线。

表 3-4　0.1000mol·L^{-1} NaOH 溶液滴定 20.00mL 同浓度 HCl 溶液

加入的 NaOH 溶液体积/mL	滴定分数	剩余 HCl 溶液或过量 NaOH* 溶液体积/mL	pH	
0.00	0.000	20.00	1.00	
18.00	0.900	2.00	2.28	
19.80	0.990	0.20	3.30	
19.96	0.998	0.04	4.00	
19.98	0.999	0.02	4.30	突跃范围
20.00	1.000	0.00	计量点 7.00	突跃范围
20.02	1.001	0.02	9.70	突跃范围
20.04	1.002	0.04	10.00	
20.20	1.010	0.20	10.70	
22.00	1.100	2.00	11.70	
40.00	2.000	20.00	12.52	

3.6.1.2　滴定突跃与指示剂选择

当 α=1 时对应的 pH 即为化学计量点；α=0.999～1.001 所对应的 pH 区间称为该滴定曲线的突跃范围。在这一区间，滴定剂的用量仅仅变化 0.04mL，而溶液的 pH 变化却增加了 5.4 个 pH 单位，曲线呈现出几乎垂直的一段。因此，化学计量点±0.1%范围内 pH 的急剧变化就称为滴定突跃（titration jump）。

根据以上讨论，用 0.1000mol·L^{-1} NaOH 溶液滴定 20.00mL 同浓度 HCl 溶液的化学计量点 pH_{sp}=7.00，滴定突跃 pH=4.30～9.70。显然，只要变色范围处于滴定突跃范围内的指示剂，如溴百里酚蓝、苯酚红等，都能正确指示滴定终点。然而实际上，一些能

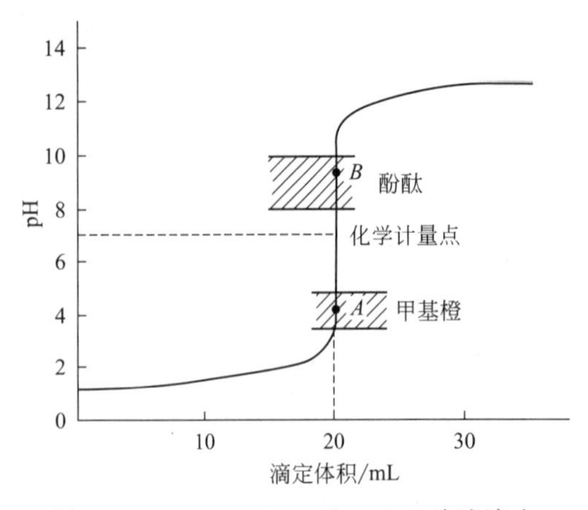

图 3-4　0.1000mol・L^{-1} NaOH 溶液滴定 20.00mL 同浓度 HCl 溶液的滴定曲线

在滴定突跃范围内变色的指示剂，如甲基橙、酚酞等也能使用。例如酚酞，变色范围 pH＝8.0～10.0，若滴定至溶液由无色刚变粉红色时停止，溶液的 pH 略大于 8.0，由表 3-4 可以看出，此时 NaOH 溶液过量还不到 0.02mL，终点误差不大于 0.1%。因此酸碱滴定中所选择的指示剂一般应使其变色范围处于或部分处于滴定突跃范围之内。另外，还应考虑所选择指示剂在滴定体系中变色是否易于判断。例如，在这个滴定类型中，甲基橙的变色范围部分处于滴定突跃范围内，若用于滴定，颜色变化由红到黄，由于人眼对红色中略带黄色不易察觉，因而甲基橙一般不用于碱滴酸，常用于酸滴碱。

以上讨论的是用 0.1000mol・L^{-1} NaOH 溶液滴定 20.00mL 同浓度 HCl 溶液，如果溶液浓度改变，化学计量点溶液的 pH 依然不变，但滴定突跃却发生了变化。图 3-5 是不同浓度 NaOH 溶液滴定不同浓度 HCl 溶液的滴定曲线。由图可见，滴定体系的浓度愈小，滴定突跃就愈小，这样就使指示剂的选择受到限制。因此，浓度是影响滴定突跃大小的因素之一。

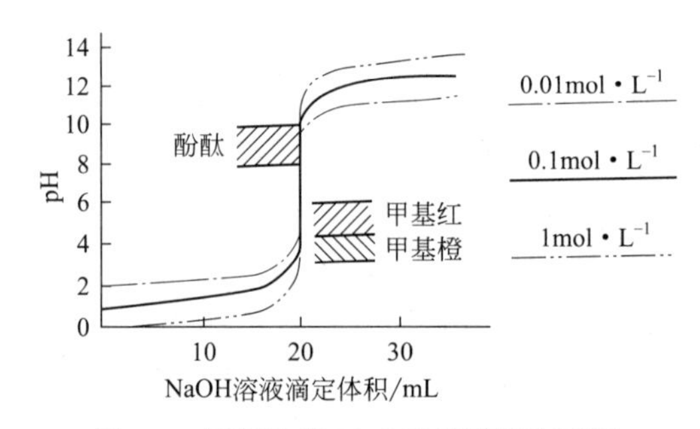

图 3-5　不同浓度 NaOH 溶液滴定不同浓度 HCl 溶液的滴定曲线

对于强酸滴定强碱，可以参照以上处理办法，首先了解滴定曲线的情况，特别是化学计量点、滴定突跃，然后根据滴定突跃选择一种合适的指示剂。

3.6.2　强碱滴定一元弱酸

3.6.2.1　滴定曲线与指示剂的选择

滴定曲线各点的计算方法：

① 滴定前　溶液的酸度取决于酸的原始浓度与强度，对一元弱酸，$pH=\frac{1}{2}(pK_a^{\ominus}+pc)$；

② 滴定开始至化学计量点前　由于形成 HAc-Ac^- 缓冲体系，所以 $pH=pK_a^{\ominus}+\lg\frac{c_b}{c_a}$；

③ 化学计量点　溶液的酸度取决于一元弱酸共轭碱在水溶液中的解离

$$pOH=\frac{1}{2}(pK_b^{\ominus}+pc)\text{或 }pH=pK_W^{\ominus}-\frac{1}{2}(pK_b^{\ominus}+pc)$$

式中，$pK_b^{\ominus}=pK_W^{\ominus}-pK_a^{\ominus}$。

④ 化学计量点后　溶液的酸度同样主要取决于过量碱的浓度。

表 3-5 就是用 0.1000mol・L^{-1} NaOH 溶液滴定 20.00mL 同浓度 HAc 溶液的滴定结果。由该表以及图 3-6 可见，滴定的化学计量点、滴定突跃均出现在弱碱性区域，而且滴定的突跃范围明显变窄。另外还可以看出，被滴定的酸愈弱，滴定突跃就愈小，有些甚至没有

明显的突跃。因此，滴定突跃的大小还与被滴酸或碱本身的强弱有关。

表 3-5　0.1000mol·L^{-1} NaOH 溶液滴定 20.00mL 同浓度 HAc 溶液

加入的 NaOH 溶液体积/mL	滴定分数	剩余 HAc 溶液或过量 NaOH 溶液体积/mL	pH
0.00	0.000	20.00	2.88
10.00	0.500	10.00	4.75
18.00	0.900	2.00	5.70
19.80	0.990	0.20	6.75
19.98	0.999	0.02	7.75 (突跃范围)
20.00	1.000	0.00	计量点 8.72 (突跃范围)
20.02	1.001	0.02	9.70 (突跃范围)
20.20	1.010	0.20	10.70
22.00	1.100	2.00	11.70
40.00	2.000	20.00	12.52

根据这种滴定类型的特点，应选择在弱碱性范围变色的指示剂，如酚酞、百里酚酞等。

强酸滴定一元弱碱同样可以参照以上方法处理，滴定曲线的特点与强碱滴定一元弱酸相似，但化学计量点、滴定突跃均是出现在弱酸性区域，故应选择在弱酸性范围内变色的指示剂，如甲基橙、甲基红等。

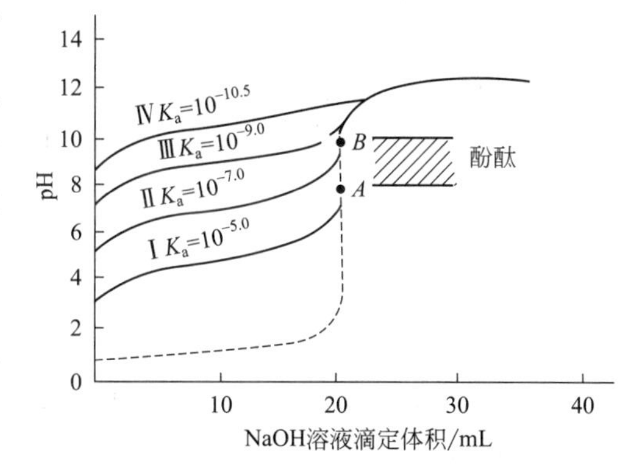

图 3-6　0.1000mol·L^{-1} NaOH 溶液滴定 20.00mL 同浓度一元弱酸溶液的滴定曲线

例如硼砂（$Na_2B_4O_7 \cdot 10H_2O$）在水中发生下列反应：

$$B_4O_7^- + 5H_2O \longrightarrow 2H_2BO_3^- + 2H_3BO_3$$

所产生的 $H_2BO_3^-$ 为硼酸的共轭碱，$pK_b^\ominus=4.8$，就可以甲基红为指示剂，用 HCl 溶液直接滴定。所以硼砂可以作为标定 HCl 溶液浓度用的基准物质。

3.6.2.2　弱酸（或弱碱）被准确滴定（指示剂目测法）的判据

对酸碱滴定来说，只有当 $cK_a^\ominus$（或 $cK_b^\ominus$）$\geqslant 10^{-8}$时，才能产生不小于 0.3 个 pH 单位的滴定突跃，这时人眼能够辨别指示剂颜色的改变，滴定就可以直接进行，终点误差可以控制在≤0.2%。因此，采用指示剂，用人眼来判断终点，直接滴定某种弱酸（或弱碱）就必须满足 $cK_a^\ominus$（或 $cK_b^\ominus$）$\geqslant 10^{-8}$，否则就不能被准确滴定。当然，如果允许误差可以放宽，相应判据条件也可降低。

3.6.3　多元酸（或多元碱）、混酸的滴定

在此以 0.10mol·L^{-1} NaOH 溶液滴定同浓度 H_3PO_4 溶液为例来讨论。

H_3PO_4 在水中分三级解离：

$$H_3PO_4 \rightleftharpoons H^+ + H_2PO_4^- \qquad pK_{a_1}^\ominus=2.16$$

$$H_2PO_4^- \rightleftharpoons H^+ + HPO_4^{2-} \qquad pK_{a_2}^\ominus=7.21$$

$$HPO_4^{2-} \rightleftharpoons H^+ + PO_4^{3-} \qquad pK_{a_3}^\ominus=12.32$$

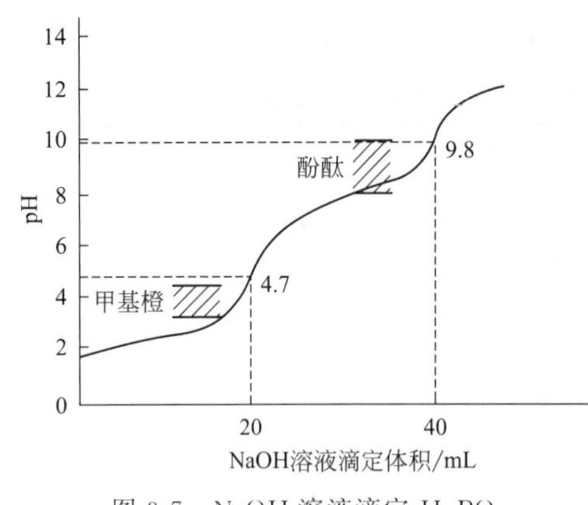

图 3-7　NaOH 溶液滴定 H_3PO_4 溶液的滴定曲线

显然，$c_0K_{a_3}^{\ominus}<10^{-9}$（允许误差±1%），直接滴定 H_3PO_4 只能进行到 HPO_4^{2-}。另外，对于多元酸，若$\frac{K_{a_1}^{\ominus}}{K_{a_2}^{\ominus}}\geqslant 10^5$（允许误差±1%，多元碱$\frac{K_{b_1}^{\ominus}}{K_{b_2}^{\ominus}}\geqslant 10^5$）就能实现分步滴定（两常数比值越大，也允许 c_0 低些）。在此，$\frac{K_{a_1}^{\ominus}}{K_{a_2}^{\ominus}}>10^5$，会有两个较为明显的突跃，可以实现分步滴定。图 3-7 为 H_3PO_4 的滴定曲线。

第一化学计量点形成 NaH_2PO_4，所以 $pH_{sp_1}=(2.16+7.21)/2=4.68$。

根据分布系数计算或 H_3PO_4 分布曲线图可知，在这一化学计量点 $\delta(H_2PO_4^-)=0.994$，$\delta(HPO_4^{2-})=\delta(H_3PO_4)=0.003$，这表明当 0.3%左右的 H_3PO_4 还没被作用时，已有 0.3%左右的 $H_2PO_4^-$ 被作用为 HPO_4^{2-}，显然两步反应有所交叉，这一化学计量点并不是真正的化学计量点，因此不是很理想。对于这终点，一般可以选择甲基橙为指示剂。

第二化学计量点产生 Na_2HPO_4，因此

$$pH_{sp_2}=(7.21+12.32)/2=9.76$$

这一化学计量点同样不是太理想，$\delta(HPO_4^{2-})=0.995$，反应也有所交叉，也不是真正的化学计量点。如果要求不高，可以选择酚酞（变色点 pH≈9）为指示剂，但最好用百里酚酞指示剂（变色点 pH≈10）。

对于混合酸，强酸与弱酸混合的情况较为复杂，而两种弱酸（HA+HB）混合的体系，同样先应分别判断它们能否被准确滴定，再根据$\frac{c(HA)K_a^{\ominus}(HA)}{c(HB)K_a^{\ominus}(HB)}\geqslant 10^5$ 判断能否实现分别滴定。

3.6.4 酸碱滴定法的应用

3.6.4.1 直接法

在前面讨论中已了解了许多能直接被滴定的酸、碱等物质的测定方法，这里再以混合碱的组成测定为例，进一步说明直接法的应用。

工业纯碱、烧碱以及 Na_3PO_4 等产品大多都是混合碱，它们的测定方法有多种。例如纯碱，其组成形式可能是纯 Na_2CO_3 或是 Na_2CO_3+NaOH 或是 $Na_2CO_3+NaHCO_3$，其组成及其相对含量如何测定呢？

[例 3-19] 将某纯碱试样 1.000g 溶于水后，以酚酞为指示剂，耗用 $0.2500mol\cdot L^{-1}$ HCl 溶液 20.40mL；再以甲基橙为指示剂，继续用 $0.2500mol\cdot L^{-1}$ HCl 溶液滴定，共耗去 48.86mL，求试样中各组分的相对含量。

解　据已知条件，以酚酞为指示剂时，耗去 HCl 溶液 $V_1=20.40mL$，而用甲基橙为指示剂时，耗用同浓度 HCl 溶液 $V_2=48.86-20.40=28.46mL$。显然 $V_2>V_1$，可见试样不会是纯的 Na_2CO_3，否则 $V_2=V_1$；试样组成也不会是 Na_2CO_3+NaOH，否则 $V_1>V_2$。因

而试样组成为 $Na_2CO_3+NaHCO_3$，其中 V_1 用于将试样中的 Na_2CO_3 作用至 $NaHCO_3$，而 V_2 是将滴定反应所产生的 $NaHCO_3$ 以及原试样中的 $NaHCO_3$ 一起作用完全时所消耗的 HCl 溶液体积，因此

$$w(Na_2CO_3)=\frac{\frac{1}{2}c(HCl)\cdot 2V_1M(Na_2CO_3)}{m}$$

$$=\frac{0.2500\times 20.40\times 106.0\times 10^{-3}}{1.000}=54.06\%$$

$$w(NaHCO_3)=\frac{c(HCl)(V_2-V_1)M(NaHCO_3)}{m}$$

$$=\frac{0.2500\times(28.46-20.40)\times 84.0\times 10^{-3}}{1.000}=16.93\%$$

此例就是混合碱测定中的双指示剂法。

混合碱组成测定的另一种方法为 $BaCl_2$ 法。例如含 $NaOH+Na_2CO_3$ 的试样，可以取两等份试液分别作如下测定。第一份试液，以甲基橙为指示剂，用 HCl 溶液滴定混合碱的总量；第二份试液，加入过量 $BaCl_2$ 溶液，使 Na_2CO_3 形成难解离的 Ba_2CO_3，然后以酚酞为指示剂，用 HCl 溶液滴定 NaOH，这样就能求得 NaOH 和 Na_2CO_3 的相对含量。

3.6.4.2 间接法

许多不能满足直接滴定条件的酸、碱物质，如 NH_4^+、ZnO、$Al_2(SO_4)_3$ 以及许多有机物质，都可以考虑采用间接法滴定。

例如 NH_4^+，其 $pK_a^{\ominus}=9.25$，是一种很弱的酸，在水溶液体系中是不能直接滴定的，但可以采用间接法。测定的方法主要有蒸馏法和甲醛法，其中蒸馏法是根据以下反应进行的：

$$NH_4^+ + OH^- \xlongequal{\triangle} NH_3\uparrow + H_2O$$

$$NH_3 + HCl \xlongequal{} NH_4^+ + Cl^-$$

$$NaOH + HCl(剩余) \xlongequal{} NaCl + H_2O$$

即在 $(NH_4)_2SO_4$ 或 NH_4Cl 试样中加入过量 NaOH 溶液，加热煮沸，将蒸馏出的 NH_3 用过量但已知量的 H_2SO_4 或 HCl 标准溶液吸收，作用后剩余的酸再以甲基红或甲基橙为指示剂，用 NaOH 标准溶液滴定，这样就能间接求得 $(NH_4)_2SO_4$ 或 NH_4Cl 的含量。

再比如一些含氮有机物质（如含蛋白质的食品、饲料以及生物碱等），表面来看是不能采用酸碱滴定法测定的，但可以通过化学反应将有机氮转化为 NH_4^+，再以 NH_4^+ 的蒸馏法进行测定，这种方法称为克氏（Kjeldahl）定氮法。

测定时将试样与浓 H_2SO_4 共煮，进行消化分解，并加入 K_2SO_4 以提高沸点，促进分解，使所含的氮在 $CuSO_4$ 或汞盐催化下转化为 NH_4^+：

$$C_mH_nN \xrightarrow[CuSO_4]{H_2SO_4, K_2SO_4} CO_2\uparrow + H_2O + NH_4^+$$

溶液以过量 NaOH 碱化后，再以蒸馏法测定。

[例 3-20] 将 2.000g 黄豆用浓 H_2SO_4 进行消化处理，得到被测试液，然后加入过量 NaOH 溶液，将释放出来的 NH_3 用 50.00mL $0.6700mol\cdot L^{-1}$ HCl 溶液吸收，多余的 HCl 采用甲基橙指示剂，以 $0.6520mol\cdot L^{-1}$ NaOH 溶液 30.10mL 滴定至终点。计算黄豆中氮的质量分数。

解 $$w(N)=\frac{\{c(HCl)V(HCl)-c(NaOH)V(NaOH)\}M(N)}{m}$$

$$=\frac{(0.6700\times50.00-0.6520\times30.10)\times14.0\times10^{-3}}{2.000}=9.71\%$$

习 题

3-1 指出下列各种酸的共轭碱：

H_2O、H_3O^+、H_2CO_3、HCO_3^-、NH_3、NH_4^+

3-2 用合适的方程式来说明下列物质既是酸又是碱：

H_2O、HCO_3^-、HSO_4^-、NH_3、$H_2PO_4^-$

3-3 比较下列溶液 H^+ 浓度的相对大小，并简要说明其原因。

0.1mol·L^{-1} HCl、0.1mol·L^{-1} H_2SO_4、0.1mol·L^{-1} HCOOH、0.1mol·L^{-1} HAc、0.1mol·L^{-1} HCN。

3-4 某温度下 0.100mol·L^{-1} $NH_3\cdot H_2O$ 溶液的 pH=11.1，求 $NH_3\cdot H_2O$ 的解离常数。

3-5 已知 H_2SO_3 的 $pK_{a_1}^\ominus=1.85$，$pK_{a_2}^\ominus=7.20$。在 pH=4.00 和 4.45 时，溶液中 H_2SO_3、HSO_3^-、SO_3^{2-} 三种形式的分布系数 δ_2、δ_1 和 δ_0 各为多少？

3-6 （1）计算 0.10mol·L^{-1} H_2S 溶液的 H^+、HS^-、S^{2-} 浓度和 pH 值。

（2）0.10mol·L^{-1} H_2S 溶液和 0.20mol·L^{-1} HCl 溶液等体积混合，求混合溶液的 pH 值和 S^{2-} 的浓度。

3-7 写出下列物质在水溶液中的质子条件式：

（1）$NH_3\cdot H_2O$；（2）NH_4Ac；（3）$(NH_4)_2HPO_4$；（4）HCOOH；（5）H_2S；（6）$Na_2C_2O_4$

3-8 12%的氨水溶液相对密度为 0.953，求此氨水的 OH^- 浓度和 pH 值。

3-9 计算浓度为 0.12mol·L^{-1}下列物质水溶液的 pH 值（括号内为 $pK_a^\ominus$ 值）：

（1）苯酚（9.99）
（2）丙烯酸（4.25）
（3）氯化丁基铵（$C_4H_9NH_3Cl$）（9.39）
（4）吡啶的硝酸盐（$C_6H_5NHNO_3$）（5.30）

3-10 计算下列溶液的 pH 值：

（1）0.10mol·L^{-1} NaH_2PO_4 溶液 （2）0.05mol·L^{-1} K_2HPO_4 溶液

3-11 计算下列水溶液的 pH 值（括号内为 $pK_a^\ominus$ 或 $pK_b^\ominus$ 值）：

（1）0.10mol·L^{-1}乳酸和 0.10mol·L^{-1}乳酸钠（3.58）

（2）0.010mol·L^{-1}邻硝基酚和 0.012mol·L^{-1}邻硝基酚的钠盐（7.21）

（3）0.12mol·L^{-1}氯化三乙基铵和 0.010mol·L^{-1}三乙基胺（7.90）

（4）0.070mol·L^{-1}氯化丁基铵和 0.060mol·L^{-1}丁基胺（10.71）

3-12 现有 1 份 HCl 溶液，其浓度为 0.20mol·L^{-1}。

（1）欲改变其酸度至 pH=4.0，应加入 HAc 还是什么？为什么？

（2）如果向这个溶液中加入等体积的 2.0mol·L^{-1} NaAc 溶液，溶液的 pH 值是多少？

（3）如果向这个溶液中加入等体积的 2.0mol·L^{-1} HAc 溶液，溶液的 pH 值是多少？

（4）如果向这个溶液中加入等体积的 2.0mol·L^{-1} NaOH 溶液，溶液的 pH 值是多少？

3-13 100g $NaAc\cdot 3H_2O$ 加入 13mL 6.0mol·L^{-1} HAc 溶液中，用水稀释至 1.0L，此缓冲溶液的 pH 值是多少？

3-14　欲配制 pH 为 3 的缓冲溶液，问在下列三种缓冲溶液中选择哪一种较合适？

（1）HCOOH-HCOONa 缓冲溶液

（2）HAc-NaAc 缓冲溶液

（3）$NH_3 \cdot H_2O$-NH_4Cl 缓冲溶液

3-15　欲配制 500mL pH＝9.0 且 $[NH_4^+]=1.0mol \cdot L^{-1}$ 的 $NH_3 \cdot H_2O$-NH_4Cl 缓冲溶液，需相对密度为 0.904、含氨 26.0%的浓氨水多少毫升？固体 NH_4Cl 多少克？

3-16　用 $0.01000mol \cdot L^{-1}$ HNO_3 溶液滴定 20.00mL $0.01000mol \cdot L^{-1}$ NaOH 溶液，化学计量点时 pH 值为多少？此滴定中应选用何种指示剂？

3-17　以 $0.5000mol \cdot L^{-1}$ HNO_3 溶液滴定 $0.5000mol \cdot L^{-1}$ $NH_3 \cdot H_2O$ 溶液。试计算滴定分数为 0.50 及 1.00 时溶液的 pH 值。应选用何种指示剂？

3-18　有一三元酸，其 $pK_{a_1}^{\ominus}=2.0$，$pK_{a_2}^{\ominus}=6.0$，$pK_{a3}^{\ominus}=12.0$。用 NaOH 溶液滴定时，第一和第二化学计量点的 pH 值分别为多少？两个化学计量点附近有无 pH 突跃？可选用什么指示剂？能否直接滴定至酸的质子全部被作用？

3-19　用 $0.1000mol \cdot L^{-1}$ NaOH 溶液滴定 $0.1000mol \cdot L^{-1}$酒石酸溶液时，有几个 pH 突跃？在第二个化学计量点时 pH 值为多少？应选用什么指示剂？

3-20　取粗铵盐 2.000g，加过量 KOH 溶液，加热，蒸出的氨吸收在 50.00mL $0.5000mol \cdot L^{-1}$ HCl 标准溶液中，过量的 HCl 用 $0.5000mol \cdot L^{-1}$ NaOH 溶液回滴，用去 1.56mL，计算试样中 NH_3 的含量。

3-21　吸取 10mL 醋样，置于锥形瓶中，加 2 滴酚酞指示剂，用 $0.1014mol \cdot L^{-1}$ NaOH 溶液滴定醋中的 HAc，如需要 44.86mL，则试样中 HAc 浓度是多少？若吸取的醋样溶液 $d=1.004g \cdot mL^{-1}$，醋样中 HAc 的含量为多少？

3-22　含有 SO_3 的发烟硫酸试样 1.400g，溶于水，用 $0.8060mol \cdot L^{-1}$ NaOH 溶液滴定时消耗 36.10mL。求试样中 SO_3 和 H_2SO_4 的含量（假设试样中不含其他杂质）。

3-23　称取混合碱试样 0.8983g，加酚酞指示剂，用 $0.2896mol \cdot L^{-1}$ HCl 溶液滴定至终点，计耗去酸溶液 31.45mL。再加甲基橙指示剂，滴定至终点，又耗去酸 24.10mL。求试样中各组分的质量分数。

3-24　有一 Na_3PO_4 试样，其中含有 Na_2HPO_4，称取 0.9947g，以酚酞为指示剂，用 $0.2881mol \cdot L^{-1}$ HCl 溶液滴定至终点，用去 17.56mL。再加入甲基橙指示剂，继续用 $0.2881mol \cdot L^{-1}$ HCl 溶液滴定至终点时，又用去 20.18mL。求试样中 Na_3PO_4、Na_2HPO_4 的质量分数。

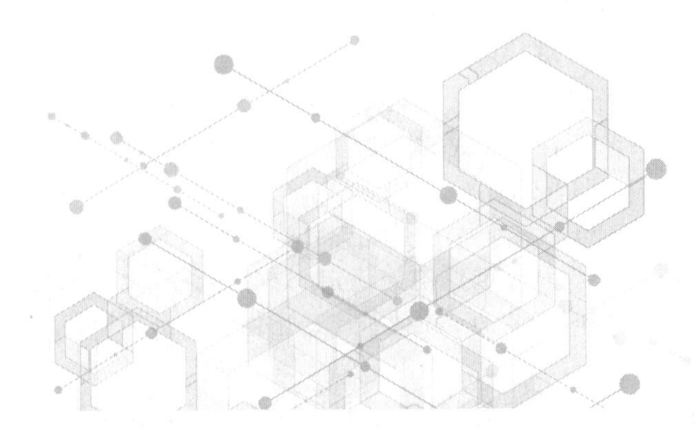

第4章　沉淀溶解平衡

本章将讨论水溶液中难溶物质与其水合构晶离子所形成的多相离子平衡及其应用。

4.1　沉淀溶解平衡及其影响因素

严格来说，在水中绝对不溶的物质是不存在的。物质在水中溶解性的大小常以溶解度来衡量。一般把溶解度（solubility）小于 0.01g/100g H_2O 的物质称为难溶物质；溶解度在 (0.01～0.1)g/100g H_2O 的物质称为微溶物质；其余的则称为易溶物质。当然这种分类也不是绝对的。

4.1.1　溶度积与溶解度

4.1.1.1　活度积与溶度积

对于难溶物质 $BaCO_3$ 来说，构成这一难溶物质的组分 Ba^{2+} 和 CO_3^{2-} 就称为构晶离子。在一定温度下将 $BaCO_3$ 投入水中，受到溶剂水分子的吸引，$BaCO_3$ 表面部分 Ba^{2+} 和 CO_3^{2-} 会以水合离子的形式进入水中，这一过程称为溶解(dissolution)。与此同时，进入水中的水合离子在溶液中做无序运动碰到 $BaCO_3$ 表面时，受到其上异号构晶离子的吸引，又能重新回到或沉淀在固体表面，这种与前一过程相反的过程就称为沉淀。如图 4-1 所示。在一定温度下，当溶解与沉淀的速率相等时，溶液中 $BaCO_3$ 与其水合构晶离子之间达到动态的多相离子平衡：

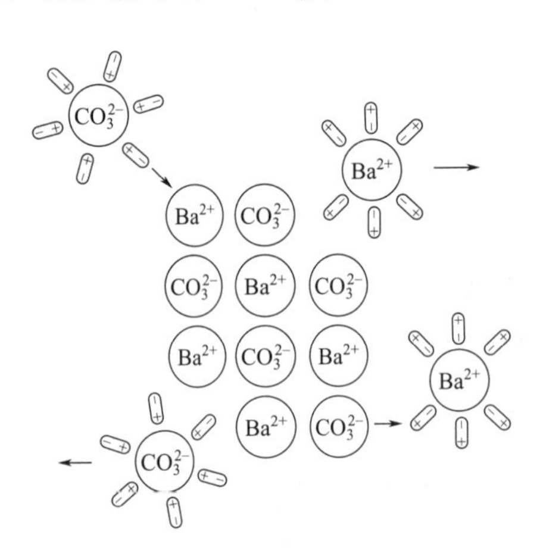

图 4-1　$BaCO_3$ 的溶解与沉淀过程

$$BaCO_3(s) \rightleftharpoons Ba^{2+}(aq) + CO_3^{2-}(aq)$$

其平衡常数表达式为：

$$K_{ap} = a^{eq}(Ba^{2+})a^{eq}(CO_3^{2-})$$

K_{ap}称为活度积常数，简称活度积（activity

product)。

又因 $a^{eq}(Ba^{2+})=\gamma(Ba^{2+})[Ba^{2+}]$，$a^{eq}(CO_3^{2-})=\gamma(CO_3^{2-})[CO_3^{2-}]$

那么 $K_{ap}=a^{eq}(Ba^{2+})a^{eq}(CO_3^{2-})=\gamma(Ba^{2+})[Ba^{2+}]\gamma(CO_3^{2-})[CO_3^{2-}]$

令 $[Ba^{2+}][CO_3^{2-}]=K_{sp}$

K_{sp}称为溶度积（solubility product）。

上式便成为：$K_{ap}=K_{sp}\gamma(Ba^{2+})\gamma(CO_3^{2-})$

可见，若难溶物质在纯水中的溶解度不大，或没有强电解质存在，离子强度 I 较小时，$\gamma\approx1$，$K_{ap}\approx K_{sp}$，这时就可以直接使用活度积代入溶度积表达式进行有关的判断和计算，不加以区别。若难溶物质的溶解度较大，或溶液中有强电解质存在，离子强度较大，$\gamma<1$，那么 $K_{ap}<K_{sp}$，这时就应采用活度积及其表达式进行溶解度的有关判断和计算。

对于难溶物质 A_mB_n，其溶度积表达式为：

$$K_{sp}^{\ominus}=[A^{n+}]^m[B^{m-}]^n/(c^{\ominus})^{m+n}$$

为简便起见，将上式简化为：

$$K_{sp}^{\ominus}=[A^{n+}]^m[B^{m-}]^n \tag{4-1}$$

与其它平衡常数相同，$K_{sp}^{\ominus}$与难溶物质的本性以及温度等有关。它的大小可以用来衡量难溶物质生成或溶解能力的强弱。$K_{sp}^{\ominus}$越大，表明该难溶物质的溶解能力越强，要生成该沉淀就越困难；$K_{sp}^{\ominus}$越小，表明该难溶物质的溶解度越小，要生成该沉淀就越容易。在进行比较时，对于同型难溶物质，例如同是 MA 型的 $BaSO_4$ 与 AgCl，$K_{sp}^{\ominus}$越大，其溶解度就越大。

若形成某种难溶物质的过程（该沉淀反应称为主反应，main reaction）中有副反应（secondary reaction）发生，衡量该难溶物质在这种情况下实际生成或溶解能力的大小就应采用条件溶度积。

4.1.1.2 溶解度与溶度积的关系

对于 MA 型难溶物质，若溶解度为 Smol·L^{-1}，在其饱和溶液中：

$$MA(s)\rightleftharpoons M^+(aq)+A^-(aq)$$

平衡浓度/mol·L^{-1}　　　　S　　　S

$$[M^+][A^-]=S\times S=K_{sp}^{\ominus}(MA)$$

$$S=\sqrt{K_{sp}^{\ominus}(MA)} \tag{4-2}$$

对于 MA_2 型（如 CaF_2）或 $M_2A(Ag_2CrO_4)$ 型难溶物质，同理可推导出其溶度积与溶解度的关系为：

$$S=\sqrt[3]{\frac{K_{sp}^{\ominus}(MA_2)}{4}} \tag{4-3}$$

在相互换算时应注意，所采用的浓度单位应为 mol·L^{-1}。另外，由于难溶物质的溶解度很小，可以认为其饱和溶液的密度等于纯水的密度。

[例 4-1] 已知 25℃时 AgCl 的溶解度为 1.91×10^{-3}g·L^{-1}。求 AgCl 在该温度条件下的 $K_{sp}^{\ominus}$。

解 $S=\dfrac{1.91\times10^{-3}}{143.4}=1.33\times10^{-5}(mol\cdot L^{-1})$

对 MA 型难溶物质，$S^2=K_{sp}^{\ominus}$

故 $K_{sp}^{\ominus}=S^2=(1.33\times10^{-5})^2=1.77\times10^{-10}$

［例 4-2］ 已知 25℃时 Ag_2CrO_4 的 $K_{sp}^{\ominus}$ 为 1.12×10^{-12}。求 Ag_2CrO_4 在该温度条件下的溶解度（$g\cdot L^{-1}$）。

解 对 M_2A 型难溶物质，$S^3=\dfrac{K_{sp}^{\ominus}}{4}$

故 $S^3=\dfrac{1.12\times10^{-12}}{4}$

$S=6.54\times10^{-5}(mol\cdot L^{-1})$

Ag_2CrO_4 在该温度条件下的溶解度为 $6.54\times10^{-5}\times331.8=2.17\times10^{-2}(g\cdot L^{-1})$。

从例 4-1 和例 4-2 还可看出，$K_{sp}^{\ominus}(AgCl)>K_{sp}^{\ominus}(Ag_2CrO_4)$，但同温下，$Ag_2CrO_4$ 的溶解度较 AgCl 的大。故不同型的难溶物质不能简单地根据 $K_{sp}^{\ominus}$ 的相对大小来判断它们溶解度的相对大小。

应注意的是，上述溶度积与溶解度之间的换算只是一种近似计算，只适用于溶解度很小的难溶物质，而且离子在溶液中不发生任何副反应（不水解、不形成配合物等）或发生副反应程度不大的情况，如 $BaSO_4$、AgCl 等。在某些难溶的硫化物、碳酸盐和磷酸盐水溶液中，如 ZnS，不能忽略相应阴、阳离子的“水解”反应，此时若用上述简单方法进行溶度积与溶解度的换算将会产生较大的偏差。上述换算也只有当难溶物质一步完全解离才有效，不适用于难溶的弱电解质，如 $Fe(OH)_3$ 之类以及某些易于在溶液中以“离子对”形式存在的难溶物质。另外，计算时忽略了饱和溶液中未解离的难溶物质的浓度（即分子溶解度或固有溶解度），仅仅考虑了离子溶解度，而有些物质的分子溶解度相当大。因而难溶物质的实测溶解度往往大于计算所得到的离子溶解度，有些甚至相差百万倍以上（如 HgI_2、CdS）。

4.1.1.3 溶度积规则

对任一沉淀反应：

$$A_mB_n(s)\rightleftharpoons mA^{n+}(aq)+nB^{m-}(aq)$$

反应商（在此又称为离子积，ionic product）：$Q_c=\{c(A^{n+})\}^m\{c(B^{m-})\}^n$ (4-4)

根据平衡移动原理，若 $Q_c>K_{sp}^{\ominus}$，反应将向左进行，溶液达到过饱和，将生成沉淀；若 $Q_c<K_{sp}^{\ominus}$，反应朝溶解的方向进行，溶液是未饱和的，无沉淀析出，若有固体物质则会溶解。当 $Q_c=K_{sp}^{\ominus}$时，为饱和溶液，达到动态平衡。这一规律就称为溶度积规则（the rule of solubility product）。

［例 4-3］ 若将 10mL $0.010mol\cdot L^{-1}$ $BaCl_2$ 溶液和 30mL $0.0050mol\cdot L^{-1}$ Na_2SO_4 溶液相混合，是否会产生 $BaSO_4$ 沉淀？$K_{sp}^{\ominus}(BaSO_4)=1.08\times10^{-10}$。

解： 两溶液相混合，可以认为总体积为 40mL，则各离子浓度为：

$$c(Ba^{2+})=\frac{0.010\times10}{40}=2.5\times10^{-3}(mol\cdot L^{-1})$$

$$c(SO_4^{2-})=\frac{0.0050\times30}{40}=3.8\times10^{-3}(mol\cdot L^{-1})$$

$$Q_c=(2.5\times10^{-3})\times(3.8\times10^{-3})=9.5\times10^{-6}>K_{sp}^{\ominus}(BaSO_4)$$

所以能生成 $BaSO_4$ 沉淀。

使用溶度积规则时应注意以下几点：

① 原则上只要 $Q_c>K_{sp}^{\ominus}$便应该有沉淀产生，但是，只有当溶液中含 $10^{-5}g\cdot L^{-1}$ 固体

时，人眼才能观察到混浊现象，故实际观察到有沉淀产生所需的构晶离子浓度往往要比理论计算稍高些。

② 有时由于生成过饱和溶液而不沉淀，这种情况可以通过加入晶种或摩擦等方式破坏其过饱和，促使析出沉淀或结晶（crystal）。

③ 沉淀过程中可能有副反应发生，使难溶物质的实际溶解性能发生相应的改变。例如，在中性或微酸性溶液中，若以 CO_3^{2-} 为沉淀剂沉淀金属离子，除主反应以外，如下副反应的发生会消耗沉淀剂（precipitant）：

$$CO_3^{2-}+H_2O \rightleftharpoons HCO_3^{-}+OH^{-}$$

$$HCO_3^{-}+H_2O \rightleftharpoons H_2CO_3+OH^{-}$$

从而使溶液中沉淀剂的有效浓度降低，而可能不生成沉淀。

4.1.2 影响沉淀溶解平衡的主要因素

4.1.2.1 同离子效应与沉淀完全的标准

沉淀反应中与难溶物质具有共同离子的电解质使难溶物质的溶解度降低的现象就称为沉淀反应的同离子效应。

[例 4-4] 求 25℃时，Ag_2CrO_4 在 0.010mol·L^{-1} K_2CrO_4 溶液中的溶解度。

解： 设 Ag_2CrO_4 在 0.010mol·L^{-1} K_2CrO_4 溶液中的溶解度为 Smol·L^{-1}，则

$$Ag_2CrO_4(s) \rightleftharpoons 2Ag^{+}(aq)+CrO_4^{2-}(aq)$$

平衡浓度/mol·L^{-1}　　$2S$　　$(0.010+S)$

$$[Ag^{+}]^2[CrO_4^{2-}]=K_{sp}^{\ominus}(Ag_2CrO_4)$$

$$4S^2(0.010+S)=1.12\times10^{-12}$$

因为 $K_{sp}^{\ominus}(Ag_2CrO_4)$ 甚小，S 比 0.010 小得多，

故
$$0.010+S\approx0.010$$

得
$$S=5.3\times10^{-6}\,mol\cdot L^{-1}$$

由例 4-2 知，Ag_2CrO_4 在纯水中的溶解度为 6.54×10^{-5}mol·L^{-1}，而在 0.010mol·L^{-1} K_2CrO_4 溶液中，溶解度降低为 5.3×10^{-6}mol·L^{-1}。

同离子效应在一定程度上减少了沉淀的溶解损失。当然不同的应用领域对沉淀溶解损失的要求是不同的。分析化学中的重量分析一般要求溶解损失不得超过分析天平的称量误差(0.2mg)。即使在工业生产中也要尽量减少溶解损失，以避免浪费和对环境的污染。

因此，在进行沉淀时，可以加入适当过量的沉淀剂，以减少沉淀的溶解损失。对于一般的沉淀分离或制备，沉淀剂一般过量 20%～50%。重量分析中，对于不易挥发的沉淀剂，一般过量 20%～30%；易挥发的沉淀剂，一般过量 50%～100%。另外，洗涤沉淀时，也可以根据情况及要求选择合适的洗涤剂以减少洗涤过程的溶解损失。

从上例还可以看出，溶解损失是客观存在的，在水中绝对沉淀完全的物质也是不存在的。一般来说，只要沉淀后溶液中被沉淀离子的浓度小于或等于 10^{-5}mol·L^{-1}，就可以认为该离子被定性沉淀完全了；对于重量分析，要求沉淀后溶液中剩余被沉淀离子的浓度小于或等于 10^{-6}mol·L^{-1}。

4.1.2.2 盐效应

沉淀剂加得过多，特别是有其它强电解质存在，离子强度增大，沉淀溶解度增大，该现象就称为沉淀反应的盐效应。

其实，在发生同离子效应时，盐效应也存在，只是它的影响一般要比同离子效应小得

多。如表 4-1，$PbSO_4$ 在 Na_2SO_4 溶液中的溶解度变化就能说明这点。

表 4-1　$PbSO_4$ 在 Na_2SO_4 溶液中的溶解度（实验值）

Na_2SO_4 浓度/mol·L^{-1}	0	0.01	0.04	0.10	0.20
$PbSO_4$ 溶解度/mol·L^{-1}	1.5×10^{-4}	1.6×10^{-5}	1.3×10^{-5}	1.6×10^{-5}	2.3×10^{-5}

由表 4-1 可知，当 Na_2SO_4 浓度为 0.01～0.04mol·L^{-1}时，同离子效应起主导作用，$PbSO_4$ 溶解度较水中的溶解度低；当 Na_2SO_4 浓度大于 0.04mol·L^{-1}后，盐效应开始抵消同离子效应，占一定的主导地位，溶解度反而增大。

一般只有当强电解质浓度>0.05mol·L^{-1}时，盐效应才会较为显著，特别是非同离子的其它电解质存在，否则一般可以不考虑。

4.1.2.3　酸效应

这里的酸效应（acid effect）主要指沉淀反应中，除强酸所形成的沉淀外，由弱酸或多元酸所构成的沉淀以及氢氧化物沉淀的溶解度随溶液 pH 值减小而增大的现象。

（1）难溶金属氢氧化物沉淀

对于难溶金属氢氧化物，溶液酸度增大会使其溶解度增大，甚至溶解。要生成难溶金属氢氧化物，就需达到一定的 OH^- 浓度，若 pH 值过低，就不能生成沉淀或沉淀不完全。

原则上只要知道氢氧化物的溶度积以及金属离子的初始浓度，就能估算出该金属离子开始沉淀与沉淀完全所对应的 pH 值。

[例 4-5]　计算 0.010mol·L^{-1} Fe^{3+} 开始沉淀及沉淀完全时的 pH 值。$K_{sp}^{\ominus}\{Fe(OH)_3\}=2.79\times10^{-39}$。

解：① 开始沉淀所需的 pH 值：

$$Fe(OH)_3(s) \rightleftharpoons Fe^{3+}(aq)+3OH^-(aq)$$

$$[Fe^{3+}][OH^-]^3=K_{sp}^{\ominus}\{Fe(OH)_3\}$$

$$[OH^-]^3=\frac{K_{sp}^{\ominus}}{[Fe^{3+}]}=\frac{2.79\times10^{-39}}{0.010}=2.79\times10^{-37}$$

$$[OH^-]=6.5\times10^{-13}$$

$$pOH=12.19$$

$$pH=1.81$$

② 沉淀完全所需的 pH 值：

定性沉淀完全时，$[Fe^{3+}]$ 应小于等于 1.0×10^{-5}mol·L^{-1}，故

$$[OH^-]^3\geqslant\frac{2.79\times10^{-39}}{1.0\times10^{-5}}=2.79\times10^{-34}$$

$$[OH^-]\geqslant6.5\times10^{-12}$$

$$pOH\leqslant11.19$$

$$pH\geqslant2.81$$

0.010mol·L^{-1} Fe^{3+} 开始沉淀及沉淀完全时的 pH 值分别为 1.81 和 2.81。

因此在 $M(OH)_n$ 型难溶金属氢氧化物的多相离子平衡中：

$$M(OH)_n(s) \rightleftharpoons M^{n+}(aq)+nOH^-(aq)$$

$$[M^{n+}][OH^-]^n=K_{sp}^{\ominus}\{M(OH)_n\}$$

$$[OH^-]=\sqrt[n]{\frac{K_{sp}^{\ominus}\{M(OH)_n\}}{[M^{n+}]}} \tag{4-5}$$

若溶液中金属离子的浓度已知，则金属氢氧化物开始沉淀时 OH^- 的最低浓度为：

$$[OH^-]_{min} > \sqrt[n]{\frac{K_{sp}^{\ominus}\{M(OH)_n\}}{[M^{n+}]}} \tag{4-6}$$

当 M^{n+} 定性沉淀完全时，溶液中 $[M^{n+}] \leqslant 1.0 \times 10^{-5} mol \cdot L^{-1}$，$OH^-$ 的最低浓度为：

$$[OH^-]_{min} \geqslant \sqrt[n]{\frac{K_{sp}^{\ominus}\{M(OH)_n\}}{1.0 \times 10^{-5}}} \tag{4-7}$$

通过例 4-5 的计算可以看出：

① 金属氢氧化物开始沉淀和完全沉淀并不一定在碱性环境中。

② 不同难溶金属氢氧化物 $K_{sp}^{\ominus}$ 不同，分子式不同，它们沉淀所需的 pH 值也不同。因此，可以通过控制 pH 以达到分离金属离子的目的。某些难溶金属氢氧化物沉淀的 pH 值见表 4-2。

表 4-2　一些难溶金属氢氧化物沉淀的 pH 值

离子	开始沉淀的 pH 值 $c(M^{n+})=0.010 mol \cdot L^{-1}$	沉淀完全的 pH 值 $c(M^{n+})=1.0 \times 10^{-5} mol \cdot L^{-1}$	$K_{sp}^{\ominus}$
Fe^{3+}	1.81	2.81	2.79×10^{-39}
Al^{3+}	3.70	4.70	1.3×10^{-33}
Cr^{3+}	4.60	5.60	6.3×10^{-31}
Cu^{2+}	5.17	6.67	2.2×10^{-20}
Fe^{2+}	6.85	8.35	4.87×10^{-17}
Ni^{2+}	7.37	8.87	5.48×10^{-16}
Mn^{2+}	8.64	10.14	1.9×10^{-13}
Mg^{2+}	9.37	10.87	5.61×10^{-12}

必须指出上述计算仅仅是理论值，实际情况往往复杂得多。例如要除去 $ZnSO_4$ 溶液中的杂质 Fe^{3+}，若单纯考虑除去 Fe^{3+}，则 pH 值越高，Fe^{3+} 被除得越完全，但实际上 pH 过大时，Zn^{2+} 也将开始沉淀为 $Zn(OH)_2$。

在利用难溶金属氢氧化物分离金属离子时，常使用缓冲溶液控制 pH 值。

[例 4-6]　在 0.20L 0.50mol·L^{-1} $MgCl_2$ 溶液中加入等体积 0.10mol·L^{-1} NH_3 水溶液，(1) 有无 $Mg(OH)_2$ 沉淀生成？(2) 为了不使 $Mg(OH)_2$ 沉淀析出，至少应加入多少克 $NH_4Cl(s)$（设加入 NH_4Cl 固体后，溶液的体积不变）？

解： $MgCl_2$ 溶液与 NH_3 水溶液混合后，如发生沉淀，则溶液中有如下两个平衡：

$$Mg(OH)_2(s) \rightleftharpoons Mg^{2+}(aq) + 2OH^-(aq) \tag{1}$$

$$NH_3(aq) + H_2O(l) \rightleftharpoons NH_4^+(aq) + OH^-(aq) \tag{2}$$

两溶液等体积混合后，$MgCl_2$ 和 NH_3 的浓度分别减半：

$$[Mg^{2+}] = \frac{0.50}{2} = 0.25(mol \cdot L^{-1})$$

$$c(NH_3) = \frac{0.10}{2} = 0.050(mol \cdot L^{-1})$$

可以由 $[OH^-] = \sqrt{K_b^{\ominus}(NH_3)c(NH_3)}$ 直接求得 $[OH^-]$，也可以由反应 (2) 计算出 $[OH^-]$，设 $[OH^-] = x mol \cdot L^{-1}$，

$$\frac{[NH_4^+][OH^-]}{[NH_3]}=K_b^\ominus(NH_3)$$

$$\frac{x^2}{0.050-x}=1.79\times10^{-5}$$

$$x=9.5\times10^{-4}$$

$$[OH^-]=9.5\times10^{-4}(mol\cdot L^{-1})$$

由反应（1）来判断是否有 $Mg(OH)_2$ 沉淀生成。

$$Q_c=[Mg^{2+}][OH^-]^2$$
$$=0.25\times(9.5\times10^{-4})^2=2.3\times10^{-7}$$

因 $K_{sp}^\ominus\{Mg(OH)_2\}=5.61\times10^{-12}$

$Q_c>K_{sp}^\ominus\{Mg(OH)_2\}$，故有 $Mg(OH)_2$ 沉淀析出。

为了不使 $Mg(OH)_2$ 沉淀析出，加 $NH_4Cl(s)$，使溶液中 NH_4^+ 浓度增大，抑制反应(2)，降低 $[OH^-]$。(2)×2－(1)，得反应式(3)：

$$Mg^{2+}(aq)+2NH_3(aq)+2H_2O(l)\rightleftharpoons Mg(OH)_2(s)+2NH_4^+(aq) \qquad (3)$$

$$K^\ominus=\frac{[NH_4^+]^2}{[NH_3]^2[Mg^{2+}]}=\frac{[K_2^{\ominus2}(NH_3)]}{K_{sp}^\ominus\{Mg(OH)_2\}}$$

$$=\frac{(1.79\times10^{-5})^2}{5.61\times10^{-12}}=57$$

$$[NH_4^+]^2=57\times[NH_3]^2[Mg^{2+}]$$

$$[NH_4^+]=\sqrt{57\times(0.050)^2\times0.25}=0.19(mol\cdot L^{-1})$$

这是 $[Mg^{2+}]=0.25mol\cdot L^{-1}$、$[NH_3]=0.050mol\cdot L^{-1}$ 开始析出 $Mg(OH)_2$ 沉淀时，NH_4^+ 的最低浓度。

溶液的总体积为 0.40L，NH_4Cl 的摩尔质量为 $53.5g\cdot mol^{-1}$，至少应加入 $NH_4Cl(s)$ 的质量为：

$$m(NH_4Cl)=0.19\times0.40\times53.5=4.1(g)$$

可见，在适当浓度的 NH_3-NH_4Cl 缓冲溶液中，$Mg(OH)_2$ 沉淀不能析出。

（2）难溶硫化物沉淀

大部分金属离子可与 S^{2-} 生成硫化物沉淀，其 $K_{sp}^\ominus$ 各不相同，差别很大。由于溶液中 S^{2-} 的浓度与溶液的酸度即 pH 值有关，故金属离子开始沉淀和沉淀完全时的 pH 值完全不同。因此，可根据金属硫化物的 $K_{sp}^\ominus$，调节控制溶液的 pH 值，使某些金属硫化物沉淀出来，另一些金属离子仍留在溶液中，从而达到分离的目的。

在 MS 型金属硫化物沉淀的生成过程中同时存在着两个平衡：

$$M^{2+}(aq)+S^{2-}(aq)\rightleftharpoons MS(s)$$

$$H_2S(aq)\rightleftharpoons 2H^+(aq)+S^{2-}(aq)$$

将两个反应方程式相加，得到下列平衡方程式：

$$M^{2+}(aq)+H_2S(aq)\rightleftharpoons MS(s)+2H^+(aq)$$

对应的平衡常数是：

$$K^\ominus=\frac{[H^+]^2}{[M^{2+}][H_2S]}=\frac{K_{a_1}^\ominus(H_2S)K_{a_2}^\ominus(H_2S)}{K_{sp}^\ominus(MS)}$$

故 MS 型金属硫化物开始沉淀时，应控制 H^+ 的最大浓度为：

$$[H^+]_{max} < \sqrt{\frac{K_{a_1}^{\ominus}(H_2S)K_{a_2}^{\ominus}(H_2S)[H_2S][M^{2+}]}{K_{sp}^{\ominus}(MS)}} \tag{4-8}$$

若要使 M^{2+} 沉淀完全，应维持 H^+ 的最大浓度为：

$$[H^+]_{max} \leqslant \sqrt{\frac{K_{a_1}^{\ominus}(H_2S)K_{a_2}^{\ominus}(H_2S)[H_2S]\times 1.0\times 10^{-5}}{K_{sp}^{\ominus}(MS)}} \tag{4-9}$$

从上两式可求出 MS 型金属硫化物开始沉淀和沉淀完全时的 pH 值。可以看出，对不同的难溶金属硫化物来说，如果金属离子浓度相同，则溶度积愈小的金属硫化物沉淀开始析出时的 $[H^+]$ 就愈大（pH 值愈小），沉淀完全时的 $[H^+]$ 也愈大。

［例 4-7］ 在 $0.10mol\cdot L^{-1}$ $NiCl_2$ 溶液中，不断通入 H_2S，使溶液中的 H_2S 始终处于饱和状态，此时 $[H_2S]=0.10mol\cdot L^{-1}$。试计算 NiS 开始沉淀和沉淀完全时的 $[H^+]$。已知 $K_{sp}^{\ominus}(NiS)=1.0\times 10^{-24}$。

解： ① NiS 开始沉淀所需的 $[H^+]$：

$$[H^+]_{max} < \sqrt{\frac{K_{a_1}^{\ominus}(H_2S)K_{a_2}^{\ominus}(H_2S)[H_2S][Ni^{2+}]}{K_{sp}^{\ominus}(NiS)}}$$

$$= \sqrt{\frac{8.90\times 10^{-8}\times 1.26\times 10^{-14}\times 0.10\times 0.10}{1.0\times 10^{-24}}}$$

$$=3.35(mol\cdot L^{-1})$$

② NiS 沉淀完全时所需的 $[H^+]$：

$$[H^+]_{max} \leqslant \sqrt{\frac{K_{a_1}^{\ominus}(H_2S)K_{a_2}^{\ominus}(H_2S)[H_2S]\times 1.0\times 10^{-5}}{K_{sp}^{\ominus}(NiS)}}$$

$$= \sqrt{\frac{8.90\times 10^{-8}\times 1.26\times 10^{-14}\times 0.10\times 1.0\times 10^{-5}}{1.0\times 10^{-24}}}$$

$$=3.35\times 10^{-2}(mol\cdot L^{-1})$$

此时溶液中 $[Ni^{2+}]<1.0\times 10^{-5}mol\cdot L^{-1}$。

要注意的是，在通入 H_2S 生成金属硫化物的过程中，会不断生成 H^+，所以计算出来的沉淀完全时的 $[H^+]_{max}$ 应是溶液中原有的 H^+ 浓度及沉淀反应中生成的 H^+ 浓度之和。

4.1.2.4 配位效应

若沉淀剂本身具有一定的配位能力，或有其它配位剂存在，能与被沉淀的金属离子形成配离子｛例如 Cu^{2+} 与 NH_3 能形成铜氨配离子 $[Cu(NH_3)_4]^{2+}$｝，就会使沉淀的溶解度增大，甚至不产生沉淀，这种现象就称为沉淀反应的配位效应（complexation effect）。例如，用 NaCl 溶液沉淀 Ag^+，当溶液中 Cl^- 浓度过高时就会发生这种现象，见图 4-2。

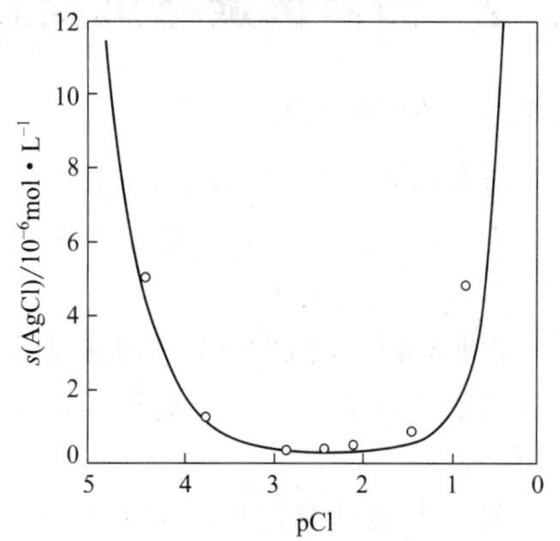

图 4-2　AgCl 溶解度与 pCl 的关系

由图 4-2 可见，当溶液中 Cl^- 浓度在一定范围内时，同离子效应使得 AgCl 沉淀的溶解度随 Cl^- 浓度升高而明显降低；当 Cl^- 浓度过高后，由于 Cl^- 能与 Ag^+ 结合，形成 AgCl 分子，进而形成 $AgCl_2^-$ 等配离子，故 AgCl 沉淀的溶解度急剧增大。

$$AgCl(s) \rightleftharpoons Ag^+(aq) + Cl^-(aq)$$
$$Ag^+(aq) + Cl^-(aq) \rightleftharpoons AgCl(s)$$
$$AgCl(aq) + Cl^-(aq) \rightleftharpoons AgCl_2^-(aq)$$

一般来说，若沉淀的溶解度越大，形成的配离子越稳定，则配位效应的影响就越严重。有些难溶物质的溶解就是利用了这种效应。例如，AgCl 沉淀在氨水中的溶解：

$$AgCl(s) + 2NH_3 \rightleftharpoons [Ag(NH_3)_2]^+ + Cl^-$$

相反，若要使溶液中某种离子沉淀完全，而沉淀剂又能与被沉淀离子形成配离子，就不能加入过量太多的沉淀剂，以免造成较大的溶解损失。例如，将氨水与 NH_4HCO_3 配制成沉淀剂，用于制备碱式碳酸锌时，就应注意这一问题，否则游离 NH_3 能与 Zn^{2+} 形成 $[Zn(NH_3)_4]^{2+}$ 配离子。

有关这方面的问题以及定量计算将在配位平衡中进一步讨论。

4.1.2.5 氧化还原效应

氧化还原反应使沉淀溶解度发生改变的现象就称为沉淀反应的氧化还原效应（redox effect）。

例如，前面已提过的难溶于非氧化性稀酸的 CuS 却易溶于具有氧化性的硝酸中：

$$CuS(s) \rightleftharpoons Cu^{2+}(aq) + S^{2-}(aq)$$
$$3S^{2-} + 2NO_3^- + 8H^+ \rightleftharpoons 3S\downarrow + 2NO\uparrow + 4H_2O$$

4.1.2.6 其它因素

除了以上主要因素外，温度、溶剂、沉淀颗粒大小及结构，也会影响沉淀溶解度。利用这些因素同样可以实现物质的分离、提纯。

一般无机物沉淀在有机溶剂中的溶解度要比在水中的溶解度小。如 $CaSO_4$ 在水中的溶解度较大，只有在 Ca^{2+} 浓度很大时才能沉淀，一般情况下难以析出沉淀。但是，若加入乙醇，沉淀便会产生了。

对于同一种沉淀，一般来说，颗粒（particle）越小，溶解度越大。例如，大颗粒的 $SrSO_4$ 在水中的溶解度为 $6.2\times10^{-4}mol\cdot L^{-1}$，$0.01\mu m$ 的 $SrSO_4$ 在水中的溶解度为 $9.3\times10^{-4}mol\cdot L^{-1}$。

对于有些沉淀，刚生成的亚稳态晶型沉淀经放置一段时间后转变成稳定晶型，溶解度往往会大大降低。

4.2 分步沉淀与沉淀的转化

4.2.1 分步沉淀

分步沉淀（fractional precipitation）就是指混合溶液中离子发生先后沉淀的现象。

在多组分体系中，若各组分都可能与沉淀剂形成沉淀，通常是离子积 Q_c 超过溶度积的难溶物质先沉淀出来。

[例 4-8] 向 Cl^- 和 I^- 浓度均为 $0.010mol\cdot L^{-1}$ 的溶液中，逐滴加入 $AgNO_3$ 溶液，哪一种离子先沉淀？第二种离子开始沉淀时，溶液中第一种离子的浓度是多少？两者有无分离的可能？

解 假设计算过程中都不考虑加入试剂后溶液体积的变化。根据溶度积规则，首先计算 AgCl 和 AgI 开始沉淀所需的 Ag^+ 浓度：

$$[Ag^+]=\frac{K_{sp}^{\ominus}(AgCl)}{[Cl^-]}=\frac{1.8\times10^{-10}}{0.010}$$
$$=1.8\times10^{-8}(mol\cdot L^{-1})$$

$$[Ag^+]=\frac{K_{sp}^{\ominus}(AgI)}{[I^-]}=\frac{8.52\times10^{-17}}{0.010}$$
$$=8.52\times10^{-15}(mol\cdot L^{-1})$$

AgI 开始沉淀时，需要的 Ag^+ 浓度低，故 I^- 首先沉淀出来。当 Cl^- 开始沉淀时，溶液对 AgCl 来说也已达到饱和，这时 Ag^+ 浓度必须同时满足这两个沉淀溶解平衡，所以，

$$[Ag^+]=\frac{K_{sp}^{\ominus}(AgCl)}{[Cl^-]}=\frac{K_{sp}^{\ominus}(AgI)}{[I^-]}$$

$$\frac{[I^-]}{[Cl^-]}=\frac{K_{sp}^{\ominus}(AgI)}{K_{sp}^{\ominus}(AgCl)}=\frac{8.52\times10^{-17}}{1.8\times10^{-10}}=4.73\times10^{-7}$$

当 AgCl 开始沉淀时，Cl^- 的浓度为 $0.010mol\cdot L^{-1}$，此时溶液中剩余的 I^- 浓度为：

$$[I^-]=\frac{K_{sp}^{\ominus}(AgI)\cdot[Cl^-]}{K_{sp}^{\ominus}(AgCl)}=4.73\times10^{-7}\times0.010$$
$$=4.73\times10^{-9}(mol\cdot L^{-1})$$

可见，当 Cl^- 开始沉淀时，I^- 的浓度已小于 $10^{-5}mol\cdot L^{-1}$，故两者可以定性分离。

一般来说，当溶液中存在几种离子，若是同型的难溶物质，则它们的溶度积相差越大，混合离子就越易实现分离。此外，沉淀的次序也与溶液中各种离子的浓度有关，若两种难溶物质的溶度积相差不大，则适当地改变溶液中被沉淀离子的浓度，也可以使沉淀的次序发生变化。

[例 4-9]　某溶液中含有 Pb^{2+} 和 Ba^{2+}，①若它们的浓度均为 $0.10mol\cdot L^{-1}$，加入 Na_2SO_4 试剂，哪一种离子先沉淀？两者有无分离的可能？②若 Pb^{2+} 的浓度为 $0.0010mol\cdot L^{-1}$，Ba^{2+} 的浓度仍为 $0.10mol\cdot L^{-1}$，两者有无分离的可能？

解　① 沉淀 Pb^{2+} 所需的 $[SO_4^{2-}]=\frac{K_{sp}^{\ominus}(PbSO_4)}{[Pb^{2+}]}=\frac{2.53\times10^{-8}}{0.10}=2.53\times10^{-7}mol\cdot L^{-1}$

沉淀 Ba^{2+} 所需的 $[SO_4^{2-}]=\frac{K_{sp}^{\ominus}(BaSO_4)}{[Ba^{2+}]}=\frac{1.08\times10^{-10}}{0.10}=1.08\times10^{-9}mol\cdot L^{-1}$

由于沉淀 Ba^{2+} 所需的 SO_4^{2-} 浓度低，所以 Ba^{2+} 先沉淀。当 $PbSO_4$ 也开始沉淀时：

$$[SO_4^{2-}]=\frac{K_{sp}^{\ominus}(PbSO_4)}{[Pb^{2+}]}=\frac{K_{sp}^{\ominus}(BaSO_4)}{[Ba^{2+}]}$$

$$\frac{[Ba^{2+}]}{[Pb^{2+}]}=\frac{K_{sp}^{\ominus}(BaSO_4)}{K_{sp}^{\ominus}(PbSO_4)}=\frac{1.08\times10^{-10}}{2.53\times10^{-8}}=4.27\times10^{-3}$$

这时溶液中 $[Ba^{2+}]=4.27\times10^{-3}\times0.10=4.27\times10^{-4}mol\cdot L^{-1}$

很显然，$PbSO_4$ 开始沉淀时，溶液中 Ba^{2+} 的浓度大于 $10^{-5}mol\cdot L^{-1}$，故两者不能实现定性分离。

② 当 $PbSO_4$ 开始沉淀时，$\frac{[Ba^{2+}]}{[Pb^{2+}]}=4.27\times10^{-3}$

这时溶液中 $[Ba^{2+}]=4.27\times10^{-3}\times0.0010=4.27\times10^{-6}mol\cdot L^{-1}$

可见，在这种条件下，$BaSO_4$ 已沉淀完全，两种离子能够实现分离。

4.2.2 分步沉淀的应用

4.2.2.1 氢氧化物沉淀分离

许多金属离子都能形成氢氧化物沉淀。但是，不同氢氧化物沉淀的溶解度一般是不同的，而且，不同金属离子的性质也有所差异，有的在过量的 OH^- 溶液中会溶解，有的在过量的 NH_3 溶液中会溶解。因此，可以通过沉淀反应条件的控制，主要是溶液 pH 值的控制来实现物质的分离。

[例 4-10] 某溶液中 Zn^{2+}、Fe^{3+} 的浓度分别为 0.10 和 0.01mol·L^{-1}，若要使 Fe^{3+} 沉淀分离，求所应控制的溶液的 pH 值（忽略离子强度）。

解 首先求出 Fe^{3+} 开始沉淀的 pH 值：$[Fe^{3+}][OH^-]^3_{始}=2.79\times10^{-39}$

$$0.01\times[OH^-]^3_{始}=2.79\times10^{-39}$$

$$pH_{始}=1.8$$

当 Fe^{3+} 沉淀完全时，$[Fe^{3+}]=10^{-5}$ mol·L^{-1}

$$(10^{-5})\times[OH^-]^3_{终}=2.79\times10^{-39}$$

$$pH_{终}=2.8$$

然后求得 Zn^{2+} 开始沉淀的 pH 值：$[Zn^{2+}][OH^-]^2_{始}=3\times10^{-17}$

$$0.10\times[OH^-]^2_{始}=3\times10^{-17}$$

$$pH_{始}=6.2$$

因此，从理论上估算，只要将溶液的 pH 值控制在 3～6 之间，就能将 Fe^{3+} 从体系中沉淀完全，实现与 Zn^{2+} 的分离。

需要指出的是，实际情况要比这种估算复杂得多。首先，实际生产中的溶液往往是相当浓的；其次，体系常常非常复杂，很难估算得很准，只能作为参考，具体条件的控制可以通过实验来确定。

控制 pH 的方法可以有多种，有 NaOH 法、氨水法、缓冲溶液法等。在工业生产中则根据具体情况确定。例如，同样是从体系中除 Fe^{3+}，在制备 NH_4Cl 时采用氨水，将溶液的 pH 值调到 7～8；在 $ZnCl_2$ 提纯时先用双氧水将部分 Fe^{2+} 氧化为 Fe^{3+}，再采用粗制 ZnO 或 $Zn(OH)_2$ 将溶液 pH 值调到约等于 4；在含有 Ni^{2+} 的硫酸溶液中，采用 $CaCO_3$ 悬浮液将溶液的 pH 值调到约等于 4。

4.2.2.2 硫化物沉淀分离

利用硫化物进行分离的选择性不是很高，而且它们大多数是胶状沉淀，共沉淀和继沉淀现象较为严重，因而分离效果并不理想。但是，利用硫化物沉淀法成组或成批地除去重金属离子还是具有一定实用意义的。

[例 4-11] 某溶液中 Cd^{2+}、Zn^{2+} 的浓度均为 0.10mol·L^{-1}，若向其中通入 H_2S 气体，并达到饱和。问溶液的酸度应控制在多大的范围，才能使得两者实现定性分离（忽略离子强度）？

解 $K^{\ominus}_{sp}(CdS)=8.0\times10^{-27}$，$K^{\ominus}_{sp}(ZnS)=2.5\times10^{-22}$

显然，在两者浓度相同的情况下 CdS 会先沉淀，然后 ZnS 沉淀。在例 4-7 中已经知道，硫化物沉淀与否与溶液的 pH 值有关。

根据 H_2S 在水溶液中的解离平衡：

$$\frac{[H^+]^2[S^{2-}]}{[H_2S]}=K^{\ominus}_{a_1}K^{\ominus}_{a_2}=1.12\times10^{-21}$$

因 $[H_2S] \approx 0.10 mol \cdot L^{-1}$

故 $[S^{2-}] = \frac{1.12 \times 10^{-22}}{[H^+]^2}$

先求出 Cd^{2+} 沉淀完全时的 $[S^{2-}]$：$[Cd^{2+}][S^{2-}] = 8.0 \times 10^{-27}$；

$$(10^{-5}) \times [S^{2-}]_{终} = 8.0 \times 10^{-27}$$

$$[S^{2-}]_{终} = 8.0 \times 10^{-22}$$

$$[H^+]^2 = \frac{1.12 \times 10^{-22}}{[S^{2-}]} = \frac{1.12 \times 10^{-22}}{8.0 \times 10^{-22}} = 0.14$$

$$[H^+] = 0.37(mol \cdot L^{-1})$$

然后求出 Zn^{2+} 开始沉淀时的 $[S^{2-}]$：$[Zn^{2+}][S^{2-}] = 2.5 \times 10^{-22}$

$$(0.10) \times [S^{2-}]_{始} = 2.5 \times 10^{-22}$$

$$[S^{2-}]_{始} = 2.5 \times 10^{-21}$$

$$[H^+]^2 = \frac{1.12 \times 10^{-22}}{[S^{2-}]} = \frac{1.12 \times 10^{-22}}{2.5 \times 10^{-21}} = 0.045$$

$$[H^+] = 0.21(mol \cdot L^{-1})$$

显然，只要将溶液的酸度控制在 $0.21 \sim 0.37 mol \cdot L^{-1}$ 之间，就能使两种离子定性分离完全。

同样由于实际情况的复杂性，理论估算的结果与实际结果也会有一定差距。而且，这类硫化物的沉淀反应会不断释出 H^+，使溶液酸度随反应进行而相应增大，故酸度控制时也应注意这问题。另外，在实验室工作中一般都改用硫代乙酰胺代替 H_2S 气体，这样不仅会减轻 H_2S 气体的恶臭和有毒的影响，而且还可改善沉淀的性质。在水溶液中加热，硫代乙酰胺水解能产生 H_2S：

$$CH_3CSNH_2 + 2H_2O = CH_3COO^- + NH_4^+ + H_2S$$

若在碱性溶液中水解：

$$CH_3CSNH_2 + 2OH^- = CH_3COO^- + NH_3 + HS^-$$

实际工作中，控制硫化物沉淀进行分离的做法也可以有多种。可以在一定酸度条件下直接通入 H_2S，或加入 Na_2S、$(NH_4)_2S$ 等产生硫化物沉淀；也可以通过沉淀转化方式，使所要去除的金属离子形成硫化物沉淀。例如，由软锰矿制备硫酸锰时，杂质 Cu^{2+}、Pb^{2+}、Cd^{2+} 等离子就可以通过加入 MnS 全部转化为硫化物沉淀而使硫酸锰溶液得到提纯。

4.2.3 沉淀的转化

沉淀的转化（inversion of precipitation）是指一种沉淀借助某一试剂的作用，转化为另一种沉淀的过程。

例如，要除去锅炉内壁锅垢的主要成分 $CaSO_4$，可以加入 Na_2CO_3 溶液，使 $CaSO_4$ 转变为溶解度更小的 $CaCO_3$，再通过流体的冲击以及适当摩擦剂的作用，使锅垢被除去。转化反应为：

$$CaSO_4(s) + CO_3^{2-}(aq) \rightleftharpoons CaCO_3(s) + SO_4^{2-}(aq)$$

转化反应的完全程度同样可以利用平衡常数来衡量：

$$K^{\ominus} = \frac{[SO_4^{2-}]}{[CO_3^{2-}]} = \frac{K_{sp}^{\ominus}(CaSO_4)}{K_{sp}^{\ominus}(CaCO_3)} = \frac{4.93 \times 10^{-5}}{3.36 \times 10^{-9}}$$

$$= 1.47 \times 10^4$$

可见这一转化反应向右进行的趋势较大。

从以上转化反应及其平衡常数表达式可以看出，转化反应能否发生与两种难溶物质溶度积的相对大小有关。一般来说，溶度积较大的难溶物质容易转化为溶度积较小的难溶物质。两种物质的溶度积相差越大，沉淀转化得越完全。

[例 4-12] 如果在 1.0L Na_2CO_3 溶液中溶解 0.010mol $CaSO_4$，Na_2CO_3 的初始浓度应为多少？

解 $$\frac{[SO_4^{2-}]}{[CO_3^{2-}]}=\frac{K_{sp}^{\ominus}(CaSO_4)}{K_{sp}^{\ominus}(CaCO_3)}=\frac{4.93\times10^{-5}}{3.36\times10^{-9}}=1.47\times10^{4}$$

平衡时：$[SO_4^{2-}]=0.010mol\cdot L^{-1}$

$$[CO_3^{2-}]=\frac{0.010}{1.47\times10^{4}}=6.8\times10^{-7}(mol\cdot L^{-1})$$

因为溶解 1mol $CaSO_4$ 需要消耗 1mol Na_2CO_3，故 Na_2CO_3 的初始浓度应为 $0.010+6.8\times10^{-7}\approx0.010(mol\cdot L^{-1})$

若要将溶解度较小的难溶物质转化为溶解度较大的难溶物质，就较为困难，但在一定条件下也能实现。

[例 4-13] 0.20mol $BaSO_4$ 用 1.0L 饱和 Na_2CO_3 溶液（$1.6mol\cdot L^{-1}$）处理，能溶解 $BaSO_4$ 多少摩尔？需处理多少次能溶解完？

解 转化反应为：$BaSO_4(s)+CO_3^{2-}(aq)\rightleftharpoons BaCO_3(s)+SO_4^{2-}(aq)$

转化反应的平衡常数为：$$K^{\ominus}=\frac{[SO_4^{2-}]}{[CO_3^{2-}]}=\frac{K_{sp}^{\ominus}(BaSO_4)}{K_{sp}^{\ominus}(BaCO_3)}=\frac{1.08\times10^{-10}}{2.58\times10^{-9}}=4.19\times10^{-2}$$

显然转化较为困难。

设转化反应达到平衡时 SO_4^{2-} 的浓度为 $x\,mol\cdot L^{-1}$，则

$$[CO_3^{2-}]=(1.6-x)mol\cdot L^{-1}$$

$$\frac{[SO_4^{2-}]}{[CO_3^{2-}]}=\frac{x}{1.6-x}=4.19\times10^{-2}$$

可解得：$x=0.064$

说明大约处理三次能基本溶完。

4.3 沉淀的形成与纯度

4.3.1 沉淀的类型

根据沉淀颗粒的大小和外观形态，可以将沉淀大致分成三类。颗粒直径大约 0.1～1μm、内部排列较为规则且结构紧密的沉淀为晶形沉淀（crystalline precipitation）。它又有粗晶形和细晶形之分，$MgNH_4PO_4$ 等沉淀就属于粗晶形沉淀，$BaSO_4$ 等沉淀就属于细晶形沉淀。由许多疏松聚集在一起的微小沉淀颗粒所组成，通常还包含大量数目不定的水分子，排列上也杂乱无章，颗粒直径小于 0.02μm 的沉淀一般为无定形沉淀（amorphous precipitation，又称为非晶形沉淀或胶状沉淀），$Fe_2O_3\cdot xH_2O$ 等沉淀就属于无定形沉淀。颗粒大小介于晶形与无定形沉淀之间的沉淀为凝乳状沉淀（gelating precipitation），AgCl 等沉淀就属于凝乳状沉淀。

4.3.2 沉淀的形成

沉淀的形成是一个复杂的过程。有关这方面的理论研究目前还不够成熟，这里仅仅从定性角度解释这一过程。

沉淀的形成过程可以粗略地分为晶核的生成以及晶体的长大两个基本阶段。

4.3.2.1 晶核的生成

晶核（crystal nucleus）的生成中有两种成核作用，分别为均相成核和异相成核。所谓均相成核（homogeneous nucleation）是当溶液呈过饱和状态时，构晶离子由于静电作用，通过缔合作用而自发形成晶核。例如 $BaSO_4$ 晶核的生成，一般认为在过饱和溶液中，Ba^{2+} 与 SO_4^{2-} 首先缔合为 $Ba^{2+}SO_4^{2-}$ 离子对，再进一步结合 Ba^{2+} 及 SO_4^{2-} 而形成离子群，如 $(Ba^{2+}SO_4^{2-})_2$。当离子群大到一定程度时便形成晶核。尼尔森（Nielesen）等认为，$BaSO_4$ 晶核由 8 个构晶离子所组成。

异相成核（heterogeneous nucleation）则是溶液中的微粒等外来杂质作为晶种（crystal seeds）诱导沉淀形成。例如，由化学纯试剂所配制的溶液每毫升大概至少有 10 个不溶性的微粒，它们就能起到晶核的作用。这种异相成核作用在沉淀形成的过程中总是存在的。

4.3.2.2 晶形沉淀和无定形沉淀的形成

晶核形成之后，构晶离子就可以向晶核表面运动并沉积下来，使晶核逐渐长大，最后形成沉淀微粒。在这过程中，有两种速率会影响沉淀的类型，一是聚集速率（aggregation velocity），即构晶离子聚集成晶核，进一步积聚成沉淀微粒的速率；二是定向速率（direction velocity），即在聚集的同时，构晶离子按一定顺序在晶核上进行定向排列的速率。哈伯（Haber）认为，若聚集速率大于定向速率，这时一般来说主要是均相成核占主导作用，不仅消耗大量的构晶离子，而且大量晶核迅速聚集而无法使构晶离子定向排列，就会生成颗粒细小的无定形沉淀。相反，若定向速率大于聚集速率，这时一般是异相成核起主导作用，溶液中有足够的构晶离子能按一定的晶格位置在晶粒上进行定向排列，这样就能获得颗粒较大的晶形沉淀。

定向速率的大小主要取决于沉淀物质的本性。一般强极性难溶物质如 $BaSO_4$、CaC_2O_4 等具有较大的定向速率；氢氧化物，特别是高价金属离子形成的氢氧化物，定向速率就小。而聚集速率的大小主要与沉淀时的条件有关。

根据冯·韦曼（Von Weimarn）提出的经验公式，沉淀的分散度（表示沉淀颗粒的大小）与溶液的相对过饱和度有关：

$$\text{分散度}=K\times\frac{c_Q-s}{s} \tag{4-10}$$

式中：K 为常数，与沉淀的性质、温度、介质以及溶液中存在的其它物质有关；c_Q 为开始沉淀瞬间沉淀物质的总浓度；s 为开始沉淀时沉淀物质的溶解度；c_Q-s 为沉淀开始瞬间的过饱和度，是引起沉淀作用的动力；$\frac{c_Q-s}{s}$ 为沉淀开始瞬间的相对过饱和度（relative supersaturation）。

由上式可知，溶液的相对过饱和度越大，分散度也越大，形成的晶核数目就越多，聚集速率就越快，往往均相成核占主导作用，就将得到小晶形沉淀。相反，沉淀时溶液的相对过饱和度较小，分散度也较小，形成的晶核数目就相应较少，则晶核形成速度较慢，就将得到大晶形沉淀。

不同的沉淀均相成核所需的相对过饱和度不同，通常每种沉淀都有其自身的相对过饱和极限值（又称临界值，critical value）。若能控制条件，使沉淀时溶液的相对过饱和度低于临界值，一般就能获得颗粒较大的沉淀。例如，AgCl 与 $BaSO_4$ $K_{sp}^{\ominus}$的数量级相同，可是 AgCl 沉淀的临界值为 5，而 $BaSO_4$ 的临界值为 1000。AgCl 的临界值太小，很难控制沉淀时的相对过饱和度低于临界值，而 $BaSO_4$ 临界值较大，因此能够比较容易控制一定的条件得到颗粒较大的晶形沉淀。

4.3.3 影响沉淀纯度的主要因素

4.3.3.1 共沉淀现象

所谓的共沉淀现象（coprecipitation）是指在进行某种物质的沉淀反应时，某些可溶性的杂质同时沉淀下来的现象。例如，以 $BaCl_2$ 为沉淀剂沉淀 SO_4^{2-} 时，若溶液中有 Fe^{3+} 存在，当 $BaSO_4$ 沉淀析出时，可溶性的 $Fe_2(SO_4)_3$ 就会被夹在沉淀中，使得灼烧后的 $BaSO_4$ 中混有棕黄色的 Fe_2O_3。

共沉淀现象主要有以下几类。

（1）表面吸附引起的共沉淀

表面吸附（adsorption）是由于晶体表面离子电荷不完全等衡所造成的。一般认为这种吸附是物理吸附。例如，$BaSO_4$ 沉淀表面离子电荷不完全等衡，就要吸引溶液中带相反电荷的离子于沉淀表面，组成吸附层（adsorption layer）。为了保持电中性，吸附层还可以再吸引异电荷离子（又称为抗衡离子，counter ion）而形成较为松散的扩散层（diffusion layer），吸附层和扩散层共同组成沉淀表面的双电层（electrical double layer），构成了表面吸附化合物。

一般来说，表面吸附是有选择性的。由于沉淀剂一般是过量的，因而吸附层优先吸附的是构晶离子，其次是与构晶离子大小相近、电荷相同的离子。扩散层的吸附也具有一定的规律，当杂质离子浓度相同时，优先吸附能与构晶离子形成溶解度或解离度最小的化合物的离子。例如，$BaSO_4$ 沉淀时，若 SO_4^{2-} 沉淀剂过量，则沉淀表面主要吸附的是 SO_4^{2-}；若溶液中存在 Ca^{2+} 和 Hg^{2+}，则扩散层将主要吸附 Ca^{2+}，因为 $CaSO_4$ 的溶解度比 $HgSO_4$ 的小。$BaSO_4$ 沉淀时，若 Ba^{2+} 沉淀剂过量，则沉淀表面主要吸附的是 Ba^{2+}；若溶液中存在 Cl^- 和 NO_3^-，则扩散层将主要吸附 NO_3^-，因为 $Ba(NO_3)_2$ 的溶解度比 $BaCl_2$ 的小。通常离子的价态越高，浓度越大，就越易被吸附。另外，沉淀的比表面积（单位质量颗粒的表面积）越大，吸附的杂质量也越大，因此，相对而言，表面吸附是影响无定形沉淀纯度的主要原因。还需注意的是，物理吸附是放热过程，而解吸附（或脱附，desorption）是吸热过程，因此溶液的温度越高，一般吸附的杂质量也就越小。

（2）吸留、包夹

若沉淀生长过快，使得表面吸附的杂质离子来不及离开沉淀表面，就被随后沉积上来的离子所覆盖，这种现象称为吸留（occlusion），往往由于沉淀剂加得过快所造成，是晶形沉淀不纯的主要原因。它所引起的共沉淀程度同样符合吸附规律。对于可溶性盐的结晶，有时母液也可能被机械地包于沉淀之中，这种现象称为包夹（inclusion）。

（3）混晶或固溶体的形成

每种晶形沉淀都有其一定的晶体结构。若杂质离子的半径与构晶离子的半径相近、电荷相同，所形成的晶体结构也相同，就容易生成混晶。混晶（mixed crystal）是固溶体（solid solution）的一种。例如，$BaSO_4$ 沉淀时，若有 Pb^{2+} 存在，就有可能形成混晶。在有些混晶中，杂质离子或原子并不位于正常晶格离子或原子的位置上，而是处于晶格的空隙中，这种混晶称为异型混晶。有时杂质离子与构晶离子的晶体结构不同，但在一定条件下也能形成混晶。例如，$MnSO_4 \cdot H_2O$ 与 $FeSO_4 \cdot H_2O$ 属于不同晶系，但也会形成混晶。

4.3.3.2　继沉淀现象

继沉淀又称为后沉淀（postprecipitation），是指某种沉淀析出后，另一种本来难以沉淀的组分在该沉淀的表面继续析出沉淀的现象。这种现象一般发生在该组分的过饱和溶液中。例如，在 0.01mol·L^{-1} Zn^{2+} 和 0.15mol·L^{-1} HCl 的混合溶液中通入 H_2S 气体，形成过饱和溶液而使 ZnS 析出缓慢。但是，若在该溶液中加入 Cu^{2+}，则通入 H_2S 后就会析出 CuS 沉淀，这时沉淀所夹带的 ZnS 沉淀的量并不显著，若将沉淀放置一段时间，ZnS 沉淀就会在 CuS 沉淀表面不断析出。

产生继沉淀现象的原因可能是表面吸附导致沉淀表面的沉淀剂浓度比溶液本体的高。对于上述例子，也可能是表面吸附了 S^{2-}，作为抗衡离子的 H^+ 与溶液中的 Zn^{2+} 发生离子交换作用，从而使继沉淀组分的离子积远远大于溶度积，析出沉淀。

习　题

4-1　已知某室温时，以下各难溶物质的溶解度，试求相应的溶度积（不考虑水解）：

① AgBr，7.1×10^{-7} mol·L^{-1}；

② BaF_2，6.3×10^{-3} mol·L^{-1}。

4-2　已知某室温时以下各难溶物质的溶度积，试求相应的溶解度（以 mol·L^{-1}表示）：

① $Ca(OH)_2$，$K_{sp}^{\ominus}=5.02\times10^{-6}$；

② Ag_2SO_4，$K_{sp}^{\ominus}=1.20\times10^{-5}$。

4-3　已知 CaF_2 的溶度积为 3.45×10^{-11}。求它①在纯水中；②在 1.0×10^{-2} mol·L^{-1} NaF 溶液中；③在 1.0×10^{-2} mol·L^{-1} $CaCl_2$ 溶液中的溶解度（以 mol·L^{-1}表示）。

4-4　①在 10mL 1.5×10^{-3} mol·L^{-1} $MnSO_4$ 溶液中，加入 5.0mL 0.15mol·L^{-1}氨水溶液，能否生成 $Mn(OH)_2$ 沉淀？②若在上述 10mL 1.5×10^{-3} mol·L^{-1} $MnSO_4$ 溶液中，先加入 0.495g 固体 $(NH_4)_2SO_4$（假定加入量对溶液体积影响不大），再加入 5.0mL 0.15mol·L^{-1}氨水溶液，是否有 $Mn(OH)_2$ 沉淀生成？

4-5　在下列溶液中不断通入 H_2S 气体：①0.10mol·L^{-1} $CuSO_4$；②0.10mol·L^{-1} $CuSO_4$ 与 1.0mol·L^{-1} HCl 的混合溶液，使溶液始终维持饱和状态（即溶液中 H_2S 浓度为 0.10mol·L^{-1}）。计算这两种溶液中残留的 Cu^{2+} 浓度。

4-6　试计算用 1.0L 盐酸来溶解 0.10mol PbS 固体所需 HCl 的浓度。PbS 能否溶于盐酸？

4-7　某溶液中含有 Fe^{3+} 和 Fe^{2+}，浓度均为 0.050mol·L^{-1}。若要使 $Fe(OH)_3$ 沉淀完全，而 Fe^{2+} 不沉淀，所需控制溶液 pH 的范围是多少？

4-8　①在含有 3.0×10^{-2} mol·L^{-1} Ni^{2+} 和 2.0×10^{-2} mol·L^{-1} Cr^{3+} 的溶液中，逐滴加入浓 NaOH 溶液，使 pH 渐增，$Ni(OH)_2$ 和 $Cr(OH)_3$ 哪个先沉淀？试通过计算说明（不考虑体积变化）；②若要分离这两种离子，溶液的 pH 应控制在何范围？

4-9　1.0mol·L^{-1} Mn^{2+} 溶液中含有少量 Pb^{2+}，如欲使 Pb^{2+} 形成 PbS 沉淀，而 Mn^{2+} 留在溶液中，从而达到分离的目的，溶液中 S^{2-} 的浓度应控制在何范围？若通入 H_2S 气体来实现上述目的，溶液的 H^+ 浓度应控制在何范围？

4-10　溶液中含有 Ag^+、Pb^{2+}、Ba^{2+}、Sr^{2+}，它们的浓度均为 1.0×10^{-2} mol·L^{-1}。

加入 K_2CrO_4 溶液，试通过计算说明上述离子开始沉淀的先后顺序。

4-11　试设计分离下列各组内物质的方案：

① AgCl 和 AgI

② $Mg(OH)_2$ 和 $Fe(OH)_3$

③ $BaCO_3$ 和 $BaSO_4$

④ ZnS 和 CuS

4-12　试计算下列沉淀转化的平衡常数：

① $ZnS(s)+2Ag^+(aq) \rightleftharpoons Ag_2S(s)+Zn^{2+}(aq)$

② $PbCl_2(s)+CrO_4^{2-}(aq) \rightleftharpoons PbCrO_4(s)+2Cl^-(aq)$

4-13　用莫尔法测定生理盐水中 NaCl 含量。准确量取生理盐水 10.00mL，加入 K_2CrO_4 指示剂 0.5～1mL，以 0.1045mol・L^{-1} $AgNO_3$ 标准溶液滴至砖红色，共用去 14.58mL。计算生理盐水中 NaCl 的含量（g・mL^{-1}）。

4-14　用 25.00mL 0.1000mol・L^{-1} $AgNO_3$ 作用于含有 60.00% NaCl 与 37.00% KCl 的物质，过量的需用 5.00mL NH_4SCN 溶液去滴定（1.00mL NH_4SCN = 1.10mL $AgNO_3$），应称取多少克物质来分析？

4-15　计算下列换算因数：

称量形	被测组分
① AgCl	Cl
② $Mg_2P_2O_7$	P_2O_5；$MgSO_4 \cdot 7H_2O$
③ Fe_2O_3	$FeSO_4 \cdot (NH_4)_2SO_4 \cdot 12H_2O$
④ $PbCrO_4$	Cr_2O_3
⑤ $(NH_4)_3PO_4 \cdot 12MoO_3$	$Ca_3(PO_4)_2$；P_2O_5

4-16　0.4829g 合金钢溶解后，将 Ni^{2+} 沉淀为丁二酮肟镍（$NiC_8H_{14}O_4N_4$），烘干后的质量为 0.2671g。计算样品中 Ni 的质量分数。

4-17　有纯的 AgCl 和 AgBr 混合样品 0.8132g，在 Cl_2 气流中加热，使 AgBr 转化为 AgCl，则原样品的质量减轻了 0.1450g。计算原样品中 Cl 的质量分数。

4-18　称取不纯的 $MgSO_4 \cdot 7H_2O$ 0.5000g，首先使 Mg^{2+} 生成 $MgNH_4PO_4$，最后灼烧成 $Mg_2P_2O_7$，称得 0.1980g。试计算样品中 $MgSO_4 \cdot 7H_2O$ 的质量分数。

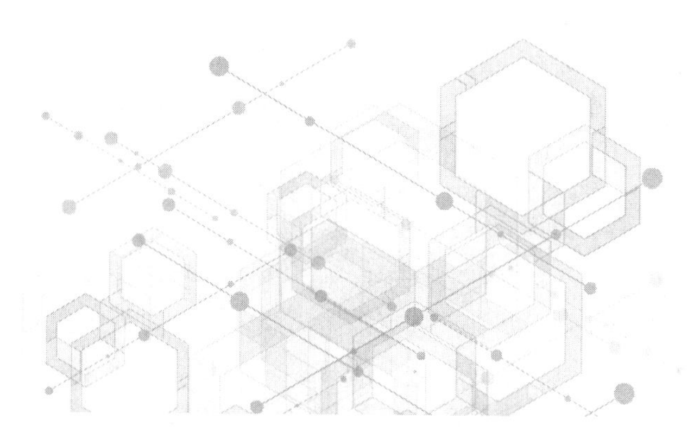

第5章 氧化还原与电化学

化学反应可以分成氧化还原反应和非氧化还原反应两大类。氧化还原反应（redox reaction）是参加反应的物质之间有电子转移（或偏移）的一类反应。这类反应对制备新的化合物、获取化学热能和电能、金属的腐蚀与防腐蚀都有重要的意义，而生命活动过程中的能量就是直接依靠营养物质的氧化而获得的。本章首先学习氧化还原反应的基本知识，在此基础上进一步研究氧化还原反应进行的方向与限度，最后讨论氧化还原滴定法。

5.1 氧化还原反应

5.1.1 氧化数

为了便于讨论氧化还原反应，人们人为地引入了元素氧化数（oxidation number，又称氧化值）的概念。1970 年国际纯粹和应用化学联合会（IUPAC）定义氧化数是某元素一个原子的荷电数，这种荷电数可由假设把每个化学键中的电子指定给电负性更大的原子而求得。因此，氧化数是元素原子在化合状态时的表观电荷数（即原子所带的净电荷数）。

确定元素氧化数的一般规则如下：

① 在单质中，例如 Cu、H_2、P_4、S_8 等，元素的氧化数为零。

② 在二元离子化合物中，元素的氧化数就等于该元素离子的电荷数。例如，在氯化钠中，Cl 的氧化数为-1，Na 的氧化数为$+1$。

③ 在共价化合物中，共用电子对偏向电负性较大的元素的原子，原子的表观电荷数即为其氧化数。例如，在氯化氢中，H 的氧化数为$+1$，Cl 的氧化数为-1。

④ O 在一般化合物中的氧化数为-2，在过氧化物（如 H_2O_2、Na_2O_2 等）中为-1，在超氧化合物（如 KO_2）中为$-1/2$，在氟化物（如 OF_2）中为$+2$。H 在化合物中的氧化数一般为$+1$，仅在与活泼金属反应生成的离子型氢化物（如 NaH、CaH_2 等）中为-1。

⑤ 在中性分子中，各元素原子氧化数的代数和为零。在多原子离子中，各元素原子氧化数的代数和等于离子的电荷数。

根据这些规则，就可以方便地确定化合物或离子中某元素原子的氧化数。例如：在

NH_4^+ 中 N 的氧化数为 −3；在 $S_2O_3^{2-}$ 中 S 的氧化数为 +2；在 $S_4O_6^{2-}$ 中 S 的氧化数为 +2.5；在 $Cr_2O_7^{2-}$ 中 Cr 的氧化数为 +6；同样可以确定，Fe_3O_4 中 Fe 的氧化数为 +8/3。

可见，氧化数可以是整数，也可以是小数或分数。

必须指出，在共价化合物中，判断元素原子的氧化数时，不要与共价数（某元素原子形成的共价键的数目）相混淆。例如，在 H_2 和 N_2 中，H 和 N 的氧化数均为 0，但 H 和 N 的共价数却分别为 1 和 3。在 CH_4、CH_3Cl、CH_2Cl_2、$CHCl_3$ 和 CCl_4 中，C 的共价数均为 4，但其氧化数却分别为 −4、−2、0、+2 和 +4。因此，氧化数与共价数之间虽有一定联系，但却是互不相同的两个概念。共价数总是为整数。

另外，氧化数与化合价也既有联系又有区别。化合价是指各种元素的原子相互化合的能力，表示原子间的一种结合力，而氧化数则是人为规定的。

在氧化还原反应中，参加反应的物质之间有电子转移（或偏离），必然导致反应前后元素原子的氧化数发生变化。氧化数升高的过程称为氧化，氧化数降低的过程称为还原。反应中氧化数升高的物质是还原剂（reducing agent），该物质发生的是氧化反应；反应中氧化数降低的物质是氧化剂（oxidizing agent），该物质发生的是还原反应。

5.1.2 氧化还原反应方程式的配平

氧化还原反应往往比较复杂，配平这类反应方程式不像其他反应那样容易。最常用的配平方法有离子-电子法和氧化数法。

（1）离子-电子法

离子-电子法配平氧化还原反应方程式的原则是：

① 还原半反应和氧化半反应得失电子总数必须相等；

② 反应前后各元素的原子总数必须相等。

下面以 H_2O_2 在酸性介质中氧化 I^- 为例，说明离子-电子法配平的具体步骤：

① 根据实验事实或反应规律，写出一个没有配平的离子反应式：

$$H_2O_2 + I^- \longrightarrow H_2O + I_2$$

② 将离子反应式拆为两个半反应式：

$$I^- \longrightarrow I_2 \qquad \text{氧化反应}$$

$$H_2O_2 \longrightarrow H_2O \qquad \text{还原反应}$$

③ 使每个半反应式左右两边的原子数相等。

I^- 被氧化的半反应式必须有 2 个 I^- 被氧化为 I_2：

$$2I^- \longrightarrow I_2$$

H_2O_2 被还原的半反应式左边多一个 O 原子。由于反应是在酸性介质中进行的，为此可在半反应式的左边加上 2 个 H^+，生成 H_2O：

$$H_2O_2 + 2H^+ \longrightarrow 2H_2O$$

④ 根据反应式两边不但原子数要相等，同时电荷数也要相等的原则，在半反应式左边或右边加减若干个电子，使两边的电荷数相等：

$$2I^- - 2e = I_2$$

$$H_2O_2 + 2H^+ + 2e = 2H_2O$$

⑤ 根据还原半反应和氧化半反应得失电子总数必须相等的原则，将两式分别乘以适当系数；再将两个半反应式相加，整理并核对方程式两边的原子数和电荷数，就得到配平的离子反应方程式：

$$\begin{array}{rl} 1\times) & H_2O_2+2H^++2e = 2H_2O \\ +)\ 1\times) & 2I^- -2e = I_2 \\ \hline & H_2O_2+2I^-+2H^+ = 2H_2O+I_2 \end{array}$$

最后，也可根据要求将离子反应方程式改写为分子反应方程式。

从该例可见，在配平半反应方程式的过程中，如果半反应式两边的氧原子数目不等，可以根据反应进行的介质的酸碱性条件，分别在两边添加适当数目的 H^+ 或 OH^- 或 H_2O，使反应式两边的 O 原子数目相等。但是要注意，在酸性介质条件下，方程式两边不应出现 OH^-；在碱性介质条件下，方程式两边不应出现 H^+。

[例 5-1] 用离子-电子法配平下列反应式（在碱性介质中）：

$$ClO^- + CrO_2^- \longrightarrow Cl^- + CrO_4^{2-}$$

解： ①

$$ClO^- \longrightarrow Cl^-$$

$$CrO_2^- \longrightarrow CrO_4^{2-}$$

②

$$ClO^- + H_2O \longrightarrow Cl^- + 2OH^-$$

$$CrO_2^- + 4OH^- \longrightarrow CrO_4^{2-} + 2H_2O$$

③

$$ClO^- + H_2O + 2e \longrightarrow Cl^- + 2OH^-$$

$$CrO_2^- + 4OH^- - 3e \longrightarrow CrO_4^{2-} + 2H_2O$$

④

$$\begin{array}{rl} 3\times) & ClO^- + H_2O + 2e = Cl^- + 2OH^- \\ +)\ 2\times) & CrO_2^- + 4OH^- - 3e = CrO_4^{2-} + 2H_2O \\ \hline & 3ClO^- + 2CrO_2^- + 2OH^- = 3Cl^- + 2CrO_4^{2-} + H_2O \end{array}$$

*（2）氧化数法

根据氧化还原反应中元素氧化数增加总数与氧化数降低总数必须相等的原则，确定氧化剂和还原剂分子式前面的计量系数；再根据质量守恒定律，先配平氧化数有变化的元素的原子数，后配平氧化数没有变化的元素的原子数；最后配平氢原子，并找出参加反应（或反应生成）的水分子数。

下面以 $KMnO_4$ 和 H_2S 在稀 H_2SO_4 溶液中的反应为例加以说明。

① 写出反应物和生成物的分子式，标出氧化数有变化的元素，计算出反应前后氧化数的变化值：

(−5)×2

$$\overset{+7}{KMnO_4} + \overset{-2}{H_2S} + H_2SO_4 \longrightarrow \overset{+2}{MnSO_4} + \overset{0}{S} + K_2SO_4 + H_2O$$

(+2)×5

② 根据氧化数降低总数和氧化数升高总数必须相等的原则，在氧化剂和还原剂前面分别乘上适当的系数：

$$2KMnO_4 + 5H_2S + H_2SO_4 \longrightarrow 2MnSO_4 + 5S + K_2SO_4 + H_2O$$

③ 配平方程式两边的原子数。要使方程式两边的 SO_4^{2-} 数目相等，左边需要 3 分子 H_2SO_4。方程式左边已有 16 个 H 原子，所以右边还需有 8 个 H_2O 才能使方程式两边的 H 原子数相等。配平后的方程式为：

$$2KMnO_4 + 5H_2S + 3H_2SO_4 = 2MnSO_4 + 5S + K_2SO_4 + 8H_2O$$

在某些氧化还原反应中，会出现几种原子同时被氧化的情况，用氧化数法就可以很方便地进行配平。

［**例 5-2**］ 用氧化数法配平 Cu_2S 和 HNO_3 的反应：

$$\overset{+1}{Cu_2}\overset{-2}{S}+H\overset{+5}{N}O_3 \longrightarrow \overset{+2}{Cu}(NO_3)_2+H_2\overset{+6}{S}O_4+\overset{+2}{N}O$$

（Cu：$(+1)\times2\times3$；N：$(-3)\times10$；S：$(+8)\times3$）

根据元素氧化数增加和减少必须相等的原则，用观察法估算出 Cu_2S 和 HNO_3 的系数分别为 3 和 10：

$$3Cu_2S+10HNO_3 \longrightarrow 6Cu(NO_3)_2+3H_2SO_4+10NO$$

方程式中 Cu、S 的原子数都已配平。对于 N 原子，生成 6 个 $Cu(NO_3)_2$ 需消耗 12 个 HNO_3，故 HNO_3 的系数应为 22：

$$3Cu_2S+22HNO_3 \longrightarrow 6Cu(NO_3)_2+3H_2SO_4+10NO$$

最后配平 H、O 原子，并找出 H_2O 的分子数：

$$3Cu_2S+22HNO_3 = 6Cu(NO_3)_2+3H_2SO_4+10NO+8H_2O$$

上述两种配平方法各有优缺点。

一般来说，用氧化数法配平简单迅速，应用范围较广，并且不限于水溶液中的氧化还原反应。

用离子-电子法对水溶液中有介质参加的复杂反应进行配平则比较方便，它反映了水溶液中发生的氧化还原反应的实质，对学习书写氧化还原半反应式很有帮助，但此法仅适用于配平水溶液中的氧化还原反应，对气相或固相氧化还原反应式的配平则无能为力。

5.2 电极电势

5.2.1 原电池

把锌片放入 $CuSO_4$ 溶液中，则锌将溶解，铜将从溶液中析出，反应的离子方程式为：

$$Zn(s)+Cu^{2+}(aq) = Zn^{2+}(aq)+Cu(s)$$

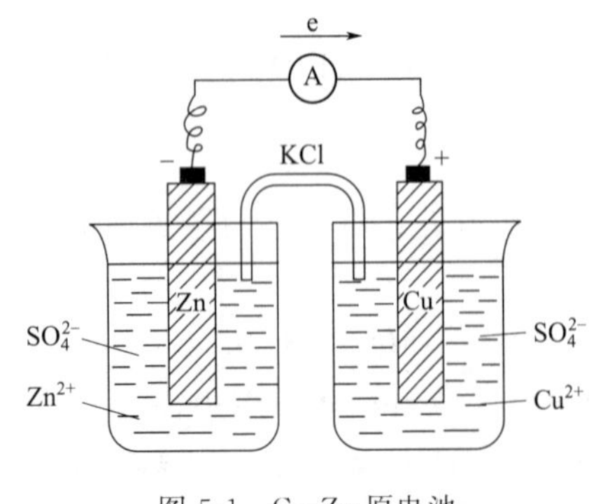

图 5-1 Cu-Zn 原电池

这是一个可以自发进行的氧化还原反应，该反应的标准摩尔吉布斯自由能变 $\Delta_r G_m^{\ominus}=-212.6kJ \cdot mol^{-1}$。如果反应系统所做的非体积功只是电功，这就意味着系统每进行 1mol 物质的化学反应，系统最多可以对环境做 212.6kJ 的电功。那么能否将该反应体系的化学能转变为电能呢？在实验室中可以采用如图 5-1 的装置来实现这种转变。

在两个分别装有 $ZnSO_4$ 和 $CuSO_4$ 溶液的烧杯中，分别插入 Zn 片和 Cu 片，并用一个充满电解质溶液（一般用饱和 KCl 溶液。为了使溶液不致流出，常用琼脂与 KCl 饱和溶液制成胶冻）的 U 形管（称为盐桥，salt bridge）联通起来。用一个灵敏电流计（A）将两个金属片连接起来后可以观察到：电流计指针发生了偏移，说明有电流发生，原电池对外做了电功；Cu 片上有 Cu 发生沉积，Zn 片发生了溶解。可以确定电流是从 Cu 极流向 Zn 极（电子从 Zn 极流向 Cu 极）。

此装置能够产生电流，是由于 Zn 比 Cu 活泼，Zn 片上 Zn 易放出电子，Zn 氧化成 Zn^{2+} 进入溶液中：

$$Zn(s)-2e = Zn^{2+}(aq)$$

电子定向地由 Zn 片沿导线流向 Cu 片，形成电子流。溶液中的 Cu^{2+} 趋向 Cu 片接受电子还原成 Cu 沉积：

$$Cu^{2+}(aq)+2e = Cu(s)$$

在上述反应进行中，由于 Zn^{2+} 增多 $ZnSO_4$ 溶液带正电荷，由于 Cu^{2+} 减少，SO_4^{2-} 过剩 $CuSO_4$ 溶液带负电荷。盐桥的作用就是能让阳离子（主要是盐桥中的 K^+）通过盐桥向 $CuSO_4$ 溶液迁移，阴离子（主要是盐桥中的 Cl^-）通过盐桥向 $ZnSO_4$ 溶液迁移，使锌盐溶液和铜盐溶液始终保持电中性，从而使 Zn 的溶解和 Cu 的析出过程可以继续进行下去。

这种能够使氧化还原反应中电子转移直接转变为电能的装置，称为原电池（primary cells）。

在原电池中，电子流出的电极称为负极（negative electrode），负极上发生氧化反应；电子流入的电极称为正极（positive electrode），正极上发生还原反应。电极上发生的反应称为电极反应。

在 Cu-Zn 原电池中：

电极反应		负极（Zn）：$Zn(s)-2e = Zn^{2+}(aq)$	氧化反应
	+）	正极（Cu）：$Cu^{2+}(aq)+2e = Cu(s)$	还原反应
原电池的电池反应		$Zn(s)+Cu^{2+}(aq) = Zn^{2+}(aq)+Cu(s)$	

在 Cu-Zn 原电池中所发生的电池反应和 Zn 在 $CuSO_4$ 溶液中置换 Cu^{2+} 的化学反应完全一样，所不同的只是在原电池装置中，还原剂 Zn 和氧化剂 Cu^{2+} 不直接接触，氧化反应和还原反应同时在两个不同的区域进行，电子经由导线进行传递。这正是原电池利用氧化还原反应能产生电流的原因所在。

为简明起见，Cu-Zn 原电池可以用下列电池符号表示：

$$(-)Zn|ZnSO_4(c_1)\|CuSO_4(c_2)|Cu(+)$$

把负极（－）写在左边，正极（＋）写在右边。其中“|”表示两相之间的接触界面，“‖”表示盐桥，c 表示溶液的浓度。当浓度为 $c^{\ominus}=1mol \cdot L^{-1}$时，可不必写出。如有气体物质，则应标出其分压 p。

每个原电池都两个“半电池”组成。而每一个“半电池”都是由同一元素处于不同氧化数的两种物质构成的，一种是处于低氧化数的可作为还原剂的物质（称为还原态物质），另一种是处于高氧化数的可作为氧化剂的物质（称为氧化态物质）。这种由同一元素的氧化态物质和其对应的还原态物质所构成的整体，称为氧化还原电对（oxidation-reduction couples），可以用符号 Ox/Red 来表示。例如，Cu 和 Cu^{2+}、Zn 和 Zn^{2+} 所组成的氧化还原电对可分别写成 Cu^{2+}/Cu、Zn^{2+}/Zn。非金属单质及其相应的离子也可以构成氧化还原电对，例如 H^+/H_2 和 O_2/OH^-。在用 Fe^{3+}/Fe^{2+}、Cl_2/Cl^-、O_2/OH^- 等氧化还原电对作半电池时，可以用能够导电而本身不参加反应的惰性导体（如金属铂或石墨）作电极。例如，氢电极可以表示为 $H^+(c)|H_2(p)|Pt$。

氧化态物质和还原态物质在一定条件下可以相互转化：

$$\text{氧化态}+ne \rightleftharpoons \text{还原态}$$

或

$$Ox+ne \rightleftharpoons Red$$

这就是半电池反应或电极反应的通式。

[例 5-3] 将下列氧化还原反应设计成原电池，并写出它的原电池符号。

$$2Fe^{2+}(c^{\ominus})+Cl_2(p^{\ominus}) = 2Fe^{3+}(aq)(0.10mol \cdot L^{-1})+2Cl^-(aq)(2.0mol \cdot L^{-1})$$

解： 正极： $Cl_2(g)+2e = 2Cl^-(aq)$

负极： $Fe^{2+}(aq)-e = Fe^{3+}(aq)$

原电池符号为：

$$(-)Pt|Fe^{2+},Fe^{3+}(0.10mol \cdot L^{-1}) \| Cl^-(2.0mol \cdot L^{-1})|Cl_2|Pt(+)$$

5.2.2 电极电势

电极电势产生的微观机理是十分复杂的。1889 年，德国化学家能斯特（H. W. Nernst）提出了双电层理论，用以说明金属及其盐溶液之间电势差的形成和原电池产生电流的机理。

双电层理论认为，金属晶体是由金属原子、金属离子和自由电子所组成的，因此，若把金属置于其盐溶液中，在金属与其盐溶液的接触界面上就会发生两种不同的过程；一种是金属表面的金属阳离子受极性水分子吸引而进入溶液的过程；另一种是溶液中位于金属表面的水合金属离子受到自由电子的吸引，结合电子成为金属原子而重新沉积在金属表面上的过程。当这两种方向相反的过程进行的速率相等时，即达到动态平衡：

$$M(s) \rightleftharpoons M^{n+}(aq)+ne$$

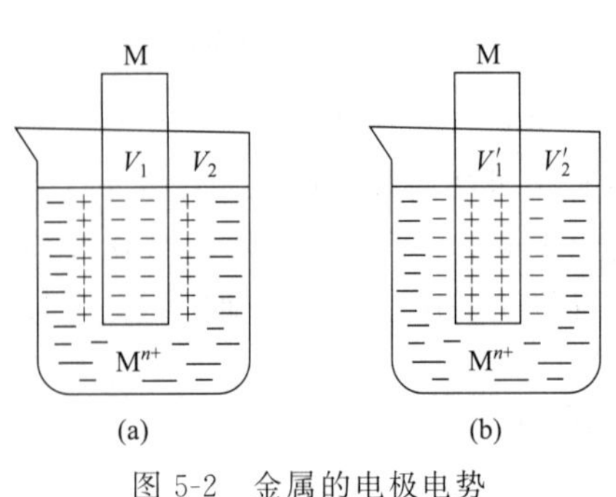

图 5-2 金属的电极电势
(a) 电势差 $E=V_2-V_1$；
(b) 电势差 $E=V_2'-V_1'$

显然，如果金属越活泼或溶液中金属离子的浓度越小，金属溶解的趋势就会大于溶液中金属离子沉积到金属表面上的趋势，达到平衡时金属表面就因聚集了金属溶解时留下的自由电子而带负电荷，溶液则因金属离子进入而带正电荷，这样，正、负电荷相互吸引，在金属与其盐溶液的接触界面处就建立起由带负电荷的电子和带正电荷的金属离子所构成的双电层[图 5-2(a)]。相反，如果金属越不活泼或溶液中金属离子浓度越大，金属溶解的趋势就会小于金属离子沉积的趋势，达到平衡时金属表面因聚集了金属离子而带正电荷，而溶液则由于金属离子减少而带负电荷，这样，也构成了相应的双电层［图 5-2(b)］。这种双电层之间存在一定的电势差，这个电势差即为金属与金属离子所组成的氧化还原电对的平衡电势。

显然，金属与其相应离子所组成的氧化还原电对不同，金属离子的浓度不同，这种平衡电势也就不同。因此，若将两种不同的氧化还原电对设计构成原电池，则在两电极之间就会有一定的电势差，从而产生电流。

5.2.3 标准电极电势

(1) 标准氢电极

目前，还无法测定单个电极平衡电势的绝对值，人们只能选定某一电对的平衡电势作为参比标准，将其他电对与之比较，求出各电对平衡电势的相对值。

通常选用标准氢电极（图5-3）作为参比标准。

标准氢电极的电极符号可以写为：

$$Pt|H_2(100kPa)|H^+(1mol\cdot L^{-1})$$

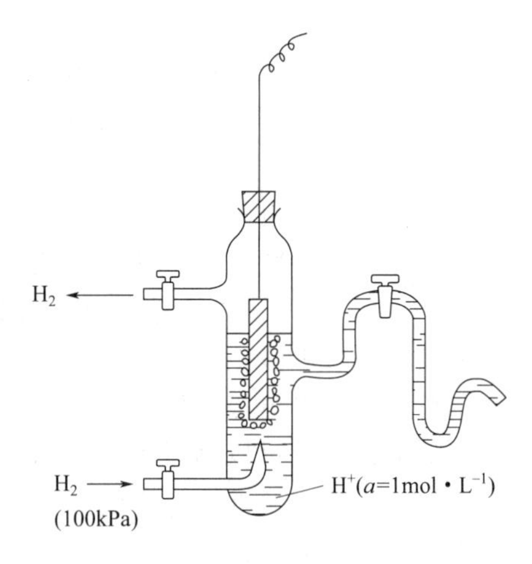

图5-3　标准氢电极

标准氢电极（standard hydrogen electrode，SHE）是将镀有一层蓬松铂黑的铂片插入H^+浓度为$1mol\cdot L^{-1}$（严格讲应是活度为$1mol\cdot L^{-1}$）的稀硫酸溶液中，在一定温度下不断通入压力为100kPa的纯H_2，H_2被铂黑所吸附并饱和，H_2与溶液中的H^+建立了如下的动态平衡：

$$H_2(g)(100kPa) \rightleftharpoons 2H^+(aq)(a=1mol\cdot L^{-1})+2e$$

这种状态下的平衡电势称为标准氢电极的电极电势。国际上规定标准氢电极在任何温度下的值为0，即$E^{\ominus}(H^+/H_2)=0V$。要求某电极平衡电势的相对值时，可以将该电对与标准氢电极组成原电池，该原电池的电动势就等于两电对的相对电势差值。在化学上称此相对电势差值为某电对的电极电势。

（2）参比电极

标准氢电极要求H_2纯度高、压力稳定，而铂在溶液中易吸附其他组分而中毒失去活性，因此在实际工作中常用制备容易、使用方便、电极电势稳定的甘汞电极、银-氯化银电极等代替标准氢电极作为参比标准进行测定，这类电极称为参比电极（reference electrode）。

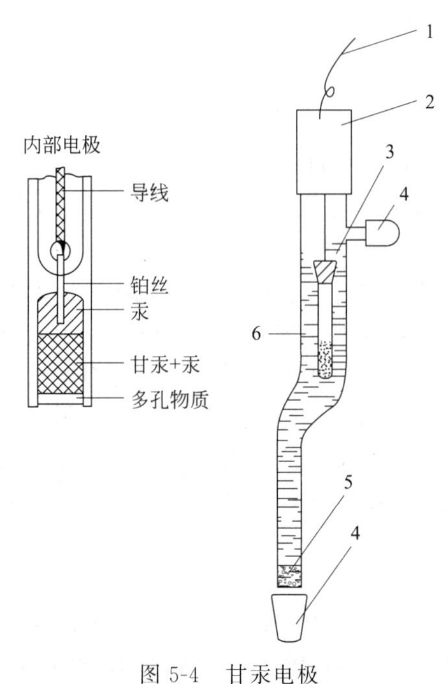

图5-4　甘汞电极

1—导线；2—绝缘体；3—内部电极；4—橡皮帽；5—多孔物质；6—饱和KCl

① 甘汞电极

甘汞电极（calomel electrode）的构造如图5-4所示。

内玻璃管中封接一根铂丝，铂丝插入厚度为0.5～1cm的纯Hg中，下置一层Hg_2Cl_2（甘汞）和Hg的糊状物，外玻璃管中装入KCl溶液。电极下端与待测溶液接触的部分是熔结陶瓷芯或玻璃砂芯类多孔物质。

甘汞电极的电极符号可以写为：

$$Hg|Hg_2Cl_2(s)|KCl$$

其电极反应为：

$$Hg_2Cl_2(s)+2e \rightleftharpoons 2Hg(l)+2Cl^-(aq)$$

常用饱和甘汞电极（KCl溶液为饱和溶液）或者Cl^-浓度分别为$1mol\cdot L^{-1}$、$0.1mol\cdot L^{-1}$的甘汞电极作参比电极。在298.15K时，它们的电极电势分别为+0.2445V、+0.2830V和+0.3356V。

② 银-氯化银电极

在银丝上镀一层AgCl，浸在一定浓度的KCl溶液中，即构成银-氯化银电极，其电极符号可以写为：

$$Ag|AgCl(s)|KCl$$

其电极反应为：

$$AgCl(s)+e \rightleftharpoons Ag(s)+Cl^-(aq)$$

与甘汞电极相似，银-氯化银电极的电极电势也取决于内参比溶液KCl溶液的浓度。在298.15K时，KCl溶液为饱和溶液或Cl^-浓度为$1mol \cdot L^{-1}$的银-氯化银电极的电极电势分别为+0.2000V和+0.2223V。

(3) 标准电极电势$E^{\ominus}$

在热力学标准状态下，即有关物质的浓度为$1mol \cdot L^{-1}$（严格地说，应是离子活度为$1mol \cdot L^{-1}$），有关气体的分压为100kPa，液体或固体是纯净物质时，某电极的电极电势称为该电极的标准电极电势（standard electrode potential），以符号$E^{\ominus}$表示。

一般将标准氢电极与任意给定的标准电极构成一个原电池，测定该原电池的电动势，确定正、负电极，就可以测得该给定标准电极的标准电极电势。

例如，欲测定标准锌电极的标准电极电势，可以设计构成下列原电池：

$$(-)Zn|Zn^{2+}(1mol \cdot L^{-1}) \| H^+(1mol \cdot L^{-1})|H_2(100kPa)|Pt(+)$$

测得298.15K时此电池的标准电动势（$E^{\ominus}$）为0.7618V。测定时可知电子由锌电极流向氢电极，所以锌电极为负极，其上发生氧化反应；氢电极为正极，其上发生还原反应。电池的标准电动势（$E^{\ominus}$）等于正、负两电极的标准电极电势$E^{\ominus}_{正}$、$E^{\ominus}_{负}$之差，即

$$E^{\ominus}=E^{\ominus}_{正}-E^{\ominus}_{负}=E^{\ominus}(H^+/H_2)-E^{\ominus}(Zn^{2+}/Zn)=0.7618V$$

因为 $$E^{\ominus}(H^+/H_2)=0V$$

所以 $$E^{\ominus}=0-E^{\ominus}(Zn^{2+}/Zn)=0.7618V$$

$$E^{\ominus}(Zn^{2+}/Zn)=-0.7618V$$

“−”表示与标准氢电极组成原电池时，标准锌电极为负极。该原电池中发生的电极反应和电池反应分别为：

电极反应	正极：	$2H^+(aq)+2e = H_2(g)$	还原反应
	+）负极：	$Zn(s)-2e = Zn^{2+}(aq)$	氧化反应
电池反应		$Zn(s)+2H^+(aq) = Zn^{2+}(aq)+H_2(g)$	

用同样方法可以测得298.15K时标准铜电极的标准电极电势为+0.3419V。“+”表示与标准氢电极组成原电池时，标准铜电极为正极。

根据物质的氧化还原能力，对照标准电极电势表中的数据可以看出，若某氧化还原电对的电极电势代数值越小，该电对中还原态物质的还原能力就越强，越容易失去电子发生氧化反应，该还原态物质为强还原剂；若某氧化还原电对的电极电势代数值越大，该电对中氧化态物质的氧化能力就越强，越容易得到电子发生还原反应，该氧化态物质为强氧化剂。因此，电极电势是表示氧化还原电对所对应的氧化态物质或还原态物质得失电子能力（即氧化还原能力）相对大小的一个物理量。以两个标准电极组成原电池时，标准电极电势较大的电对为正极，标准电极电势较小的电对为负极。

使用标准电极电势表时应注意以下几点。

① 本书采用1953年国际纯粹和应用化学联合会（IUPAC）所规定的还原电势，即认为Zn比H_2更容易失去电子，$E^{\ominus}(Zn^{2+}/Zn)$为负值；Cu^{2+}比H^+更容易得到电子，$E^{\ominus}(Cu^{2+}/Cu)$为正值。

② 电极电势没有加和性，即与电极反应式的化学计量系数无关。例如：

$$Cl_2+2e \rightleftharpoons 2Cl^- \quad E^{\ominus}(Cl_2/Cl^-)=+1.358V$$

$$1/2Cl_2+e \rightleftharpoons Cl^- \quad E^{\ominus}(Cl_2/Cl^-)=+1.358V$$

③ $E^{\ominus}$是水溶液体系中电对的标准电极电势。对于非标准态或非水溶液体系，不能用$E^{\ominus}$比较物质的氧化还原能力大小。

④ 标准电极电势的正或负不随电极反应书写不同而不同。例如：

$$Cu^{2+}+2e \rightleftharpoons Cu \quad E^{\ominus}(Cu^{2+}/Cu)=+0.3419V$$

$$Cu-2e \rightleftharpoons Cu^{2+} \quad E^{\ominus}(Cu^{2+}/Cu)=+0.3419V$$

5.2.4 电池反应的$\Delta_r G_m$和电动势E的关系

由化学热力学可知，在恒温恒压条件下，反应体系摩尔吉布斯自由能的减少等于体系所能做的最大非体积功，即$\Delta_r G_m=W'_{max}$。而一个能自发进行的氧化还原反应，可以设计成一个原电池。在恒温、恒压条件下，该原电池所做的最大非体积功即为电功，$W'_{max}=W_{电}$。如果在1mol物质的反应过程中有$n$mol电子（即nF库仑的电量）通过电动势为E的原电池的电路，则电池反应的摩尔吉布斯自由能改变量与电池电动势E之间存在以下关系：

$$\Delta_r G_m=W'_{max}=-EQ=-nEF \tag{5-1}$$

式中F为法拉第（Faraday）常数，等于96485C·mol^{-1}；n为电池反应中转移的电子数。

若电池在标准态下工作，则

$$\Delta_r G_m^{\ominus}=-nFE^{\ominus}=-nF[E_{正}^{\ominus}-E_{负}^{\ominus}] \tag{5-2}$$

$$E_{正}^{\ominus}=E_{负}^{\ominus}-\Delta_r G_m^{\ominus}/nF$$

我们采用的是还原电势，即与标准氢电极组成原电池，该电对作正极，标准氢电极作负极，因为$E_{负}=E^{\ominus}(H^+/H_2)=0$，所以

$$E_{正}^{\ominus}=-\Delta_r G_m^{\ominus}/nF \tag{5-3}$$

由上式可以看出，如果知道了参加电池反应的各物质的$\Delta_f G_m^{\ominus}$，即可计算出该电极的标准电极电势。反之，借助电池电动势的测定，也可以准确地测定相应氧化还原反应的$\Delta_f G_m^{\ominus}$。

标准电极电势是在标准状态下测得的，通常取温度为298.15K时的值。如果浓度、压力以及温度发生改变，电极电势也将随之改变。

5.2.5 影响电极电势的因素——能斯特方程式

在一定状态下，电极电势的大小不仅取决于电对的本性，还与氧化态物质和还原态物质的浓度、气体的分压以及反应的温度等因素有关。

考虑一个任意给定的电极：

$$a\,Ox+ne \rightleftharpoons b\,Red$$

可以从热力学推导得出：

$$E=E^{\ominus}+\frac{RT}{nF}\ln\frac{\left\{\frac{c(Ox)}{c^{\ominus}}\right\}^a}{\left\{\frac{c(Red)}{c^{\ominus}}\right\}^b} \tag{5-4a}$$

式中，E是氧化态物质和还原态物质为任意浓度时电对的电极电势；$E^{\ominus}$是电对的标准电极电势；R是气体常数；F是法拉第常数；n是电极反应中转移的电子数。该式反映了参加电极反应各物质的浓度、反应温度对电极电势的影响。

在298.15K时，将各常数代入上式，并将自然对数换成常用对数，即得：

$$E=E^{\ominus}+\frac{0.0592}{n}\lg\frac{\left\{\frac{c(\mathrm{Ox})}{c^{\ominus}}\right\}^{a}}{\left\{\frac{c(\mathrm{Red})}{c^{\ominus}}\right\}^{b}}$$

由于 $c^{\ominus}=1\mathrm{mol\cdot L^{-1}}$，上式可简单写成：

$$E=E^{\ominus}+\frac{0.0592}{n}\lg\frac{c^{a}(\mathrm{Ox})}{c^{b}(\mathrm{Red})} \tag{5-4b}$$

此式称为电极电势的能斯特方程式（Nernst equation）。

本书将此式简写成：

$$E=E^{\ominus}+\frac{0.0592}{n}\lg\frac{[\text{氧化态}]^{a}}{[\text{还原态}]^{b}} \tag{5-4c}$$

应用能斯特方程式时，应注意：

① 如果组成电对的物质为纯固体或纯液体时，则不列入方程式中。如果是气体物质，要用其相对压力 $p/p^{\ominus}$。

例如：

$$Br_2(l)+2e \rightleftharpoons 2Br^-(aq)$$

$$E(Br_2/Br^-)=E^{\ominus}(Br_2/Br^-)+\frac{0.0592}{2}\lg\frac{1}{[Br^-]^2}$$

$$2H^+(aq)+2e \rightleftharpoons H_2(g)$$

$$E(H^+/H_2)=E^{\ominus}(H^+/H_2)+\frac{0.0592}{2}\lg\frac{[H^+]^2\cdot p^{\ominus}}{p(H_2)}$$

[例 5-4] 试计算 $[Zn^{2+}]=0.00100\mathrm{mol\cdot L^{-1}}$时，$Zn^{2+}/Zn$ 电对的电极电势。

解： $Zn^{2+}(aq)+2e \rightleftharpoons Zn(s)$

因 $E^{\ominus}(Zn^{2+}/Zn)=-0.7618V$，

故

$$E(Zn^{2+}/Zn)=E^{\ominus}(Zn^{2+}/Zn)+\frac{0.0592}{2}\lg[Zn^{2+}]$$

$$=-0.7618+\frac{0.0592}{2}\lg 0.00100$$

$$=-0.8506V$$

[例 5-5] 试计算 $[Cl^-]=0.100\mathrm{mol\cdot L^{-1}}$，$p(Cl_2)=300\mathrm{kPa}$ 时，Cl_2/Cl^- 电对的电极电势。

解： $Cl_2(g)+2e \rightleftharpoons 2Cl^-(aq)$

因 $E^{\ominus}(Cl_2/Cl^-)=1.358V$，

故

$$E(Cl_2/Cl^-)=E^{\ominus}(Cl_2/Cl^-)+\frac{0.0592}{2}\lg\frac{p(Cl_2)}{p^{\ominus}\cdot[Cl^-]^2}$$

$$=1.358+\frac{0.0592}{2}\lg\frac{300}{100\times(0.100)^2}=1.431V$$

② 如果参加电极反应的除氧化态、还原态物质外，还有其他物质如 H^+、OH^- 等，则这些物质的浓度也应表示在能斯特方程式中。

[例 5-6] 计算 $[Cr_2O_7^{2-}]=[Cr^{3+}]=1\mathrm{mol\cdot L^{-1}}$、$[H^+]=10\mathrm{mol\cdot L^{-1}}$的酸性介质中 $Cr_2O_7^{2-}/Cr^{3+}$ 电对的电极电势。

解： 在酸性介质中　$Cr_2O_7^{2-}+14H^++6e \rightleftharpoons 2Cr^{3+}(aq)+7H_2O$

因 $E^{\ominus}(Cr_2O_7^{2-}/Cr^{3+})=1.232V$，故

$$E(Cr_2O_7^{2-}/Cr^{3+})=E^{\ominus}(Cr_2O_7^{2-}/Cr^{3+})+\frac{0.0592}{6}\lg\frac{[Cr_2O_7^{2-}][H^+]^{14}}{[Cr^{3+}]^2}$$

$$=1.232+\frac{0.0592}{6}\lg\frac{1\times10^{14}}{1^2}=1.370V$$

由此可见，含氧酸盐的氧化能力随介质酸度增大而增强。

[例 5-7] 在 298.15K 时，在 Fe^{3+}、Fe^{2+} 的混合溶液中加入 NaOH 溶液，有 $Fe(OH)_3$、$Fe(OH)_2$ 沉淀生成（假设无其他反应发生）。当沉淀反应达到平衡时，保持 $[OH^-]=1.0mol\cdot L^{-1}$。求 Fe^{3+}/Fe^{2+} 电对的电极电势。

解： $Fe^{3+}(aq)+e \rightleftharpoons Fe^{2+}(aq)$

由溶度积规则得

$$[Fe^{3+}]=\frac{K_{sp}^{\ominus}\{Fe(OH)_3\}}{[OH^-]^3}$$

$$[Fe^{2+}]=\frac{K_{sp}^{\ominus}\{Fe(OH)_2\}}{[OH^-]^2}$$

因

$$E^{\ominus}(Fe^{3+}/Fe^{2+})=0.771V$$

$$K_{sp}^{\ominus}\{Fe(OH)_3\}=2.79\times10^{-39}$$

$$K_{sp}^{\ominus}\{Fe(OH)_2\}=4.87\times10^{-17}$$

故

$$E(Fe^{3+}/Fe^{2+})=E^{\ominus}(Fe^{3+}/Fe^{2+})+0.0592\lg\frac{[Fe^{3+}]}{[Fe^{2+}]}$$

$$=E^{\ominus}(Fe^{3+}/Fe^{2+})+0.0592\lg\frac{K_{sp}^{\ominus}\{Fe(OH)_3\}}{K_{sp}^{\ominus}\{Fe(OH)_2\}\cdot[OH^-]}$$

$$=0.771+0.0592\lg\frac{2.79\times10^{-39}}{4.87\times10^{-17}}$$

$$=-0.546V$$

根据标准电极电势的定义，$[OH^-]=1.0mol\cdot L^{-1}$时的 $E(Fe^{3+}/Fe^{2+})$ 就是电极反应

$$Fe(OH)_3(s)+e \rightleftharpoons Fe(OH)_2(s)+OH^-(aq)$$

的标准电极电势 $E^{\ominus}\{Fe(OH)_3/Fe(OH)_2\}$：

$$E^{\ominus}\{Fe(OH)_3/Fe(OH)_2\}=E(Fe^{3+}/Fe^{2+})=E^{\ominus}(Fe^{3+}/Fe^{2+})+0.0592\lg\frac{[Fe^{3+}]}{[Fe^{2+}]}$$

$$=E^{\ominus}(Fe^{3+}/Fe^{2+})+0.0592\lg\frac{K_{sp}^{\ominus}\{Fe(OH)_3\}}{K_{sp}^{\ominus}\{Fe(OH)_2\}}$$

从以上的例子可以看出，氧化还原电对的氧化态物质或还原态物质离子浓度改变对电对电极电势有影响。如果电对的氧化态物质生成了沉淀（或配合物），则电极电势将变小；如果电对的还原态物质生成了沉淀（或配合物），则电极电势将变大。此外，介质的酸碱性对含氧酸盐氧化性的影响比较大，一般地说，含氧酸盐在酸性介质中将表现出较强的氧化性。

5.2.6 条件电极电势

(1) 条件电极电势

标准电极电势是指在一定温度下（通常为 298.15K），氧化还原半反应中各组分都处于标准状态，即离子或分子的活度等于 $1mol\cdot L^{-1}$、气体的分压等于 100kPa 时的电极电势，即氧化态和还原态均应以活度表示。

所以，在应用能斯特方程式时，还应考虑离子强度和氧化态或还原态的存在形式这两个

因素。通常我们知道的是溶液中物质的浓度而不是活度，为了简化，往往忽略溶液中离子强度的影响，以浓度代替活度进行计算。但是在实际工作中，溶液的离子强度常常是较大的，这种影响往往不可忽略。当溶液的组成改变时，电对氧化态和还原态的存在形式也往往随着改变，从而引起电极电势变化。在应用能斯特方程式时若不考虑这两个因素，计算结果将会有较大误差。

例如，在计算 HCl 溶液中 Fe(Ⅲ)/Fe(Ⅱ) 体系的电极电势时，由能斯特方程式得到：

$$E = E^{\ominus} + 0.0592\lg\frac{a_{Fe^{3+}}}{a_{Fe^{2+}}}$$

$$= E^{\ominus} + 0.0592\lg\frac{\gamma_{Fe^{3+}}[Fe^{3+}]}{\gamma_{Fe^{2+}}[Fe^{2+}]} \tag{5-5}$$

但是，在 HCl 溶液中，铁离子与 H_2O 和 Cl^- 发生了一系列副反应：

$$Fe^{3+} + H_2O \rightleftharpoons FeOH^{2+} + H^+$$

$$Fe^{3+} + Cl^- \rightleftharpoons FeCl^{2+}$$

……

因此，溶液中除 Fe^{3+}、Fe^{2+} 外，还有 $FeOH^{2+}$、$FeCl^{2+}$、$FeCl_6^{3-}$、$FeCl^+$、$FeCl_2$……存在。若用 $c_{Fe(Ⅲ)}$ 表示溶液中 Fe^{3+} 的总浓度，则有

$$c_{Fe(Ⅲ)} = [Fe^{3+}] + [FeOH^{2+}] + [FeCl^{2+}] + \cdots$$

溶液中各种存在形式的量与条件有关。当 pH＝3 时，在含有 Cl^- 的溶液中：$c_{Fe(Ⅲ)} = [Fe^{3+}] + [FeOH^{2+}] + [FeCl^{2+}]$。

此时，令

$$\frac{c_{Fe(Ⅲ)}}{[Fe^{3+}]} = \alpha_{Fe(Ⅲ)}$$

同样，令

$$\frac{c_{Fe(Ⅱ)}}{[Fe^{2+}]} = \alpha_{Fe(Ⅱ)}$$

$\alpha_{Fe(Ⅲ)}$、$\alpha_{Fe(Ⅱ)}$ 分别称为 HCl 溶液中 Fe^{3+}、Fe^{2+} 的副反应系数。

将上二式代入式(5-5) 中，得

$$E = E^{\ominus} + 0.0592\lg\frac{\gamma_{Fe^{3+}}\alpha_{Fe(Ⅱ)}c_{Fe(Ⅲ)}}{\gamma_{Fe^{2+}}\alpha_{Fe(Ⅲ)}c_{Fe(Ⅱ)}}$$

$$= E^{\ominus} + 0.0592\lg\frac{\gamma_{Fe^{3+}}\alpha_{Fe(Ⅱ)}}{\gamma_{Fe^{2+}}\alpha_{Fe(Ⅲ)}} + 0.0592\lg\frac{c_{Fe(Ⅲ)}}{c_{Fe(Ⅱ)}} \tag{5-6}$$

式(5-6) 是考虑了上述两个因素后的能斯特方程式。但是当溶液的离子强度很大时，γ 值不易求得；当副反应很多时，求 α 值也很麻烦。因此要用此式进行计算是很复杂的。

当 $c_{Fe(Ⅲ)} = c_{Fe(Ⅱ)} = 1mol \cdot L^{-1}$ 时，可得到：

$$E = E^{\ominus} + 0.0592\lg\frac{\gamma_{Fe^{3+}}\alpha_{Fe(Ⅱ)}}{\gamma_{Fe^{2+}}\alpha_{Fe(Ⅲ)}} = E^{\ominus\prime} \tag{5-7}$$

$E^{\ominus\prime}$ 称为条件电极电势（conditional potential）。上式中 γ 及 α 在特定条件下是一固定值，因而 $E^{\ominus\prime}$ 为一常数。$E^{\ominus\prime}$ 是在一定条件下，氧化态和还原态的总浓度均为 $1mol \cdot L^{-1}$ 或二者的总浓度比为 1 时的实际电极电势。

引入条件电极电势后，式(5-6) 可以表示成：

$$E = E^{\ominus\prime} + 0.0592\lg\frac{c_{Fe(Ⅲ)}}{c_{Fe(Ⅱ)}} \tag{5-8}$$

在 298.15K 时，能斯特方程式的一般通式即为：

$$E_{Ox/Red} = E^{\ominus\prime}_{Ox/Red} + \frac{0.0592}{n}\lg\frac{c_{Ox}}{c_{Red}}$$

其中
$$E^{\ominus\prime}_{Ox/Red} = E_{Ox/Red} + \frac{0.0592}{n}\lg\frac{\gamma_{Ox}\cdot\alpha_{Red}}{\gamma_{Red}\cdot\alpha_{Ox}}$$

条件电极电势反映了离子强度以及各种副反应影响的总结果，说明了在外界因素的影响下该氧化还原电对的实际氧化还原能力。因此，应用条件电极电势比用标准电极电势能更正确地判断氧化还原反应的方向、次序和反应完成的程度。

在处理有关氧化还原反应的计算时，采用条件电极电势才比较符合实际情况。但在目前缺乏条件电极电势数据的情况下，可采用条件相近的条件电极电势 $E^{\ominus\prime}$值进行计算。

例如，未查到 1.5mol·L^{-1} H_2SO_4 溶液中 Fe(Ⅲ)/Fe(Ⅱ) 电对的条件电极电势 $E^{\ominus\prime}$，可以用 1mol·L^{-1} H_2SO_4 溶液中该电对的 $E^{\ominus\prime}$值（0.670V）代替，若采用该电对的标准电极电势 $E^{\ominus}$值（0.771V）进行计算，则误差更大。

（2）外界条件对条件电极电势的影响

溶液离子强度较大时，活度与浓度的差别较大，如用浓度代替活度，用能斯特方程式计算的结果与实际情况有差异。但由于各种副反应对电势的影响远比离子强度对电势的影响要大，同时离子强度的影响又难以校正，因此，一般计算时都忽略离子强度的影响。

在氧化还原反应中常有生成沉淀或配合物的副反应，使电对的氧化态或还原态的浓度发生变化，从而导致电对电极电势改变。

例如用碘化物还原 Cu^{2+} 的反应：

$$2Cu^{2+} + 2I^- \xlongequal{} 2Cu^+(aq) + I_2(s)$$

根据标准电极电势 $E^{\ominus}(Cu^{2+}/Cu^+) = 0.153V$，$E^{\ominus}(I_2/I^-) = 0.5355V$，显然，$I_2$ 将氧化 Cu^+。但是，上述反应实际上能够向右进行得很完全，这是因为 I^- 与 Cu^+ 进一步生成了难溶的 CuI 沉淀：

$$Cu^+(aq) + I^-(aq) \xlongequal{} CuI(s)$$

因此，实际反应为：

$$2Cu^{2+}(aq) + 4I^-(aq) \xlongequal{} 2CuI(s) + I_2(s)$$

［例 5-8］ 试计算 KI 浓度为 1mol·L^{-1}时，Cu^{2+}/Cu^+ 电对的条件电极电势（忽略离子强度的影响）。

解： 已知 $E^{\ominus}(Cu^{2+}/Cu^+) = 0.153V$，$K^{\ominus}_{sp}(CuI) = 1.27\times10^{-12}$

$$E(Cu^{2+}/Cu^+) = E^{\ominus}(Cu^{2+}/Cu^+) + 0.0592\lg\frac{[Cu^{2+}]}{[Cu^+]}$$

$$= E^{\ominus}(Cu^{2+}/Cu^+) + 0.0592\lg\frac{[Cu^{2+}][I^-]}{K^{\ominus}_{sp}(CuI)}$$

$$= E^{\ominus}(Cu^{2+}/Cu^+) + 0.0592\lg\frac{[I^-]}{K^{\ominus}_{sp}(CuI)} + 0.0592\lg[Cu^{2+}]$$

$$= E^{\ominus\prime}(Cu^{2+}/Cu^+) + 0.0592\lg[Cu^{2+}]$$

若 Cu^{2+} 未发生副反应，则 $[Cu^{2+}] = c(Cu^{2+})$，令 $[Cu^{2+}] = [I^-] = 1mol\cdot L^{-1}$

则 $E^{\ominus\prime}(Cu^{2+}/Cu^{+})=E^{\ominus}(Cu^{2+}/Cu^{+})+0.0592\lg\dfrac{[I^{-}]}{K_{sp}^{\ominus}(CuI)}$

$$=0.153-0.0592\lg1.27\times10^{-12}$$

$$=0.857V$$

此时 $E^{\ominus\prime}(Cu^{2+}/Cu^{+})>E^{\ominus}(I_2/I^{-})$，因此 Cu^{2+} 能够氧化 I^{-}。

实际上，$E^{\ominus\prime}(Cu^{2+}/Cu^{+})$ 即为 Cu^{2+}/CuI 电对的标准电极电势 $E^{\ominus}(Cu^{2+}/CuI)$，其电极反应为：

$$Cu^{2+}+I^{-}+e \rightleftharpoons CuI(s)$$

5.3 电极电势的应用

电极电势是电化学中很重要的数据，除了可以用来比较氧化剂和还原剂的相对强弱以外，还可以用来计算原电池的电动势 E，判断氧化还原反应进行的方向和限度，计算反应的标准平衡常数 $K^{\ominus}$。电极电势的这些具体应用是本章学习的重点。

5.3.1 判断原电池的正、负极，计算原电池的电动势 E

在组成原电池的两个电极中，电极电势代数值较大的是原电池的正极，代数值较小的是原电池的负极。原电池的电动势等于正极的电极电势减去负极的电极电势：

$$E=E_{正}-E_{负}$$

[例 5-9] 计算下列原电池的电动势，并指出其正、负极：

$$Zn|Zn^{2+}(0.100mol\cdot L^{-1})\|Cu^{2+}(2.00mol\cdot L^{-1})|Cu$$

解：首先，根据能斯特方程式分别计算两电极的电极电势：

$$E(Zn^{2+}/Zn)=E^{\ominus}(Zn^{2+}/Zn)+\frac{0.0592}{2}\lg[Zn^{2+}]$$

$$=-0.7618+\frac{0.0592}{2}\lg0.100$$

$$=-0.7322V$$

$$E(Cu^{2+}/Cu)=E^{\ominus}(Cu^{2+}/Cu)+\frac{0.0592}{2}\lg[Cu^{2+}]$$

$$=+0.3419+\frac{0.0592}{2}\lg2.00$$

$$=+0.3597V$$

故 Zn^{2+}/Zn 作负极，Cu^{2+}/Cu 作正极。

电极反应　　正极：$Cu^{2+}+2e = Cu$　　还原反应

+）　　负极：$Zn-2e = Zn^{2+}$　　氧化反应

电池反应　　$Zn+Cu^{2+} = Zn^{2+}+Cu$

故　$E=E_{正}-E_{负}=E(Cu^{2+}/Cu)-E(Zn^{2+}/Zn)$

$$=+0.3597-(-0.7322)=1.0919V$$

5.3.2 判断氧化还原反应的方向

根据电极电势代数值的相对大小，可以比较氧化剂和还原剂的相对强弱，进而可以预测氧化还原反应进行的方向。

例如，判断下列反应在标准状态下进行的方向：

$$2Fe^{3+}(aq)+Sn^{2+}(aq)=\!=\!=2Fe^{2+}(aq)+Sn^{4+}(aq)$$

查附录可知：

$$E^{\ominus}(Sn^{4+}/Sn^{2+})=0.151V<E^{\ominus}(Fe^{3+}/Fe^{2+})=0.771V$$

说明 Fe^{3+} 是比 Sn^{4+} 更强的氧化剂，即 Fe^{3+} 结合电子的倾向较大；Sn^{2+} 是比 Fe^{2+} 更强的还原剂，即 Sn^{2+} 给出电子的倾向较大，所以反应自发由左向右进行。将该氧化还原反应设计构成一个原电池，较强氧化剂 Fe^{3+} 所在的电对 Fe^{3+}/Fe^{2+} 作正极；较强还原剂 Sn^{2+} 所在的电对 Sn^{4+}/Sn^{2+} 作负极，该原电池的标准电动势为：

$$\begin{aligned}E^{\ominus}&=E^{\ominus}_{正}-E^{\ominus}_{负}=E^{\ominus}_{Ox}-E^{\ominus}_{Red}\\&=E^{\ominus}(Fe^{3+}/Fe^{2+})-E^{\ominus}(Sn^{4+}/Sn^{2+})>0\end{aligned}$$

该原电池的电池反应即为上述氧化还原反应，可以自发由左向右进行。$E^{\ominus}_{Ox}$ 和 $E^{\ominus}_{Red}$ 分别为氧化剂所在电对和还原剂所在电对的标准电极电势。

由此可以得出规律：氧化还原反应总是自发地由较强的氧化剂与较强的还原剂相互作用，向着生成较弱还原剂和较弱氧化剂的方向进行。

由于电极电势 E 不仅与标准电极电势 $E^{\ominus}$ 有关，还与参加反应的物质的浓度以及溶液的酸度有关，因此，如在非标准状态时，须先按能斯特方程式分别计算各个电极的电极电势 E，然后再根据电池的电动势 E 判断反应进行的方向。但在大多数情况下，仍可以直接用标准电动势 $E^{\ominus}$ 值来判断。因为在一般情况下，标准电动势 $E^{\ominus}$ 值在电动势 E 中为主要的部分，当标准电动势 $E^{\ominus}>0.2V$ 时，一般不会因为浓度变化而使电动势 E 值改变符号。而当标准电动势 $E^{\ominus}<0.2V$ 时，离子浓度发生改变时，氧化还原反应的方向常因参加反应物质的浓度和介质酸度的变化而发生逆转。

［例 5-10］ 判断下列反应能否自发进行：

$$Pb^{2+}(aq)(0.10mol\cdot L^{-1})+Sn(s)\rightleftharpoons Pb(s)+Sn^{2+}(aq)(1.0mol\cdot L^{-1})$$

解： 因为 $E^{\ominus}(Pb^{2+}/Pb)=-0.1262V>E^{\ominus}(Sn^{2+}/Sn)=-0.1375V$

因此，在标准状态下，Pb^{2+} 为较强的氧化剂，Pb^{2+}/Pb 电对作正极；Sn^{2+} 为较强的还原剂，Sn^{2+}/Sn 电对作负极。故电池的标准电动势 $E^{\ominus}$ 为：

$$\begin{aligned}E^{\ominus}&=E^{\ominus}_{正}-E^{\ominus}_{负}=E^{\ominus}_{Ox}-E^{\ominus}_{Red}\\&=E^{\ominus}(Pb^{2+}/Pb)-E^{\ominus}(Sn^{2+}/Sn)\\&=-0.1262-(-0.1375)=0.0113V\end{aligned}$$

标准电动势 $E^{\ominus}$ 虽大于零，但数值很小（$E^{\ominus}<0.2V$），所以离子浓度改变很可能改变电动势 E 值的正、负符号。因此，在本例的情况下，必须进一步计算出电动势 E 值，才能正确判别该反应进行的方向。

$$E(Pb^{2+}/Pb)=E^{\ominus}(Pb^{2+}/Pb)+\frac{0.0592}{2}\lg[Pb^{2+}]$$

$$E(Sn^{2+}/Sn)=E^{\ominus}(Sn^{2+}/Sn)+\frac{0.0592}{2}\lg[Sn^{2+}]$$

$$\begin{aligned}E&=E(Pb^{2+}/Pb)-E(Sn^{2+}/Sn)\\&=E^{\ominus}+\frac{0.0592}{2}\lg\frac{[Pb^{2+}]}{[Sn^{2+}]}\\&=0.0113+\frac{0.0592}{2}\lg\frac{0.10}{1.0}\end{aligned}$$

$$=0.0113-0.0296=-0.0183\text{V}<0$$

因此上述反应不能向正方向自发进行，即反应自发向逆方向进行。此时 Pb^{2+}/Pb 电对作负极，Pb 是一个较强的还原剂；Sn^{2+}/Sn 电对作正极，Sn^{2+} 是一个较强的氧化剂。

不少电极反应有 H^+ 或 OH^- 参加，因此溶液的酸度对这类氧化还原电对的电极电势有影响，溶液酸度改变有可能影响氧化还原反应进行的方向，这也可以通过计算来加以确定。

在生产实践中，有时要对一个复杂体系中的某一组分进行选择性氧化（或还原）处理，这就要对体系中各组分有关电对的电极电势进行考查和比较，选择出合适的氧化剂或还原剂。

[例 5-11] 现有含 Cl^-、Br^-、I^- 三种离子的混合溶液。现欲使 I^- 氧化为 I_2，而不使 Br^-、Cl^- 发生氧化，在常用的氧化剂 $Fe_2(SO_4)_3$ 和 $KMnO_4$ 中，应选择哪一种作氧化剂？

解： 由附录查得：

$$E^{\ominus}(I_2/I^-)=0.5355\text{V}$$

$$E^{\ominus}(Fe^{3+}/Fe^{2+})=0.771\text{V}$$

$$E^{\ominus}(Br_2/Br^-)=1.066\text{V}$$

$$E^{\ominus}(Cl_2/Cl^-)=1.358\text{V}$$

$$E^{\ominus}(MnO_4^-/Mn^{2+})=1.507\text{V}$$

可以看出，如果选择 $KMnO_4$ 作氧化剂，在酸性介质中 MnO_4^- 会将 I^-、Br^-、Cl^- 氧化成 I_2、Br_2、Cl_2。故应该选用 $Fe_2(SO_4)_3$ 作氧化剂才能符合要求。

在一定条件下，若干电对同时存在时，氧化还原反应首先发生在电极电势差值最大的两个电对之间。

例如，在某一溶液中同时存在 Fe^{2+}、Cu^{2+}，加入还原剂 Zn 时，这两种离子将如何被 Zn 还原呢？从标准电极电势看：

$$\left.\begin{array}{l}\left.\begin{array}{l}E^{\ominus}(Zn^{2+}/Zn)=-0.7618\text{V}\\E^{\ominus}(Fe^{2+}/Fe)=-0.447\text{V}\end{array}\right\}E_1^{\ominus}=0.3148\text{V}\\E^{\ominus}(Cu^{2+}/Cu)=+0.3419\text{V}\end{array}\right\}E_2^{\ominus}=1.1037\text{V}$$

若开始时体系中 $[Fe^{2+}]=[Cu^{2+}]=1\text{mol}\cdot\text{L}^{-1}$。由于 $E_2^{\ominus}>E_1^{\ominus}$，因此 Cu^{2+} 将首先被还原。随着 Cu^{2+} 被还原其浓度不断下降，$E(Cu^{2+}/Cu)$ 不断减小。当 $E(Cu^{2+}/Cu)$ 值减小至等于 $E^{\ominus}(Fe^{2+}/Fe)$ 时：

$$E(Cu^{2+}/Cu)=E^{\ominus}(Cu^{2+}/Cu)+\frac{0.0592}{2}\lg[Cu^{2+}]=E^{\ominus}(Fe^{2+}/Fe)$$

Cu^{2+}、Fe^{2+} 将同时被 Zn 还原。可以求得此时 Cu^{2+} 的浓度为：

$$\begin{aligned}\lg[Cu^{2+}]&=\frac{2}{0.0592}\{E^{\ominus}(Fe^{2+}/Fe)-E^{\ominus}(Cu^{2+}/Cu)\}\\&=\frac{2}{0.0592}(-0.447-0.3419)\\&=-26.42\end{aligned}$$

$$[Cu^{2+}]=3.8\times10^{-27}\text{mol}\cdot\text{L}^{-1}$$

因此，当 Fe^{2+} 开始被 Zn 还原时，Cu^{2+} 实际上已被还原完全。

5.3.3 确定氧化还原反应的限度

从化学热力学可知，化学反应平衡常数可以衡量一个化学反应进行的程度。考虑如下氧化还原反应：

$$n_2Ox_1+n_1Red_2 \rightleftharpoons n_1Ox_2+n_2Red_1$$

其有关电对的电极反应为：

$$Ox_1+n_1e \rightleftharpoons Red_1$$

$$Ox_2+n_2e \rightleftharpoons Red_2$$

两个电对的电子转移数 n_1 和 n_2 的最小公倍数为 n。n 即为上述氧化还原反应中的电子转移总数。因为反应的 $\Delta_rG_m^\ominus$ 与反应的标准平衡常数 $K^\ominus$ 及标准电动势 $E^\ominus$ 之间存在如下关系：

$$\Delta_rG_m^\ominus=-RT\ln K^\ominus$$

和

$$\Delta_rG_m^\ominus=-nFE^\ominus=-nF(E_{正}^\ominus-E_{负}^\ominus)$$

合并两式可得：

$$E^\ominus=\frac{RT\ln K^\ominus}{nF} \tag{5-9}$$

当温度为 298.15K 时，代入 R、F 值，并将自然对数换成常用对数，整理后可得：

$$\lg K^\ominus=\frac{n(E_{正}^\ominus-E_{负}^\ominus)}{0.0592}=\frac{nE^\ominus}{0.0592} \tag{5-10}$$

式中，n 为氧化还原反应中的电子转移总数。

因此如果将一个氧化还原反应设计构成一个原电池，就可以通过该原电池的标准电动势 $E^\ominus$ 计算氧化还原反应的标准平衡常数 $K^\ominus$，推测该反应能够进行的程度。

应用上述公式时应注意，如果同一个氧化还原反应的计量方程式写法不同，反应中的电子转移总数 n 就不同，对应的平衡常数也就有不同的数值。

从式(5-10) 可以看出，氧化还原反应平衡常数 $K^\ominus$ 与两电对标准电极电势的差值有关，差值越大，$K^\ominus$ 越大，该反应进行得越完全。

如若采用条件电极电势，则计算得到的是条件平衡常数。

[例 5-12] 计算下列反应的标准平衡常数 $K^\ominus$：

$$2Fe^{3+}(aq)+Cu(s) \rightleftharpoons Cu^{2+}(aq)+2Fe^{2+}(aq)$$

解： 将上述氧化还原反应设计构成一个原电池，则 Fe^{3+}/Fe^{2+} 电对作正极，Fe^{3+} 是氧化剂；Cu^{2+}/Cu 电对作负极，Cu 是还原剂。$n=2$。

$$\begin{aligned}\lg K^\ominus&=\frac{n(E_{正}^\ominus-E_{负}^\ominus)}{0.0592}\\&=\frac{2\times(E_{Ox}^\ominus-E_{Red}^\ominus)}{0.0592}\\&=\frac{2\times\{E^\ominus(Fe^{3+}/Fe^{2+})-E^\ominus(Cu^{2+}/Cu)\}}{0.0592}\\&=\frac{2\times(0.771-0.3419)}{0.0592}\\&=14.50\end{aligned}$$

$$K^\ominus=3.1\times10^{14}$$

[例 5-13] $$Ag^{+}(aq)+Fe^{2+}(aq) \rightleftharpoons Ag(s)+Fe^{3+}(aq)$$

① 求 298.15K 时的标准平衡常数 $K^\ominus$；

② 如果在反应开始时，$[Ag^+]=1.0mol\cdot L^{-1}$，$[Fe^{2+}]=0.10mol\cdot L^{-1}$，求达到平衡时 Fe^{3+} 的浓度。

解：①将上述氧化还原反应设计构成一个原电池，则 Ag^+/Ag 电对作正极，Ag^+ 是氧化剂；Fe^{3+}/Fe^{2+} 电对作负极，Fe^{2+} 是还原剂。因 $n_1=n_2=n=1$，所以有：

$$\lg K^{\ominus}=\frac{n(E^{\ominus}_{正}-E^{\ominus}_{负})}{0.0592}=\frac{n(E^{\ominus}_{Ox}-E^{\ominus}_{Red})}{0.0592}$$

$$=\frac{n\{E^{\ominus}(Ag^+/Ag)-E^{\ominus}(Fe^{3+}/Fe^{2+})\}}{0.0592}$$

$$=\frac{1\times(0.7996-0.771)}{0.0592}$$

$$=0.483$$

故 $$K^{\ominus}=3.04$$

② 设达到平衡时 $[Fe^{3+}]=x\,mol\cdot L^{-1}$，

$$Ag^+(aq)+Fe^{2+}(aq)\rightleftharpoons Ag(s)+Fe^{3+}(aq)$$

	$Ag^+(aq)$	$Fe^{2+}(aq)$	$Fe^{3+}(aq)$
初始浓度/$mol\cdot L^{-1}$	1.0	0.10	0
改变浓度/$mol\cdot L^{-1}$	$-x$	$-x$	x
平衡浓度/$mol\cdot L^{-1}$	$1.0-x$	$0.10-x$	x

$$\frac{[Fe^{3+}]}{[Ag^+][Fe^{2+}]}=K^{\ominus}$$

$$\frac{x}{(1.0-x)(0.10-x)}=3.04$$

故 $[Fe^{3+}]=x=0.074$

通过上述讨论可以看出，由电极电势的相对大小能够判断氧化还原反应自发进行的方向、次序和程度。

[例 5-14] 对于下列反应

$$n_2Ox_1+n_1Red_2\rightleftharpoons n_1Ox_2+n_2Red_1$$

若 $n_1=n_2=1$，要使化学计量点时反应的完全程度达 99.9%以上，$\lg K^{\ominus}$ 至少应为多少？$E^{\ominus}_1-E^{\ominus}_2$ 又至少应为多少？

解：要使反应程度达 99.9%以上，即要求：

$$\frac{[Red_1]}{[Ox_1]}\geqslant 10^3,\frac{[Ox_2]}{[Red_2]}\geqslant 10^3$$

$n_1=n_2=1$ 时，有：

$$\lg K^{\ominus}=\lg\frac{[Red_1][Ox_2]}{[Ox_1][Red_2]}\geqslant 6$$

$$E^{\ominus}_1-E^{\ominus}_2=\frac{0.0592\lg K^{\ominus}}{n}\geqslant 0.0592\times 6\approx 0.35V$$

即两个电对的标准电极电势 $E^{\ominus}$（最好用条件电极电势 $E^{\ominus\prime}$）之差必须大于 0.4V，该氧化还原反应（其 $n_1=n_2=1$）才能满足定量分析要求而用于滴定分析中。但是在实际工作中还必须考虑氧化还原反应的反应速率等问题。这将在 5.4 节中加以讨论。

5.3.4 计算平衡常数（$K^{\ominus}_a$、$K^{\ominus}_{sp}$）和 pH 值

弱酸（碱）的解离常数 $K^{\ominus}_a$（$K^{\ominus}_b$）、难溶电解质的溶度积常数 $K^{\ominus}_{sp}$、配合物的稳定常数 $K^{\ominus}_{稳}$ 等都属于化学平衡常数，都可以通过测定电动势的方法来计算得到。

（1）计算 $K_a^\ominus$（$K_b^\ominus$）和 pH 值

欲测定标准状态下 0.10mol·L^{-1}某弱酸 HX 溶液中 H^+ 的浓度，并计算弱酸 HX 的解离常数 $K_a^\ominus$，为此可设计构成如下的一个氢电极：

$$Pt|H_2(100kPa)|H^+(0.10mol\cdot L^{-1}\ HX)$$

并将该氢电极和标准氢电极组成原电池。

实验测得该原电池的电动势为 0.168V，并可以确定此原电池中标准氢电极为正极。则有：

$$\begin{aligned}E&=E_{正}-E_{负}\\&=E^\ominus(H^+/H_2)-E_{未知}\\&=-E_{未知}=0.168V\end{aligned}$$

$$E_{未知}=E^\ominus(H^+/H_2)+\frac{0.0592}{2}\lg\frac{[H^+]^2}{p(H_2)/p^\ominus}$$

因为

$$-0.168=0+\frac{0.0592}{2}\lg[H^+]^2$$

$$0.168=-0.0592\lg[H^+]=0.0592pH$$

$$pH=2.84,$$

$$[H^+]=1.5\times10^{-3}mol\cdot L^{-1}$$

考虑 HX 的解离平衡：

	HX	⇌	H^+	+	X^-
开始浓度/mol/L^{-1}	0.1		0		0
改变浓度/mol/L^{-1}	-1.5×10^{-3}		$+1.5\times10^{-3}$		$+1.5\times10^{-3}$
平衡浓度/mol/L^{-1}	$0.1-1.5\times10^{-3}$		1.5×10^{-3}		1.5×10^{-3}

$$\begin{aligned}K_a^\ominus&=\frac{[H^+][X^-]}{[HX]}=\frac{(1.5\times10^{-3})^2}{0.1-1.5\times10^{-3}}\\&=2.3\times10^{-5}\end{aligned}$$

用同样方法也可以方便地测定其他离子的浓度。

（2）计算 $K_{sp}^\ominus$

用化学分析方法很难直接测定难溶物质在溶液中的离子浓度，所以实际上很难由平衡时的离子浓度来计算 $K_{sp}^\ominus$。但通过设计原电池，利用测定原电池电动势的方法来测定 $K_{sp}^\ominus$ 就很方便。

例如，要测定 AgCl 的 $K_{sp}^\ominus$，可以设计如下的原电池：

$$(-)Ag|AgCl(s)|Cl^-(0.010mol\cdot L^{-1})\parallel Ag^+(0.010mol\cdot L^{-1})|Ag(+)$$

由实验测得该原电池的电动势为 0.34V。

$$E_{正}=E^\ominus(Ag^+/Ag)+\frac{0.0592}{n}\lg[Ag^+]_{正}$$

$$E_{负}=E^\ominus(Ag^+/Ag)+\frac{0.0592}{n}\lg[Ag^+]_{负}$$

故有

$$\begin{aligned}E&=E_{正}-E_{负}=0.0592\lg\frac{[Ag^+]_{正}}{[Ag^+]_{负}}\\&=0.0592\lg\frac{0.010}{[Ag^+]_{负}}\\&=0.34V\end{aligned}$$

得 $$[Ag^+]_{负}=1.8\times10^{-8}\,mol\cdot L^{-1}$$

此时 Ag^+ 的浓度即为与 $AgCl(s)$ 和 Cl^-（$0.010mol\cdot L^{-1}$）处于平衡状态的 Ag^+ 浓度。

所以
$$\begin{aligned}K_{sp}^{\ominus}(AgCl)&=[Ag^+][Cl^-]\\&=1.8\times10^{-8}\times0.010\\&=1.8\times10^{-10}\end{aligned}$$

$10^{-8}\,mol\cdot L^{-1}$ 数量级的浓度用一般的化学分析方法是无法直接测定的，但是该原电池的电动势等于 0.34V，在电学上是非常容易测准的。不少化合物的 $K_{sp}^{\ominus}$ 就是用这一电化学方法测定的。

5.3.5 元素电势图

很多元素有多种氧化态，可以组成不同的氧化还原电对。为了表示同一元素不同氧化态物质的氧化还原能力以及它们相互之间的关系，拉铁莫尔（W. M. Latimer）把同一元素的不同氧化态物质按照氧化数高低的顺序排列起来，并在两种氧化态物质间的连线上标出相应电对的标准电极电势值，得到元素标准电极电势图，简称元素电势图。

例如：氧在酸性介质中的元素电势图就可以表示为

$E_A^{\ominus}/V$

$$\underbrace{O_2 \xrightarrow{0.695} H_2O_2 \xrightarrow{1.776} H_2O}_{1.229}$$

元素电势图清楚地表明了同种元素的不同氧化态和还原态物质氧化还原能力的相对大小。

元素电势图的应用主要有：

① 帮助我们全面了解某一元素的氧化还原特性，判断其在不同氧化态时的氧化还原性质。

例如，可以用来判断一种处于中间氧化态的物质能否发生歧化反应。

铜的元素电势图为：

$$\underbrace{Cu^{2+} \xrightarrow{0.153} Cu^{+} \xrightarrow{0.521} Cu}_{0.3419}$$

因为 $E^{\ominus}(Cu^+/Cu)$ 大于 $E^{\ominus}(Cu^{2+}/Cu^+)$，所以 Cu^+ 在水溶液中不稳定，能自发发生如下歧化反应，生成 Cu^{2+} 和 Cu：

$$2Cu^+ = Cu^{2+} + Cu$$

歧化反应是一种自身氧化还原反应。

歧化反应发生的规律是：若元素电势图（$M^{2+} \xrightarrow{E_{左}^{\ominus}} M^{+} \xrightarrow{E_{右}^{\ominus}} M$）中 $E_{右}^{\ominus}>E_{左}^{\ominus}$ 时，中间氧化态的 M^+ 就容易发生歧化反应：

$$2M^+ = M^{2+} + M$$

又如，铁在酸性介质中的元素电势图为：

$E_A^{\ominus}/V$

$$Fe^{3+} \xrightarrow{0.771} Fe^{2+} \xrightarrow{-0.447} Fe$$

利用此电势图可以预测酸性介质中铁的一些氧化还原特性。

因为 $E^{\ominus}(Fe^{2+}/Fe)<0$，$E^{\ominus}(H^{+}/H_2)=0$，而 $E^{\ominus}(Fe^{3+}/Fe^{2+})>0$，故在盐酸等非氧化性稀酸中，Fe 被氧化为 Fe^{2+} 而非 Fe^{3+}：

$$Fe+2H^{+} = Fe^{2+}+H_2\uparrow$$

因为 $E^{\ominus}(Fe^{3+}/Fe^{2+})=0.771V<E^{\ominus}(O_2/H_2O)=1.229V$，所以 Fe^{2+} 在酸性介质中不稳定，易被空气中的 O_2 所氧化：

$$4Fe^{2+}+O_2+4H^{+} = 4Fe^{3+}+2H_2O$$

由于 $E^{\ominus}(Fe^{2+}/Fe)<E^{\ominus}(Fe^{3+}/Fe^{2+})$，故 Fe^{2+} 不会发生歧化反应，却可以发生反歧化反应：

$$Fe+2Fe^{3+} = 3Fe^{2+}$$

因此，在 Fe^{2+} 的溶液中加入少量金属铁，能避免 Fe^{2+} 被空气中的 O_2 氧化成 Fe^{3+}。

由此可见，在酸性介质中元素铁最稳定的离子是 Fe^{3+} 而非 Fe^{2+}。

② 计算某一电对的标准电极电势。

考虑如下的元素电势图：

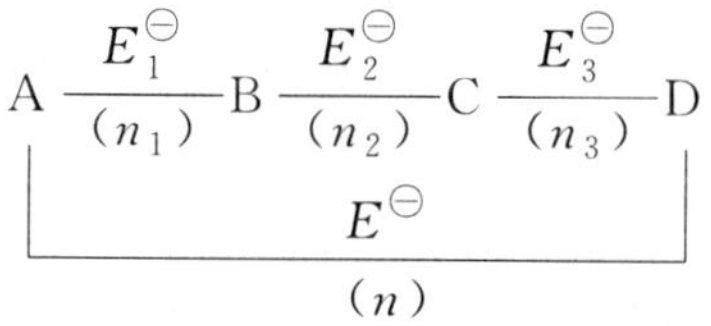

$$\underbrace{A \xrightarrow[(n_1)]{E_1^{\ominus}} B \xrightarrow[(n_2)]{E_2^{\ominus}} C \xrightarrow[(n_3)]{E_3^{\ominus}} D}_{E^{\ominus}\ (n)}$$

由式(5-2) $\Delta_r G_m^{\ominus}=-nFE^{\ominus}$ 以及 $\Delta_r G_m^{\ominus}$ 具有加和性的特征，即 $\Delta_r G_m^{\ominus}=\Delta_r G_{m_1}^{\ominus}+\Delta_r G_{m_2}^{\ominus}+\Delta_r G_{m_3}^{\ominus}$，可以很容易导出下列计算公式：

$$E^{\ominus}=\frac{n_1E_1^{\ominus}+n_2E_2^{\ominus}+n_3E_3^{\ominus}}{n} \tag{5-11}$$

式中，n_1、n_2、n_3、n 分别代表各电对内转移的电子数，且 $n=n_1+n_2+n_3$。

[例 5-15] 根据碱性介质中溴的元素电势图：

$E_B^{\ominus}/V$

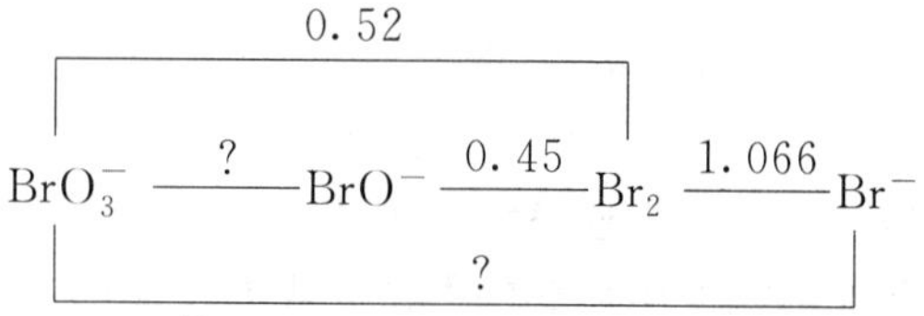

$$\overbrace{BrO_3^- \xrightarrow{?} BrO^- \xrightarrow{0.45} Br_2}^{0.52} \xrightarrow{1.066} Br^-$$

（BrO_3^- 至 Br^-：?）

计算 $E^{\ominus}(BrO_3^-/Br^-)$ 和 $E^{\ominus}(BrO_3^-/BrO^-)$。

解： 根据公式(5-11)，有：

$$E^{\ominus}(BrO_3^-/Br^-)=\frac{5\times E^{\ominus}(BrO_3^-/Br_2)+1\times E^{\ominus}(Br_2/Br^-)}{6}$$

$$=\frac{5\times 0.52+1\times 1.066}{6}=0.61V$$

同样可以得到

$$5E^{\ominus}(BrO_3^-/Br_2)=4\times E^{\ominus}(BrO_3^-/BrO^-)+1\times E^{\ominus}(BrO^-/Br_2)$$

$$E^{\ominus}(BrO_3^-/BrO^-)=\frac{5\times E^{\ominus}(BrO_3^-/Br_2)-E^{\ominus}(BrO^-/Br_2)}{4}$$

$$=\frac{5\times 0.52-0.45}{4}=0.54V$$

5.4 氧化还原反应的速率

在氧化还原反应中根据氧化还原电对的标准电极电势或条件电极电势，可以判断反应进行的方向、次序和程度，但这只能说明氧化还原反应进行的可能性，并不能指出反应进行的速率。实际上，由于氧化还原反应的机理比较复杂，虽然从理论上看有些反应是可以进行的，但实际上却几乎觉察不到反应的进行。

例如，从标准电极电势看：

$$O_2+4H^++4e \rightleftharpoons 2H_2O \qquad E^{\ominus}(O_2/H_2O)=1.229V$$

$$Sn^{4+}+2e \rightleftharpoons Sn^{2+} \qquad E^{\ominus}(Sn^{4+}/Sn^{2+})=0.151V$$

O_2 应该可以氧化 Sn^{2+}：

$$2Sn^{2+}+O_2+4H^+ = 2Sn^{4+}+2H_2O$$

实际上该反应进行得很慢，Sn^{2+} 在水溶液中有一定的稳定性。

因此，对于氧化还原反应，不仅要从其平衡常数来判断反应的可能性，还要从其反应速率来考虑反应的现实性。要求在滴定分析中使用的氧化还原反应能够快速进行。

氧化还原反应是电子转移的反应，电子的转移往往会遇到各种阻力，例如来自溶液中溶剂分子的阻力，物质之间的静电作用力等。而氧化还原反应中价态的变化也使原子或离子的电子层结构、化学键的性质以及物质组成发生了变化。例如，$Cr_2O_7^{2-}$ 被还原为 Cr^{3+}、MnO_4^- 被还原为 Mn^{2+}，离子的结构都发生了很大改变，这可能是氧化还原反应速率缓慢的主要原因。此外，氧化还原反应的历程也往往比较复杂，例如，MnO_4^- 和 Fe^{2+} 的反应就很复杂，因此氧化还原反应的速率往往较慢。

影响氧化还原反应速率的因素主要有：

① 浓度　由于氧化还原反应的机理比较复杂，因此不能以总的氧化还原反应方程式来判断浓度对反应速率的影响。但是一般来说，增加反应物浓度可以加速反应进行。

② 温度　温度的影响比较复杂。对大多数反应来说，升高温度可以加快反应速率。

例如，MnO_4^- 和 $C_2O_4^{2-}$ 在酸性溶液中的反应：

$$2MnO_4^-+5C_2O_4^{2-}+16H^+ = 2Mn^{2+}+10CO_2+8H_2O$$

在室温下，该反应速率很慢，加热反应速率大为加快。

要注意并非所有的情况下都允许用加热的办法来提高反应的速率。

③ 催化剂　催化剂对反应速率的影响很大。

例如在酸性介质中：

$$2Mn^{2+}+5S_2O_8^{2-}+8H_2O = 2MnO_4^-+10SO_4^{2-}+16H^+$$

该反应必须有 Ag^+ 作催化剂才能迅速进行。

又如 MnO_4^- 与 $C_2O_4^{2-}$ 的反应，Mn^{2+} 也能催化该反应迅速进行。由于 Mn^{2+} 是反应的产物之一，故把这种反应称为自动催化反应（self-catalyzed reaction）。此反应在刚开始时，由于一般 $KMnO_4$ 溶液中 Mn^{2+} 含量极少，反应进行得很缓慢。但反应开始后一旦溶液中生成了 Mn^{2+}，以后的反应就大为加快了。

④ 诱导反应　考虑如下在强酸性条件下进行的反应：

$$MnO_4^-+5Fe^{2+}+8H^+ = Mn^{2+}+5Fe^{3+}+4H_2O$$

如果在盐酸溶液中进行该反应，就需要消耗较多的 $KMnO_4$ 溶液，这是由于同时发生了如下反应：

$$2MnO_4^- + 10Cl^- + 16H^+ \xlongequal{} 2Mn^{2+} + 5Cl_2\uparrow + 8H_2O$$

当溶液中不含 Fe^{2+} 而是含其他还原剂如 Sn^{2+} 等时，MnO_4^- 和 Cl^- 之间的反应进行得非常缓慢，实际上可以忽略，但 Fe^{2+} 和 MnO_4^- 之间发生的氧化还原反应可以加速此反应。这种在一般情况下自身进行很慢，另一个反应发生而使它加速进行的反应，称为诱导反应 (induced reaction)。

诱导反应与催化反应不同。在催化反应中，催化剂参加反应后恢复为其原来的状态，而在诱导反应中，诱导体（上例中为 Fe^{2+}）参加反应后变成了其他物质。诱导反应的发生是由于反应过程中形成的不稳定中间产物具有更强的氧化能力。本例中 $KMnO_4$ 氧化 Fe^{2+} 诱导了 Cl^- 的氧化，是由于 MnO_4^- 氧化 Fe^{2+} 的过程中形成的一系列中间产物 Mn(Ⅵ)、Mn(Ⅴ)、Mn(Ⅳ)、Mn(Ⅲ) 等能与 Cl^- 反应，因而出现诱导反应。

诱导反应在滴定分析中往往是有害的，应设法防止其发生。

5.5　氧化还原滴定法

氧化还原滴定法是以氧化还原反应为基础的滴定分析法，应用十分广泛，可以用来直接或间接地测定无机物和有机物。

5.5.1　氧化还原滴定曲线

氧化还原滴定和其他滴定方法一样，随着标准溶液的加入，溶液的某一性质会不断发生变化。实验或计算表明，氧化还原滴定过程中电极电势的变化在化学计量点附近也有突跃。

在 $1mol\cdot L^{-1}$ H_2SO_4 溶液中，以 $0.1000mol\cdot L^{-1}$ Ce^{4+} 溶液滴定 Fe^{2+} 溶液的滴定反应为：

$$Ce^{4+} + Fe^{2+} \xlongequal{} Ce^{3+} + Fe^{3+}$$

两电对的条件电极电势为 $E^{\ominus\prime}(Fe^{3+}/Fe^{2+}) = 0.68V$ 和 $E^{\ominus\prime}(Ce^{4+}/Ce^{3+}) = 1.44V$。其滴定曲线见图 5-5。

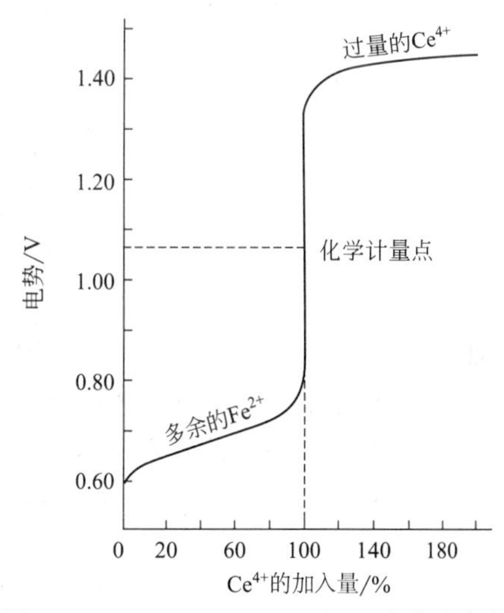

图 5-5　以 $0.1000mol\cdot L^{-1}$ Ce^{4+} 溶液滴定 $0.1000mol\cdot L^{-1}$ Fe^{2+} 溶液的滴定曲线

① 滴定开始前，溶液中只有 Fe^{2+}，而 $[Fe^{3+}]/[Fe^{2+}]$ 未知，因此无法利用能斯特方程式进行计算。

② 滴定开始后，溶液中存在两个电对。两个电对的电极电势分别为：

$$E(Fe^{3+}/Fe^{2+}) = E^{\ominus\prime}(Fe^{3+}/Fe^{2+}) + \frac{0.0592}{1}\lg\frac{c_{Fe(Ⅲ)}}{c_{Fe(Ⅱ)}}$$

$$E(Ce^{4+}/Ce^{3+}) = E^{\ominus\prime}(Ce^{4+}/Ce^{3+}) + \frac{0.0592}{1}\lg\frac{c_{Ce(Ⅳ)}}{c_{Ce(Ⅲ)}}$$

随着滴定剂的加入，两个电对的电极电势不断变化但保持相等，故溶液中各平衡点的电势可选便于计算的任一电对进行计算。

(a) 化学计量点前　溶液中有剩余的 Fe^{2+}，可利用 Fe^{3+}/Fe^{2+} 电对计算电极电势的变化：

$$E(Fe^{3+}/Fe^{2+})=E^{\ominus\prime}(Fe^{3+}/Fe^{2+})+\frac{0.0592}{1}\lg\frac{c_{Fe(III)}}{c_{Fe(II)}}$$

(b) 化学计量点时　$c_{Ce(IV)}$和$c_{Fe(II)}$都很小，但相等。反应达到化学计量点时两电对的电势相等，故可以联系起来进行计算。

令化学计量点时的电势为E_{sp}，则

$$E_{sp}=E(Ce^{4+}/Ce^{3+})=E^{\ominus\prime}(Ce^{4+}/Ce^{3+})+\frac{0.0592}{1}\lg\frac{c_{Ce(IV)}}{c_{Ce(III)}}$$

$$=E(Fe^{3+}/Fe^{2+})=E^{\ominus\prime}(Fe^{3+}/Fe^{2+})+\frac{0.0592}{1}\lg\frac{c_{Fe(III)}}{c_{Fe(II)}}$$

若令

$$E_1^{\ominus\prime}=E^{\ominus\prime}(Ce^{4+}/Ce^{3+}),E_2^{\ominus\prime}=E^{\ominus\prime}(Fe^{3+}/Fe^{2+})$$

可得

$$n_1E_{sp}=n_1E_1^{\ominus\prime}+0.0592\lg\frac{c_{Ce(IV)}}{c_{Ce(III)}}$$

$$n_2E_{sp}=n_2E_2^{\ominus\prime}+0.0592\lg\frac{c_{Fe(III)}}{c_{Fe(II)}}$$

两式相加，得：

$$(n_1+n_2)E_{sp}=n_1E_1^{\ominus\prime}+n_2E_2^{\ominus\prime}+0.0592\lg\frac{c_{Ce(IV)}\cdot c_{Fe(III)}}{c_{Ce(III)}\cdot c_{Fe(II)}}$$

化学计量点时，加入Ce^{4+}的物质的量与Fe^{2+}的物质的量相等，

$$c_{Ce(IV)}=c_{Fe(II)},c_{Ce(III)}=c_{Fe(III)},\text{此时}$$

$$\lg\frac{c_{Ce(IV)}\cdot c_{Fe(III)}}{c_{Ce(III)}\cdot c_{Fe(II)}}=0$$

故

$$E_{sp}=\frac{n_1E_1^{\ominus\prime}+n_2E_2^{\ominus\prime}}{n_1+n_2}\tag{5-12}$$

式(5-12) 即为化学计量点电势的计算式，适用于电对氧化态和还原态系数相等的情况。

对本例Ce^{4+}溶液滴定Fe^{2+}，化学计量点时的电势为：

$$E_{sp}=\frac{E^{\ominus\prime}(Ce^{4+}/Ce^{3+})/E^{\ominus\prime}(Fe^{3+}/Fe^{2+})}{2}$$

$$=\frac{1.44+0.68}{2}=1.06V$$

(c) 化学计量点后　溶液中有过量的Ce^{4+}，可利用Ce^{4+}/Ce^{3+}电对计算电极电势的变化：

$$E(Ce^{4+}/Ce^{3+})=E^{\ominus\prime}(Ce^{4+}/Ce^{3+})+\frac{0.0592}{1}\lg\frac{c_{Ce(IV)}}{c_{Ce(III)}}$$

从要求滴定分析的误差小于±0.1%出发，可以从能斯特方程式导出滴定突跃范围应为$(E_2^{\ominus\prime}+\frac{0.0592}{n_2}\lg10^3)\sim(E_1^{\ominus\prime}+\frac{0.0592}{n_1}\lg10^{-3})$，其中$E_1^{\ominus\prime}$、$n_1$为滴定剂所在电对的条件电极电势和电子转移数，$E_2^{\ominus\prime}$、$n_2$为被滴定的待测物所在电对的条件电极电势和电子转移数。显而易见，化学计量点附近电势突跃的大小和氧化剂、还原剂两电对条件电极电势的差值有关。条件电极电势的差值较大，突跃就较大；反之则较小。

由此可以计算得到 Ce^{4+} 滴定 Fe^{2+} 的突跃范围为 0.68＋0.0592×3＝0.86V 到 1.44＋0.0592×(－3)＝1.26V。该滴定反应的电势突跃十分明显。

5.5.2　氧化还原滴定终点的检测

(1) 指示剂目测法

在氧化还原滴定中，可利用指示剂在化学计量点附近颜色的改变来指示终点的到达。常用的指示剂有以下几种。

① 本身发生氧化还原反应的指示剂　这类指示剂本身是具有氧化还原性质的有机化合物，氧化态和还原态具有不同颜色，故能因氧化还原作用而发生颜色变化。

例如，二苯胺磺酸钠是一种常用的氧化还原指示剂，当用 $K_2Cr_2O_7$ 溶液滴定 Fe^{2+} 到化学计量点时，稍过量的 $K_2Cr_2O_7$ 即将二苯胺磺酸钠从无色的还原态氧化为红紫色的氧化态，指示终点的到达。

如果用 In_{ox} 和 In_{red} 分别表示氧化还原指示剂的氧化态和还原态，指示剂电对的电极反应为：

$$In_{ox} + ne \rightleftharpoons In_{red}$$

$$E^{\ominus} = E_{In}^{\ominus} + \frac{0.0592}{n}\lg\frac{[In_{ox}]}{[In_{red}]}$$

式中，$E_{In}^{\ominus}$ 为氧化还原指示剂的标准电极电势。当溶液中氧化还原电对的电势改变时，指示剂氧化态和还原态的浓度比也会随之发生改变，因而溶液的颜色发生变化。

当 $[In_{ox}]/[In_{red}] \geqslant 10$ 时，溶液呈现氧化态的颜色，此时

$$E^{\ominus} \geqslant E_{In}^{\ominus} + \frac{0.0592}{n}\lg 10 = E_{In}^{\ominus} + \frac{0.0592}{n}$$

当 $[In_{ox}]/[In_{red}] \leqslant \frac{1}{10}$ 时，溶液呈现还原态的颜色，此时

$$E^{\ominus} \geqslant E_{In}^{\ominus} + \frac{0.0592}{n}\lg\frac{1}{10} = E_{In}^{\ominus} - \frac{0.0592}{n}$$

故这类指示剂变色的电势范围为：

$$E_{In}^{\ominus} \pm \frac{0.0592}{n}\text{V} \tag{5-13a}$$

若采用条件电极电势，则为：

$$E_{In}^{\ominus\prime} \pm \frac{0.0592}{n}\text{V} \tag{5-13b}$$

由于此范围甚小，一般就可用指示剂的条件电极电势来估量指示剂变色的电势范围。

在选择指示剂时，应使指示剂的条件电极电势尽可能与反应的化学计量点一致，以减小终点误差。

表 5-1 列出了一些重要氧化还原指示剂的 $E_{In}^{\ominus\prime}$ 及颜色变化。

表 5-1　一些重要氧化还原指示剂的 $E_{In}^{\ominus\prime}$ 及颜色变化

氧化还原指示剂	$E_{In}^{\ominus\prime}$/V $[H^+]=1mol \cdot L^{-1}$	颜色变化	
		氧化态	还原态
亚甲基蓝	0.36	蓝	无色
二苯胺	0.76	紫	无色
二苯胺磺酸钠	0.84	红紫	无色

续表

氧化还原指示剂	$E_{In}^{\ominus\prime}$/V $[H^+]=1mol\cdot L^{-1}$	颜色变化	
		氧化态	还原态
邻苯氨基苯甲酸	0.89	红紫	无色
邻二氮杂菲-亚铁	1.06	浅蓝	红
硝基邻二氮杂菲-亚铁	1.25	浅蓝	紫红

② 自身指示剂　有些标准溶液或被滴定物质本身有颜色，而滴定产物为无色或浅色，在滴定时就不需要另加指示剂，本身的颜色变化就能起指示剂的作用，叫自身指示剂。

例如 MnO_4^- 本身显紫红色，还原产物 Mn^{2+} 则几乎无色，所以用 $KMnO_4$ 来滴定无色或浅色的还原剂时，在化学计量点后，过量 MnO_4^- 的浓度为 $2\times10^{-6}mol\cdot L^{-1}$ 时溶液即呈粉红色。

③ 专属指示剂　有些物质本身并不具有氧化还原性，但能与滴定剂或被测物作用产生特殊的颜色，因而可指示滴定终点。

例如，可溶性淀粉与 I_2 生成深蓝色的吸附配合物，显色反应特效而灵敏，蓝色的出现与消失可以指示终点。

(2) 电势滴定法

氧化还原滴定的终点也可以用电势滴定的方法确定，其基本原理是通过测量滴定过程中电极电势的变化以确定滴定的终点。

将一支随待测离子 M^{n+} 的活度变化而变化的电极（称为指示电极）和一支电势恒定的电极（称为参比电极）与待测溶液组成一个工作电池，测量滴定过程中电池的电动势 E，即可求得 $a(M^{n+})$，这就是直接电势法的原理。

如果 M^{n+} 是待滴定的离子，在滴定过程中 M^{n+}/M 电对的电极电势 $E(M^{n+}/M)$ 随 M^{n+} 活度变化而变化，电池电动势 E 也随之而变化，由滴定过程中电动势 E 变化的测定就可以求得滴定的终点，这就是电势滴定法（potentiometric titration）。

电势滴定法除可用于氧化还原滴定中外，也可用于酸碱滴定、沉淀滴定和配位滴定中终点的确定。

在氧化还原滴定中，通常将待测组分先氧化为高价状态后再用还原剂进行滴定，或者先还原为低价状态后再用氧化剂进行滴定。氧化还原滴定前使待测组分转变为一定价态物质的步骤称为预处理。氧化还原滴定前的预处理是一个十分重要的步骤，常因具体分析对象和分析要求不同而各不相同。预处理适当与否，将直接影响滴定分析结果的准确性，因此必须引起足够的重视。

5.5.3 常用氧化还原滴定法

根据所采用的滴定剂不同，可以将氧化还原滴定法分为多种，习惯以所用氧化剂的名称加以命名，主要有高锰酸钾法、重铬酸钾法、碘量法、溴酸盐法及铈量法等。

5.5.3.1 高锰酸钾法

(1) 概述

高锰酸钾是强氧化剂。

在强酸性溶液中，MnO_4^- 被还原为 Mn^{2+}：

$$MnO_4^-+8H^++5e \longrightarrow Mn^{2+}+4H_2O \qquad E^{\ominus}=1.507V$$

在中性或碱性溶液中，MnO_4^- 被还原为 MnO_2：

$$MnO_4^- + 2H_2O + 3e \longrightarrow MnO_2 + 4OH^- \qquad E^{\ominus} = 0.595V$$

在 OH^- 浓度大于 $2mol \cdot L^{-1}$ 的碱溶液中，MnO_4^- 与很多有机物反应，被还原为 MnO_4^{2-}：

$$MnO_4^- + e \longrightarrow MnO_4^{2-} \qquad E^{\ominus} = 0.558V$$

可见，高锰酸钾既可在酸性条件下使用，也可在中性或碱性条件下使用。测定无机物一般都在强酸性条件下使用。但 MnO_4^- 氧化有机物的反应速率在碱性条件下比在酸性条件下更快，所以用高锰酸钾法测定有机物一般都在碱性溶液中进行。

应用高锰酸钾法进行测定时，可根据待测物质的性质采用不同的方法。

① 直接滴定法　用 $KMnO_4$ 作氧化剂可直接滴定 Fe(Ⅱ)、H_2O_2、草酸盐等还原性物质。

② 返滴定法　MnO_2、PbO_2、Pb_3O_4、$K_2Cr_2O_7$、$KClO_3$ 等氧化性物质，可用返滴定法测定。

例如，测定 MnO_2 时，可以在其 H_2SO_4 溶液中加入一定量过量的 $Na_2C_2O_4$，待 MnO_2 与 $C_2O_4^{2-}$ 作用完毕后，再用准确知道浓度的 $KMnO_4$ 标准溶液返滴过量的 $C_2O_4^{2-}$，从而求得 MnO_2 的含量。

③ 间接滴定法　有些物质虽不具有氧化还原性，但能与另一还原剂或氧化剂发生定量反应，也可以用高锰酸钾法间接测定。

例如，将无氧化还原性的 Ca^{2+} 沉淀为 CaC_2O_4，然后用稀 H_2SO_4 将沉淀溶解，再用 $KMnO_4$ 标准溶液滴定溶液中的 $C_2O_4^{2-}$，即可间接求得 Ca^{2+} 的含量。显然，凡是能与 $C_2O_4^{2-}$ 定量沉淀为草酸盐的金属离子（如 Sr^{2+}、Ba^{2+}、Ni^{2+}、Cd^{2+}、Zn^{2+}、Cu^{2+}、Pb^{2+}、Hg^{2+}、Ag^+、Bi^{3+}、Ce^{3+} 等），都能用该法测定。

高锰酸钾法的优点是 $KMnO_4$ 氧化能力强，应用广泛。但也因此可以和很多还原性物质作用，故干扰比较严重。$KMnO_4$ 试剂常含少量杂质，其标准溶液不够稳定。

$KMnO_4$ 溶液的浓度可用 $H_2C_2O_4 \cdot 2H_2O$、$Na_2C_2O_4$、$FeSO_4 \cdot (NH_4)_2SO_4 \cdot 6H_2O$ 等还原剂作基准物来标定。其中草酸钠不含结晶水，容易提纯，最为常用。

在 H_2SO_4 溶液中，MnO_4^- 与 $C_2O_4^{2-}$ 的反应为：

$$2MnO_4^- + 5C_2O_4^{2-} + 16H^+ \longrightarrow 2Mn^{2+} + 10CO_2\uparrow + 8H_2O$$

为了使此反应能够定量地迅速进行，控制其滴定条件十分重要：

(a) 温度　在室温下此反应的反应速率缓慢，因此应将溶液加热至 75～85℃。但温度不宜高于 90℃，以免部分 $H_2C_2O_4$ 在酸性溶液中发生分解反应：

$$H_2C_2O_4 \longrightarrow CO_2\uparrow + CO\uparrow + H_2O$$

(b) 酸度　溶液保持足够的酸度。酸度不够时，容易生成 MnO_2 沉淀；酸度过高，又会促使 $H_2C_2O_4$ 分解。一般开始滴定时，溶液的酸度应控制在 $0.5 \sim 1mol \cdot L^{-1}$。

(c) 滴定速度　MnO_4^- 与 $C_2O_4^{2-}$ 的反应是自动催化反应。滴定开始时，加入的第一滴 $KMnO_4$ 溶液褪色很慢，所以开始滴定要慢些。等最初几滴 $KMnO_4$ 溶液已经反应生成 Mn^{2+}，反应速率逐渐加快之后，滴定速度就可以稍快些，但不能让 $KMnO_4$ 溶液像流水似地流下去，否则部分加入的 $KMnO_4$ 溶液来不及与 $C_2O_4^{2-}$ 反应，在热的酸性溶液中会发生分解：

$$4MnO_4^- + 12H^+ \longrightarrow 4Mn^{2+} + 5O_2\uparrow + 6H_2O$$

(d) 滴定终点　化学计量点后稍微过量的 MnO_4^- 使溶液呈现粉红色而指示终点到达。该终点不太稳定，这是由于空气中的还原性气体及尘埃等能使 $KMnO_4$ 还原，而使粉红色消失，所以在 0.5～1min 内不褪色即可认为已到滴定终点。

(2) 应用示例

① H_2O_2 含量的测定　在酸性溶液中，H_2O_2 定量地被 MnO_4^- 氧化，其反应为：

$$2MnO_4^- + 5H_2O_2 + 6H^+ \xlongequal{} 2Mn^{2+} + 5O_2\uparrow + 8H_2O$$

反应在室温下酸性溶液中进行。反应开始速度较慢，但因 H_2O_2 不稳定，不能加热，随着反应进行，由于生成的 Mn^{2+} 催化了反应，反应速度加快。

② Ca^{2+} 含量的测定　Ca^{2+} 能与 $C_2O_4^{2-}$ 生成难溶 CaC_2O_4 沉淀，将生成的 CaC_2O_4 沉淀按一定的方法过滤、洗涤，再溶于酸中，用 $KMnO_4$ 标准溶液滴定 $H_2C_2O_4$，就可间接测定 Ca^{2+} 含量。

在沉淀 Ca^{2+} 时，如果将沉淀剂 $(NH_4)_2C_2O_4$ 直接加入中性或氨性的 Ca^{2+} 溶液中，此时生成的 CaC_2O_4 沉淀颗粒很小，难于过滤，且含有碱式草酸钙和氢氧化钙，故必须适当选择沉淀 Ca^{2+} 的条件。

正确的沉淀方法是先以盐酸酸化含 Ca^{2+} 的试液，然后加入 $(NH_4)_2C_2O_4$。由于 $C_2O_4^{2-}$ 在酸性溶液中大部分以 $HC_2O_4^-$ 形式存在，此时即使 Ca^{2+} 浓度相当大也不会生成 CaC_2O_4 沉淀。在加入 $(NH_4)_2C_2O_4$ 后把溶液加热至 70～80℃，在不断搅拌下滴入稀氨水，由于 H^+ 逐渐被中和，$C_2O_4^{2-}$ 浓度缓缓增加，可以生成粗颗粒结晶的 CaC_2O_4 沉淀。最后应控制溶液的 pH 值在 3.5～4.5 之间（甲基橙呈黄色），并保温约 30min 使沉淀陈化。但对于 Mg 含量过高的试样，陈化不宜过久，以免 Mg 发生后沉淀。这样不仅可避免其他不溶性钙盐生成，而且所得 CaC_2O_4 沉淀容易过滤和洗涤。放置、冷却、过滤、洗涤，将 CaC_2O_4 沉淀溶于稀硫酸中，即可在热溶液中用 $KMnO_4$ 标准溶液滴定与 Ca^{2+} 定量结合的 $C_2O_4^{2-}$，从而间接测定 Ca^{2+} 含量。

③ 测定某些有机化合物含量　MnO_4^- 在强碱性溶液中与某些有机化合物反应，被还原成绿色的 MnO_4^{2-}。利用这一反应可以测定某些有机化合物的含量。

例如，测定甘油时在试液中加入一定量过量的碱性 $KMnO_4$ 标准溶液，发生反应：

$$\begin{array}{l} H_2C-OH \\ \quad\ | \\ \ HC-OH \\ \quad\ | \\ H_2C-OH \end{array} + 14MnO_4^- + 20OH^- \xlongequal{} 3CO_3^{2-} + 14MnO_4^{2-} + 14H_2O$$

待反应完成后再将溶液酸化，准确加入过量的 Fe^{2+} 标准溶液，把溶液中所有的高价锰离子还原为 Mn(Ⅱ)，再用 $KMnO_4$ 标准溶液滴定过量的 Fe^{2+}，由两次所用 $KMnO_4$ 的量及 Fe^{2+} 的量，计算出甘油的含量。

此法也可用于甲酸、甲醇、甲醛、柠檬酸、酒石酸、水杨酸、苯酚、葡萄糖等有机物含量的测定。

5.5.3.2 重铬酸钾法

(1) 概述

在酸性条件下，$K_2Cr_2O_7$ 与还原剂作用被还原为 Cr^{3+}：

$$Cr_2O_7^{2-} + 14H^+ + 6e \xlongequal{} 2Cr^{3+} + 7H_2O \qquad E^{\ominus} = 1.232V$$

可见 $K_2Cr_2O_7$ 是一种较强的氧化剂，能与许多无机物和有机物反应。此法只能在酸性条件下使用。其优点是：①$K_2Cr_2O_7$ 易于提纯，在 140～250℃ 干燥后，可以直接称量准确配制成标准溶液；②$K_2Cr_2O_7$ 溶液非常稳定，保存在密闭容器中浓度可以长期保持不变；③$K_2Cr_2O_7$ 的氧化能力虽比 $KMnO_4$ 稍弱些，但不受 Cl^- 还原作用的影响，故可以在盐酸溶液中进行滴定。

利用重铬酸钾法进行测定也有直接法和间接法。对于一些有机试样，常在硫酸溶液中加入过量重铬酸钾标准溶液，加热至一定温度，冷却后稀释，再用 Fe^{2+} 标准溶液返滴定。这种间接方法可以用于腐植酸肥料中腐植酸含量的分析、电镀液中有机物含量的测定等。

应用 $K_2Cr_2O_7$ 标准溶液进行滴定时，常用二苯胺磺酸钠等作指示剂。

应该指出的是使用 $K_2Cr_2O_7$ 时应注意废液处理，以防污染环境。

（2）应用示例

重铬酸钾法测定铁含量利用下列反应：

$$6Fe^{2+}+Cr_2O_7^{2-}+14H^+ = 6Fe^{3+}+2Cr^{3+}+7H_2O$$

铁矿石等试样一般先用 HCl 溶液加热分解，再加入 $SnCl_2$ 将 Fe(Ⅲ) 还原为 Fe(Ⅱ)，过量的 $SnCl_2$ 用 $HgCl_2$ 氧化除去，然后以二苯胺磺酸钠作指示剂用 $K_2Cr_2O_7$ 标准溶液滴定 Fe(Ⅱ)，终点时溶液由绿色（Cr^{3+} 的颜色）突变为紫色或紫蓝色。为了减小终点误差，常在试液中加入 H_3PO_4，使 Fe^{3+} 生成无色稳定的 $Fe(HPO_4)_2^-$ 配阴离子，降低了 Fe^{3+}/Fe^{2+} 电对的电势，因而滴定突跃增大；同时生成无色的 $Fe(HPO_4)_2^-$，消除了 Fe^{3+} 的黄色，有利于终点颜色的观察。

5.5.3.3　碘量法

（1）概述

碘量法是利用 I_2 的氧化性和 I^- 的还原性进行滴定的分析方法。

I_2 在水中的溶解度很小（$0.00133mol \cdot L^{-1}$），实际工作中常将 I_2 溶解在 KI 溶液中形成 I_3^- 以增大其溶解度。为方便起见，一般仍简写为 I_2。

碘量法利用的半反应为：

$$I_3^- + 2e = 3I^- \qquad E^{\ominus}(I_2/I^-)=0.5355V$$

① 直接碘量法　I_2 是一较弱的氧化剂，能与较强的还原剂作用，因此可用 I_2 标准溶液直接滴定 Sn(Ⅱ)、Sb(Ⅲ)、As_2O_3、S^{2-}、SO_3^{2-} 等还原性物质，这种方法称为直接碘量法（iodimetry）。例如：

$$I_2+SO_3^{2-}+H_2O = 2I^-+SO_4^{2-}+2H^+$$

由于 I_2 的氧化能力不强，所以能被 I_2 氧化的物质有限。

直接碘量法的应用受溶液中 H^+ 浓度的影响较大。在较强的碱性溶液中，I_2 会发生如下歧化反应：

$$3I_2+6OH^- = IO_3^-+5I^-+3H_2O$$

给滴定带来误差。

在酸性溶液中，只有少数还原能力强、不受 H^+ 浓度影响的物质才能与 I_2 发生定量反应。因此直接碘量法的应用有限。

② 间接碘量法　I^- 为一中等强度的还原剂，能与许多氧化剂作用析出 I_2，因而可以间接测定 $Cr_2O_7^{2-}$、CrO_4^{2-}、MnO_4^-、H_2O_2、IO_3^-、NO_2^-、BrO_3^- 等氧化性物质，这种方法称为间接碘量法（iodometry）。

间接碘量法的基本反应是：

$$2I^- - 2e = I_2$$

析出的 I_2 可以用还原剂 $Na_2S_2O_3$ 标准溶液滴定：

$$I_2+2S_2O_3^{2-}=2I^-+S_4O_6^{2-}$$

凡能与 I^- 作用定量析出 I_2 的氧化性物质以及能与过量 I_2 在碱性介质中作用的有机物质，都可用间接碘量法测定。

在间接碘量法的操作中应注意：

(a) 控制溶液的酸度 I_2 和 $Na_2S_2O_3$ 的反应须在中性或弱酸性溶液中进行。

因为在碱性溶液中，$S_2O_3^{2-}$ 的还原能力增大，会发生如下反应：

$$S_2O_3^{2-}+4I_2+10OH^-=2SO_4^{2-}+8I^-+5H_2O$$

而在碱性溶液中，I_2 又会发生歧化反应，生成 IO^- 及 IO_3^-。

在强酸性溶液中，$S_2O_3^{2-}$ 会发生分解：

$$S_2O_3^{2-}+2H^+=SO_2\uparrow+S\downarrow+H_2O$$

(b) 防止 I_2 挥发和 I^- 被空气中 O_2 氧化 加入过量 KI 使 I_2 形成 I_3^-，以减少 I_2 挥发。滴定前先调节好酸度，氧化析出 I_2 后立即进行滴定。最好使用碘量瓶进行滴定。

I^- 在酸性溶液中易为空气中 O_2 所氧化：

$$4I^-+4H^++O_2=2I_2+2H_2O$$

此反应随光照和酸度增加而加快。所以碘量法一般在中性或弱酸性溶液中及低温（$<25℃$）下进行。滴定时不应过度摇荡，以减少 I^- 与空气接触和 I_2 挥发。

碘量法的终点常用淀粉指示剂来确定。在有少量 I^- 存在下，I_2 与淀粉反应形成蓝色吸附配合物。在室温及少量 I^- 存在下，该反应的灵敏度为 $[I_2]=1\sim2\times10^{-5}mol\cdot L^{-1}$。无 I^- 存在时，该显色反应的灵敏度降低；I^- 浓度太大时，终点变色不灵敏。该显色反应的灵敏度随温度升高而降低。

淀粉溶液应新配制。若放置过久，则与 I_2 形成的配合物不呈蓝色而呈紫色或红色，在用 $Na_2S_2O_3$ 滴定时该配合物褪色慢，终点不敏锐：

标定 $Na_2S_2O_3$ 溶液的基准物质有纯碘、KIO_3、$KBrO_3$、$K_2Cr_2O_7$ 等。除纯碘外，它们都能与 KI 反应析出 I_2：

$$IO_3^-+5I^-+6H^+=3I_2+3H_2O$$

$$BrO_3^-+6I^-+6H^+=3I_2+3H_2O+Br^-$$

$$Cr_2O_7^{2-}+6I^-+14H^+=2Cr^{3+}+3I_2+7H_2O$$

析出的 I_2 用 $Na_2S_2O_3$ 标准溶液滴定。

标定 $Na_2S_2O_3$ 溶液时称取一定量的基准物，在酸性溶液中与过量 KI 作用，以淀粉为指示剂，用 $Na_2S_2O_3$ 溶液滴定析出的 I_2。

标定时应注意：

(a) 基准物（如 KIO_3 或 $K_2Cr_2O_7$）与 KI 反应时，溶液的酸度愈大，反应速率愈快，但酸度太大时，I^- 容易被空气中的 O_2 所氧化，所以在开始滴定时酸度一般以 $0.2\sim0.4mol\cdot L^{-1}$ 为宜。

(b) $K_2Cr_2O_7$ 与 KI 的反应速率较慢，应将碘量瓶或锥形瓶（盖好表面皿）中的溶液在暗处放置一定时间（5min），待反应完全后再以 $Na_2S_2O_3$ 溶液滴定。

KIO_3 与 KI 的反应快，不需要放置。

(c) 在以淀粉作指示剂时，应先以 $Na_2S_2O_3$ 溶液滴定至大部分 I_2 已作用，溶液呈浅黄色，此时再加入淀粉溶液，用 $Na_2S_2O_3$ 溶液继续滴定至蓝色恰好消失，即为终点。若淀粉指示剂加入太早，则大量的 I_2 与淀粉结合成蓝色物质，这一部分碘就不容易与 $Na_2S_2O_3$ 反应，因而使滴定产生误差。

滴定至终点的溶液放置几分钟后，又会出现蓝色，这是由空气中 O_2 氧化 I^- 生成 I_2 引起的。

（2）应用示例

① 硫酸铜中铜含量的测定　Cu^{2+} 与 KI 的反应如下：

$$2Cu^{2+}+4I^- \xlongequal{} 2CuI\downarrow+I_2$$

生成的 I_2 再用 $Na_2S_2O_3$ 标准溶液滴定，就可计算出铜的含量。

这里 KI 既是还原剂、沉淀剂，又是配位剂。

为了促使反应实际上趋于完全，必须加入过量 KI。但 KI 浓度太大会妨碍终点的观察。由于 CuI 沉淀强烈地吸附 I_2，测定结果偏低。如果加入 KSCN，使 CuI 转化为溶解度更小的 CuSCN 沉淀：

$$CuI+KSCN \xlongequal{} CuSCN\downarrow+KI$$

这样不仅可以释放出被 CuI 吸附的 I_2，同时再生出来的 I^- 可再与未作用的 Cu^{2+} 反应。这样使用较少的 KI 就可以使反应进行得更完全。但是 KSCN 只能在接近终点时加入，否则 SCN^- 可直接还原 Cu^{2+} 而使结果偏低：

$$6Cu^{2+}+7SCN^-+4H_2O \xlongequal{} 6CuSCN\downarrow+SO_4^{2-}+HCN+7H^+$$

为了防止 Cu^{2+} 水解，反应必须在酸性溶液中进行（一般控制 pH 值在 3～4 之间）。酸度过低，反应速度慢，终点拖长；酸度过高，则 I^- 被空气氧化为 I_2 的反应被 Cu^{2+} 催化而加速，使结果偏高。因大量 Cl^- 会与 Cu^{2+} 配位，因此应采用 H_2SO_4 而不能用 HCl（少量 HCl 不干扰）。

② 葡萄糖含量的测定　葡萄糖分子中的醛基能在碱性条件下被过量 I_2 氧化成羧基：

$$I_2+2OH^- \xlongequal{} IO^-+I^-+H_2O$$

$$CH_2OH(CHOH)_4CHO+IO^-+OH^- \xlongequal{} CH_2OH(CHOH)_4COO^-+I^-+H_2O$$

剩余的 IO^- 在碱性溶液中歧化成 IO_3^- 和 I^-：

$$3IO^- \xlongequal{} IO_3^-+2I^-$$

溶液经酸化后又析出 I_2：

$$IO_3^-+5I^-+6H^+ \xlongequal{} 3I_2+3H_2O$$

最后以 $Na_2S_2O_3$ 标准溶液滴定析出的 I_2。

过氧化物、臭氧、漂白粉中的有效氯等氧化性物质的含量也都可以用碘量法测定。

5.5.4　氧化还原滴定结果的计算

氧化还原滴定结果的计算主要依据氧化还原反应式中的化学计量关系。例如，待测组分 X 经一系列反应得到 Z，用滴定剂 T 滴定，由各步反应中的化学计量关系可以得出：

$$aX \Leftrightarrow bY \cdots\cdots \Leftrightarrow cZ \Leftrightarrow dT$$

则试样中 X 的质量分数为：

$$w_X=\frac{\frac{a}{d}c_TV_TM_X}{m_s}$$

式中，c_T 和 V_T 分别为滴定剂 T 的浓度和体积；M_X 为待测组分 X 的摩尔质量；m_s 为试样的质量。

[例 5-16] 在 H_2SO_4 溶液中，0.1000g 工业甲醇与 25.00mL 0.01667mol·L^{-1} $K_2Cr_2O_7$ 溶液作用。反应完成后，以邻苯氨基苯甲酸作指示剂，用 0.1000mol·L^{-1} $(NH_4)_2Fe(SO_4)_2$ 溶液滴定剩余的 $K_2Cr_2O_7$，用去 10.00mL。求试样中甲醇的质量分数。

解： 在 H_2SO_4 介质中，甲醇与 $K_2Cr_2O_7$ 的反应为：

$$CH_3OH + Cr_2O_7^{2-} + 8H^+ = CO_2\uparrow + 2Cr^{3+} + 6H_2O$$

过量的 $K_2Cr_2O_7$ 以 Fe^{2+} 溶液滴定，反应为：

$$Cr_2O_7^{2-} + 6Fe^{2+} + 14H^+ = 2Cr^{3+} + 6Fe^{3+} + 7H_2O$$

可知：

$$CH_3OH \Leftrightarrow Cr_2O_7^{2-} \Leftrightarrow 6Fe^{2+}$$

$$w(CH_3OH) = \frac{\left[c(K_2Cr_2O_7)V(K_2Cr_2O_7) - \frac{1}{6}c(Fe^{2+})V(Fe^{2+})\right] \times 10^{-3} M(CH_3OH)}{m_s}$$

$$= \frac{\left(25.00 \times 0.01667 - \frac{1}{6} \times 0.1000 \times 10.00\right) \times 10^{-3} \times 32.04}{0.1000}$$

$$= 0.0801$$

[例 5-17] 有一 $K_2Cr_2O_7$ 标准溶液，已知其浓度为 0.01683mol·L^{-1}，求其对 Fe_2O_3 的滴定度 $T(Fe_2O_3/K_2Cr_2O_7)$。称取某含铁试样 0.2801g，溶解后将溶液中的 Fe^{3+} 还原为 Fe^{2+}，然后用上述 $K_2Cr_2O_7$ 标准溶液滴定，用去 25.60mL。求试样中 Fe_2O_3 的质量分数。

解： 用 $K_2Cr_2O_7$ 标准溶液滴定 Fe^{2+} 时，Fe^{2+} 被氧化为 Fe^{3+}，即

$$6Fe^{2+} + Cr_2O_7^{2-} + 14H^+ = 6Fe^{3+} + 2Cr^{3+} + 7H_2O$$

由反应式可知：

$$Fe_2O_3 \Leftrightarrow 2Fe \Leftrightarrow 1/3Cr_2O_7^{2-}$$

根据滴定度的定义，得到

$$T(Fe_2O_3/K_2Cr_2O_7) = 3c(K_2Cr_2O_7) \times 10^{-3} \times M(Fe_2O_3)$$
$$= 3 \times 0.01683 \times 10^{-3} \times 159.7$$
$$= 0.008063\,g \cdot mL^{-1}$$

因此

$$w(Fe_2O_3) = \frac{T(Fe_2O_3/K_2Cr_2O_7)V(K_2Cr_2O_7)}{m_s}$$
$$= \frac{0.008063 \times 25.60}{0.2801}$$
$$= 0.7369$$

习 题

5-1 指出下列各物质中画线元素的氧化数：

$Na\underline{H}$ $\underline{H}_3N$ $Ba\underline{O}_2$ $K\underline{O}_2$ $\underline{O}F_2$ $\underline{I}_2O_5$ $K_2\underline{Pt}Cl_6$ $\underline{Cr}O_4^{2-}$ $\underline{Mn}_2O_7$ $K_2\underline{Mn}O_4$ $\underline{S}_4O_6^{2-}$

5-2 用离子-电子法配平下列反应在酸性介质中的离子方程式：

① $I_2 + H_2S \longrightarrow I^- + S$

② $MnO_4^- + SO_3^{2-} \longrightarrow Mn^{2+} + SO_4^{2-}$

③ $PbO_2 + Cl^- \longrightarrow PbCl_2 + Cl_2\uparrow$

④ $Ag + NO_3^- \longrightarrow Ag^+ + NO\uparrow$

5-3 用离子-电子法配平下列反应在碱性介质中的离子方程式：

① $Cl_2+OH^- \longrightarrow Cl^-+ClO^-$

② $Zn+ClO^-+OH^- \longrightarrow Zn(OH)_4^{2-}+Cl^-$

③ $SO_3^{2-}+Cl_2 \longrightarrow Cl^-+SO_4^{2-}$

④ $H_2O_2+Cr^{3+} \longrightarrow CrO_4^{2-}+H_2O$

5-4 对于下列氧化还原反应：①写出相应的半反应；②以这些氧化还原反应设计构成原电池，写出电池符号。

① $Ag^++Cu \longrightarrow Cu^{2+}+Ag$

② $Pb^{2+}+Cu+S^{2-} \longrightarrow Pb+CuS\downarrow$

5-5 计算 298.15K 时下列原电池的电动势，指出正、负极，写出原电池的电池反应：

① $Ag|Ag^+(0.1mol \cdot L^{-1}) \| Cu^{2+}(0.01mol \cdot L^{-1})|Cu$

② $Cu|Cu^{2+}(1mol \cdot L^{-1}) \| Zn^{2+}(0.001mol \cdot L^{-1})|Zn$

③ $Pb|Pb^{2+}(0.1mol \cdot L^{-1}) \| S^{2-}(0.1mol \cdot L^{-1})|CuS|Cu$

④ $Zn|Zn^{2+}(0.1mol \cdot L^{-1}) \| HAc(0.1mol \cdot L^{-1})|H_2(100kPa)|Pt$

5-6 试根据标准电极电势的数据，把下列物质按其氧化能力递增的顺序排列起来，写出它们在酸性介质中对应的还原产物：

$KMnO_4$、$K_2Cr_2O_7$、$FeCl_3$、H_2O_2、I_2、Br_2、Cl_2、F_2

5-7 用标准电极电势判断下列反应能否从左向右进行：

① $2Br^-+2Fe^{3+} = Br_2+2Fe^{2+}$

② $2H_2S+H_2SO_3 = 3S\downarrow+3H_2O$

③ $2Ag+Zn(NO_3)_2 = Zn+2AgNO_3$

④ $2KMnO_4+5H_2O_2+6HCl = 2MnCl_2+2KCl+8H_2O+5O_2\uparrow$

5-8 ① 试根据标准电极电势判断下列反应进行的方向：

$$MnO_4^-+Fe^{2+}+H^+ \longrightarrow Mn^{2+}+Fe^{3+}$$

② 将该氧化还原反应设计构成一个原电池，用电池符号表示该原电池的组成，计算其标准电动势。

③ 当氢离子浓度为 $10mol \cdot L^{-1}$，其他各离子浓度均为 $1.0mol \cdot L^{-1}$时，计算该电池的电动势。

5-9 已知电池

$$Zn|Zn^{2+}(X mol \cdot L^{-1}) \| Ag^+(0.1mol \cdot L^{-1})|Ag$$

的电动势 $E=1.51V$，求 Zn^{2+} 的浓度。

5-10 已知反应：

$$2Ag^++Zn = 2Ag+Zn^{2+}$$

开始时 Ag^+ 和 Zn^{2+} 的浓度分别是 $0.10mol \cdot L^{-1}$和 $0.30mol \cdot L^{-1}$，计算达到平衡时溶液中 Ag^+ 的浓度。

5-11 将一块纯铜片置于 $0.050mol \cdot L^{-1}$ $AgNO_3$ 溶液中，计算达到平衡后溶液的组成。(提示：首先计算出反应的标准平衡常数)

5-12 已知下列电对的电极电势：

$$Ag^++e \rightleftharpoons Ag \qquad E^{\ominus}=0.7996V$$

$$AgCl(s)+e \rightleftharpoons Ag+Cl^- \qquad E^{\ominus}=0.2223V$$

试计算 AgCl 的溶度积常数。

5-13　设计下列原电池以测定 $PbSO_4$ 的溶度积常数：

$$(-)Pb|PbSO_4|SO_4^{2-}(1.0mol \cdot L^{-1}) \| Sn^{2+}(1.0mol \cdot L^{-1})|Sn(+)$$

在 298.15K 时测得该电池的标准电动势 $E^{\ominus}=0.22V$，求 $PbSO_4$ 的溶度积常数。

5-14　计算下列反应的标准平衡常数：

① $2Ag^{+}+Zn \rightleftharpoons 2Ag+Zn^{2+}$

② $3Cu+2NO_3^{-}+8H^{+} \rightleftharpoons 3Cu^{2+}+2NO+4H_2O$

③ $MnO_2+2Cl^{-}+4H^{+} \rightleftharpoons Mn^{2+}+Cl_2+2H_2O$

④ $H_3AsO_3+I_2+H_2O \rightleftharpoons H_3AsO_4+2I^{-}+2H^{+}$

5-15　已知

$$Cu^{2+}+2e \rightleftharpoons Cu \qquad E^{\ominus}=0.3419V$$

$$Cu^{2+}+e \rightleftharpoons Cu^{+} \qquad E^{\ominus}=0.153V$$

① 计算反应 $Cu+Cu^{2+} \rightleftharpoons 2Cu^{+}$ 的标准平衡常数。

② 已知 $K_{sp}^{\ominus}(CuCl)=1.72\times10^{-7}$，试计算反应 $Cu+Cu^{2+}+2Cl^{-} \rightleftharpoons 2CuCl\downarrow$ 的标准平衡常数。

5-16　试根据下列元素电势图：

$E_A^{\ominus}/V$：

$$Cu^{2+} \xrightarrow{0.153} Cu^{+} \xrightarrow{0.521} Cu$$

$$Fe^{3+} \xrightarrow{0.771} Fe^{2+} \xrightarrow{-0.447} Fe$$

$$Au^{3+} \xrightarrow{1.29} Au^{+} \xrightarrow{1.692} Au$$

讨论哪些离子能发生歧化反应。

5-17　根据铬在酸性介质中的元素电势图：

$$Cr_2O_7^{2-} \xrightarrow{1.232} Cr^{3+} \xrightarrow{-0.407} Cr^{2+} \xrightarrow{-0.90} Cr$$

① 计算 $E^{\ominus}(Cr_2O_7^{2-}/Cr^{2+})$ 和 $E^{\ominus}(Cr^{3+}/Cr)$。

② 判断 Cr^{3+} 在酸性介质中的稳定性。

5-18　计算在 $1mol \cdot L^{-1}$ HCl 溶液中用 Fe^{3+} 滴定 Sn^{2+} 的电势突跃范围。在此滴定中应选用什么指示剂？若用所选指示剂，滴定终点是否和化学计量点一致？

5-19　称取软锰矿 0.3216g、分析纯的 $Na_2C_2O_4$ 0.3685g，置于同一烧杯中，加入 H_2SO_4，加热，待反应完毕后，用 $0.02400mol \cdot L^{-1}$ $KMnO_4$ 溶液滴定剩余的 $Na_2C_2O_4$，消耗 $KMnO_4$ 溶液 11.26mL。计算软锰矿中 MnO_2 的质量分数。

5-20　如果在 25.00mL $CaCl_2$ 溶液中加入 40.00mL $0.1000mol \cdot L^{-1}$ $(NH_4)_2C_2O_4$ 溶液，待 CaC_2O_4 沉淀完全后，分离，滤液以 $0.02000mol \cdot L^{-1}$ $KMnO_4$ 溶液滴定，共耗去 $KMnO_4$ 溶液 15.00mL。计算 250mL 该 $CaCl_2$ 溶液中 $CaCl_2$ 为多少克？

5-21　将 1.000g 钢样中的铬氧化成 $Cr_2O_7^{2-}$，加入 25.00mL $0.1000mol \cdot L^{-1}$ $FeSO_4$ 标准溶液，然后用了 $0.01800mol \cdot L^{-1}$ $KMnO_4$ 标准溶液 7.00mL 回滴过量的 $FeSO_4$。计算钢中铬的质量分数。

5-22　以 $K_2Cr_2O_7$ 标准溶液滴定 0.4000g 褐铁矿，所用 $K_2Cr_2O_7$ 溶液的体积数（XmL）与试样中 Fe_2O_3 的质量分数（$X\%$）相等。求 $K_2Cr_2O_7$ 溶液对铁的滴定度。

5-23　用 KIO_3 作基准物标定 $Na_2S_2O_3$ 溶液。称取 0.1500g KIO_3 与过量 KI 作用，析出的碘用 $Na_2S_2O_3$ 溶液滴定，用去 24.00mL。求此 $Na_2S_2O_3$ 溶液的浓度。每毫升

$Na_2S_2O_3$ 溶液相当于多少克碘？

5-24　现有含 As_2O_3 与 As_2O_5 及其他无干扰杂质的试样，将此试样溶解后，在中性溶液中用 $0.02500mol \cdot L^{-1}$ 碘液滴定，耗去 20.00mL。滴定完毕后，溶液呈强酸性，加入过量的 KI，析出的碘又用 $0.1500mol \cdot L^{-1}$ $Na_2S_2O_3$ 溶液滴定，耗去 30.00mL。计算试样中 As_2O_3 与 As_2O_5 混合物的质量。

5-25　抗坏血酸（摩尔质量为 $176.1g \cdot mol^{-1}$）是一种还原剂，其电极反应为：

$$C_6H_6O_6 + 2H^+ + 2e \rightleftharpoons C_6H_8O_6$$

它能够被 I_2 氧化。如果 10.00mL 柠檬汁样品用 HAc 酸化，并加入 20.00mL $0.02500mol \cdot L^{-1}$ I_2 溶液，待反应完全后，过量的 I_2 用 10.00mL $0.01000mol \cdot L^{-1}$ $Na_2S_2O_3$ 溶液滴定，计算每毫升柠檬汁中抗坏血酸的质量。

5-26　测定某样品中丙酮的含量时，称取试样 0.1000g 于盛有 NaOH 溶液的碘量瓶中，振荡，精确加入 50.00mL $0.05000mol \cdot L^{-1}$ I_2 标准溶液，盖好。放置一定时间后，加 H_2SO_4 调节至溶液呈微酸性，立即用 $0.1000mol \cdot L^{-1}$ $Na_2S_2O_3$ 溶液滴定至淀粉指示剂蓝色恰好褪去，消耗 10.00mL。丙酮与碘的反应为：

$$CH_3COCH_3 + 3I_2 + 4NaOH = CH_3COONa + 3NaI + 3H_2O + CHI_3$$

求试样中丙酮的质量分数。

5-27　25.00mL KI 溶液用稀盐酸及 10.00mL $0.05000mol \cdot L^{-1}$ KIO_3 溶液处理，煮沸以除去释出的 I_2。冷却后，加入过量 KI 溶液与剩余的 KIO_3 反应。释出的 I_2 需要用 21.14mL $0.1008mol \cdot L^{-1}$ $Na_2S_2O_3$ 溶液滴定。计算 KI 溶液的浓度。

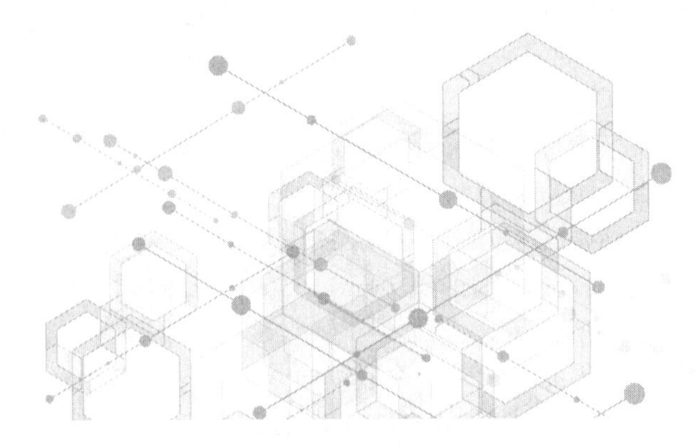

第6章 物质结构基础

通常情况下，化学反应只发生在原子核外的电子层中，而原子核并不发生变化（核反应除外）。因此，要研究化学反应的规律，掌握物质的性质以及物质性质和结构之间的关系，就必须研究原子结构以及原子与原子之间的结合方式，即了解物质结构和物质变化的内在原因。

6.1 原子结构基本模型

1911 年，卢瑟福（E. Rutherford）根据实验提出原子含核模型，认为原子的全部质量都集中在带正电荷的原子核上，核的直径只有原子直径的万分之一，电子绕核高速旋转。1913 年，莫塞莱证实原子核中的正电荷数和核外电子数相等，而且等于原子序数，整个原子呈电中性。1932 年查德威克证实了原子核中含有中子。原子、电子、质子和中子等均称为微观粒子（microscopic particle）。电子极小而运动速度很快，目前还不可能直接观察到它，但早在 19 世纪末，科学家就通过原子的发光现象对原子进行了大量的研究，并由此逐步深入地了解原子核外电子层的结构和电子运动的规律。

6.1.1 原子的玻尔模型

6.1.1.1 原子光谱

白光是由波长不同的各种光组成的复合光。白光通过棱镜后，不同波长的光就以不同的角度折射，形成一条按红、橙、黄、绿、青、蓝、紫次序连续分布的彩色光谱，这种光谱称为连续光谱（continuous spectrum）。

当气体被火焰、电弧或其他方法灼热时，能发出不同波长的光，通过棱镜折射，形成一系列按波长顺序排列的线条，如图 6-1 所示。这种光谱称为线状光谱（line spectrum）或不连续光谱。线状光谱是原子受激发后从原子辐射出来的，因此又称原子光谱（atomic spectrum）。每一种元素都有自己的特征光谱。

1885 年，巴尔麦（J. J. Balmer）在观察氢原子可见光区（波长 $\lambda=400\sim760$nm）的谱

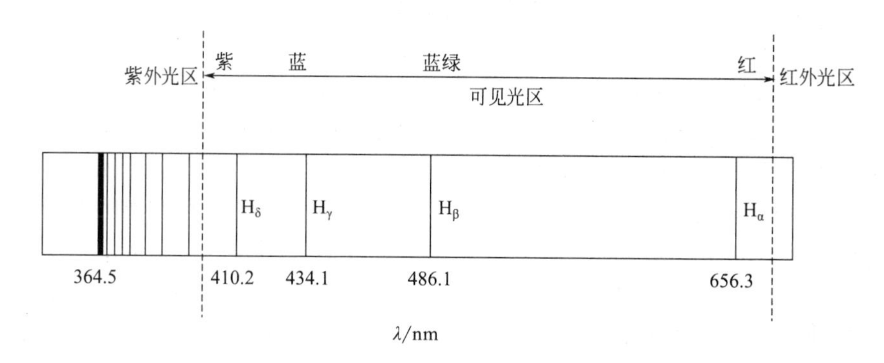

图 6-1　氢原子光谱

线时，发现谱线的波长（wave length）符合下列经验公式：

$$\tilde{v}=\frac{1}{\lambda}=R_{\mathrm{H}}\left(\frac{1}{2^2}-\frac{1}{n^2}\right) \tag{6-1}$$

$n=3$、4、5、6、7……，R_{H} 称为里德堡（Rydberg）常数，其值为 $3.292\times10^{15}\,\mathrm{s}^{-1}$。在可见光区共有四条谱线，这些谱线被称为巴尔麦系。

后来拉曼（Lyman）在紫外区域，派兴（Paschen）、勃拉克特（Bracket）及芬特（Pfund）在红外区域找到若干组谱线，它们都可以用下列公式来表示：

$$\tilde{v}=\frac{1}{\lambda}=R_{\mathrm{H}}\left(\frac{1}{n_1^2}-\frac{1}{n_2^2}\right) \tag{6-2}$$

式中，n_1、n_2 都是正整数，且 $n_2>n_1$。对于拉曼线系，$n_1=1$；巴尔麦线系 $n_1=2$；派兴线系 $n_1=3$；……。

对于如何解释氢原子光谱中谱线具有规律性这一实验事实，当时卢瑟福的含核原子模型无能为力。因为按照经典电磁学理论，如果电子绕核做高速圆周运动，应该不断地以电磁波形式发射出能量，原子光谱应该是连续的。电子失去一部分能量后，将不断地向核靠近，并最后坠入原子核，使原子不复存在，而实际上氢原子是稳定的，没有毁灭，原子光谱也不是连续的，而是线状的。直到玻尔（N. Bohr）提出原子结构的新理论才解释了氢原子光谱的规律。

6.1.1.2　玻尔理论

1913 年玻尔在卢瑟福含核原子模型的基础上，结合普朗克（M. Planck）的量子论、爱因斯坦（A. Einstein）的光子学说，提出了氢原子的电子结构理论。

普朗克量子论认为：辐射能的吸收和发射是不连续的（discontinuous），是按照一个基本量或基本量的整数倍吸收和发射的，这种情况称为能量的量子化（quantization）。能量最小的基本量称为量子（quantum）。普朗克第一次摆脱了经典物理学的束缚，提出了微观世界的一个重要特征——能量量子化，这是物理学上的一次革命。微观世界中的不连续性称为量子性。

爱因斯坦提出的光子学说认为：光不仅是一种波，而且具有粒子性，从实验可得出光子的能量 E 和辐射能的频率 ν 成正比，即

$$E=h\nu$$

光的动量 p 与光的波长成反比，即

$$p=\frac{h}{\lambda} \tag{6-3}$$

式中，$h=6.626\times10^{-34}\,J\cdot s$，称为普朗克常数（Plank constant）。上述两式把光的粒子性和波动性联系了起来。

玻尔把量子化的概念和爱因斯坦的方程式(6-3) 应用于原子核外电子的运动，根据辐射的不连续性和线状光谱有间隔的特性，推论原子中电子的能量也不可能是连续的，而是量子化的，并大胆假设提出了原子的玻尔模型：

① 原子中的电子不能沿任意的轨道运动，而只能在有确定半径和能量的轨道上运动，即电子运动的轨道是量子化的。电子在这些轨道上运动时并不辐射出能量。

② 在正常情况下，原子中的电子尽可能处于离核最近的轨道上，这时电子受原子核束缚较牢，其能量最低，称为基态（ground state）；当原子受到辐射、加热获得能量后，电子可以跃迁到离核较远的轨道上去，即电子被激发到高能量的轨道上，这时原子处于激发态（excited state）。轨道这些不同的能量状态称为能级（energy level）。氢原子轨道的能级如图 6-2所示。

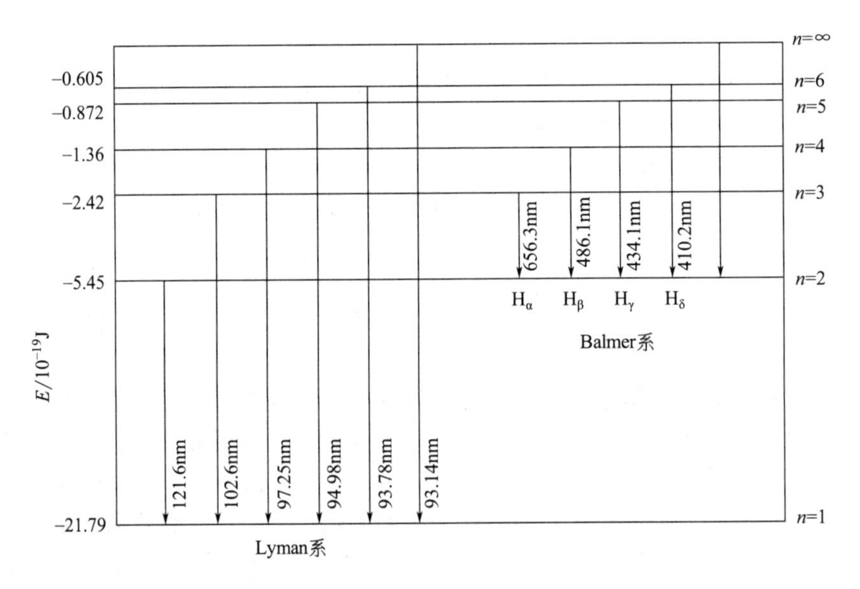

图 6-2　氢原子轨道能有示意图

③ 处于激发态的电子不稳定，可以跃迁到离核较近的轨道上，同时以光的形式释放出能量，光的频率取决于两原子轨道的能量差：

$$h\nu=E_2-E_1 \tag{6-4}$$

$$\nu=\frac{E_2-E_1}{h}$$

由于各轨道的能量不同，各轨道间的能量差也就不同，所以电子从一高能量轨道跃入一低能量轨道时，只能发射出具有固定能量、波长和频率的光束，这就是原子产生不连续线状光谱的原因。原子的线状光谱是原子中轨道能量量子化的实验证据。必须说明，在某一瞬间，一个氢原子中的电子跃迁只能得到一条谱线，我们观察到的氢原子光谱是许多氢原子的电子跃迁所产生的。由于不同元素原子的大小、核电荷数和核外电子数不同，电子运动轨道的能量就有差别，所以原子发光时都有各自的特征光谱。利用这一点就可以进行元素的原子光谱分析。

玻尔理论圆满地解释了氢原子光谱和 He^+、Li^{2+} 等类氢离子光谱。但是玻尔理论不能说明多电子原子的光谱，甚至不能说明氢原子光谱的精细结构（氢光谱的每条谱线实际上是由若干条谱线组成的），其原因在于玻尔理论建立在经典力学的基础上，而从宏观到微观，物质的运动规律发生了深刻的变化，电子的运动根本不遵守经典物理学中的力学定律，而是服从微观粒子特有的规律性。玻尔理论的缺陷促使人们去研究和建立能描述原子内电子运动规律的量子力学原子模型。

6.1.2　原子的量子力学模型

电子、质子、中子、原子等组成物质的结构微粒，其质量和体积都很小，有些运动速度可以接近光速，我们称之为微观粒子。微观粒子及其运动规律与宏观物体及其运动规律在本质上有很大的差别。

（1）微观粒子的波粒二象性

在20世纪初，物理学家通过光的干涉、衍射等现象说明光具有波动性；而光电效应又说明光具有粒子性。因此光具有波动性和粒子性两重性质，称为光的波粒二象性。

受光的波粒二象性启发，德布罗意（Louis de Broglie）在1924年大胆地提出了物质波假说，认为微观粒子在一定情况下，不仅是粒子，而且可能呈现波的性质，这种波称为德布罗意波或物质波。他预言与质量 m、运动速度 v 的微观粒子相对应的波长为：

$$\lambda=\frac{h}{p}=\frac{h}{mv} \tag{6-5}$$

式中，h 为普朗克常数；p 为动量。式(6-3) 和式(6-5) 显示了两重性的物理量之间的内在联系。两式虽然形式上相似，但德布罗意关系式却包含着一个全新的观念。

德布罗意的大胆假说在1927年由戴维逊（C. J. Davission）和革末（L. H. Germer）所进行的电子衍射实验得到证实。实验是将一束高速电子流从A处射出，通过薄的镍晶体（作为光栅）B，经晶格的狭缝射到感光屏C上，出现与光的衍射一样的明暗相间的衍射环纹，这就称为电子衍射（图6-3）。这表明电子运动时确有波动性。从实验所得的电子衍射图计算得到的电子所对应的波长与式(6-5)所预期的波长完全一致。后来发现，质子、中子、α 粒子、原子和分子等粒子流也都有衍射现象，可见这些粒子运动时也都具有波动性。对于日常生活中的宏观物体，由于其质量较大，运动速度较小，所以无法观察到波动性。

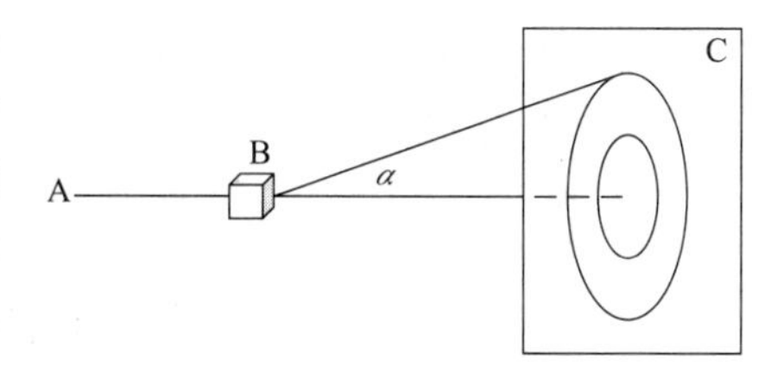

图6-3　电子衍射

（2）测不准原理

具有波粒二象性的微观粒子的运动规律与宏观物体的运动规律有很大的不同。对于宏观物体的运动，根据经典力学，可以准确指出它们在某一瞬间的速度和位置。但对具有波粒二象性的微观粒子的运动来说，就不可能同时准确测定其在某瞬间的位置和速度。这就是1927年海森堡（Werner Heisenberg）提出的测不准原理（uncertainty principle）。测不准原理的数学表示式为：

$$\Delta p_x \cdot \Delta x \geqslant h \tag{6-6}$$

这表明，不可能设计出一种实验方法，在准确测量物体位置（或坐标）的同时，又能准确地测量该物体的速度（或动量）。物体位置测定的准确度越大（Δx 越小），其动量在 x 方向的分量的准确度就越差（Δp_x 越大）；反之亦然。测不准原理对象电子那样小的粒子，是极其重要的。如果非常准确地知道电子的速度，也就是准确地知道电子的能量，那就不能同时准确地知道它的位置。

（3）微观粒子运动的统计性

根据量子力学理论，微观粒子的运动规律只能采用统计的方法做出概率性的判断。

在电子衍射实验中，我们控制电子流强度很小，小到电子几乎是一个一个发射出去的，如果时间不长，感光屏上只出现一些无规则分布的衍射斑点，显示出电子的微粒性。这些斑点的分布是无规则的，我们无法预言每个电子在感光屏上衍射斑点的位置。但随时间延长，衍射斑点的数目逐渐增多，感光屏上就出现了规则的衍射条纹，最后的图像与波的衍射强度分布一致，与大量电子短时间产生的环纹完全一样，显示出电子的波动性。衍射环纹中亮的地方是电子到达机会多的地方，暗的地方就是电子到达机会少的地方。我们虽然无法预言个别电子在感光屏上出现的位置，但可以知道电子在哪些地方出现的机会多，哪些地方出现的机会少。这种机会的数学术语称为概率（probability）。核外电子的运动具有概率分布（probability distribution）的规律。概率分布规律属于统计规律。对大量电子的行为而言，电子出现数目多的区域衍射强度（或波强度）大，电子出现数目少的区域波强度小。

综上所述，具有波动性的微观粒子不再服从经典力学规律，它们的运动没有确定的轨道，只有一定的空间概率分布，遵循测不准原理。

6.2 核外电子运动状态

（1）描述微观粒子运动的基本方程——薛定谔方程

由于微观粒子的运动具有波粒二象性，其运动规律需要用量子力学来描述。1926 年薛定谔（E. Schrödinger）提出了描述微观粒子运动状态变化规律的基本方程，这个方程是一个二阶偏微分方程，它的形式如下：

$$\frac{\partial^2 \psi}{\partial x^2}+\frac{\partial^2 \psi}{\partial y^2}+\frac{\partial^2 \psi}{\partial z^2}+\frac{8\pi^2 m}{h^2}(E-V)\psi=0 \tag{6-7}$$

式中，ψ 为波函数；E 为体系的总能量；V 为体系的势能；h 为普朗克常数；m 为微观粒子的质量；x、y、z 为空间坐标。

对氢原子体系来说，解薛定谔方程所得到的一系列 ψ 是描述特定微观粒子运动状态的波函数。它是空间坐标 x、y、z 的函数，$\psi=f(x、y、z)$。由于薛定谔方程的导出和求解需要较深的数学基础，不是本课程讨论的范围，故这里仅定性地介绍解氢原子薛定谔方程的结果，并把它推广到其他原子上。

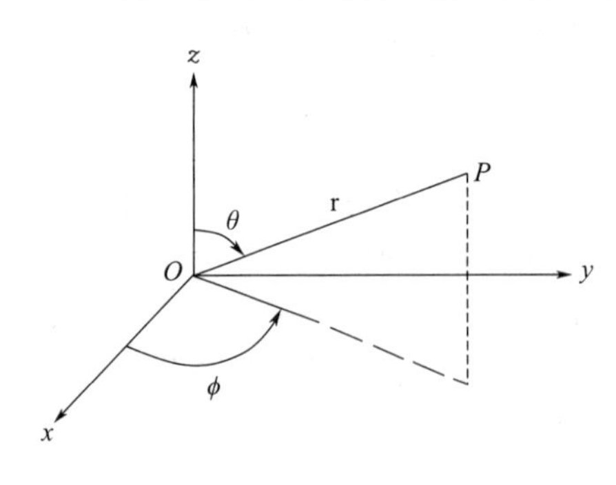

图 6-4　直角坐标与球坐标的关系

$x=r\sin\theta\cos\phi$；$y=r\sin\theta\cos\phi$；

$z=r\cos\theta$；$r=\sqrt{x^2+y^2+z^2}$

为了数学上的求解方便，需把直角坐标（x、y、z）变换为球坐标（r，θ，ϕ），如图 6-4所示，并把 $\psi(r,\theta,\phi)$ 分解为径向部分 $R(r)$ 和角度 $Y(\theta,\phi)$ 函数的积，即 $\psi(r,\theta,\phi)=R(r)\cdot Y(\theta,\phi)$，从而求得这个函数的解——波函数 $\psi(r,\theta,\phi)$。

（2）波函数和原子轨道

对薛定谔方程求解，所得的解为一系列波函数

ψ_{1s}、ψ_{2s}、ψ_{2p}、……和与其相应的一系列能量 E_{1s}、E_{2s}、E_{2p}……，波函数 ψ 用来描述微观粒子的运动状态。

波函数 ψ 是描述原子核外电子运动状态的数学函数式，是三维空间坐标的函数；每一个波函数 ψ_i 都有相对应的能量 E_i；电子波的波函数 ψ 没有明确直观的物理意义。

波函数 ψ 就是原子轨道（atomic oribital）。要注意的是，量子力学中"原子轨道"不是电子在核外运动遵循的轨迹，而是电子的一种空间运动状态，它不同于宏观物体的运动轨道，也不同于前面所说的玻尔的固定轨道（orbit）。

（3）四个量子数

在不同条件下，可以解出不同的 ψ 和 E，这里所说的条件要用三个量子数来表示，或者说，只有引用了这三个量子数，才能从薛定谔方程解出有意义的结果来，这些量子数的具体取值和意义如下：

① 主量子数 n　主量子数 n（principal quantum number）表示核外电子出现最大概率区域离核的远近，由近到远，可以用 $n=1$，2，3，4，5，6，7 的正整数来表示，分别代表不同的电子层。n 值小，表示该层电子能量低，电子层离核近；n 值大，电子层离核远，电子能量较高。n 相同的电子称为同层电子。在光谱学上另用一套拉丁字母来表示 n 不同的电子层：

主量子数（n）	1	2	3	4	5	6	7
电子层	K	L	M	N	O	P	Q

② 角量子数 l　角量子数 l（angular-momentum quantum number）表示电子运动角动量的大小，它决定电子在空间的角度分布情况，决定原子轨道的形状。在高分辨率的分光镜下，可以看到原子的光谱线是由几条非常靠近的细谱线构成的，这表明在某一电子层内，电子的运动状态和能量稍有不同，也就是说在同一电子层中还存在若干电子亚层，此时 n 相同，l 不同，能量也不相同。

l 的取值受主量子数 n 值的限制，可以取 0 到（$n-1$）的正整数，一个数值表示一个电子亚层。l 的数值与光谱学上规定的电子亚层符号之间的对应关系为：

角量子数（l）	0	1	2	3	4	5
电子亚层符号	s	p	d	f	g	h

$l=0$ 表示圆球形的 s 原子轨道；$l=1$ 表示哑铃形的 p 原子轨道；$l=2$ 表示花瓣形的 d 原子轨道。显然，角量子数 l 不同，原子轨道的形状也不同。当 n 和 l 都相同时，电子具有相同的能量，它们处在同一能级、同一电子亚层。在同一电子层中，能量依 s、p、d、f 依次升高。

例如，$n=1$ 的第一电子层中，$l=0$，所以只有一个亚层，即 1s 亚层，相应电子为 1s 电子。$n=2$ 的第二电子层中，$l=0,1$，可有两个亚层，即 2s，2p 亚层，相应电子为 2s，2p 电子。$n=3$ 的第三电子层中，$l=0,1,2$，可有三个亚层，即 3s，3p，3d 亚层，相应电子为 3s，3p，3d 电子。$n=4$ 的第四电子层中，$l=0$，1，2，3，可有四个亚层，即 4s，4p，4d，4f 亚层，相应电子为 4s，4p，4d，4f 电子。

③ 磁量子数 m　磁量子数 m（magnetic quantum number）是通过实验发现的，激发态原子在外磁场作用下，原来的一条谱线会分裂成若干条，这说明在同一亚层中往往还包含着若干个空间伸展方向不同的原子轨道。磁量子数 m 取决于外磁场作用下，电子绕核运动的

角动量在磁场方向上的分量大小。它是用来描述原子轨道在空间的不同伸展方向的。

m 的允许取值由 l 决定，可取 $-l$，……，-1，0，$+1$，……，$+l$ 共 $(2l+1)$ 个整数。这意味着亚层中的电子有 $(2l+1)$ 个取向，每一个取向相当于一个轨道。

n，l，m 三个量子数规定了一个原子轨道，在没有外加磁场的情况下，n，l 相同，m 不同的同一亚层的原子轨道属于同一能级，能量是完全相等的，叫等价轨道（equivalent orbital），或称简并轨道（degenerate orbital）。

亚层	s	p	d	f
等价轨道	一个 s 轨道	三个 p 轨道	五个 d 轨道	七个 f 轨道

主量子数升高，不仅轨道能量升高，轨道的数目也增多，而且类型（形状和方向）也更多样。

④ 自旋量子数 m_s　自旋量子数 m_s 表示电子两种不同的自旋方式，其值可取 $+\frac{1}{2}$ 或 $-\frac{1}{2}$，其中每一个数值表示电子的一种所谓自旋状态。两个电子处于不同的所谓自旋状态叫自旋反平行，可用正反箭头 ↑ ↓ 来表示；处于相同的所谓自旋状态叫自旋平行，可用同向箭头 ↑ ↑ 来表示。

表 6-1 列出了电子层量子数与最大容量。

表 6-1　量子数与电子层最大容量

电子层主量子数 n	K	L		M			N			
	1	2		3			4			
电子亚层 电子亚层角量子数 l 电子亚层符号	s 0 1s	s 0 2s	p 1 2p	s 0 3s	p 1 3p	d 2 3d	s 0 4s	p 1 4p	d 2 4d	f 3 4f
磁量子数 m	0	0	−1 0 +1	0	−1 0 +1	−2 −1 0 +1 +2	0	−1 0 +1	−2 −1 0 +1 +2	−3 −2 −1 0 +1 +2 +3
电子亚层轨道数目	1	1	3	1	3	5	1	3	5	7
容纳电子数目	2	2	6	2	6	10	2	6	10	14
n 电子层最大容量 $2n^2$	2	8		18			32			

综上所述，每个电子可以用四个量子数 n，l，m，m_s 来描述它的运动状态。主量子数 n 决定电子的能量和电子离核的远近（电子所处的电子层）；角量子数 l 决定原子轨道的形状（电子处在这一电子层的哪一个亚层上），在多电子原子中 l 也影响电子的能量；磁量子数 m 决定原子轨道在空间的伸展方向（电子处在哪一个轨道上）；自旋量子数 m_s 决定电子自旋的方向。四个量子数是互相联系、互相制约的。因此，只有知道 n，l，m，m_s 四个量子数，才能确切地知道该电子的运动状态。在同一原子中，没有彼此处于完全相同运动状态的电子同时存在，即在同一原子中，不能有四个量子数（n，l，m，m_s）完全相同的两个电子存在。因此推论每一个原子轨道（n，l，m 相同）只能容纳两个自旋方向相反的电子（m_s 不同），这称为保里不相容原理（Pauli exclusion principle）。据此可以推出各电子层所

能容纳电子的最大容量为 $2n^2$。

(4) 波函数（原子轨道）角度分布图

我们把波函数 $\psi(r, \theta, \phi)$ 分解成 $\psi(r,\theta,\phi)=R(r)Y(\theta,\phi)$，即把波函数分解为两个分别只含径向部分 $R(\mathrm{r})$ 和角度部分 $Y(\theta, \phi)$ 的函数的积的形式。其中 $R(\mathrm{r})$ 只与电子离核远近有关，称为波函数的径向部分（也称径向波函数 radial wave function）。$Y(\theta, \phi)$ 与角度 θ，ϕ 有关系，称为波函数的角度部分（即角度波函数 angular wave function）。分别对这两部分的函数值作图，可以得到径向波函数分布图和角度波函数分布图。由于波函数的角度分布图对讨论原子轨道的空间构型意义重大，所以下面着重讨论波函数的角度分布图。

对于 $Y(\theta, \phi)$ 函数，如果分别赋予其不同的 θ，ϕ 值，通过运算求出 Y 值，然后作图，就可得到某些闭合的立体曲面，这个曲面就是波函数或原子轨道的角度分布图。

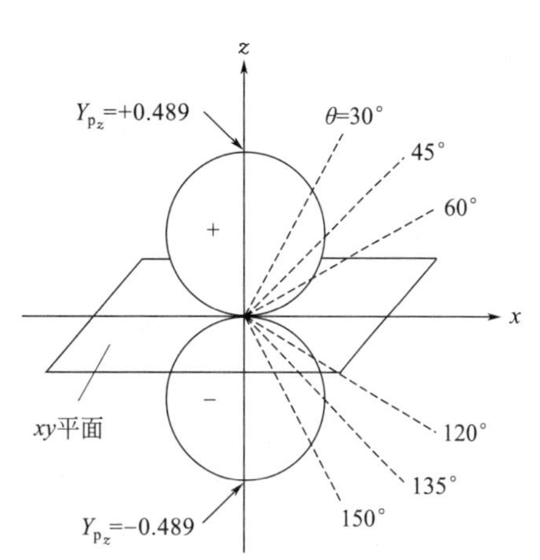

图 6-5　p_z 原子轨道的角度分布图

[例 6-1]　画出 p_z 原子轨道分布图。

求解薛定谔方程可得　$Y_{\mathrm{p}_z}=\sqrt{\dfrac{3}{4\pi}}\cos\theta$

可以先画出 Y_{p_z} 在 xz 平面上的曲线（图 6-5）。由于 Y_{p_z} 不随 ϕ 而变化，故将该曲线绕 z 轴旋转 360°得到的空间闭合曲面就是 p_z 的原子轨道的角度分布图。此图形分布在 xy 平面的上下两侧，在 z 轴上出现极值，且对称地分布在 z 轴的周围，呈 8 字形双球面，习惯上叫哑铃形。z 轴为 p_z 原子轨道的对称轴。在 xy 平面上 Y_{p_z} 值为零，故 xy 平面是 p_z 原子轨道角度分布图的节面。Y_{p_z} 的数值可为正值或负值，故在相应的曲线或曲面区域内分别以“+”或“−”标记。p_x，p_y 和 p_z 原子轨道的角度分布图形相似，只是对称轴不同而已。

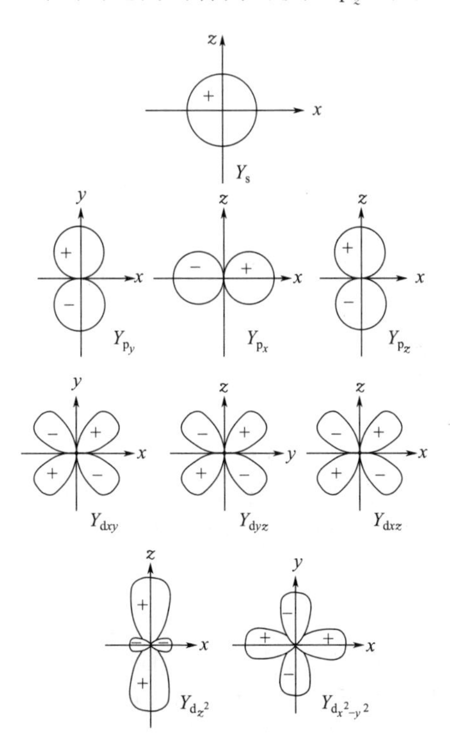

图 6-6　s、p、d 原子轨道角度分布剖面图

其他原子轨道角度分布图也可依类似的方法画出。图 6-6 给出了其他原子轨道的角度分布剖面图。s 轨道呈球形，d 轨道都呈花瓣形，其中 $Y_{\mathrm{d}_{xy}}$、$Y_{\mathrm{d}_{yz}}$、$Y_{\mathrm{d}_{xz}}$ 分别在 x 轴和 y 轴、y 轴和 z 轴、x 轴和 z 轴夹角的角分线上出现极值；$Y_{\mathrm{d}_{z^2}}$ 在 z 轴上，$Y_{\mathrm{d}_{x^2-y^2}}$ 在 x 轴上和 y 轴上分别出现极值。由此可见，原子轨道角度分布图突出地表示了原子轨道的极大值方向以及原子轨道的正、负号，在化学键的成键方向以及能否成键方面有重要的意义。

(5) 电子云图

声波和电磁波等经典的波可以具体理解为介质质点的振动和传播，其波函数 ψ 直接描写质点振动或电磁场振动大小。而实物微粒的波函数本身没有

图 6-7 基态氢原子 1s 电子云示意图

这样具体的直接意义，只是波的强度即波函数 ψ 的平方 $|\psi|^2$ 反映了粒子在空间某点单位体积内出现的概率即概率密度（probability density）。在这个意义上，电子等实物微粒的波是一种“概率波”，对照电子衍射图，在衍射强度（即波的强度）大的地方，电子出现的概率就大，在衍射强度小的地方，电子出现的概率就小，而在整个区域里形成一个有规律的连续概率分布。

为了形象地表示核外电子运动的概率密度，习惯用小黑点分布的疏密来表示电子出现概率密度的相对大小。小黑点较密，表示概率密度较大，即单位体积内电子出现的机会多。用这种方法来描述电子在核外出现的概率密度分布的空间图像称电子云（electron cloud）。图 6-7 是基态氢原子 1s 电子云示意图。

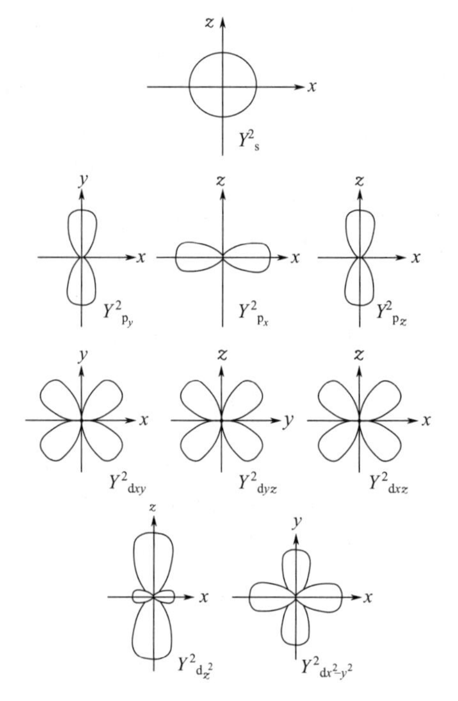

图 6-8 s、p、d 电子云角度分布剖面图

将 $|Y|^2$ 随 θ，ϕ 变化作图，所得图像就称为电子云角度分布图（图 6-8）。这种图形只能表示电子在空间不同角度所出现的概率密度大小，并不能表示电子出现的概率密度和离核远近的关系。它们和相应的原子轨道角度分布图的形状基本相似，但有两点区别：

① 原子轨道角度分布有正、负之分，而电子云角度分布均为正值，这是由于 Y 值经平方后就没有正、负的区别了。

② 电子云的角度分布要比原子轨道的角度分布“瘦”一些，因为 $|Y|$ 值小于1，所以 $|Y|^2$ 值更小些。在讨论分子的几何结构及其价键类型时常用到电子云图像。

6.3 原子电子层结构和元素周期系

6.3.1 多电子原子核外电子排布

除氢以外元素的原子都属于多电子原子。在多电子原子中，电子不仅受原子核的吸引，而且还受其他电子对它的排斥。这样，作用于该电子上的核的吸引力以及电子之间的斥力也远比氢原子中情况要复杂得多。

6.3.1.1 多电子原子的能级

氢原子轨道的能量仅取决于主量子数 n，但在多电子原子中，轨道的能量除取决于主量子数 n 以外，还与角量子数 l 有关。因此研究核外电子的排布（arrangement of extranuclear electrons）情况、分析核外电子是如何分布在各个轨道上的十分重要。除氢外其他元素的原子核外都多于一个电子，这些原子统称多电子原子（polyelectronic atom）。讨论多电子原子的轨道能级，将有助于讨论元素周期系和元素的化学性质。

（1）屏蔽效应

在多电子原子中，电子不仅受到原子核的吸引，而且电子之间存在着排斥作用。斯莱脱（J. C. Slater）认为，在多电子原子中，某一电子受其余电子排斥作用，与原子核对该电子的吸引作用正好相反。因此，可以认为其余电子屏蔽了或削弱了原子核对该电子的吸引作用。也就是说，该电子实际上所受到的核的引力要比相应数值等于原子序数 z 的核电荷的引力小，因此要从 z 中减去一个 σ 值，σ 称为屏蔽常数（screening constant）。$z^* = z - \sigma$。z^* 称为有效核电荷。显然 σ 体现其余电子对核电荷的影响，或者说，σ 代表了将原有核电荷抵消的部分。这种将其他电子对某个电子的排斥作用归结为抵消一部分核电荷的作用，称为屏蔽效应（shielding effect）。在原子中，屏蔽效应增大就会使电子受到的有效核电荷的作用减小，因而电子具有的能量就增大。

对某一电子来说，σ 的数值与其余电子的数量以及这些电子所处的轨道有关，也与该电子本身所在的轨道有关。一般来讲，内层电子对外层电子的屏蔽作用较大，外层电子对较内层电子可近似地看作不产生屏蔽作用。

（2）能级交错（energy level overlap）

多电子原子中电子的能级高低由 n、l 决定，根据光谱实验的结果，可归纳出以下三条规律：

① 角量子数 l 相同时，随主量子数 n 增大，轨道能量升高。如 $E_{1s} < E_{2s} < E_{3s}$。

② 主量子数 n 相同时，随角量子数 l 增大，轨道能量升高。如 $E_{ns} < E_{np} < E_{nd} < E_{nf}$。

③ 当主量子数 n 和角量子数 l 都不同时，有时出现能级交错现象。如某些元素中 $E_{4s} < E_{3d}$ 等。能级交错，可以从屏蔽效应获得部分解释。

（3）鲍林近似能级图

1939 年鲍林（L. Pauling）根据光谱实验结果总结出多电子原子中各轨道能级的相对高低情况，并用图近似地表示出来（图 6-9），称为鲍林近似能级图（approximate energy level diagram）。图中用小圆圈表示原子轨道，它们所在位置相对高低表示各轨道能级相对高低。鲍林能级图反映了核外电子填充的一般顺序。

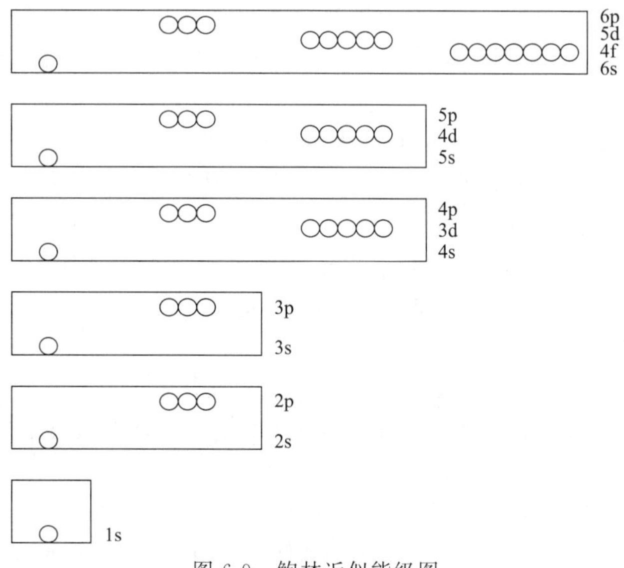

图 6-9　鲍林近似能级图

从图 6-9 中可以看出，鲍林近似能级顺序为：

1s＜2s＜2p＜3s＜3p＜4s＜3d＜4p＜5s＜4d＜5p＜6s＜4f＜5d＜6p＜7s＜5f＜……

对于鲍林近似能级图，需要注意以下几点：

① 它只有近似的意义，不可能完全反映出每个元素原子轨道能级的相对高低。

② 它只能反映同一原子内各原子轨道能级之间的相对高低。不能用鲍林近似能级图来比较不同元素原子轨道能级的相对高低。

③ 该图实际上只能反映出同一原子外电子层中原子轨道能级的相对高低，而不一定能完全反映原子轨道能级的相对高低。

④ 电子在某一轨道上的能量实际上与原子序数（核电荷数）有关。核电荷数越大，对电子的吸引力越大，电子离核越近，轨道能量就降得越低。轨道能级之间的相对高低情况，与鲍林近似能级图会有所不同。柯顿（F. A. Cotton）就因此而提出了原子轨道能量相对高低与原子序数的关系图，读者有兴趣可参阅相关的书籍。

鲍林近似能级图反映出随着原子序数递增电子填充的先后顺序，这对写出原子核外电子排布式有帮助。

根据原子中各轨道能量高低的情况，常将图 6-9 中原子轨道划分为若干个能级组（图中分别用方框表示）。相邻两个能级组之间的能量差比较大，而同一能级组中各原子轨道的能量差较小或很接近。能级组的划分与元素周期系中元素划分为七个周期是相一致的，即元素周期系中元素划分为周期的本质原因就是能量。

6.3.1.2　核外电子排布

（1）核外电子排布的一般规则

根据原子光谱实验和量子力学理论，原子核外电子排布服从以下原则：

① 保里不相容原理：在同一原子中，不可能有四个量子数完全相同的电子存在。每一个轨道内最多只能容纳两个自旋方向相反的电子。它给出了每一个原子轨道（两个自旋相反的电子）和每一电子层可以容纳的电子数（$2n^2$ 个电子）。

② 能量最低原理（principle of lowest energy）：在不违背保里不相容原理的前提下，核外电子在各原子轨道上的排布方式应使整个原子处于能量最低的状态。因此，电子总是尽先分布在能量较低的轨道上，以使原子处于能量最低的状态。只有当能量最低的轨道已占满后，电子才能依次进入能量较高的轨道。它给出了在 n、l 不同的轨道中，电子的分布规律。

③ 洪特规则（Hund' s rule）：洪特从大量光谱实验中发现“电子在能量相同的轨道上分布时，总是尽可能以自旋相同的方向分占不同的轨道”。这样的排布方式，原子的能量较低，体系较稳定，这称为洪特规则。它给出了在 n、l 相同的轨道中，电子的分布规律。

作为洪特规则的特例，当等价轨道被电子半充满或全充满（如 p^3，d^5，f^7 或 p^6，d^{10}，f^{14}）或等价轨道全空（p^0，d^0，f^0）时也是比较稳定的。

（2）核外电子填入轨道的顺序

对多电子原子来说，其核外电子的填充顺序遵从核外电子排布三原则，按鲍林近似能级顺序，由低到高进行排布。据此可以准确地写出 92 种元素原子基态（最低能量状态）的核外电子排布式，即电子排布构型（electron configuration）。

下面讨论周期系中各元素原子的电子层结构。

第一周期由第 1 号元素氢和第 2 号元素氦构成，核外电子在正常情况下填在 1s 轨道上，电子排布式分别为 $1s^1$ 和 $1s^2$。

从第3号元素锂到第10号元素氖，构成第二周期，新增电子将依次排入2s和2p轨道，如第七号元素氮，其排布为$1s^2 2s^2 2p^3$。

从第11号元素钠到第18号元素氩，电子依次填充在3s和3p轨道上，构成第三周期。但是第三电子层尚未达到该层的最大容量。第一、二、三周期都是短周期。

第19号元素钾最后一个电子按照能级顺序填在4s轨道，而不是3d轨道上，这样出现了新的电子层，从而开始了第四周期。从第四周期开始，各周期都是长周期，核外电子排布情况要比短周期复杂。从21号元素钪开始到29号元素铜，电子填在3d轨道上，即原子的次外电子层上，这些元素称为过渡元素（transition elements），这便是过渡元素性质递变不明显的原因。24号铬和29号铜的电子层结构分别是$1s^2 2s^2 2p^6 3s^2 3p^6 3d^5 4s^1$和$1s^2 2s^2 2p^6 3s^2 3p^6 3d^{10} 4s^1$，而不是$1s^2 2s^2 2p^6 3s^2 3p^6 3d^4 4s^2$和$1s^2 2s^2 2p^6 3s^2 3p^6 3d^9 4s^2$，这是因为3d轨道半充满和全充满状态能量较低。31号镓到36号氪依次填充4p轨道，第四能级组填满，完成了第四周期。第四周期共有18个元素。

第五周期的情况基本和第四周期相似，电子填充第五能级组的原子轨道5s、4d、5p，第五周期共有18个元素。

第六周期的元素填充第六能级组的原子轨道6s、4f、5d、6p。第57号元素镧以后的14个元素（铈到镥）最后一个电子依次填充在外数第三层的4f轨道上，致使化学性质与镧非常相似，故称镧系元素（lanthanides）。第六周期共有32个元素。

第七周期和第六周期情况相似，电子填充第七能级组的原子轨道，出现了从89号锕到103号铑填充5f轨道的15个锕系元素（actinides）。锕系元素和镧系元素又总称为内过渡元素（ineer transition elements）。此外，铀（$_{92}U$）以后的元素称为超铀元素（transuranic elements）。超铀元素都是用人工合成的方法发现的，现已合成到112号元素。从103号元素铑到111号元素，新增电子依次填入6d轨道上。

因为前面讨论的只是电子排布的一般规律，电子真实排布必须以实验事实为依据书写。在112种元素中，$_{24}Cr$、$_{29}Cu$、$_{41}Nb$、$_{42}Mo$、$_{44}Ru$、$_{45}Rh$、$_{46}Pd$、$_{47}Ag$、$_{57}La$、$_{58}Ce$、$_{64}Gd$、$_{78}Pt$、$_{79}Au$、$_{89}Ac$、$_{90}Th$、$_{91}Pa$、$_{92}U$、$_{93}Np$、$_{96}Cm$等元素原子核外电子排布情况稍有例外。所谓例外，是指按鲍林近似能级图排布时有例外。实际上这一排布情况是根据光谱实验事实而得的。表6-2是根据光谱实验数据确定的各元素基态原子的电子层结构。

表6-2　各元素原子的电子排布

周期	原子序数	元素符号	电子结构	周期	原子序数	元素符号	电子结构	周期	原子序数	元素符号	电子结构
1	1	H	$1s^1$	3	11	Na	$[Ne]3s^1$	4	21	Sc	$[Ar]3d^1 4s^2$
	2	He	$1s^2$		12	Mg	$[Ne]3s^2$		22	Ti	$[Ar]3d^2 4s^2$
2	3	Li	$[He]2s^1$		13	Al	$[Ne]3s^2 3p^1$		23	V	$[Ar]3d^3 4s^2$
	4	Be	$[He]2s^2$		14	Si	$[Ne]3s^2 3p^2$		24	Cr	$[Ar]3d^5 4s^1$
	5	B	$[He]2s^2 2p^1$		15	P	$[Ne]3s^2 3p^3$		25	Mn	$[Ar]3d^5 4s^2$
	6	C	$[He]2s^2 2p^2$		16	S	$[Ne]3s^2 3p^4$		26	Fe	$[Ar]3d^6 4s^2$
	7	N	$[He]2s^2 2p^3$		17	Cl	$[Ne]3s^2 3p^5$		27	Co	$[Ar]3d^7 4s^2$
	8	O	$[He]2s^2 2p^4$		18	Ar	$[Ne]3s^2 3p^6$		28	Ni	$[Ar]3d^8 4s^2$
	9	F	$[He]2s^2 2p^5$	4	19	K	$[Ar]4s^1$		29	Cu	$[Ar]3d^{10} 4s^1$
	10	Ne	$[He]2s^2 2p^6$		20	Ca	$[Ar]4s^2$		30	Zn	$[Ar]3d^{10} 4s^2$

续表

周期	原子序数	元素符号	电子结构	周期	原子序数	元素符号	电子结构	周期	原子序数	元素符号	电子结构
4	31	Ga	$[Ar]3d^{10}4s^24p^1$	6	58	Ce	$[Xe]4f^15d^16s^2$	6	84	Po	$[Xe]4f^{14}5d^{10}6s^26p^4$
	32	Ge	$[Ar]3d^{10}4s^24p^2$		59	Pr	$[Xe]4f^36s^2$		85	At	$[Xe]4f^{14}5d^{10}6s^26p^5$
	33	As	$[Ar]3d^{10}4s^24p^3$		60	Nd	$[Xe]4f^46s^2$		86	Rn	$[Xe]4f^{14}5d^{10}6s^26p^6$
	34	Se	$[Ar]3d^{10}4s^24p^4$		61	Pm	$[Xe]4f^56s^2$	7	87	Fr	$[Rn]7s^1$
	35	Br	$[Ar]3d^{10}4s^24p^5$		62	Sm	$[Xe]4f^66s^2$		88	Ra	$[Rn]7s^2$
	36	Kr	$[Ar]3d^{10}4s^24p^6$		63	Eu	$[Xe]4f^76s^2$		89	Ac	$[Rn]6d^17s^2$
5	37	Rb	$[Kr]5s^1$		64	Gd	$[Xe]4f^75d^16s^2$		90	Th	$[Rn]6d^27s^2$
	38	Sr	$[Kr]5s^2$		65	Tb	$[Xe]4f^96s^2$		91	Pa	$[Rn]5f^26d^17s^2$
	39	Y	$[Kr]4d^15s^2$		66	Dy	$[Xe]4f^{10}6s^2$		92	U	$[Rn]5f^36d^17s^2$
	40	Zr	$[Kr]4d^25s^2$		67	Ho	$[Xe]4f^{11}6s^2$		93	Np	$[Rn]5f^46d^17s^2$
	41	Nb	$[Kr]4d^45s^1$		68	Er	$[Xe]4f^{12}6s^2$		94	Pu	$[Rn]5f^67s^2$
	42	Mo	$[Kr]4d^55s^1$		69	Tm	$[Xe]4f^{13}6s^2$		95	Am	$[Rn]5f^77s^2$
	43	Tc	$[Kr]4d^55s^2$		70	Yb	$[Xe]4f^{14}6s^2$		96	Cm	$[Rn]5f^76d^17s^2$
	44	Ru	$[Kr]4d^75s^1$		71	Lu	$[Xe]4f^{14}5d^16s^2$		97	Bk	$[Rn]5f^97s^2$
	45	Rh	$[Kr]4d^85s^1$		72	Hf	$[Xe]4f^{14}5d^26s^2$		98	Cf	$[Rn]5f^{10}7s^2$
	46	Pd	$[Kr]4d^{10}$		73	Ta	$[Xe]4f^{14}5d^36s^2$		99	Es	$[Rn]5f^{11}7s^2$
	47	Ag	$[Kr]4d^{10}5s^1$		74	W	$[Xe]4f^{14}5d^46s^2$		100	Fm	$[Rn]5f^{12}7s^2$
	48	Cd	$[Kr]4d^{10}5s^2$		75	Re	$[Xe]4f^{14}5d^56s^2$		101	Md	$[Rn]5f^{13}7s^2$
	49	In	$[Kr]4d^{10}5s^25p^1$		76	Os	$[Xe]4f^{14}5d^66s^2$		102	No	$[Rn]5f^{14}7s^2$
	50	Sn	$[Kr]4d^{10}5s^25p^2$		77	Ir	$[Xe]4f^{14}5d^76s^2$		103	Lr	$[Rn]5f^{14}6d^17s^2$
	51	Sb	$[Kr]4d^{10}5s^25p^3$		78	Pt	$[Xe]4f^{14}5d^96s^1$		104	Rf	$[Rn]5f^{14}6d^27s^2$
	52	Te	$[Kr]4d^{10}5s^25p^4$		79	Au	$[Xe]4f^{14}5d^{10}6s^1$		105	Db	$[Rn]5f^{14}6d^37s^2$
	53	I	$[Kr]4d^{10}5s^25p^5$		80	Hg	$[Xe]4f^{14}5d^{10}6s^2$		106	Sg	$[Rn]5f^{14}6d^47s^2$
	54	Xe	$[Kr]4d^{10}5s^25p^6$		81	Tl	$[Xe]4f^{14}5d^{10}6s^26p^1$		107	Bh	$[Rn]5f^{14}6d^57s^2$
	55	Cs	$[Xe]6s^1$		82	Pb	$[Xe]4f^{14}5d^{10}6s^26p^2$		108	Hs	$[Rn]5f^{14}6d^67s^2$
6	56	Ba	$[Xe]6s^2$		83	Bi	$[Xe]4f^{14}5d^{10}6s^26p^3$		109	Mt	$[Rn]5f^{14}6d^77s^2$
	57	La	$[Xe]5d^16s^2$								

注：表中加下划线元素为镧系和锕系元素。

读者应学会根据一般元素（1～36 号）的原子序数写出该元素的电子层结构，同时还应该注意到电子排布式中能级的书写次序与电子填充的先后次序并不完全一致。如电子填充时按鲍林近似能级图，4s 先于 3d，但书写时一般应再按主量子数 n 和角量子数 l 数值由低到高排列整理一下，即把 3d 放在 4s 前面，和同层的 3s，3p 放在一起书写。如 Mn 的电子层结构应书写为 $1s^22s^22p^63s^23p^63d^54s^2$。另外需注意，原子失去电子时先失去最外层电子。如 Mn^{2+} 的电子层结构是 $1s^22s^22p^63s^23p^63d^5$，而不是 $1s^22s^22p^63s^23p^63d^34s^2$，即先失去外层 4s 上的两个电子。

在书写原子核外电子排布式时，也可用该元素前一周期的稀有气体元素符号作为原子实（原子实是指原子中除去最高能级组以外的原子实体），代替相应的电子排布部分。如铜的电

子排布式 $1s^2 2s^2 2p^6 3s^2 3p^6 3d^{10} 4s^1$，也可以写成 $[Ar]3d^{10}4s^1$。

（3）价层电子排布式

为方便起见，需要表明某元素原子的电子层结构时，往往只写出它的价电子层结构（或称价电子构型）。所谓价电子层结构，对主族元素而言，即最外电子层结构；对副族元素（镧系、锕系元素除外）而言，是最外电子层加上次外层 d 轨道电子结构；如锰的价层电子构型为 $3d^5 4s^2$。镧系、锕系元素还要考虑 $(n-2)$f 亚层的构型。元素在发生化学反应时，仅价电子层发生变化，其内部电子层是不变的，因此元素化学性质主要取决于价电子层结构。

6.3.2　原子的电子层结构和元素周期系

元素周期律是门捷列夫（Д. И. Менделеев）于 1869 年首先提出的，当时电子尚未被发现，故对其实质并不了解。后来人们研究了原子的电子层（electron shell）结构，才揭示了周期律的本质。元素性质的周期性来源于基态原子电子层结构随原子序数递增而呈现的周期性，元素周期律正是原子电子层结构周期性变化的反映，元素在周期表中的位置和它们的电子层结构有直接关系。

（1）原子序数（atomic number）

原子序数由原子的核电荷数或核外电子总数而定。

（2）周期（period）

由元素周期表可以看出，周期的序数等于原子的电子层数，第一周期有一个电子层，第二周期有两个电子层，其余类推（只有 Pd 属于第五周期，但只有 4 层电子）。

周期有长短之分。每一周期都是从 ns^1（碱金属元素）开始到 ns^2np^6（稀有气体）结束。在长周期中，过渡元素的最后电子填充在次外层 $(n-1)$d，甚至在倒数第三层 $(n-2)$f 上。因为元素的性质主要取决于最外层电子，因此在长周期中元素性质的递变比较缓慢。各周期元素的数目等于相应能级组中原子轨道所能容纳的电子总数，如表 6-3 所示。

表 6-3　各周期元素与相应能级组的关系

周期	元素数目	相应能级组中的原子轨道	电子最大容量
1	2	1s	2
2	8	2s2p	8
3	8	3s3p	8
4	18	4s3d4p	18
5	18	5s4d5p	18
6	32	6s4f5d6p	32
7	26(未完)	7s5f6d(未完)	未满

（3）族（group）

主族元素（ⅠA 至ⅦA）的价电子数等于最外层 s 和 p 电子的总数，也等于其族序数。稀有气体按习惯称为零族。副族元素情况比较复杂，需要具体分析。ⅠB、ⅡB 族（副族）元素的价电子数等于最外层 s 电子的数目；ⅢB 至ⅦB 族元素的价电子数等于最外层 s 和次外层 d 亚层中的电子总数。镧系、锕系在周期表中都排在ⅢB 族。铁、钴、镍统称为Ⅷ族。同一族中各元素的电子层数虽然不同，但却有相同的价电子构型和相同的价电子数。

（4）区（block）

根据元素原子价电子层结构，可以把周期表中元素所在的位置分成 s、p、d、ds 和 f 五个区（图 6-10）：

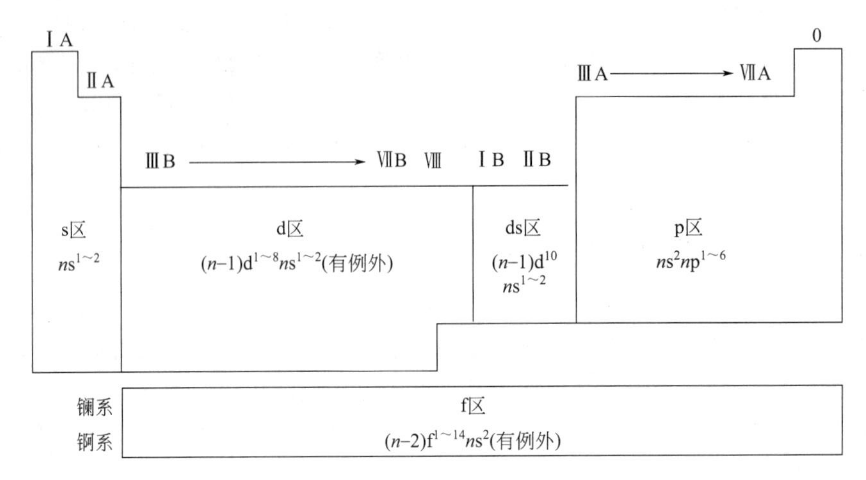

图 6-10 长式周期表中元素的分区示意图

① s 区元素：指最后一个电子填在 ns 能级上的元素，位于周期表左侧，包括ⅠA(碱金属）和ⅡA(碱土金属)。它们易失去最外层的一个或两个电子，形成+1 或+2 价正离子。它们是活泼金属。其价电子构型为 $ns^{1\sim2}$。

② p 区元素：指最后一个电子填充在 np 能级上的元素，位于周期表右侧，包括ⅢA～ⅦA 及零族元素，其价电子构型为 $ns^2np^{1\sim6}$。

③ d 区元素：指最后一个电子填充在（$n-1$）d 能级上的元素，位于长周期表的中部，化学性质相近，有多变氧化态，包括ⅢB～Ⅷ族的所有元素，其价电子构型为 $(n-1)d^{1\sim8}ns^{1\sim2}$。其中ⅥB 族的价电子构型为洪特规则的半充满特例。

④ ds 区元素：指最后一个电子填在 ns 能级上，但其次外层的 d 能级为全充满的元素，即ⅠB、ⅡB 族元素，其价电子构型为 $(n-1)d^{10}ns^{1\sim2}$。

⑤ f 区元素：指最后一个电子填在（$n-2$）f 能级上的元素，即镧系、锕系元素，其价电子构型为 $(n-2)f^{1\sim14}ns^2$。该区元素性质极为相似。

6.3.3 元素基本性质的周期性变化规律

元素性质取决于原子的内部结构。既然原子的电子层结构具有周期性变化的规律，那么元素的基本性质，如原子半径、电离能、电子亲和能、电负性（通常把这些性质称为原子参数，atomic parameter）等也随之呈现明显的周期性。这些周期性规律是讨论元素化学性质的重要依据。

（1）有效核电荷 Z^*

元素原子序数增加时，原子的核电荷呈线性关系依次增加，电子层结构呈周期性变化，屏蔽常数亦呈周期性变化，导致有效核电荷 Z^* 呈周期性变化。

在短周期中，从左到右，元素电子依次填充到最外层，由于同层电子间屏蔽作用弱，因此，有效核电荷显著增加。在长周期中的过渡元素部分，电子填充到次外层，所产生的屏蔽作用比这个电子进入最外层时要大一些，因此有效核电荷增大不多；当次外层电子半充满或全充满时，由于屏蔽作用较大，因此有效核电荷略有下降，但长周期的后半部分元素，电子又填入最外层，因此有效核电荷又显著增大。

同一族元素由上到下，虽然核电荷增加较多，但由于依次增加一个电子内层，因而屏蔽作用明显增大，结果有效核电荷增加不显著。

(2) 原子半径 r

原子核的周围是电子云，它们没有确定的边界。我们通常所说的原子半径（atomic radius）是人为规定的一种物理量。常用的有金属半径、共价半径、范德华半径三种。

在金属单质的晶体中，相邻两金属原子核间距离的一半称为该金属原子的金属半径（metal radii）。同种元素的两个原子以共价单键连接时，它们核间距离的一半称为该原子的共价半径（covalent radii）。在分子晶体中，分子之间是以范德华力（即分子间力）结合的，这时相邻的非键的两个同种原子核间距离的一半称为范德华半径（van der Waals radii）。

如果金属原子取金属半径，非金属原子取共价半径，其相对大小如表6-4所示。

表6-4 元素的原子半径 r/pm

ⅠA	ⅡA	ⅢB	ⅣB	ⅤB	ⅥB	ⅦB	Ⅷ			ⅠB	ⅡB	ⅢA	ⅣA	ⅤA	ⅥA	ⅦA	0
H																	**He**
37																	122
Li	**Be**											**B**	**C**	**N**	**O**	**F**	**Ne**
152	111											88	77	70	66	64	160
Na	**Mg**											**Al**	**Si**	**P**	**S**	**Cl**	**Ar**
186	160											143	117	110	104	99	191
K	**Ca**	**Sc**	**Ti**	**V**	**Cr**	**Mn**	**Fe**	**Co**	**Ni**	**Cu**	**Zn**	**Ga**	**Ge**	**As**	**Se**	**Br**	**Kr**
227	197	161	145	132	125	124	124	125	125	128	133	122	122	121	117	114	198
Rb	**Sr**	**Y**	**Zr**	**Nb**	**Mo**	**Tc**	**Ru**	**Rh**	**Pd**	**Ag**	**Cd**	**In**	**Sn**	**Sb**	**Te**	**I**	**Xe**
248	215	181	160	143	136	136	133	135	138	144	149	163	141	141	137	133	217
Cs	**Ba**	**Lu**	**Hf**	**Ta**	**W**	**Re**	**Os**	**Ir**	**Pt**	**Au**	**Hg**	**Tl**	**Pb**	**Bi**	**Po**	**At**	**Rn**
265	217	173	159	143	137	137	134	136	136	144	160	170	175	155	163		
La	**Ce**	**Pr**	**Nd**	**Pm**	**Sm**	**Eu**	**Gd**	**Tb**	**Dy**	**Ho**	**Er**	**Tm**	**Yb**	**Lu**			
188	183	183	182	181	180	204	180	178	177	177	176	175					

注：表中数据引自大连理工大学无机化学教研室编写的《无机化学》第四版。

原子半径的大小主要取决于原子的有效核电荷和核外电子层数。在周期系的同一短周期中从碱金属到卤素，由于原子的有效核电荷逐渐增加，而电子层数保持不变，因此核对电子的吸引力逐渐增大，原子半径逐渐减小。在长周期中，从过渡元素开始，原子半径减小比较缓慢，而后半部分的元素（例如，第四周期从Cu开始）原子半径反而略为增大，但随即又逐渐减小。这是由于在长周期过渡元素的原子中，增加的电子填充在 $(n-1)$d 层上，屏蔽作用大，使有效核电荷增加不多，核对外层电子的吸引力也增大比较小，因而原子半径减小较慢。而到了长周期的后半部分，即自ⅠB族开始，次外层已充满18个电子，新增加的电子要加在最外层，半径又略为增大。当电子继续填入最外层时，由于有效核电荷增加，原子半径又逐渐减小。

长周期中的内过渡元素，如镧系元素，从左到右，原子半径大体也是逐渐减小的，只是幅度更小，这是由于新增加的电子填入 $(n-2)$f 层上，对外层电子的屏蔽效应更大，有效核电荷增加更少，因此半径减小更慢。这种镧系元素整个系列原子半径缩小的现象称为镧系收缩（lanthanide contraction）。

同一主族，从上到下电子层构型相同，尽管核电荷数增大，但电子层增加的因素占主导地位，所以原子半径显著增加。副族元素除钪分族外，从上到下原子半径从第四周期过渡到第五周期一般增大幅度较小，但第五周期和第六周期同一族中过渡元素的原子半径非常相近。

（3）电离能 I

原子失去电子的难易程度可用电离能（ionization energy）来衡量。基态气体原子失去一个电子成为带一个正电荷的气态正离子所消耗的能量称为该元素的第一电离能，用 I_1 表示（见表 6-5）。从一价气态正离子再失去一个电子成为二价正离子所需要的能量称为第二电离能 I_2，依次类推，还可以有第三电离能 I_3、第四电离能 I_4 等。随着原子逐步失去电子，所形成的离子正电荷越来越大，因而失去电子变得越来越难，故第二电离能大于第一电离能，第三电离能大于第二电离能，……，即 $I_1 < I_2 < I_3 < \cdots\cdots$。

表 6-5　元素的第一电离能 I_1/kJ · mol^{-1}

ⅠA	ⅡA	ⅢB	ⅣB	ⅤB	ⅥB	ⅦB		Ⅷ		ⅠB	ⅡB	ⅢA	ⅣA	ⅤA	ⅥA	ⅦA	0
H																	**He**
1312																	2372.3
Li	**Be**											**B**	**C**	**N**	**O**	**F**	**Ne**
520.3	899.5											800.6	1086	1402	1314	1681	2080.7
Na	**Mg**											**Al**	**Si**	**P**	**S**	**Cl**	**Ar**
495.8	737.7											577.6	786.5	1012	1000	1251	1520.5
K	**Ca**	**Sc**	**Ti**	**V**	**Cr**	**Mn**	**Fe**	**Co**	**Ni**	**Cu**	**Zn**	**Ga**	**Ge**	**As**	**Se**	**Br**	**Kr**
418.9	589.8	631	658	650	653	717	760	758	737	746	906	578.8	762.2	944	941	1140	1350.7
Rb	**Sr**	**Y**	**Zr**	**Nb**	**Mo**	**Tc**	**Ru**	**Rh**	**Pd**	**Ag**	**Cd**	**In**	**Sn**	**Sb**	**Te**	**I**	**Xe**
403	549.5	616	669	664	685	702	711	720	805	731	868	588.3	708.6	832	870	1008	1170.4
Cs	**Ba**	**Lu**	**Hf**	**Ta**	**W**	**Re**	**Os**	**Ir**	**Pt**	**Au**	**Hg**	**Tl**	**Pb**	**Bi**	**Po**	**At**	**Rn**
375.7	502.9	524	654	761	770	760	840	880	870	891	1007	589.3	715.5	703	812	917	1037
Fr	**Ra**																
386	509																

La	**Ce**	**Pr**	**Nd**	**Pm**	**Sm**	**Eu**	**Gd**	**Tb**	**Dy**	**Ho**	**Er**	**Tm**	**Yb**
538.1	528	523	530	536	543	547	592	564	572	581	589	596.7	603.4
Ac	**Th**	**Pa**	**U**	**Np**	**Pu**	**Am**	**Cm**	**Bk**	**Cf**	**Es**	**Fm**	**Md**	**No**
490	590	570	590	600	585	578	581	601	608	619	627	635	642

注：表中数据引自倪静安主编的《无机及分析化学》。

例如：

$$Al(g) - e \longrightarrow Al^{+}(g) \qquad I_1 = 578 kJ \cdot mol^{-1}$$

$$Al^{+}(g) - e \longrightarrow Al^{2+}(g) \qquad I_2 = 1817 kJ \cdot mol^{-1}$$

$$Al^{2+}(g) - e \longrightarrow Al^{3+}(g) \qquad I_3 = 2745 kJ \cdot mol^{-1}$$

$$Al^{3+}(g) - e \longrightarrow Al^{4+}(g) \qquad I_4 = 11578\ kJ \cdot mol^{-1}$$

通常讲的电离能，如果不标明，指的都是第一电离能。元素原子的电离能越大，其原子失去电子时吸收能量越多，原子失去电子越难；反之，电离能越小，原子失去电子越容易。电离能的大小主要取决于原子的有效核电荷、原子半径和原子的电子层结构。

同一周期中，从左到右，元素的有效核电荷逐渐增加，原子半径逐渐减小，原子最外层上的电子逐渐增多，总的说来，元素的电离能逐渐增大。稀有气体具有稳定的电子层结构，故在同一周期元素中电离能最大。在长周期中部的过渡元素电子加到次外层，有效核电荷增加不多，原子半径减小较慢，电离能增加不显著，个别处变化还不十分有规律。第二周期中Be和N的电离能反而比后面元素B和O的电离能大，这是由于Be的外电子层结构为$2s^2$，N的外电子层结构为$2s^22p^3$，都是比较稳定的结构，失去电子较难，因此电离能也大些。一般来说，具有p^3、d^5、f^7等半充满电子构型的元素都有较大的电离能，即比其前后元素的电离能都要大。元素若具有全充满的构型，也将有较大的电离能，如ⅡB族元素。

同一主族自上而下，最外层电子数相同，有效核电荷增加不多，而原子半径增大起主要作用，因此核对外层电子的引力逐渐减小，电子逐渐易于失去，电离能逐渐减小。金属元素的电离能一般低于非金属元素。

(4) 电子亲和能E_A

原子结合电子的难易程度可用电子亲和能（electron affinity）来定性地比较。元素的气态原子在基态时获得一个电子成为一价气态负离子所放出的能量称电子亲和能，用E_A表示（见表6-6）。非金属原子的第一电子亲和能总是正值，而金属原子的电子亲和能一般很小或为负值。一般元素的第一电子亲和能E_{A_1}为正值，而第二电子亲和能E_{A_2}为负值，这是由于负离子带负电排斥外来电子，如要结合电子必须吸收能量以克服电子的斥力。

例如 $O(g)+e \longrightarrow O^-(g)$ $E_{A_1}=141\ kJ \cdot mol^{-1}$

$O^-(g)+e \longrightarrow O^{2-}(g)$ $E_{A_2}=-780\ kJ \cdot mol^{-1}$

可见O^{2-}是极不稳定的，只能存在于晶体和溶液中。

元素原子的电子亲和能越大，其原子得到电子时放出的能量越多，因此越容易得到电子，反之亦然。电子亲和能的大小也主要取决于原子的有效核电荷、原子半径和原子的电子层结构。

表6-6 部分元素原子的电子亲和能E_A 单位：$kJ \cdot mol^{-1}$

H							**He**
72.9							<0
Li	**Be**	**B**	**C**	**N**	**O**	**F**	**Ne**
59.8	<0	23	122	0±20	141	322	<0
Na	**Mg**	**Al**	**Si**	**P**	**S**	**Cl**	**Ar**
52.9	<0	44	120	74	200.4	348.7	<0
K	**Ca**	**Ga**	**Ge**	**As**	**Se**	**Br**	**Kr**
48.4	<0	36	116	77	195	324.5	<0
Rb		**In**	**Sn**	**Sb**	**Te**	**I**	**Xe**
46.9		34	121	101	190.1	295	<0
Cs	**Ba**	**Tl**	**Pb**	**Bi**	**Po**	**At**	**Rn**
45.5	<0	50	100	100	180	270	<0

表中数据引自倪静安主编的《无机及分析化学》。

同周期元素中，从左到右原子的有效核电荷逐渐增大，原子半径逐渐减小，同时由于最外层电子数逐渐增多，易与电子结合成 8 电子稳定结构，因此元素的电子亲和能逐渐增大。同周期中以卤素的电子亲和能最大。氮族元素的 ns^2np^3 价电子层结构较稳定，电子亲和能反而较小。稀有气体的 ns^2 和 ns^2np^6 电子层结构稳定，其电子亲和能非常小，为负值。

同一主族中，从上而下元素的电子亲和能一般逐渐减小，但第二周期一些元素如 F、O、N 的电子亲和能反而比第三周期相应元素的要小，这是由于 F、O、N 的原子半径很小，电子云密度大，电子间相互斥力大，以致增加一个电子形成负离子时放出的能量减小。

(5) 电负性 χ

为了全面衡量分子中原子争夺电子的能力，引入了元素电负性（electronegativity）的概念。

元素的电负性是指原子在分子中吸引电子的能力。电负性的概念是鲍林在 1932 年提出的，他指定最活泼的非金属氟的电负性 χ_F 为 4.0，并根据热化学数据比较各元素原子吸引电子的能力，得出其他元素的电负性值（表 6-7）。元素的电负性数值越大，表示原子在分子中吸引电子的能力越强。

表 6-7　元素的电负性（L. Pauling 值）

H																
2.1																
Li	**Be**											**B**	**C**	**N**	**O**	**F**
1.0	1.5											2.0	2.5	3.0	3.5	4.0
Na	**Mg**											**Al**	**Si**	**P**	**S**	**Cl**
0.9	1.2											1.5	1.8	2.1	2.5	3.0
K	**Ca**	**Sc**	**Ti**	**V**	**Cr**	**Mn**	**Fe**	**Co**	**Ni**	**Cu**	**Zn**	**Ga**	**Ge**	**As**	**Se**	**Br**
0.8	1.0	1.3	1.5	1.6	1.6	1.5	1.8	1.9	1.9	1.9	1.6	1.6	1.8	2.0	2.4	2.8
Rb	**Sr**	**Y**	**Zr**	**Nb**	**Mo**	**Tc**	**Ru**	**Rh**	**Pd**	**Ag**	**Cd**	**In**	**Sn**	**Sb**	**Te**	**I**
0.8	1.0	1.2	1.4	1.6	1.8	1.9	2.2	2.2	2.2	1.9	1.7	1.7	1.8	1.9	2.1	2.5
Cs	**Ba**	**La**	**Hf**	**Ta**	**W**	**Re**	**Os**	**Ir**	**Pt**	**Au**	**Hg**	**Tl**	**Pb**	**Bi**	**Po**	**At**
0.7	0.9	1.1	1.3	1.5	1.7	1.9	2.2	2.2	2.2	2.4	1.9	1.8	1.8	1.9	2.0	2.2
Fr	**Ra**	**Ac**	**Th**	**Pa**	**U**	**Np～No**										
0.7	0.9	1.1	1.3	1.4	1.4	1.4～1.3										

注：表中数据引自倪静安主编的《无机及分析化学》。

在周期表中，电负性也有规律地递变。同一周期中，从左到右，原子的有效核电荷逐渐增大，原子半径逐渐减小，原子在分子中吸引电子的能力逐渐增加，因而元素的电负性逐渐增大。同一主族中，从上到下电子层构型相同，有效核电荷相差不大，原子半径增大的影响占主导地位，因此元素的电负性依次减小。必需指出，同一元素所处氧化态不同，其电负性值也不同。

需要注意的是，电负性是一个相对值，本身没有单位。1932 年鲍林提出电负性概念以后，1934 年密立根（R. S. Mulliken）、1956 年阿莱德（A. L. Allred）和罗周（E. G. Rochow）也分别提出一套电负性数据，因此使用数据时要注意出处，并尽量采用同一套电负性数据。

（6）元素的金属性和非金属性

元素的金属性（metallic behavior）是指其原子失去电子变成正离子的倾向，元素的非金属性（nonmetallic behavior）是指其原子得到电子变成负离子的倾向。元素的原子越易失去电子，金属性越强；越易获得电子，非金属性越强。影响元素金属性和非金属性强弱的因素和影响电离能、电子亲和能大小的因素一样，因此常用电离能来衡量原子失去电子的难易程度，用电子亲和能来衡量原子获得电子的难易程度。

同一周期中，从左到右，元素的电离能逐渐增大，因此元素的金属性逐渐减弱；同一主族中，从上到下元素的电离能逐渐减小，因此元素的金属性逐渐增强。

同一周期中，从左到右，元素的电子亲和能逐渐增大，因此非金属性逐渐增强；同一主族中，从上到下电子亲和能逐渐减小，因此非金属性逐渐减弱。

元素金属性和非金属性的强弱也可以用电负性来衡量。元素的电负性数值越大，原子在分子中吸引电子的能力越强，因而非金属性也越强。一般来讲，非金属的电负性大于2.0，金属的电负性小于2.0。但不能把电负性2.0作为划分金属和非金属的绝对界限，如非金属元素硅的电负性为1.8。

6.4　共价化合物

自然界里的物质，除稀有气体外，都不是以单个原子的状态存在，而是以原子之间相互结合成的分子或晶体的状态存在的。了解分子结构和晶体结构，对了解物质性质和化学变化规律具有相当重要的意义。

各种原子结合为分子或晶体时，各个直接相连的粒子间都有强烈的吸引作用。这种相互吸引作用称为化学键。根据粒子间的相互作用不同，可以把化学键分成离子键、共价键（包含配位键）和金属键三大类。

1914～1916年，路易斯（G. H. Lewis）就提出了共价键（covalent bond）理论，认为原子结合成分子时，每个原子都有达到稳定的稀有气体原子构型的倾向，而这种构型又是通过两原子间共用电子对的方式来实现的。这种分子中原子通过共用电子对而形成的化学键称为共价键。

运用路易斯理论可以成功地解释性质相同或相近的原子是如何组成分子的。但许多事实仍难以解释，如两个带负电荷的电子是如何配对的？为什么有些化合物，像PCl_5、BF_3等，不满足八隅体规则仍能稳定存在？

为解决上述问题，1927年海特勒（W. Heitler）和伦敦（F. London）首先运用量子力学理论研究了氢分子的形成，初步揭示了共价键的本质。1931年鲍林和斯莱特（Slater）将量子力学处理氢分子的方法推广应用于其他分子体系而发展成价键理论（valence bond theory），简称VB法或电子配对法。

6.4.1　价键理论

6.4.1.1　共价键的形成

海特勒等人研究了两个氢原子结合成氢分子时所形成的共价键的本质。他们将两个氢原子相互作用时的能量E作为两个氢原子核间距离R的函数，进行计算得到了如图6-11所示的曲线。计算发现，当电子自旋方向相同的两个氢原子相距很远时，它们之间基本上不存在相互作用力；当它们互相趋近时（见图6-11中E_A线向左移动），逐渐产生了相互排斥作用；若使两个氢原子更加接近，则排斥力显著增大，能量曲线 E_A 急剧上升。然而，当电子自旋方向相反的两个氢原子相互趋近时，它们会彼此吸引，体系的能量逐渐趋向于最低值（见图 6-11 中的 E_s 线）；当两个氢原子的核间距离为 74.2 pm 时，出现能量最低值 $-436\ kJ \cdot mol^{-1}$（即为氢分子的键能）。如果两个氢原子继续接近，则原子间的排斥力将显著地增大，能量曲线急剧上升。

从两个氢原子核间出现的电子概率密度分布来看，存在如图 6-12 所示的两种状态。当电子自旋方向相同的两个氢原子相互接近时，核间出现了电子概率密度的空白区，见图 6-12(a)，从而增强了两个核间的排斥力，因而不能成键。反之，当电子自旋方向相反的两个氢原子相互靠近时，核间出现电子概率密度增大的区域，见图 6-12(b)，这样，不仅削弱了两核间的排斥力，而且还增强了核间电子云对两核的吸引力，体系能量得以降低，形成稳定的共价键。实验测知，H_2 分子的核间距为 74.2 pm，而 H 原子的玻尔半径为 53 pm，可见，H_2 分子的核间距比两个 H 原子玻尔半径之和要小，这一事实表明，在 H_2 分子中两个 H 原子的 1s 轨道必定发生了重叠，从而使两核间电子概率密度增大。可见，共价键是成键电子的原子轨道重叠而形成的化学键。

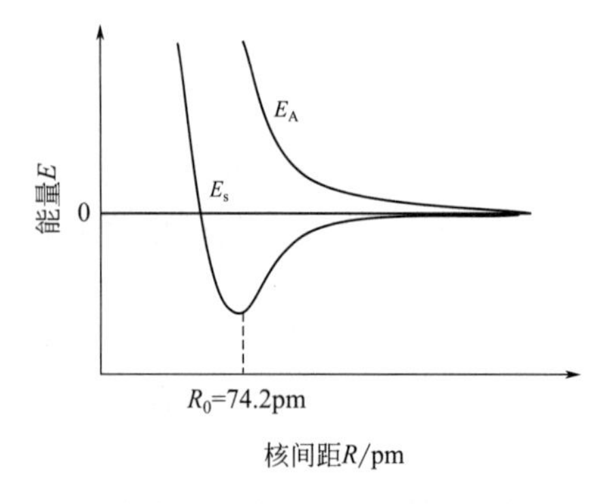

图 6-11 氢分子的能量与核间距关系曲线 E_A：排斥态的能量曲线；E_s：基态的能量曲线

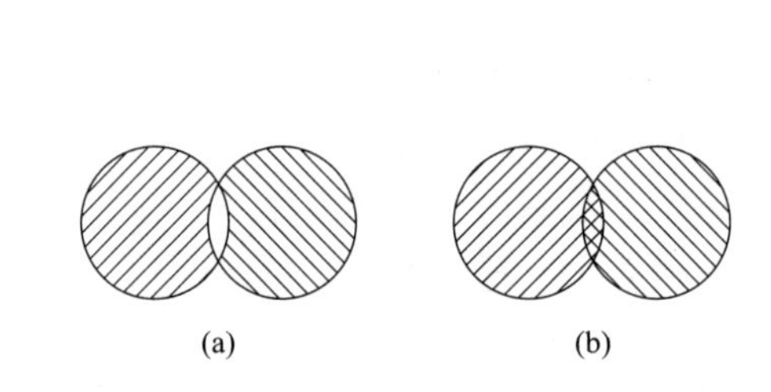

图 6-12 H_2 分子的两种状态
(a) 排斥态；(b) 基态

6.4.1.2 价键理论的要点

把上述处理 H_2 分子体系所得的结果推广应用于其他分子体系，发展成价键理论，它的基本要点如下：

① 共价键的形成条件之一是原子中必须有未成对电子，而且未成对电子的自旋方向必须相反，因此一个原子有几个未成对电子（包括激发后形成的单电子），便可与几个自旋相反的未成对电子配对成键。故共价键有饱和性。

② 原子轨道重叠越多，电子在两核间的概率密度越大，形成的共价键也就越稳定。因此在形成共价键时，原子总是尽可能沿着原子轨道能够最大重叠的方向重叠成键，即共价键有方向性。

除了 s 轨道呈球形对称外，p、d、f 轨道在空间都有一定的伸展方向，因而由它们形成的共价键有方向性。

例如 H 与 Cl 结合成 HCl 分子时，Cl 原子的最外层 $3p_x$ 原子轨道与 H 原子的 1s 原子轨道可有三种重叠方式，只有 H 原子的 1s 原子轨道沿 x 轴向 Cl 原子的 $3p_x$ 轨道接近时，轨道有效重叠最大，最后结合而形成稳定的分子，见图 6-13(a)。

H 原子的 1s 轨道沿 z 轴向 Cl 原子的 $3p_x$ 轨道接近时，轨道不发生有效重叠。因而，

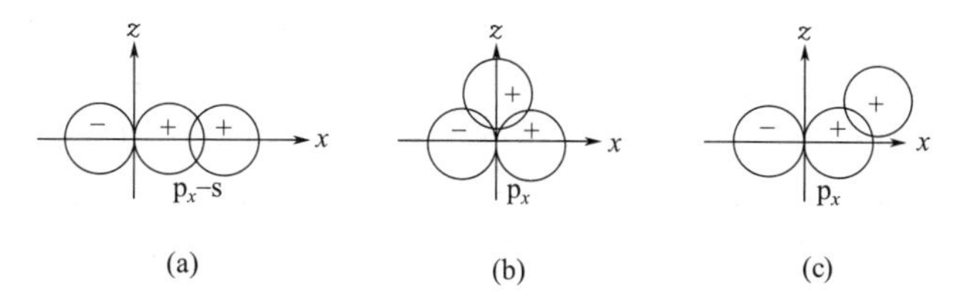

图 6-13　HCl分子成键示意图

H 与Cl 原子不能成键，如图 6-13(b) 所示。

H 原子的 1s 轨道沿其它方向向 Cl 原子的 $3p_x$ 轨道接近时，轨道有效重叠较少，结合后稳定性不大，这时 H 原子会转向能产生最大重叠的方向与 Cl 原子结合，见图 6-13(c)。

6.4.1.3　共价键的类型

原子轨道的重叠并非都是有效的。原子轨道都有一定的对称性（symmetry），所以重叠时对称性必须相同。即原子轨道以同符号部分（“+”与“+”，“−”与“−”）重叠时才能有效成键，这种重叠称为有效重叠，见图 6-14(a)～(e)，此时，两原子核间电子概率密度增大，体系能量降低，可以形成共价键。反之，两原子轨道不同符号部分（即“+”与“−”）重叠，两原子之间电子概率密度减小，体系能量升高，为无效重叠，难以形成共价键，如图 6-14(f)～(j)。

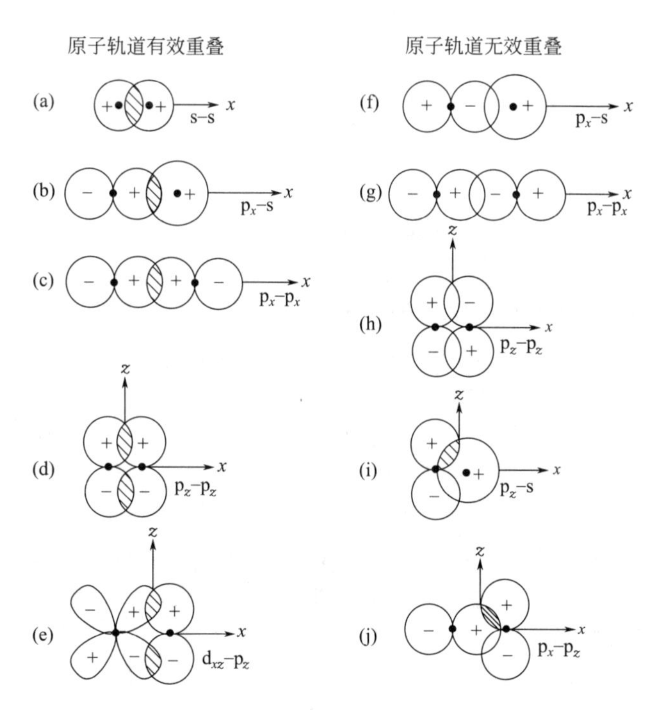

图 6-14　原子轨道重叠的几种方式

(1) σ 键

图 6-14(a)、(b)、(c) 所示为 σ 键。它们的共同特点是两个原子轨道沿键轴方向以“头碰头”的方式形成最大重叠，键轴即为两原子核间连线，重叠部分集中在两核之间，对称于键轴且绕键轴旋转任何角度，重叠部分的形状和符号都不会改变。这种键称为 σ 键。形成 σ 键的电子叫 σ 电子。HCl 中的键就属于 σ 键。

（2）π 键

图 6-14(d)、(e) 所示为 π 键。它们的共同特点是两个原子轨道沿垂直于键轴的方向以“肩并肩”的方式形成最大重叠，重叠部分集中在键轴的上方和下方，形状相同而符号相反，具有镜面反对称性。这种键称为 π 键。形成 π 键的电子叫 π 电子。π 键的轨道重叠程度小于 σ 键，能量比较高，比较活泼。

在 N_2 分子中，N 原子的外层电子构型为 $2s^2 2p^3$，参与成键的是 2p 原子轨道上的 3 个单电子。3 个 2p 原子轨道是相互垂直的。当两个 N 原子相互接近时，各有一个 2p 原子轨道以“头碰头”的方式相互重叠形成 σ 键，另两个 2p 原子轨道则以“肩并肩”的方式重叠形成两个 π 键，如图 6-15 所示。通常，两原子以单键相结合，一定是 σ 键；以双键结合，一定是一个 σ 键、一个 π 键；以三键结合一定是一个 σ 键两个 π 键。

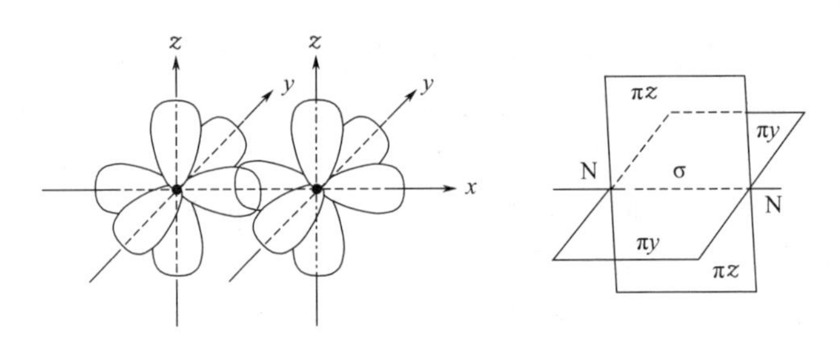

图 6-15　N_2 分子中化学键示意图

N_2 分子的结构可用下式表示：$:N\equiv N:$，式中横线表示化学键，其中一个 σ 键，两个 π 键，且两个 π 键分布在互相垂直的平面内。元素符号侧旁的电子表示 2s 轨道上未成键的孤对电子。

通常共价键的共用电子对都是由成键的两个原子各提供一个电子组成的。有一类特殊的共价键，共用电子对是由一个原子单方面提供的，称为配位共价键，简称配位键（coordinate covalent bond)。形成配位键必须具备以下两个条件：

① 一个原子价电子层有未共用的电子对，又称孤对电子。

② 另一个原子价电子层有空轨道。

如碳原子与氧原子形成 CO 分子时，除形成一个 σ 键、一个 π 键外，氧原子的 p 电子对还可以和 C 原子空的 p 轨道形成一个配位 π 键。

6.4.1.4　键参数

表征化学键性质的某些物理量称为键参数（bond parameter)，如键长、键角、键能、键级等。它们可由实验测得，也可由理论推算获得。键参数可以方便地定性、定量地确定分子的形状和解释分子的某些性质。

（1）键长

分子中成键的两个原子核间的平衡距离叫键长（l）或键距（d）。理论上用量子力学近似方法可以算出键长。实际上复杂分子的键长往往是通过分子光谱或 X 射线衍射、电子衍射等实验方法来测定的。

两个确定的原子如果形成不同的共价键，其键长越短，键能就越大，键就越牢固。H—F、H—Cl、H—Br、H—I 键长依次增大，表示核间距离增大，成键原子相互结合力减弱，即键的强度减弱，因而从 HF 到 HI 分子的热稳定性递减。另外，碳原子间形成的单键、双键、三键的键长逐渐缩短，键的强度渐增，稳定性增强。

（2）键能

原子之间形成化学键的强度可用键断裂时所需的能量大小来衡量。在 100 kPa 和一定温度下将 1mol 理想气态双原子分子 AB 拆成理想气态的 A 原子和 B 原子，所需要的能量叫 AB 的解离能（单位 $kJ \cdot mol^{-1}$），常用符号 $D(A—B)$ 来表示，对双原子分子来讲，解离能就是键能 E，例如 $E(H—H)=D(H—H)=436.0\ kJ \cdot mol^{-1}$，$N_2$ 的解离能 $D(N\equiv N)=E(N\equiv N)=941.69\ kJ \cdot mol^{-1}$。

对于多原子分子，要断裂其中的键成为单个原子需要多次解离，因此解离能不等于键能，多次解离能的平均值才等于键能。例如：

$$CH_4(g) \longrightarrow CH_3(g)+H(g) \qquad D_1^{\ominus}=435.3\ kJ \cdot mol^{-1}$$

$$CH_3(g) \longrightarrow CH_2(g)+H(g) \qquad D_2^{\ominus}=460.5\ kJ \cdot mol^{-1}$$

$$CH_2(g) \longrightarrow CH(g)+H(g) \qquad D_3^{\ominus}=426.9\ kJ \cdot mol^{-1}$$

$$+)\quad CH(g) \longrightarrow C(g)+H(g) \qquad D_4^{\ominus}=339.1\ kJ \cdot mol^{-1}$$

$$CH_4(g) \longrightarrow C(g)+4H(g) \qquad D_{总}^{\ominus}=1661.8\ kJ \cdot mol^{-1}$$

$$E^{\ominus}(C—H)=D_{总}^{\ominus}/4=1661.8/4=415.5\ kJ \cdot mol^{-1}$$

$D_{总}^{\ominus}$ 又称为 CH_4 的原子化能。使 1 mol 气态多原子分子的键全部断裂形成此分子各组成元素的气态原子所需的能量，称该分子的原子化能 $\Delta H_{原子化}^{\ominus}$。

综上所述，键的解离能指的是解离分子中某一个特定键所需的能量，而键能指的是某种键的平均能量，分子的原子化能等于其全部键能之和。一般键能越大，表明该键越牢固，由该键构成的分子也就越稳定。如 H—Cl、H—Br、H—I，键长渐增，键能渐小，因而 HI 不如 HCl 稳定。

（3）键角

分子中两相邻化学键之间的夹角称为键角。它是分子空间结构的重要参数之一。例如水分子中两个 O—H 键之间的夹角是 104.5°，故水分子是 V 形结构。复杂分子目前仍然通过光谱、衍射等实验来获得键角。一般地说，若知道了一个分子的键长和键角数据，这个分子的几何构型就可以确定了。双原子分子的形状总是直线型的。多原子分子由于分子中的原子空间排布情况不同可能有不同的几何构型。

6.4.2　杂化轨道理论

价键理论阐明了共价键的形成过程和本质，并成功地解释了共价键的方向性、饱和性等特点，但在解释分子的空间结构方面却遇到了一些问题。例如 $BeCl_2$ 分子，实验测得其为直线型分子，且两个 Be—Cl 键是完全相同的。而 Be 的核外电子构型为 $1s^2 2s^2$，没有单电子，经激发后，形成单电子的激发态 $1s^2 2s^1 2p^1$，但是如果与 Cl 原子中的 3p 单电子配对成键，显然 s-p、p-p 所形成的化学键应该是不同的。用价键理论无法解释这一问题。为了解释多原子分子的几何构型，1931 年鲍林和斯莱脱（Slater）提出了杂化轨道理论（hybrid orbital theory），进一步补充和发展了价键理论。

6.4.2.1　杂化轨道的概念及理论要点

杂化轨道的概念从电子具有波动性，波可以叠加的观点出发，认为一个原子和其他原子成键时所用轨道不是原来纯粹的 s 轨道或 p 轨道，而是若干个能量相近的原子轨道经过叠加，重新分配能量和重新调整空间伸展方向，形成成键能力更强的新的原子轨道。这种过程称为原子轨道的“杂化”(hybridization)，所得的新的原子轨道称为杂化轨道。

杂化轨道理论的基本要点为：

① 在形成共价键时，原子原已成对的价电子可以被激发成单个电子，参与成键的若干个能级相近的原子轨道可以改变原有的状态，“混合”起来重新组合成一组新的原子轨道，即杂化轨道。

② 同一原子中，能级相近的 n 个原子轨道只能杂化成 n 个杂化轨道。例如同一原子的一个 ns 原子轨道和一个 np 原子轨道只能杂化成两个 sp 杂化轨道，这两个 sp 杂化轨道的形成过程可以用图 6-16 表示。

如果把两个 sp 杂化轨道图形合在一起，则得图 6-17。可见，两个杂化轨道的形状一样，一头大，一头小。成键时以比较大的一头与其他原子重叠成键。

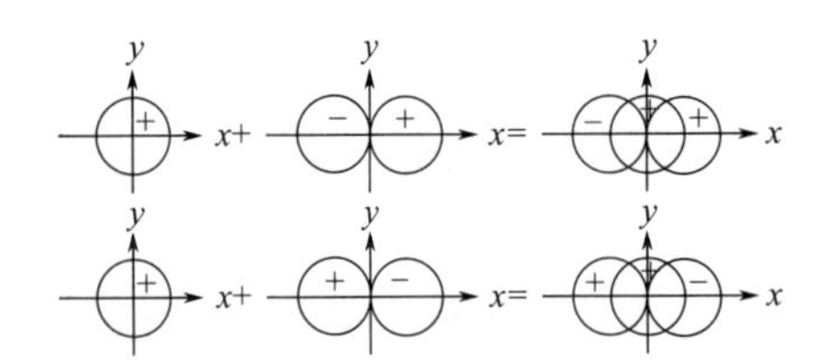

图 6-16　sp 杂化轨道的形成示意图

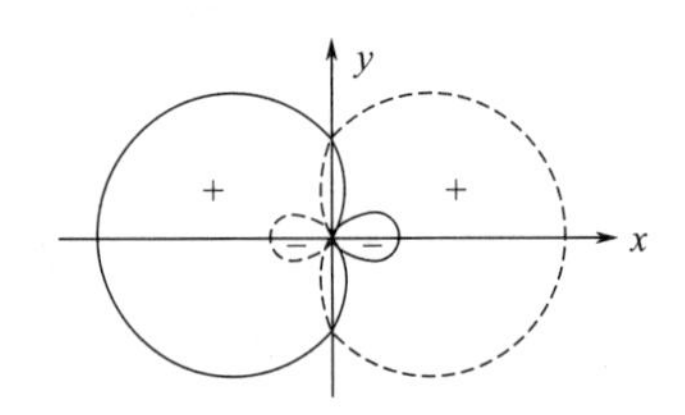

图 6-17　sp 杂化轨道示意图

③ 杂化轨道成键可以使轨道最大重叠，因此杂化轨道成键能力强，形成的化学键键能大，生成的分子更稳定。

应注意，原子轨道的杂化只有在形成分子的过程中才会发生，孤立的原子是不会发生杂化的。

6.4.2.2　杂化轨道的类型

① sp 杂化　同一原子内一个 ns 轨道和一个 np 轨道发生的杂化，称为 sp 杂化，每个 sp 杂化轨道含有 1/2s 和 1/2p 成分。sp 杂化轨道间夹角为 180°，呈直线型。例如 $BeCl_2$ 分子的形成。Be 原子的电子构型是 $1s^2 2s^2$，在激发态下，Be 的一个 2s 电子可以进入 2p 轨道，Be 原子的电子构型成为 $1s^2 2s^1 2p^1$。此时，Be 原子的 2s 轨道和有一个电子的一个 2p 轨道发生杂化，形成两个 sp 杂化轨道，分别与两个 Cl 原子的 3p 轨道重叠，形成两个 Be—Clσ 键，键角为 180°，所以 $BeCl_2$ 分子的空间结构是直线型。

对于周期表ⅡB 族 Zn、Cd、Hg 的某些共价化合物，其中心原子也是采取 sp 杂化的方式与相邻原子结合。

② sp^2 杂化　同一原子内一个 ns 轨道和两个 np 轨道发生的杂化称为 sp^2 杂化。实验测知，BF_3 具有平面三角形结构，B 原子位于三角形的中心，三个 B—F 键是等同的，键角为 120°。

基态 B 原子的电子构型为 $1s^2 2s^2 2p^1$，似乎只能形成一个共价键，但杂化轨道理论认为，成键时 B 的一个 2s 电子可以被激发到一个空的 2p 轨道上，B 原子的电子构型成为 $1s^2 2s^1 2p^2$，此时，B 原子的 2s 轨道与各有一个电子的两个 2p 轨道发生 sp^2 杂化，形成三个等同的 sp^2 杂化轨道。每个 sp^2 杂化轨道含有$\frac{1}{3}$s 轨道和$\frac{2}{3}$p 轨道成分，形状如图 6-18 所示，与三个 F 原子的 2p 轨道重叠，形成三个 σ 键，键角为 120°，BF_3 分子中的四个原子在同一平面上。这一推断结果与实验事实完全相符。

③ sp^3 杂化　同一原子内一个 ns 轨道和三个 np 轨道发生的杂化，称为 sp^3 杂化。CH_4 中的C原子就采取了这种杂化方式。当C原子与四个H原子结合时，C原子2s轨道的成对电子有一个被激发到2p轨道上，此时，C原子的一个s轨道与三个p轨道杂化，形成等同的四个 sp^3 杂化轨道。每个 sp^3 杂化轨道都含有 $\frac{1}{4}$s 轨道和 $\frac{3}{4}$p 轨道成分，其空间取向如图6-19所示，分别指向正四面体的四个顶点，各个 sp^3 杂化轨道之间的夹角为 $109°28'$。

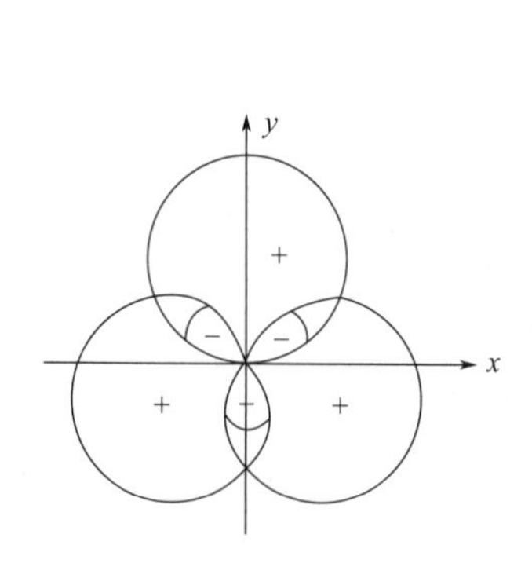

图6-18　sp^2 杂化轨道示意图

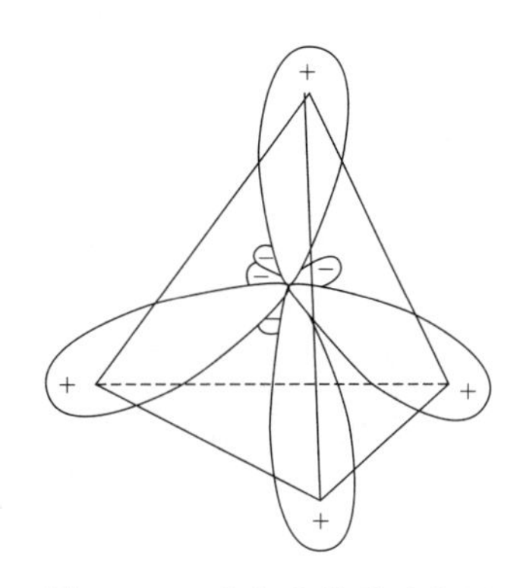

图6-19　sp^3 杂化轨道示意图

碳原子四个 sp^3 杂化轨道的大头分别与四个氢原子的1s轨道发生“头碰头”重叠，形成四个等同的C—Hσ键。所以 CH_4 分子具有正四面体的空间构型，这与实验测定的结果完全相符。除 CH_4 分子外，CCl_4、CF_4、SiH_4、$SiCl_4$ 等分子也采用 sp^3 杂化的方式成键。

不仅s、p原子轨道可以杂化，d原子轨道也可以参与杂化，形成 dsp^2、d^2sp^3、sp^3d^2 杂化轨道等。

6.4.2.3　等性杂化与不等性杂化

以上讨论的杂化方式所得的杂化轨道能量、成分都相同，成键能力相等，这样的杂化称为等性杂化。但当有不参与成键的孤对电子存在时，形成的几个杂化轨道中的s、p成分不同，从而形成不等性杂化。

例如，NH_3 分子实验测定H—N—H键的键角为107.3°。经研究认为，在 NH_3 分子成键过程中，N原子也是采取 sp^3 杂化方式成键的。N原子的价电子层结构为 $2s^2 2p^3$，成键时四个轨道发生 sp^3 杂化，形成四个 sp^3 杂化轨道。其中三个 sp^3 杂化轨道各有一个未成对电子，分别与三个H原子的1s轨道重叠，形成三个N—Hσ键。剩余一个 sp^3 杂化轨道上的一对电子不参与成键，这一对孤对电子较靠近N原子，电子云较密集于N原子的周围，因此孤电子对对成键电子对所占据的杂化轨道有较大的排斥作用，使键角从109°28′压缩到107.3°，故 NH_3 分子呈三角锥形，见图6-20。

实验测得 H_2O 分子中H—O—H键角为104.5°，H_2O 分子的空间构型为V型。杂化轨道理论认为O原子也采取了 sp^3 杂化。其中两个 sp^3 杂化轨道中各有一个未成对电子，另两个 sp^3 杂化轨道则各有一对孤对电子。有两个单电子占据的杂化轨道分别与两个H原子的1s轨道重叠，形成两个H—O共价键。两个孤对电子占据的杂化轨道不参与成键，其电子云在O原子周围较密集，其对两个O—Hσ键的电子云有较大的静电排斥力，使键角从109°28′压缩到104.5°，所以 H_2O 呈V型。见图6-21。

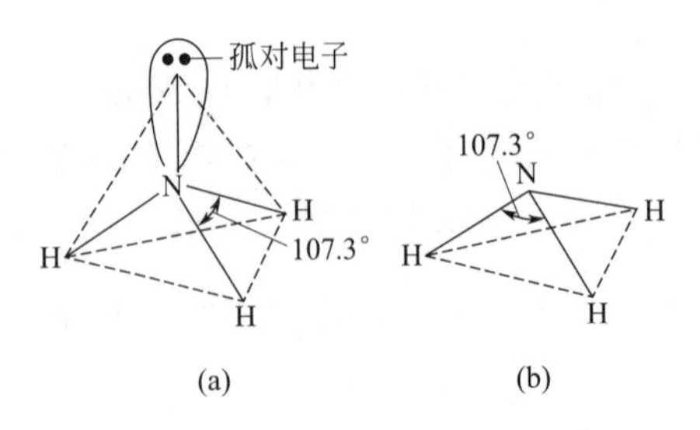

图 6-20 NH_3 分子的空间结构

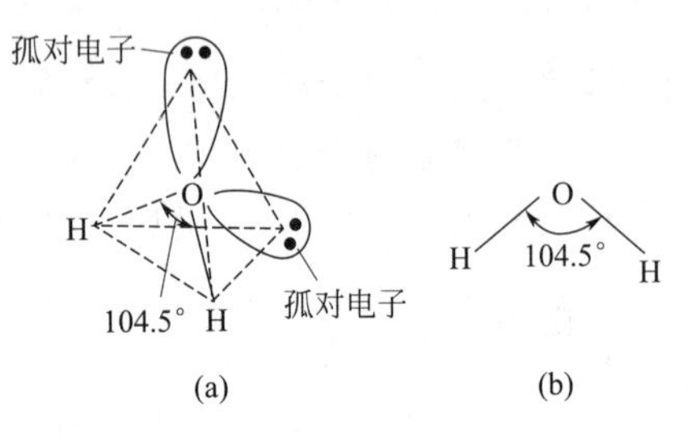

图 6-21 H_2O 分子的空间结构

6.4.3 分子轨道理论

价键理论和杂化轨道理论都是以电子配对为基础的，因此形成分子后不应再有未成对的单个电子，所有分子都应呈现反磁性。O_2 分子的结构，如果用价键理论解释，应该是双键结构。而实验表明，液态氧和固态氧易为磁铁所吸引，这说明 O_2 是顺磁性的，分子中含有未成对的电子。价键理论和杂化轨道理论也无法说明有些奇数电子分子或离子如 H_2^+、O_2^+、NO、NO_2 等稳定存在的原因。为了说明这些问题，从分子整体出发研究分子结构的分子轨道理论（molecular orbital theory）应运而生。

6.4.3.1 分子轨道理论的基本要点

1932 年前后，密立根（R. S. Mulliken）和洪特等人提出了分子轨道理论，简称 MO 法。基本要点为：

① 分子中的电子是在整个分子范围内运动的，每一个电子的运动状态也可用相应的波函数来表示。每一个波函数 ψ 可代表一个分子轨道。分子的总能量等于被电子占有的各分子轨道能量的总和。每个分子轨道的能量均由构成分子轨道的原子轨道的类型和轨道的重叠情况而定，由此可得到分子轨道的近似能级图。

② 分子轨道由原子轨道线性组合而成，即 n 个原子轨道经线性组合形成 n 个分子轨道。

③ 分子中的电子遵循能量最低原理、保里不相容原理和洪特规则，依次填入分子轨道之中。

④ 原子轨道要有效地组成分子轨道必须符合能量近似原则、轨道最大重叠原则及对称性相同原则。

6.4.3.2 分子轨道的形成

两个原子轨道组合成分子轨道时，因为波函数有正值与负值之分，正值部分与正值部分、负值部分与负值部分组合，称为对称性相匹配。只有对称性相匹配，才能组成成键（bonding）分子轨道；正值部分和负值部分组合，对称性不相匹配，则组成反键（anti-bonding）分子轨道。分子轨道的形状可以通过原子轨道重叠分别近似地描述。

（1）s—s 原子轨道的组合

以 H_2 分子轨道的形成为例。两个 1s 原子轨道正值与正值部分叠加得一分子轨道，称为 σ_{1s} 成键分子轨道。σ_{1s} 分子轨道的波函数数值在两核间区域明显增大，电子若进入 σ_{1s} 成键分子轨道，电子在两核间出现的概率增大，分子的能量降低，因此分子中原子间发生了键合作用。在 σ_{1s} 成键分子轨道形成的同时，还会形成另一个 σ_{1s}^* 反键分子轨道。反键分子轨道相当于两个原子轨道相减组合而成。电子若进入 σ_{1s}^* 反键分子轨道，其分子轨道的波函数数值在核间分布稀疏，不能抵消两核间的斥力，对分子稳定不利。根据能量最低原理，H_2 分子中的两个电子都将进入 σ_{1s} 成键分子轨道，见图 6-22。两个 ns 原子轨道组合成分子轨道的情况，可用图 6-23 示意。

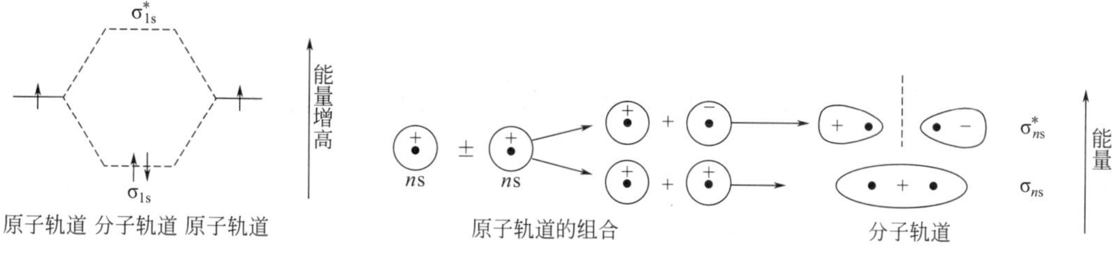

图 6-22 氢分子的分子轨道

图 6-23 ns—ns 原子轨道组合成 σ 分子轨道示意图

由 s—s 原子轨道组合而成的这两种分子轨道沿键轴呈圆柱形对称分布，称为 σ 分子轨道。图 6-23 中上面那种分子轨道称 σ_{ns}^* 反键分子轨道，下面那种分子轨道称 σ_{ns} 成键分子轨道。σ_{ns}^* 反键分子轨道的能量比组合该分子轨道的 ns 原子轨道的能量要高；σ_{ns} 成键分子轨道的能量则比 ns 原子轨道的能量要低。

（2）p—p 原子轨道的组合

一个原子的 np 原子轨道与另一原子的 np 原子轨道组合成分子轨道时，因 p 轨道在空间有三种取向 p_x、p_y、p_z，如果两个原子沿着 x 轴彼此接近，那么两个 np_x 原子轨道会以“头碰头”的方式重叠，组合形成沿键轴对称分布的 σ_{np_x} 成键轨道和 $\sigma_{np_x}^*$ 反键轨道。σ_{np_x} 成键轨道能量比 np 原子轨道的能量要低，而 $\sigma_{np_x}^*$ 反键轨道的能量比 np 原子轨道的能量要高，如图 6-24 所示。在卤素单质分子 X_2 中体现了这种 p—p 原子轨道组合成 σ 分子轨道的方式。

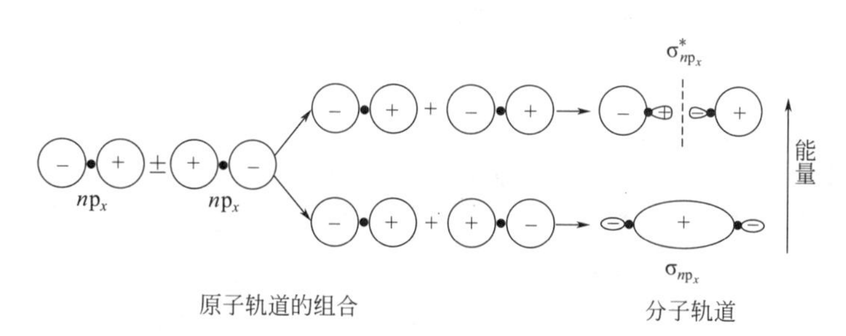

图 6-24 np_x—np_x 原子轨道组合成 σ 分子轨道示意图

当 np_x 和 np_x 形成 σ 分子轨道后，np_y 和 np_z 就只能采取“肩并肩”的重叠方式组合成 π_{np_y}、π_{np_z} 成键分子轨道和 $\pi_{np_y}^*$、$\pi_{np_z}^*$ 反键分子轨道，如图 6-25 所示。

π 分子轨道电子云有一通过 x 轴的对称面，电子云对称地分布在此平面的上下两侧。π 分子轨道中能量比 np 原子轨道高的称 $\pi_{np_y}^*$、$\pi_{np_z}^*$ 反键分子轨道，能量比 np 原子轨道低的称 π_{np_y}、π_{np_z} 成键分子轨道。π_{np_y}、$\pi_{np_y}^*$ 与 π_{np_z} 和 $\pi_{np_z}^*$ 轨道互相垂直。两个成键 π 轨道是二重简并的，两个反键 π^* 轨道也是二重简并的。

因此，两个原子各用 3 个 np 轨道共组成了六个分子轨道：σ_{np_x} 和 $\sigma_{np_x}^*$、π_{np_z} 和 $\pi_{np_z}^*$ 以及 π_{np_y} 和 $\pi_{np_y}^*$。

ns 原子轨道能不能和 np 原子轨道发生组合呢？在对称性相同的前提下，取决于 ns 和 np 原子轨道之间能量差的大小。只有能量相近的原子轨道才能组合成有效的分子轨道（即异核双原子分子轨道）。

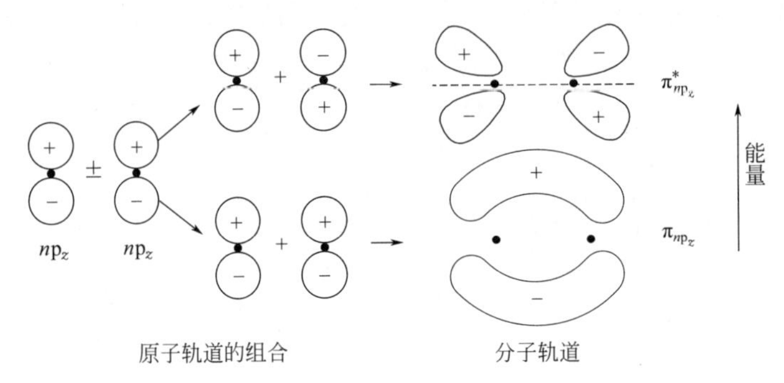

图 6-25 np_z—np_z 原子轨道组合成 π 分子轨道示意图

6.4.3.3 分子轨道能级图

因为参与组合的原子轨道能量不同，因而组成相应分子轨道的能量也不同。根据光谱实验数据，若把分子中各轨道能量由低至高排列，即得到分子轨道能级图。

在这里，我们只讨论第二周期的同核双原子分子的分子轨道能级图，有以下两种情况。

① 当 2s 和 2p 原子轨道的能量差较大时（如第二周期中 O 和 F），2s 和 2p 原子轨道间不发生相互作用。因此，分子轨道的能量高低次序为：$\sigma_{1s}<\sigma^*_{1s}<\sigma_{2s}<\sigma^*_{2s}<\sigma_{2p_x}<\pi_{2p_y}=\pi_{2p_z}<\pi^*_{2p_y}=\pi^*_{2p_z}<\sigma^*_{2p_x}$，如图 6-26(a) 所示。

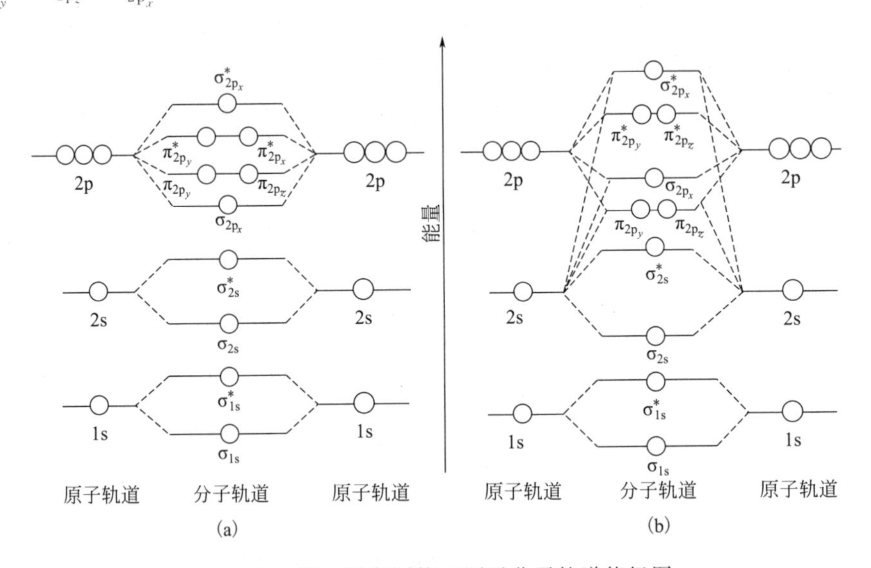

图 6-26 第二周期同核双原子分子轨道能级图

② 当 2s 和 2p 原子轨道能量相差较小时（如第二周期中 N 以前的各元素），由于能量相差不大，邻近轨道可产生相互作用，使分子轨道原来的能量次序发生改变，σ_{2p_x} 的能量反而高于 π_{2p} 的能量，则分子轨道的能量高低次序为：$\sigma_{1s}<\sigma^*_{1s}<\sigma_{2s}<\sigma^*_{2s}<\pi_{2p_y}=\pi_{2p_z}<\sigma_{2p_x}<\pi^*_{2p_y}=\pi^*_{2p_z}<\sigma^*_{2p_x}$，如图 6-26(b) 所示。

用上述理论可以解释某些同核双原子分子和离子的形成。

[例 6-2] H_2^+ 分子离子和 Li_2 分子。

H_2^+ 中只有一个电子，占据 σ_{1s} 成键分子轨道。H_2^+ 的分子轨道式为：

$$H_2^+\quad[(\sigma_{1s})^1]$$

由于一个电子进入 σ_{1s} 成键轨道，体系的能量降低了，因此 H_2^+ 分子离子是可以存在的。H_2^+ 分子离子中的键称单电子 σ 键。分子轨道理论中用键级(bond order)来描述分子的结构稳定性。键级定义为分子中净成键电子数的一半。

$$键级=\frac{成键轨道的电子数-反键轨道的电子数}{2}$$

键级的大小与键能的大小有关。一般来说，键级越大，键能越大，分子结构越稳定。键级等于零的分子不可能存在。H_2^+ 的键级 $=\frac{1-0}{2}=\frac{1}{2}$。

Li_2 分子有 6 个电子，根据同核双原子分子轨道能级图可写出其分子轨道式：$Li_2[(\sigma_{1s})^2(\sigma_{1s}^*)^2(\sigma_{2s})^2]$，其中 σ_{1s} 和 σ_{1s}^* 轨道上的电子为内层电子，由于离核近，受核的束缚作用大，在形成分子时实际上不起作用，可认为它们基本仍留在原来的原子轨道中运动。因此 Li_2 分子中的电子排布有时不写 σ_{1s}、σ_{1s}^* 轨道，而用符号 K 表示每一个 K 层原子轨道上的两个电子，这样 Li_2 的分子轨道式又可表示为 $Li_2[KK(\sigma_{2s})^2]$。Li_2 分子可以存在，Li_2 的键级 $=\frac{2-0}{2}=1$，分子内有一个 σ 单键。

[例 6-3] He_2 分子和 He_2^+ 分子离子。

He_2 分子有 4 个电子，其分子轨道式为 $[(\sigma_{1s})^2(\sigma_{1s}^*)^2]$。进入 σ_{1s} 和 σ_{1s}^* 轨道的电子均为 2 个，对体系能量的影响相互抵消，故不存在 He_2 分子，这正是稀有气体为单原子分子的原因。He_2 的键级 $=\frac{2-2}{2}=0$。

He_2^+ 的分子轨道式：$He_2^+[(\sigma_{1s})^2(\sigma_{1s}^*)^1]$，体系总能量降低，故 He_2^+ 可以存在，已为光谱实验所证实。键级 $=\frac{2-1}{2}=\frac{1}{2}$。$He_2^+$ 分子离子中的化学键为三电子 σ 键。

[例 6-4] N_2 分子的结构。

按照同核双原子分子轨道能级图 6-26(b)，其分子轨道式为：$N_2[KK(\sigma_{2s})^2(\sigma_{2s}^*)^2(\pi_{2p_y})^2(\pi_{2p_z})^2(\sigma_{2p_x})^2]$，键级 $=\frac{8-2}{2}=3$。其中成键的 $(\sigma_{2s})^2$ 和反键的 $(\sigma_{2s}^*)^2$ 能量抵消，所以实际上成键电子有 6 个，即 $(\pi_{2p_y})^2(\pi_{2p_z})^2(\sigma_{2p_x})^2$。它们形成了一个 σ 键和两个 π 键，这一点与价键理论的结论一致。由于 N_2 分子中存在三键 N≡N，所以 N_2 分子具有特殊的稳定性。至今工业上打开 N≡N 三键合成氨，要在铁催化剂和高温高压条件下才能实现，而生物体中的固氮酶却可在常温常压条件下将氮转化为其他化合物。如何在温和条件下打开 N≡N 三键进行人工固氮，正是人们积极探索的一个重要课题。

[例 6-5] O_2 分子的结构。

O_2 分子比 N_2 分子多两个电子，其分子轨道能级见图 6-26(a)。按分子轨道理论，最后的两个电子应按洪特规则分别进入 $\pi_{2p_y}^*$ 和 $\pi_{2p_z}^*$，并且保持自旋平行。因此 O_2 的分子轨道表示式是：

$$O_2[KK(\sigma_{2s})^2(\sigma_{2s}^*)^2(\sigma_{2p_x})^2(\pi_{2p_y})^2(\pi_{2p_z})^2(\pi_{2p_y}^*)^1(\pi_{2p_z}^*)^1]$$

其中成键的 $(\sigma_{2s})^2$ 和反键的 $(\sigma_{2s}^*)^2$ 能量大致抵消，所以对成键不起作用。实际上对成键有作用的是 $(\sigma_{2p_x})^2$ 形成的 σ 键，$(\pi_{2p_y})^2$ 和 $(\pi_{2p_y}^*)^1$ 构成的三电子 π 键以及 $(\pi_{2p_z})^2$ 和 $(\pi_{2p_z}^*)^1$ 构成的三电子 π 键。因此在 O_2 分子中有一个 σ 键、两个三电子 π 键，π 键是互相垂直的。三电子 π 键中只有一个净成键电子，键能仅是单键键能的一半，因此两个三电子 π 键的总能量相当于一个普通的 π 键。键级 $=\frac{8-4}{2}=2$。由于氧分子中含有两个单电子，所以表现出顺磁性。

综上所述，分子轨道理论可以弥补价键理论的不足，对分子内部结构能较好地进行定性描述，并能说明价键理论不能说明的某些现象。但分子轨道理论对分子几何结构的描述不够直观，因而它与价键理论相辅相成。

6.5 分子间作用力、氢键

化学键是决定分子化学性质的主要因素，但化学键的性质还不能说明物质的全部性质及其所处的状态。例如，在温度足够低时许多气体能凝聚为液体甚至固体，这一过程说明分子与分子之间还存在着一种相互吸引作用。范德华（van der waals）对这种作用力进行了卓有成效的研究，所以人们把分子之间的力叫范德华力。这种作用力大小约几个 $kJ \cdot mol^{-1}$，比化学键小一到两个数量级。这种微弱的作用力对物质的熔点、沸点、稳定性都有相当大的影响。

由于分子间力（intermolecular force）在本质上是电性的，因此在介绍分子间力之前，应先熟悉分子的两种电学性质——分子的极性和变形性。

6.5.1 分子的极性和变形性

6.5.1.1 分子的极性

在共价型分子中，化学键有极性键和非极性键之分。若成键原子的电负性不同，形成共价键时，共用电子对偏向电负性较大的原子，这类键即为极性共价键；反之，若共用电子对不偏离，形成的共价键为非极性共价键。共价键的极性取决于成键原子电负性差的大小。

共价分子也有极性分子和非极性分子之分。任何一种分子，均有正电荷部分和负电荷部分。设想正、负电荷各集中于一点，这样在分子中可有一个正电荷的重心和一个负电荷的重心。当正、负电荷重心相重合时，整个分子不显极性，称为非极性分子（nopolar molecule）；反之，正、负电荷重心不重合时，整个分子会显出极性，这类分子称为极性分子（polar molecule）。

一些同核双原子分子 H_2、O_2 等的化学键没有极性，正、负电荷重心重合，整个分子不显极性，是非极性分子。而异核双原子分子如 HCl，Cl 原子电负性大于 H 原子，所以成键电子偏向 Cl 原子，分子的负电荷重心比正电荷重心更偏向 Cl 原子，所以 HCl 是极性分子。由极性键构成的双原子分子一定是极性分子。

多原子分子是否有极性，不能单从键的极性方面来判断，要视分子的组成和空间几何构型而定。例如 CO_2(O═C═O) 分子，虽然 C═O 键为极性键，但两个 C═O 键处在同一直线上，两个 C═O 键的极性互相抵消，整个 CO_2 分子的正、负电荷重心重合，所以 CO_2 分子是非极性分子。

H_2O 分子中的 O—H 键为极性键，两个 O—H 键间的夹角为 104.5°，两个 O—H 键的极性没有互相抵消，H_2O 分子的正、负电荷重心不重合，因此，H_2O 分子是极性分子。总之，共价键是否有极性，取决于相邻原子间共用电子对是否有偏移；分子是否有极性，取决于整个分子的正、负电荷重心是否重合。

分子极性的大小常用分子的偶极矩来衡量。

偶极矩 μ 定义为极性分子中电荷重心（正电荷重心或负电荷重心）上的电荷量 q 与正、负电荷重心距离 l 的乘积：

$$\mu = q \cdot l$$

l 又称偶极长度。分子的偶极矩可通过实验测出，单位是库仑·米（C·m）。

偶极矩等于零的分子为非极性分子，偶极矩不等于零的分子为极性分子。偶极矩越大，分子的极性越强，因而可以根据偶极矩大小比较分子极性相对强弱。偶极矩也可以作为了解有关分子结构的参考资料，即可由 μ 值推测和验证分子的构型。例如测得 CO_2 分子的 $\mu=0$，由此可推得 CO_2 分子的空间构型为直线型；测得 NH_3 分子的 $\mu>0$，说明 NH_3 的空间构型不是平面正三角形，是三角锥形。

6.5.1.2　分子的变形性

在外电场的作用下，分子中的电子和原子核会产生相对位移，分子发生变形，分子中原有的正、负电荷重心的位置发生改变，分子的极性也随之改变，这种过程称为分子的极化。

在电场的作用下，非极性分子原来重合的正、负电荷重心会彼此分离，分子出现偶极，这种偶极称为诱导偶极（inductiondipole）。产生诱导偶极的过程也称为分子的变形极化。因电子与核发生相对位移而使分子外形发生变化的性质，就称为分子的变形性。电场越强，分子的变形越显著。当外电场消失时，诱导产生的偶极也随之消失。极性分子本身就存在偶极，这种偶极称为固有偶极或永久偶极（permanent dipolt）。如果没有外电场作用，气态及液态极性分子一般都做无规则运动，但置于外电场之中时，则可发生定向极化，使正、负电荷重心之间距离增大，发生变形，产生诱导偶极。

分子被极化的程度可用分子极化率表示。极化率越大，则表示该分子的变形性越大。分子的变形性与分子大小有关，分子越大，包含的电子越多，分子的变形性也越大。

6.5.2　分子间作用力

任何分子都有变形的可能，所以说，分子的极性和变形性是分子互相靠近时分子间产生吸引作用的根本原因。根据分子种类不同，分子间力可有三种类型。

6.5.2.1　色散力

两个非极性分子相互靠近时，由于每个分子内电子和原子核不断运动，电子和原子核会出现瞬间相对位移引起分子的正、负电荷重心分离，产生瞬时偶极（instantanous dipole）。而当分子间距只有几百 pm 时，相邻分子会在瞬时产生异极相邻的状态，分子间会产生相互吸引力。这种吸引力是瞬时偶极作用的结果，把这种力称为色散力（dispersion force）。虽然瞬时偶极在瞬时出现，但因分子处于不断运动之中，因而色散力也是一直存在的，如图 6-27所示。

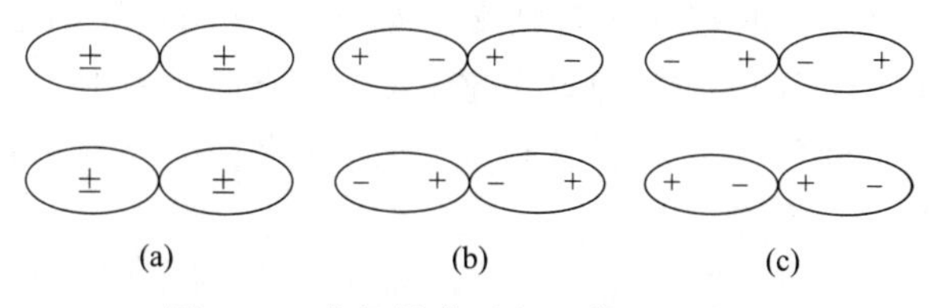

图 6-27　非极性分子相互作用示意图

分子间色散力大小与分子的极化率（变形性）有关，极化率大，色散力也大。色散力是存在于一切分子之间的作用力，即在非极性分子之间、极性分子与非极性分子之间、极性分子之间均存在色散力。

6.5.2.2 诱导力

极性分子与非极性分子相互靠近时，除存在色散力外，极性分子本身的固有偶极也会使非极性分子被诱导而产生诱导偶极。极性分子的固有偶极与非极性分子的诱导偶极相互作用，便产生了诱导力（induction force）。诱导力使非极性分子产生了极性，也使极性分子的极性进一步增强。因而诱导力不仅与极性分子的偶极矩有关，也与非极性分子本身的极化率有关。见图 6-28。

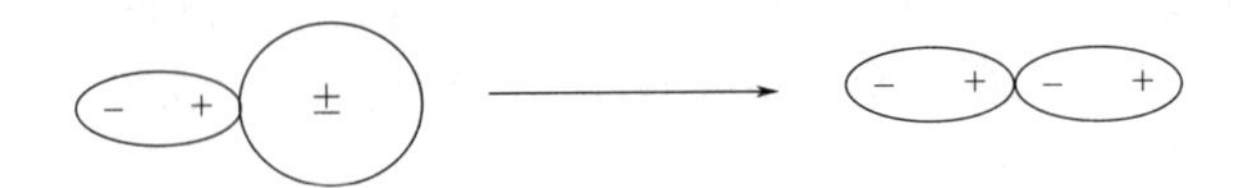

图 6-28 极性分子与非极性分子相互作用示意图

6.5.2.3 取向力

两个极性分子相靠近时，极性分子本身的固有偶极作用会使它们产生同极相斥、异极相吸的作用，使极性分子在空间转向成异极相邻的状态，并产生相互作用力，这种作用力称为取向力（orientation force）。取向力只存在于极性分子之间，它的大小取决于极性分子本身固有偶极的大小和分子间的距离。见图 6-29。

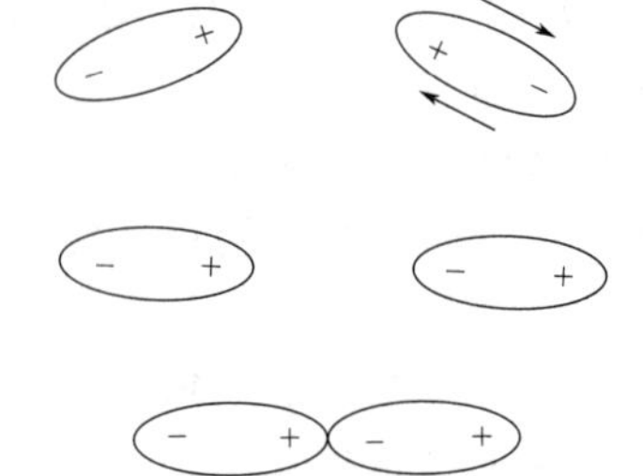

图 6-29 极性分子相互作用示意图

极性分子之间的作用力实际上由三部分组成，即取向力、色散力和诱导力。一般分子间，色散力往往是主要的。只有偶极矩很大的分子间取向力才显得重要。用分子间力的概念可以说明稀有气体和卤化氢（氟化氢除外）等的熔点和沸点随元素原子序数增大而升高的原因。

稀有气体分子是单原子非极性分子，它们之间只存在色散力。随着物质的分子量增大，分子内电子的数目也增多，电子和原子核不断运动所产生的瞬时偶极的极性也就增大，分子间的色散力也就增强。因此，稀有气体的熔点、沸点按 He、Ne、Ar、Kr、Xe、Rn 的顺序逐渐增大。

卤化氢是极性分子，由于卤化氢分子的固有极性按 HCl→HBr→HI 顺序减小，因此卤化氢分子间的取向力也随之减小。因色散力和诱导力与分子的变形性有关，而卤化氢分子的变形性是按 HCl→HBr→HI 顺序增加的。虽然分子间的诱导力按 HCl→HBr→HI 顺序减弱，但色散力却按 HCl→HBr→HI 顺序递增，而色散力又是分子间最主要的一种作用力，因此卤化氢分子间力的总和是按 HCl→HBr→HI 顺序增大的，所以其熔、沸点按 HCl→HBr→HI 顺序升高。

分子间力还可以说明物质的相互溶解情况。如 NH_3 和 H_2O 都是极性分子，存在着强的取向力，所以可以互溶；CCl_4 是非极性分子，CCl_4 分子间的引力及 H_2O 分子间的引力均大于 CCl_4 与 H_2O 分子间的引力，所以 CCl_4 不溶于水；I_2 是非极性分子，I_2 与 CCl_4 分子间的色散力较大，因此 I_2 易溶于 CCl_4。

6.5.3 氢键

卤素氢化物的熔沸点随着分子量增大而升高，但 HF 例外，见实验事实：

	HF	HCl	HBr	HI
沸点/K	293	188	206	237

HF有特别高的沸点是由于HF分子间除了一般的分子间力外，还存在一种特殊的作用力，能使简单的HF分子形成缔合分子。HF分子缔合的主要原因是分子间形成了氢键（hydrogen bond）。

6.5.3.1　氢键的形成

因为F的电负性（4.0）比H的电负性（2.1）大得多，因此在HF分子中H—F键的共用电子对强烈地偏向F原子一边，使H原子带部分正电荷，F原子带部分负电荷。同时由于H原子核外只有一个电子，其电子云偏向F原子使它几乎成为裸露的质子。这个半径很小、又带正电荷的H原子与另一个HF分子中含有孤对电子并带部分负电荷的F原子充分靠近产生吸引力，这种吸引作用称为氢键，如图6-30所示。

氢键通常可用X—H…Y表示，X和Y代表F、O、N等电负性大而且半径较小的原子。X和Y可以是两种相同的元素，也可以是不同种元素。

氢键的键能是指每拆开1 mol H…Y键所需要的能量，其值比共价键键能小得多。如H_2O分子中的O—H键键能为463 kJ·mol^{-1}，而O—H…O中氢键键能为18.8 kJ·mol^{-1}，所以氢键可归入分子间力的范畴。氢键的键长一般是指X—H…Y中由X原子中心到Y原子中心的距离。

除了分子间氢键外，某些化合物分子还可形成分子内氢键，多是一些有机化合物（例如邻硝基苯酚）。一般要求氢原子与邻近基团电负性大的元素相隔4～5个化学键，便于形成五元环或六元环稳定形式。如图6-31所示。

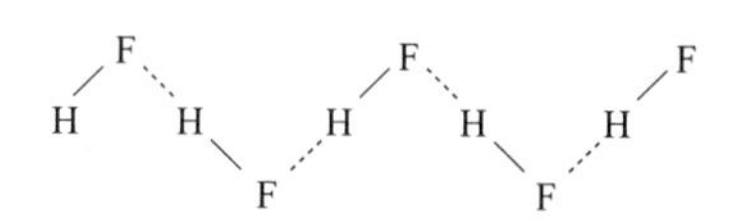

图6-30　HF分子间氢键

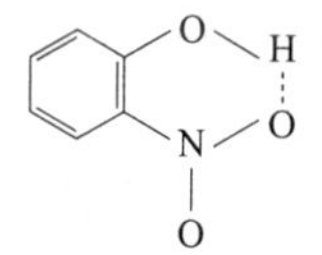

图6-31　邻硝基苯酚分子内氢键

6.5.3.2　氢键的特点

① 氢键具有方向性　形成的分子间氢键X—H…Y成一直线，即X、Y在H的两侧，相距最远、斥力最小。

② 氢键具有饱和性　因H原子较小，已经形成氢键的H原子不可能再形成第二个氢键。

③ 氢键强弱与元素电负性有关　电负性大的元素有利于形成强的氢键，体积大的元素不利于形成氢键。氢键强弱顺序如下：

F—H…F>O—H…O>N—H…N

6.5.3.3　氢键形成对物质性质的影响

分子间形成氢键增大了分子间作用力，分子缔合，所以化合物的沸点和熔点都显著升高。见图6-32。

与N、O、F同周期的C原子电负性较小，不易形成氢键，所以CH_4的沸点没出现反常，与同族氢化物相比，NH_3、H_2O、HF的沸点都特别高。

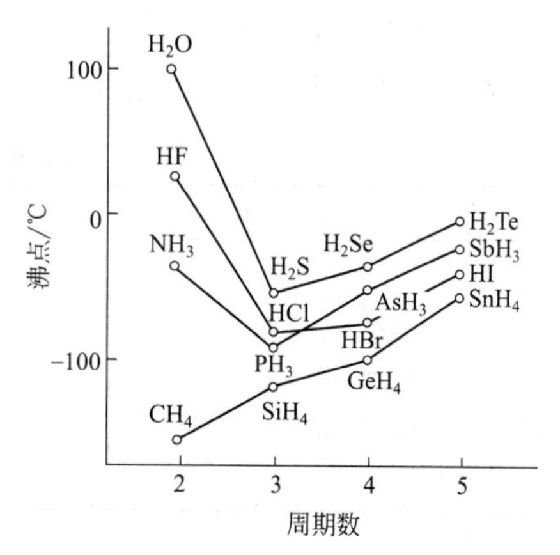

图6-32　同族元素氢化物沸点变化图

氢键还影响物质的溶解度及液体的密度。一般分子间氢键可使其在极性溶剂中的溶解度增大，液体的密度增大。

6.6 离子化合物

6.6.1 离子键的形成及特征

1916年柯塞尔（W. Kossel）提出了离子键理论，离子键理论认为：电负性小的金属原子（如Na原子）和电负性较大的非金属原子（如Cl原子）相遇，很容易发生电子转移，形成正、负离子，从而都具有类似稀有气体原子的稳定结构。正、负离子之间靠静电引力结合，形成稳定的化学键，称为离子键（ionic bond）。

6.6.1.1 离子键的形成

离子键是原子得失电子后，形成的正、负离子通过静电吸引作用而形成的化学键。离子间的这种作用力与离子所带电荷及离子间距离有关。一般离子所带电荷越多，离子间距离越小，则正、负离子间作用力越大，所形成的离子键越牢固。

离子的电子云分布可近似看成球形，只要空间条件许可，可以在空间任何方向与带有相反电荷的离子互相吸引，所以离子键是没有方向性的。同时，离子键也没有饱和性。例如在NaCl晶体中，每个Na^+离子周围等距离地排列着6个Cl^-离子，而每个Cl^-离子周围也同样等距离地排列着6个Na^+离子，这是由正、负离子半径、电荷等因素决定的，并不意味着它们的电性作用已达到饱和。每个离子都将在三维空间继续吸引异性离子，只不过距离较远相互作用较弱罢了。

必须指出的是，在离子键形成的过程中，并不是所有的离子都必须具有稀有气体原子的电子构型（8电子）。通常八隅律只适用于ⅠA、ⅡA族元素所形成的离子。过渡元素以及锡、铅等形成的离子不符合八隅律，它们的离子也能稳定存在。

6.6.1.2 离子的特征

离子具有三个重要的特征：离子的电荷、离子的电子层构型和离子半径。

（1）离子的电荷

离子的电荷指原子在形成离子化合物过程中失去或获得的电子数。

（2）离子的电子构型（ionic electron configuration）

所有简单负离子（如F^-、Cl^-、S^{2-}等）最外电子层结构为ns^2np^6，即具有8电子构型。正离子的情况比较复杂（见表6-8）。

表6-8 正离子的电子构型

离子外电子层电子排布通式	离子的电子构型	正离子实例
$1s^2$	2	Li^+, Be^{2+}
ns^2np^6	8	Na^+, Mg^{2+}, Al^{3+}, Sc^{3+}
$ns^2np^6nd^{1\sim9}$	9～17	Cr^{3+}, Mn^{2+}, Fe^{2+}, Cu^{2+}, Fe^{3+}
$ns^2np^6nd^{10}$	18	Cu^+, Zn^{2+}, Cd^{2+}, Hg^{2+}
$(n-1)s^2(n-1)p^6(n-1)d^{10}ns^2$	18+2	Sn^{2+}, Pb^{2+}, Sb^{3+}, Bi^{3+}

2电子和8电子构型的正离子自然可以稳定存在，其他几种非稀有气体构型的正离子也有一定程度的稳定性，有些还是很稳定的。

（3）离子的半径

离子和原子一样，电子云弥漫在核的周围而无确定的边界，因此，离子的真实半径实际上是很难确定的。但是当正、负离子通过离子键形成离子晶体时，把正、负离子看成互相接触的两个球体，两个原子核间的平衡距离（核间距 d）就等于两个离子半径（ionic radius）之和，即 $d=r_1+r_2$，如图 6-33 所示。

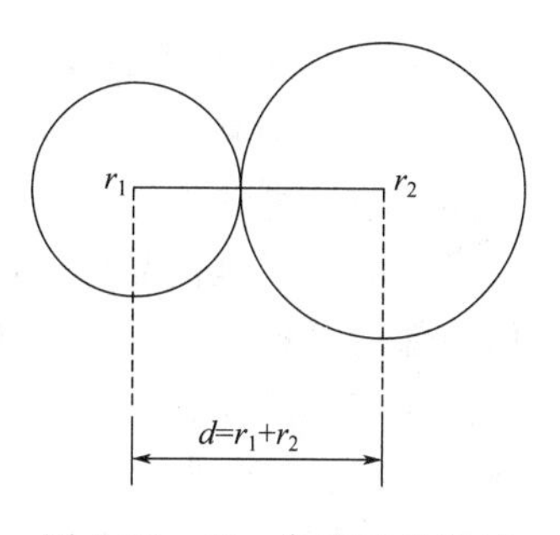

图 6-33 正、负离子半径与核间距的关系

核间距是可以通过实验测出的。如果能知道其中一个离子的半径，另一个离子的半径就可求出。目前最常用的是鲍林从核电荷数和屏蔽常数推算出的一套离子半径，见表 6-9。

表 6-9 离子半径/pm

H^+ 208																
Li^+ 60	Be^{2+} 31											B^{3+} 20	C^{4+} 15	N^{3-} 171	O^{2-} 140	F^- 136
Na^+ 95	Mg^{2+} 65											Al^{3+} 50	Si^{4+} 41	P^{3-} 212	S^{2-} 184	Cl^- 181
K^+ 133	Ca^{2+} 99	Sc^{3+} 81	Ti^{4+} 68	V^{5+} 59	Cr^{6+} 52	Mn^{7+} 46	Fe^{2+} 76	Co^{2+} 74	Ni^{2+} 72	Cu^+ 96	Zn^{2+} 74	Ga^{3+} 62	Ge^{4+} 53	As^{3-} 222	Se^{2-} 198	Br^- 195

离子半径变化规律如下：

① 正离子半径一般小于负离子半径。如总电子数相等的 Na^+ 半径为 95 pm，F^- 半径为 136 pm。

② 正离子半径小于该元素的原子半径，而负离子半径大于该元素的原子半径。

③ 同一周期，电子层结构相同的正离子随着电荷数增大，离子半径依次减小，如：$r_{Na^+}>r_{Mg^{2+}}>r_{Al^{3+}}$。

④ 周期表各主族元素自上而下电子层数依次增多，所以具有相同电荷数的同族离子半径依次增大。如：$r_{Na^+}<r_{K^+}<r_{Rb^+}<r_{Cs^+}$；$r_{F^-}<r_{Cl^-}<r_{Br^-}<r_{I^-}$。

⑤ 同一元素形成不同电荷的阳离子时，离子半径随电荷数增大而减小。如：$r_{Fe^{3+}}<r_{Fe^{2+}}$，$r_{Pb^{4+}}<r_{Pb^{2+}}$。

⑥ 周期表中处于相邻族的右下角和左上角斜对角线上的阳离子半径近似相等。如：r_{Li^+}(60pm)$\sim r_{Mg^{2+}}$(65pm)；$r_{Sc^{3+}}$(81pm)$\sim r_{Zr^{4+}}$(80pm)。

6.6.2 离子晶体

6.6.2.1 晶体的特征

固体可以分为晶体和非晶体（即无定形体），晶体的特征如下：

① 晶体具有一定的几何外形，其内部质点有规则地在空间排列，如食盐晶体是立方体，石英（SiO_2）是六角柱体等。炭黑等物质从外观看不具备整齐的外形，但结构分析表明，它们是由极微小的晶体组成的，物质的这种状态被称为微晶体。

② 晶体具有固定的熔点。在一定的外压下，将晶体加热到某一温度（熔点）时开始熔化，在全部熔化之前温度始终保持不变。非晶体则不同，如塑料在一个很大的温度范围内逐渐软化，不会有突然液化的现象。

③ 晶体某些性质的各向异性。晶体的某些性质（如光学性质、力学性质、导热导电性、溶解作用等）从晶体的不同方向去测定时是不相同的，如云母呈片状分裂、食盐呈立方体解裂。晶体的这种性质称为各向异性，而非晶体是各向同性的。

晶体的特征是由晶体的内部结构所决定的。应用 X 射线衍射研究晶体内部结构时发现，晶体内部的微粒（离子、原子或分子）在空间的排列都是有规则的。

晶体与非晶体在一定条件下是可以相互转化的。例如石英晶体可以转化为石英玻璃（非晶体）。橡胶是典型的无定形物质，但改变固化条件也可变为晶体。

6.6.2.2 晶体的基本类型

X 射线研究证实了构成晶体的微粒在空间的排列具有周期性的特征，这些微粒有规则地排列在三维空间的一定点上。这些有规则排列的点形成的空间格子称为晶格（或点阵），晶格中的各点称为结点。能代表晶体结构特征的最小组成部分或者构成晶体的最小重复单位叫晶胞。根据晶体外形的对称性不同，可将晶体分成七个晶系，按晶格结点在空间的位置，又分为十四种晶格。其中立方晶格具有最简单的结构，可分为三种类型（见图 6-34）。

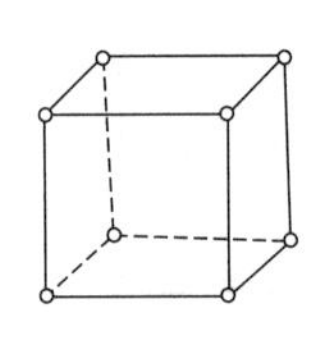
(a) 简单立方晶格

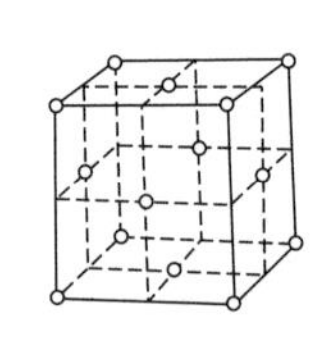
(b) 面心立方晶格

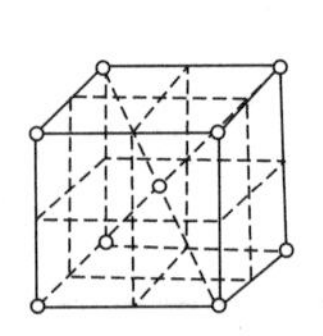
(c) 体心立方晶格

图 6-34 立方晶格

6.6.2.3 三种典型的 AB 型离子晶体

凡由离子键结合而成的晶体统称为离子晶体（ionic crystal），晶格结点上是正、负离子。通常把晶体内每个粒子周围最接近的异性粒子的数目，称为该粒子的配位数。例如，NaCl 晶体中每一个 Na^+ 周围吸引六个 Cl^-，而每一个 Cl^- 周围也吸引六个 Na^+。Na^+ 和 Cl^- 的配位数都是 6。因此在氯化钠晶体中并没有氯化钠分子存在，故把 NaCl 称作化学式更为确切。

由于离子键的键能较大，离子之间相互结合较牢固，所以离子晶体熔点较高，硬度较大，质脆，延展性差，易溶于极性溶剂，溶于水或熔化时有导电性。

离子晶体中，正、负离子在空间的排列情况是多种多样的。这里仅介绍属于立方晶格的二元离子化合物中最常见的三种典型结构，即 NaCl 型、CsCl 型和立方 ZnS 型，见图 6-35。

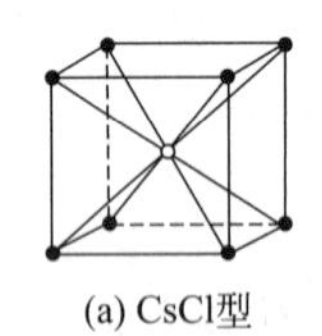
(a) CsCl型

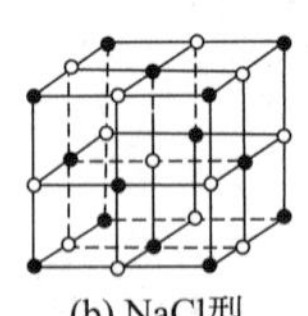
(b) NaCl型

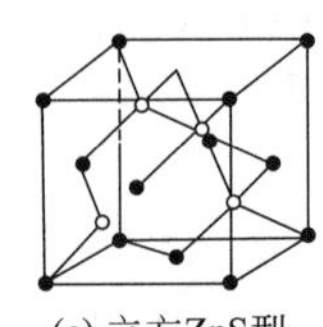
(c) 立方ZnS型

图 6-35 CsCl、NaCl 和立方 ZnS 型晶格

NaCl 型：AB 型离子化合物中最常见的晶体构型，属于面心立方晶格，正、负离子的配位数都是 6。NaBr、KI、LiF、MgO 等都属于 NaCl 型。

CsCl 型：属于体心立方晶格，离子排列在正立方体的八个顶角和体心上。每个正离子周围有八个负离子，每个负离子周围同样也有八个正离子，正、负离子的配位数都是 8。

CsBr、CsI、TlCl 等都属于 CsCl 型。

立方 ZnS 型（闪锌矿型）：属于面心立方晶格，每个离子都相邻四个相反电荷的离子，因此，正、负离子的配位数等于 4（正四面体型）。BeO、ZnSe、ZnO、HgS 等都是 ZnS 型。

6.6.3　离子半径比与晶体构型

离子晶体的结构类型不仅取决于正、负离子的大小，而且与离子的电荷及离子的电子构型有关。

在离子晶体中，只有正、负离子紧密接触时，晶体才是最稳定的。离子能否完全紧靠与正、负离子半径之比 r_+/r_- 有关。取配位数比为 6∶6 的晶体构型的某一层为例（图 6-36），令 $r_-=1$，则

$$ac=4,\ ab=bc=2+2r_+,$$

$$(ac)^2=(ab)^2+(bc)^2$$

$$4^2=2(2+2r_+)^2$$

$$\text{可以解出}\quad r_+=0.414$$

即 $r_+/r_-=0.414$ 时，正、负离子及负离子之间都能紧密接触。由图 6-37 可见，如果 $r_+/r_-<0.414$，负离子互相接触而正、负离子不能接触，这样吸引力小而排斥力大，体系能量较高，构型不稳定，晶体被迫转入较少配位数，例如转入 4∶4 配位，这样正、负离子才能接触得较好。如果 $r_+/r_->0.414$，负离子接触不良，正、负离子接触良好，吸引力大而排斥力小，这样的结构可以稳定存在。但当 $r_+/r_->0.732$ 时，空间条件允许，正离子周围有可能容纳更多的负离子，使其配位数变为 8。

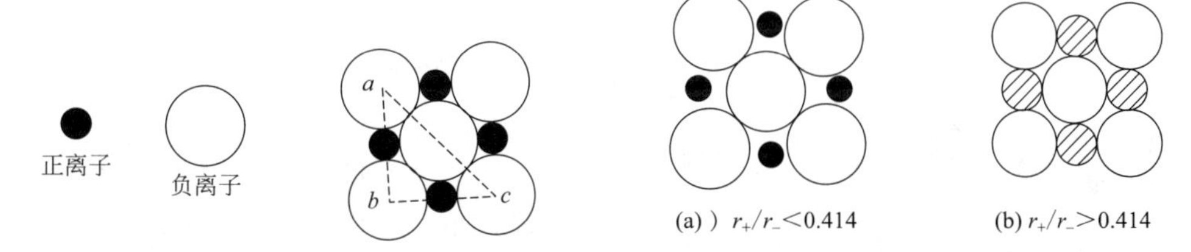

图 6-36　配位数为 6 的晶体中正、负离子半径比　　图 6-37　半径比与配位数的关系

AB 型离子晶体离子半径比与晶体配位数和构型的关系见表 6-10。除此以外，离子晶体的构型还与离子的电荷、电子构型以及外界条件有关。

表 6-10　离子半径与配位数的关系

r_+/r_-	配位数	构型
0.225～0.414	4	ZnS 型
0.414～0.732	6	NaCl 型
0.732～1.00	8	CsCl 型

6.6.4　离子晶体的晶格能

在离子晶体中，离子键的强度和晶体的稳定性可以用晶格能（lattice energy）来衡量。气态正、负离子结合成 1 mol 离子晶体时所放出的能量，称为离子晶体的晶格能，单位为 kJ·mol^{-1}，用“U”表示。例如 $K^+(g)+Br^-(g)\longrightarrow KBr(s)$　$\Delta H^{\ominus}=-687.7kJ\cdot mol^{-1}$。

显然，溴化钾晶体分解为气态钾离子和溴离子应该吸收同样多的能量，这份能量（687.7kJ·mol^{-1}）称为溴化钾的晶格能U，所以晶格能$U=-\Delta H^{\ominus}$（晶格焓）。

晶格能的大小可作为衡量某种离子晶体裂解为气态正、负离子难易程度的标度。晶格能越大，该离子晶体越稳定，反映在物理性质上，其硬度大、熔点高、热膨胀系数小等。

晶格能可以通过实验，也可以通过理论计算求得，现在还可借助量子力学的方法直接进行计算。这里只介绍玻恩-哈伯循环（Born-Haber cycle）法。

例如计算 KBr 的晶格能U：

$K(s) \longrightarrow K(g)$　　$\Delta_r H_{m_1}^{\ominus}$(升华热)$=90\ kJ \cdot mol^{-1}$

$K(g) \longrightarrow K^{+}(g)+e$　　$\Delta_r H_{m_2}^{\ominus}$(电离能)$=419\ kJ \cdot mol^{-1}$

$\frac{1}{2}Br_2(l) \longrightarrow \frac{1}{2}Br_2(g)$　　$\frac{1}{2}\Delta_r H_{m_3}^{\ominus}$(气化热)$=15\ kJ \cdot mol^{-1}$

$\frac{1}{2}Br_2(g) \longrightarrow Br(g)$　　$\frac{1}{2}\Delta_r H_{m_4}^{\ominus}$(键能)$=96\ kJ \cdot mol^{-1}$

$Br(g)+e \longrightarrow Br^{-}(g)$　　$\Delta_r H_{m_5}^{\ominus}=-324.6\ kJ \cdot mol^{-1}$

$K(s)+\frac{1}{2}Br_2(l) \longrightarrow KBr(s)$　　$\Delta_f H_{m}^{\ominus}$(标准生成焓)$=-392.3\ kJ \cdot mol^{-1}$

根据盖斯定律：

$$U=-\Delta_r H_{m_6}^{\ominus}=688(kJ \cdot mol^{-1})$$

$K(s)$ + $\frac{1}{2}Br_2(l)$ —$\Delta_f H_m^{\ominus}$→ $KBr(s)$

气化热 $\frac{1}{2}\Delta_r H_{m_3}^{\ominus}$

$\frac{1}{2}Br_2(g)$　　晶格能 $\Delta_r H_{m_6}^{\ominus}(=-U)$

升华热 $\Delta_r H_{m_1}^{\ominus}$　　键能 $\frac{1}{2}\Delta_r H_{m_4}^{\ominus}$

电子亲和能

$Br(g)$ → $Br^{-}(g)$

电离能　$\Delta_r H_{m_5}^{\ominus}(=-E_A)$　+

$K(g)$ → $K^{+}(g)$

$\Delta_r H_{m_2}^{\ominus}$

6.6.5 离子极化

6.6.5.1 离子极化的概念

简单离子由于正、负电荷中心重合，一般都不显极性，但是如果离子处在外电场中，其核和电子会发生相对位移，从而产生诱导偶极，这个过程称为离子的极化（ionic polarization），见图 6-38。

由于离子的外层电子不如内层电子与原子核联系紧密，所以在外电场作用下容易与核发生相对位移，发生离子的极化现象。离子极化的强弱取决于离子的极化力和离子的变形性。

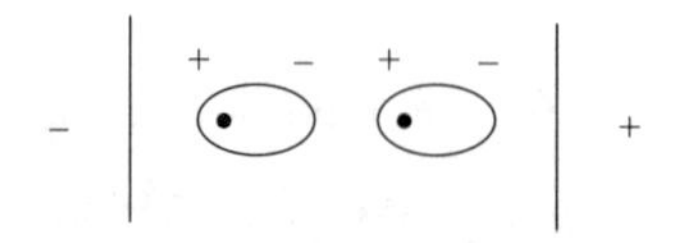

图 6-38　离子在电场中的极化

（1）离子的极化力

离子的极化力是指某种离子使异性电荷离子极化（即变

形）的能力，一般指的是以正离子为主的极化力。离子极化力与离子的电荷、半径以及电子构型等因素有关。正离子的电荷越多、半径越小，产生的电场强度越强，离子的极化能力越强。当离子电荷相同、半径相近时，离子的电子构型对离子的极化力就有决定性的影响，极化力大小：8 电子构型＜9～17 电子构型＜18 电子和 18＋2 以及 2 电子构型。

（2）离子的变形性

离子在外电场作用下，其外层电子与核会发生相对位移，这种性质就称为离子的变形性。离子变形性主要取决于离子半径。离子半径大，外层电子受核的束缚弱，在外电场的作用下，外层电子与核之间容易产生相对位移，变形性较大。正离子所带电荷越多，变形性越小；负离子所带电荷越多，变形性越大。

电子构型相同的离子，负离子变形性一般大于正离子的变形性。

当离子电荷相同、半径相近时，外层具有 d 电子的正离子变形性比稀有气体构型的离子变形性大得多。

通常人们用极化率作为离子变形性的一种量度，表 6-11 列出一些常见离子的极化率。

表 6-11　离子的极化率/×10⁴pm

离子	极化率	离子	极化率	离子	极化率
Li^+	3.1	Ca^{2+}	47	OH^-	175
Na^+	17.9	Sr^{2+}	86	F^-	104
K^+	83	B^{3+}	0.3	Cl^-	366
Rb^+	140	Al^{3+}	5.2	Br^-	477
Cs^+	242	Hg^{2+}	125	I^-	710
Be^{2+}	0.8	Ag^+	172	O^{2-}	388
Mg^{2+}	9.4	Zn^{2+}	28.5	S^{2-}	1020

6.6.5.2　离子极化对物质结构和性质的影响

（1）离子极化对键型的影响

当极化力强、变形性又大的正离子与变形性大的负离子相互接触时，由于正、负离子相互极化作用显著，负离子的电子云便会向正离子方向偏移，同时，正离子的电子云也会发生相应变形。这就导致正、负离子的核间距缩小（即键长缩短），键的极性减弱，从而使键型可能发生从离子键向共价键过渡的变化。

由此可知，离子键和共价键之间没有绝对的界限。不少无机化合物属于过渡键型。

（2）离子极化对晶体结构的影响

如果正离子极化力不大、负离子变形也不明显，正、负离子振动不会偏离原来的位置太多，晶体结构不会发生变化。如果正、负离子相互极化作用明显，就会破坏固有的振动规律，以致半径比发生变化，晶格构型发生改变。相互极化必然导致离子核间距缩小，从而使配位数比减小。例如 AgCl、AgBr 和 AgI，按离子半径比计算 r_+/r_- 分别为 0.696、0.646、0.583，晶格构型都应是 NaCl 型（配位数 6）。但是 AgI 却有强烈的相互极化作用，离子互相强烈靠近以致变为立方 ZnS 型晶体（配位数 4）。

（3）离子极化对化合物性质的影响

① 离子极化对化合物溶解度的影响　离子相互极化使离子键向共价键过渡。键型过渡在化合物性质上最明显的表现是物质在水中的溶解度降低。离子晶体通常易溶于水。水的介电常数很大（约等于 80），会使正、负离子间的吸引力减小到原来的约八十分之一，从而使正、负离子很容易受热运动的作用而相互分离。水不能像减弱离子间的静电作用那样减弱共

价健的结合力，所以离子极化作用显著的晶体难溶于水。在银的卤化物中，AgF 是离子化合物，在水中可溶，而 AgCl、AgBr、AgI 的溶解度依次递减。

② 离子极化对化合物颜色的影响　一般情况下，两个无色的离子形成的化合物为无色。可是 Pb^{2+} 和 I^- 都是无色的，PbI_2 却是黄色的，其原因乃是离子间相互极化作用。正离子极化力越强或负离子变形性越大，就越有利于颜色产生。例如 AgF 无色，AgCl 白色，AgBr 浅黄色，AgI 黄色。S^{2-} 变形性比 O^{2-} 大，因此硫化物颜色总是较相应的氧化物深，如 PbO 为黄色，而 PbS 为黑色。

③ 晶体熔点的改变　一般离子晶体熔点高。在 NaCl、$MgCl_2$、$AlCl_3$ 化合物中，Al^{3+} 极化作用远大于 Na^+ 和 Mg^{2+}，$AlCl_3$ 中的 Cl^- 发生显著变形，键型向共价键过渡，有较低的熔沸点。实验测得：NaCl 的熔点为 800℃，$MgCl_2$ 为 714℃，$AlCl_3$ 为 192.6℃。

习　题

6-1　当氢原子的一个电子从第二能级跃入第一能级，发射光子的波长是 121.6 nm；当电子从第三能级跃入第二能级，发射光子的波长是 656.5 nm。

① 哪一个光子的能量大？

② 根据①的计算结果，说明原子中电子在各轨道上所具有的能量是连续的还是量子化的？

6-2　计算质量为 9.11×10^{-31} kg 的电子以 10^6 m·s^{-1} 的速度运动时产生的电子波的波长（nm）。如果这个电子的速度为 0 m·s^{-1}（静止不动），则波长为多少？通过计算说明电子在什么情况下才呈现波动性。

6-3　写出 $n=4$ 主层中各个电子的 n、l、m 量子数与所在轨道符号，并指出各亚层中的轨道数和最多能容纳的电子数，总的轨道数和最多能容纳的总的电子数，各轨道之间的能量关系。(统一按下面的方法列表表示)。

$n=$

$l=$

$m=$

轨道符号：

亚层轨道数：

电子数：

总的轨道数：

总的电子数：

6-4　下列电子运动状态是否存在？为什么？

① $n=2$，$l=2$，$m=0$，$m_s=+\frac{1}{2}$　　③ $n=4$，$l=2$，$m=0$，$m_s=+\frac{1}{2}$

② $n=2$，$l=1$，$m=2$，$m_s=-\frac{1}{2}$　　④ $n=2$，$l=1$，$m=1$，$m_s=+\frac{1}{2}$

6-5　写出 Ne 原子中 10 个电子各自的四个量子数。

6-6　写出 Ni 原子最外两个电子层中每个电子的四个量子数。

6-7　试将某一多电子原子中具有下列各组量子数的电子，按能量由高到低顺序排列起来，如能量相同，则排在一起。

① $n=3$，$l=2$，$m=1$，$m_s=+\frac{1}{2}$　　② $n=4$，$l=3$，$m=2$，$m_s=-\frac{1}{2}$

③ $n=2$，$l=0$，$m=0$，$m_s=+\frac{1}{2}$　　④ $n=3$，$l=2$，$m=0$，$m_s=+\frac{1}{2}$

⑤ $n=1$，$l=0$，$m=0$，$m_s=-\frac{1}{2}$　　⑥ $n=3$，$l=1$，$m=1$，$m_s=+\frac{1}{2}$

6-8　当原子被激发时，通常是最外层电子向更高的能级跃迁。在下列各电子排布中哪种属于原子的基态？哪种属于原子的激发态？哪种纯属错误？

① $1s^2 2s^1$

② $1s^2 2s^2 2d^1$

③ $1s^2 2s^2 2p^4 3s^1$

④ $1s^2 2s^4 2p^2$

⑤ $[Ne]3s^2 3p^8 4s^1$

⑥ $[Ne]3s^2 3p^5 4s^1$

⑦ $[Ar]4s^2 3d^3$

6-9　写出下列原子的电子排布式，并指出它们各属于第几周期、第几族。

① $_{13}Al$　② $_{17}Cl$　③ $_{24}Cr$　④ $_{26}Fe$　⑤ $_{47}Ag$　⑥ $_{82}Pb$

6-10　写出下列离子的电子排布式。

① S^{2-}　② K^+　③ Mn^{2+}　④ Fe^{2+}

6-11　以①为例，完成下列②～⑥题。

① Na($z=11$)　$1s^2 2s^2 2p^6 3s^1$

② ______ $1s^2 2s^2 2p^6 3s^2 3p^3$

③ Ca($z=20$)______

④ ______($z=24$)　[　　]$3d^5 4s^1$

⑤ ______[Ar]$3d^{10} 4s^1$

⑥ Kr($z=36$)　[　　]$3d^? 4s^? 4p^?$

6-12　根据元素在周期表中所处的位置，写出下表中各元素原子的价电子层结构、原子序数。

周期	族次	价电子层结构	原子序数
3	ⅡA		
4	ⅣB		
5	ⅢB		
6	ⅥA		

6-13　已知四种元素原子的价电子层结构分别为 $4s^2$、$3s^2 3p^5$、$3d^3 4s^2$、$5d^{10} 6s^2$，试指出：

① 它们在周期表中各处于哪一区、哪一周期、哪一族。

② 它们的电负性相对大小。

6-14　第四周期某元素，其原子失去了3个电子，在角量子数为2的轨道内电子恰好半充满。试推断该元素的原子序数，并指出该元素的名称。

6-15　已知甲元素是第三周期p区元素，其最低氧化值为－1，乙元素是第四周期d区的元素，其最高氧化值为＋4，试填下表：

元素	价电子层结构	族	金属或非金属	电负性(高或低)
甲				
乙				

6-16　已知某副族元素A的原子电子最后填入3d，最高氧化值为＋4；元素B的原子电子最后排入4p，最高氧化值为＋5。回答下列问题：

① 写出A、B元素原子的电子排布式；

② 根据电子排布式，指出它们在周期表中的位置（周期、族）。

6-17　某些元素最外层有两个电子，次外层有 13 个电子，这些元素在周期表中应属于哪族？最高氧化值是多少？是金属还是非金属？

6-18　为什么任何原子的最外层上最多只能有 8 个电子，次外层上最多只能有 18 个电子？（提示：从能级交错上去考虑）

6-19　设有元素 A、B、C、D、E、G、M，试按下列所给条件，推断出它们的元素符号及在周期表中的位置（周期、族），并写出它们的外层电子构型。

① A、B、C 为同一周期的金属元素，已知 C 有三个电子层，它们的原子半径在所属的周期中最大，并且 A>B>C；

② D、E 为非金属元素，与氢化合生成 HD 和 HE，在室温时 D 单质为液体，E 单质为固体；

③ G 是所有元素中电负性最大的元素；

④ M 为金属元素，有四个电子层，最高氧化值与氯的最高氧化值相同。

6-20　什么是化学键？化学键有几种类型？它们形成的条件是什么？举例说明。

6-21　BF_3 分子具有平面三角形构型，而 NH_3 却是三角锥形，试用杂化轨道理论加以说明。

6-22　试用杂化轨道理论说明下列分子的成键类型，并预测分子空间构型。

CCl_4，H_2S，CO_2，BCl_3

6-23　根据电子配对法，写出下列各物质的分子结构式：

PH_3，NI_3，CS_2，C_2H_4，HClO

6-24　应用同核双原子分子轨道能级图，从理论上推断下列离子或分子是否可能存在。

O_2^+，O_2^-，O_2^{2-}，O_2^{3-}，H_2^+，He_2，He_2^+

6-25　写出 C_2、B_2、F_2、O_2 的分子轨道电子排布式，计算键级，指出哪些分子有顺磁性。

6-26　已知 $H_2(g)+\frac{1}{2}O_2(g)$ ═══ $H_2O(l)$，$H_2O(l)$ 的 $\Delta_f H_m^\ominus=-286\ kJ\cdot mol^{-1}$，H—H键能为 $436\ kJ\cdot mol^{-1}$，O ═O 的键能为 $498kJ\cdot mol^{-1}$，$H_2O(g)\longrightarrow H_2O(l)$ 的 $\Delta_r H_m^\ominus=-42\ kJ\cdot mol^{-1}$，试计算 O—H 键的键能。

6-27　试用分子轨道理论说明为何 N_2 分子比 N_2^+ 离子稳定，而 O_2 分子不如 O_2^+ 离子稳定。

6-28　试判断下列分子中哪些是极性分子，哪些是非极性分子。

$BeCl_2$，H_2S，HCl，CCl_4，$CHCl_3$

6-29　下列各分子中何者偶极矩为零？

NF_3，CS_2，C_2H_4

6-30　判断下列各组物质中不同种分子间存在着什么形式的分子间力。

① 苯和四氯化碳　② 氦气和水　③ 甲醇和水

6-31　从分子间力说明下列事实：

① 常温下 F_2、Cl_2 是气体，溴是液体而碘是固体；

② HCl、HBr、HI 的熔点和沸点随分子量增大而升高；

③ 稀有气体 He、Ne、Ar、Kr、Xe 沸点随分子量增大而升高。

6-32　写出 K^+、Ti^{3+}、Sc^{3+}、Br^- 离子半径由大到小的顺序。

6-33　回答下列问题：

① 元素的原子半径与它的简单阳、阴离子半径相比较，哪个大？哪个小？

② 同一元素形成的不同简单离子，离子的正、负电荷数越多，离子半径越大还是越小？

③ 同一周期电子层结构相同的阳离子，正电荷数越多，离子半径越大还是越小？

④ 同族元素电荷数相同的离子，电子层数越多，离子半径越大还是越小？

6-34　金属阳离子有哪几种电子构型？它们在周期表中是如何分布的？

6-35　已知 O^{2-} 的离子半径为 140pm，试根据下列化合物的核间距数据，推算出 Mg^{2+}、Cl^-、K^+、I^- 的离子半径。

化合物	MgO	$MgCl_2$	KCl	KI
核间距/pm	205	246	314	349

6-36　分别写出下列离子的电子排布式，并指出其各属何种电子构型：

Rb^+、Mn^{2+}、I^-、Zn^{2+}、Bi^{3+}、Ag^+、Pb^{2+}、Pb^{4+}、Li^+

6-37　指出下面哪个式子对应的热量变化可以表示氧化钙的晶格能：

① $Ca(s)+\frac{1}{2}O_2(g)═══CaO(s)$　　② $Ca(g)+\frac{1}{2}O_2(g)═══CaO(s)$

③ $Ca^{2+}(s)+O^{2-}(g)═══CaO(s)$　　④ $Ca^{2+}(s)+O^{2-}(g)═══CaO(g)$

6-38　已知 KI 的晶格能 $U=649kJ \cdot mol^{-1}$，钾的升华热 $\Delta_r H^{\ominus}_{m_1}=90kJ \cdot mol^{-1}$，钾的电离能 $I_1=418.9kJ \cdot mol^{-1}$，碘分子的解离能 $D_{I-I}=152.55kJ \cdot mol^{-1}$，碘的电子亲和能 $E_{A_1}=295kJ \cdot mol^{-1}$，碘的升华热 $\Delta_r H^{\ominus}_{m_2}=62.3kJ \cdot mol^{-1}$。求 KI 的生成热 $\Delta_f H^{\ominus}_m$。

6-39　指出下列各组离子中何者极化率最大。

① Na^+，I^-，Rb^+，Cl^-　　② O^{2-}，F^-，S^{2-}

6-40　试用离子极化讨论 Cu^+ 与 Na^+ 虽然半径相近，但 CuCl 在水中溶解度比 NaCl 小得多的原因。

6-41　试根据晶体构型与半径比的关系，判断下列 AB 型离子化合物的晶体构型：

BeO，NaBr，CaS，RbI，BeS，CsBr，AgCl

6-42　试比较如下化合物中正离子极化能力的大小：

① $ZnCl_2$，$FeCl_2$，$CaCl_2$，KCl；

② $SiCl_4$，$AlCl_3$，PCl_5，$MgCl_2$，NaCl。

6-43　下列化合物中哪些存在氢键？并指出它们是分子间氢键还是分子内氢键。

C_6H_6，NH_3，C_2H_6，H_3BO_3，HNO_3，邻硝基苯酚

6-44　根据所学晶体结构的知识，完成下表。

物质	晶格结点上的粒子	晶格结点上粒子间作用力	晶体类型	熔点(高或低)
SiC				
Cu				
冰				
$BaCl_2$				

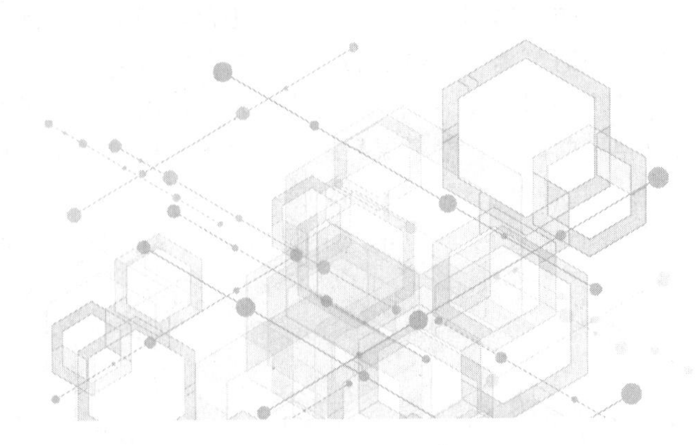

第7章　配位化合物与配位平衡

化学家们发现，自然界中绝大多数无机化合物都是以配位化合物（简称配合物）的形式存在的。配位化合物具有较为复杂的结构，是现代无机化学重要的研究对象。

配位化合物具有多种独特的性能，在分析化学、生物化学、电化学、催化动力学等方面有着广泛的应用，在科学研究和生产实践中起着越来越重要的作用。工业分析、催化、金属的分离和提取、电镀、环保、医药工业、印染工业、化学纤维工业以及生命科学、人体健康等，无一不与配位化合物密切相关。这一领域，已经形成了一门独立的分支学科——配位化学。配位化合物的形成及结构具有其自身的规律性，不能简单地用经典的价键理论来加以解释，为此本章专门对配位化合物、配位平衡及其应用加以讨论。

7.1　配位化合物与螯合物

实验室常见的 NH_3、H_2O、$CuSO_4$、AgCl 等化合物还可以进一步形成一些复杂的化合物，如 $[Cu(NH_3)_4]SO_4$、$[Cu(H_2O)_4]SO_4$、$[Ag(NH_3)_2]Cl$。这些化合物都含有在溶液中较难离解、可以像一个简单离子一样参加反应的复杂离子。这些由一个简单阳离子和一定数目的中性分子或阴离子以配位键相结合，所形成的具有一定特性的带电荷的复杂离子叫配离子。

配离子可分为配阳离子｛如 $[Cu(NH_3)_4]^{2+}$、$[Ag(NH_3)_2]^+$ 等｝和配阴离子｛如 $[PtCl_6]^{2-}$、$[Fe(CN)_6]^{4-}$ 等｝。另外，还有一些不带电荷的电中性的复杂化合物，如 $[CoCl_3(NH_3)_3]$、$[Ni(CO)_4]$、$[Fe(CO)_5]$ 等，也叫配合物。

由此，可以把配位化合物粗略定义为由中心离子（中心原子）与配位体以配位键相结合而成的复杂化合物。

多数配离子既能存在于晶体中，也能存在于水溶液中。

明矾 $[KAl(SO_4)_2 \cdot 12H_2O]$ 是一种分子间化合物，但是其晶体中仅含有 K^+、Al^{3+}、SO_4^{2-} 和 H_2O 等简单离子和分子，溶于水后其性质如同简单 K_2SO_4 和 $Al_2(SO_4)_3$ 的混合水溶液一样。我们称明矾为复盐（double salt）。复盐不是配位化合物。

7.1.1 配位化合物的组成

由配离子形成的配位化合物，如 $[Cu(NH_3)_4]SO_4$ 和 $K_4[Fe(CN)_6]$，由内界和外界两部分组成。内界为配位化合物的特征部分，由中心离子和配位体结合而成（用方括号标出），不在内界的其他离子构成外界。

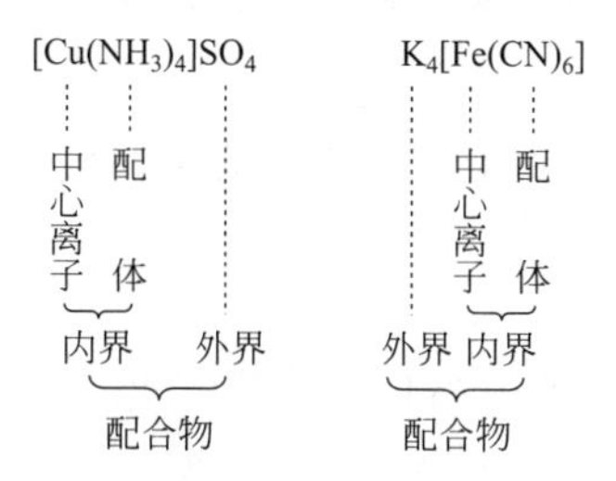

电中性的配合物，如 $[CoCl_3(NH_3)_3]$、$[Ni(CO)_4]$ 等，没有外界。

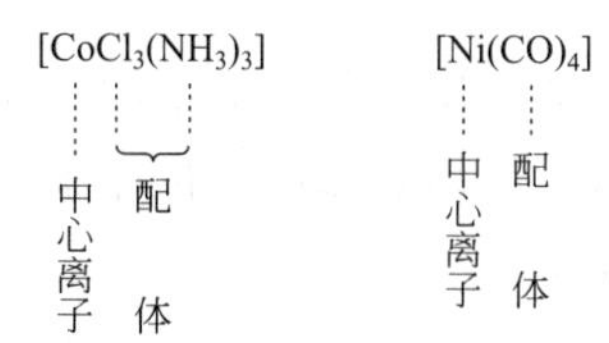

(1) 中心离子

中心离子（central ion，用 M 表示，也叫配合物的形成体）位于内界的中心，一般为带正电荷的阳离子。

常见的中心离子为过渡金属元素离子，如 Cr^{3+}、Fe^{3+}、Cu^{2+} 等，也可以是中性原子和高氧化态的非金属元素，如 $[Ni(CO)_4]$ 中的 Ni 原子，$[SiF_6]^{2-}$ 中的 Si(Ⅳ)。

(2) 配位体

与中心离子（或原子）结合的中性分子或阴离子叫配位体（ligand，用 L 表示），简称配体。例如 NH_3、H_2O、CO、OH^-、CN^-、X^-（卤素阴离子）等。提供配体的物质叫配位剂，如 NaOH、KCN 等。有时配位剂本身就是配体，如 NH_3、H_2O、CO 等。

配体中提供孤对电子与中心离子（或原子）以配位键相结合的原子叫配位原子。配位原子主要是那些电负性较大的 F、Cl、Br、I、O、S、N、P、C 等非金属元素的原子。

可以按配体中所含配位原子的数目不同，将配体分为单齿配体和多齿配体。

单齿配体（unidentate ligand）中只含有一个配位原子，如 NH_3、OH^-、X^-、CN^-、SCN^- 等。

多齿配体（multidentate ligand）中含有两个或两个以上配位原子，如 $C_2O_4^{2-}$、乙二胺（$NH_2C_2H_4NH_2$，常缩写为 en）、NH_2CH_2COOH 等。多齿配体的多个配位原子可以同时与一个中心离子结合，所形成的配合物称为螯合物。

(3) 配位数

与中心离子（或原子）直接以配位键相结合的配位原子的总数叫该中心离子（或原子）的配位数（coordination number）。

例如，在 $[Ag(NH_3)_2]^+$ 中，中心离子 Ag^+ 的配位数为 2；在 $[Cu(NH_3)_4]^{2+}$ 中，中心离子 Cu^{2+} 的配位数为 4；在 $[Fe(CO)_5]$ 中，中心原子 Fe 的配位数为 5；在 $[Fe(CN)_6]^{4-}$ 和 $[CoCl_3(NH_3)_3]$ 中，中心离子 Fe^{2+} 和 Co^{3+} 的配位数皆为 6。

多齿配体的数目不等于中心离子的配位数。$[Pt(en)_2]^{2+}$中的 en 是双齿配体，因此 Pt^{2+}的配位数不是 2 而是 4。

目前，配合物中中心离子的配位数可以从 1 到 12，其中最常见的为 6 和 4。

中心离子的配位数大小与中心离子和配体的性质（它们的电荷、半径，中心离子的电子层构型等）以及形成配合物时的外界条件（如浓度、温度等）有关。

增大配体的浓度或降低反应的温度，都将有利于形成高配位数的配合物。

（4）配离子的电荷数

配离子的电荷数等于中心离子和配体二者电荷数的代数和。

7.1.2 配位化合物的命名

配位化合物的命名遵循 1979 年中国化学会无机化学专业委员会制定的汉语命名原则。命名时阴离子在前，阳离子在后，称为某化某或某酸某。

命名时按以下顺序进行：配体数目（用倍数词头二、三、四等表示）—配体名称—合—中心离子（用罗马数字标明氧化数）。

配位个体的命名顺序为：有多种配体时，阴离子配体先于中性分子配体，无机配体先于有机配体，简单配体先于复杂配体，同类配体按配位原子元素符号的英文字母顺序排列。不同配体名称之间以圆点“·”分开。

例如：

① 含配阳离子的配合物：

$[Cu(NH_3)_4]SO_4$　　硫酸四氨合铜（Ⅱ）

$[Co(NH_3)_6]Cl_3$　　三氯化六氨合钴（Ⅲ）

$[CrCl_2(H_2O)_4]Cl$　　一氯化二氯·四水合铬（Ⅲ）

$[Co(NH_3)_5(H_2O)]Cl_3$　　三氯化五氨·一水合钴（Ⅲ）

② 含配阴离子的配合物：

$K_4[Fe(CN)_6]$　　六氰合铁（Ⅱ）酸钾

$K[PtCl_5(NH_3)]$　　五氯·一氨合铂（Ⅳ）酸钾

$K_2[SiF_6]$　　六氟合硅（Ⅳ）酸钾

③ 电中性配合物：

$[Fe(CO)_5]$　　五羰基合铁

$[Co(NO_2)_3(NH_3)_3]$　　三硝基·三氨合钴（Ⅲ）

$[PtCl_4(NH_3)_2]$　　四氯·二氨合铂（Ⅳ）

7.1.3 螯合物

配位化合物的范围极广，主要有以下二类。

（1）简单配位化合物

简单配位化合物是指由单齿配体与中心离子配位结合形成的配位化合物，如 $[Ag(NH_3)_2]^+$、$[Cu(NH_3)_4]^{2+}$等。

（2）螯合物

螯合物（chelate）又称内配合物，是一类由多齿配体和中心离子结合形成的具有环状结构的配位化合物。

例如，多齿配体乙二胺中有两个 N 原子可以作为配位原子，能同时与配位数为 4 的

Cu^{2+}配位，形成具有环状结构的螯合物 $[Cu(en)_2]^{2+}$：

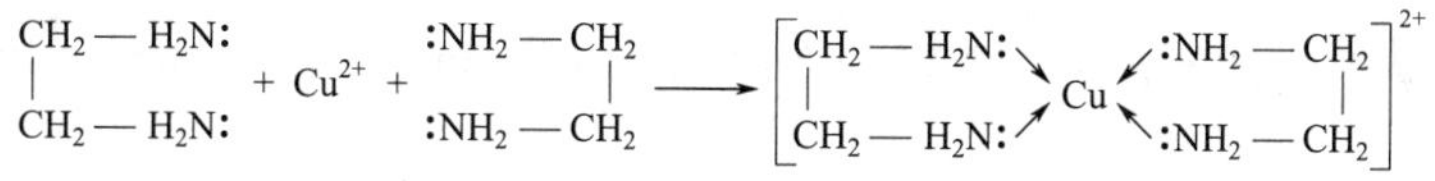

$$\begin{matrix}CH_2-H_2N: \\ | \\ CH_2-H_2N:\end{matrix} + Cu^{2+} + \begin{matrix}:NH_2-CH_2 \\ | \\ :NH_2-CH_2\end{matrix} \longrightarrow \left[\begin{matrix}CH_2-H_2N: \\ | \\ CH_2-H_2N:\end{matrix} \rightarrow Cu \leftarrow \begin{matrix}:NH_2-CH_2 \\ | \\ :NH_2-CH_2\end{matrix}\right]^{2+}$$

二乙二胺合铜(Ⅱ)离子

大多数螯合物具有五原子环或六原子环。

① 螯合剂　能和中心离子形成螯合物的、含有多齿配体的配位剂，称为螯合剂（chelating agents）。常见的螯合剂是含有 N、O、S、P 等配位原子的有机化合物。

螯合剂的特点是：螯合剂中必须含有两个或两个以上能给出孤对电子的配位原子，这些配位原子的位置必须适当，相互之间一般间隔两个或三个其他原子，以形成稳定的五原子环或六原子环。

一个螯合剂所提供的配位原子可以相同，如乙二胺中的两个 N 原子，也可以不同，如氨基乙酸（NH_2CH_2COOH）中的 N 原子和 O 原子。

氨羧配位剂是最常见的螯合剂，许多是以氨基二乙酸 $[-N(CH_2COOH)_2]$ 为基体的有机化合物。除氨基二乙酸外，还有氨三乙酸：

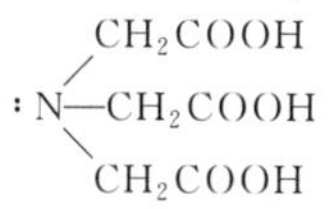

$$:N\begin{matrix}\diagup CH_2COOH \\ -CH_2COOH \\ \diagdown CH_2COOH\end{matrix}$$

乙二胺四乙酸（ethylene diamine tetraacetic acid，简称 EDTA）：

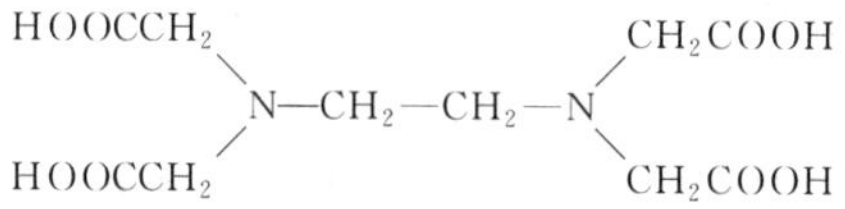

$$\begin{matrix}HOOCCH_2 \\ \diagdown \\ \diagup \\ HOOCCH_2\end{matrix} N-CH_2-CH_2-N \begin{matrix}CH_2COOH \\ \diagup \\ \diagdown \\ CH_2COOH\end{matrix}$$

乙二醇二乙醚二胺四乙酸（简称 EGTA）：

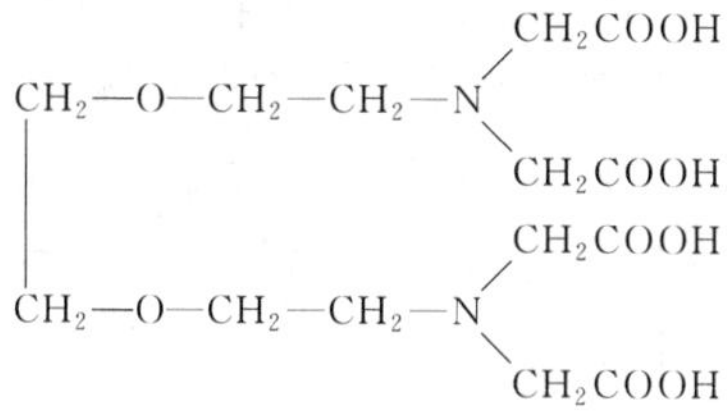

$$\begin{matrix}CH_2-O-CH_2-CH_2-N\begin{matrix}\diagup CH_2COOH \\ \diagdown CH_2COOH\end{matrix} \\ | \\ CH_2-O-CH_2-CH_2-N\begin{matrix}\diagup CH_2COOH \\ \diagdown CH_2COOH\end{matrix}\end{matrix}$$

乙二胺四丙酸（简称 EDTP）：

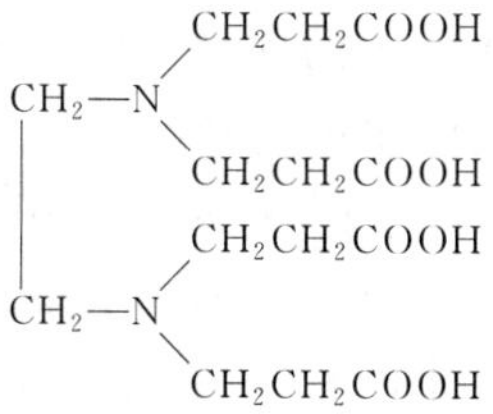

$$\begin{matrix}CH_2-N\begin{matrix}\diagup CH_2CH_2COOH \\ \diagdown CH_2CH_2COOH\end{matrix} \\ | \\ CH_2-N\begin{matrix}\diagup CH_2CH_2COOH \\ \diagdown CH_2CH_2COOH\end{matrix}\end{matrix}$$

② 螯合物的特性如下。

(a) 特殊稳定性　螯合物比具有相同配位原子的非螯合物要稳定，在水中更难解离。要使螯合物完全解离为金属离子和配体，对于二齿配体所形成的螯合物，需要同时破坏两个键；对于三齿配体所形成的螯合物，则需要同时破坏三个键。故螯合物的稳定性随螯合物中环数增多而显著增强，这一特点称为螯合效应。

螯合环的大小会影响螯合物的稳定性，一般具有五元环或六元环的螯合物最稳定。

(b) 颜色　许多螯合物都具有颜色。

例如，在弱碱性条件下，丁二酮肟与 Ni^{2+} 形成鲜红色的二丁二酮肟合镍螯合物沉淀：

$$2\left(\begin{matrix} CH_3-C=N-OH \\ | \\ CH_3-C=N-OH \end{matrix}\right) + Ni^{2+} \longrightarrow \left[\begin{matrix} CH_3-C=N & O\cdots H-O & N=C-CH_3 \\ | & Ni & | \\ CH_3-C=N & O-H\cdots O & N=C-CH_3 \end{matrix}\right]\downarrow + 2H^+$$

该反应可用于定性检验 Ni^{2+} 的存在，也可用来定量测定 Ni^{2+} 的含量。

7.1.4　配位化合物的应用

(1) 在元素分离和化学分析中的应用

在定性分析中，广泛应用配位化合物的形成反应以达到离子分离和鉴定的目的。

① 离子的分离　两种离子中若仅有一种离子能和某配位剂形成配位化合物，这种配位剂即可用于分离这两种离子。

例如，向含有 Zn^{2+} 和 Al^{3+} 的混合溶液中加入氨水，此时 Zn^{2+} 与 Al^{3+} 均能够与氨水形成氢氧化物沉淀：

$$Zn^{2+}+2NH_3+2H_2O \Longrightarrow Zn(OH)_2\downarrow+2NH_4^+$$

$$Al^{3+}+3NH_3+3H_2O \Longrightarrow Al(OH)_3\downarrow+3NH_4^+$$

但在加入更多的氨水后，$Zn(OH)_2$ 可与 NH_3 形成 $[Zn(NH_3)_4]^{2+}$ 溶解而进入溶液中：

$$Zn(OH)_2+4NH_3 \Longrightarrow [Zn(NH_3)_4]^{2+}+2OH^-$$

$Al(OH)_3$ 沉淀则不能与 NH_3 形成配合物，从而达到了分离 Zn^{2+} 与 Al^{3+} 的目的。

② 离子的定性鉴定　不少配位剂能和特定金属离子形成特征的有色配位化合物或沉淀，具有很高的灵敏度和专属性，可用作鉴定该离子的特征试剂。

例如，Fe^{3+} 与 KSCN 形成特征的血红色的 $[Fe(NCS)_n]^{3-n}$：

$$Fe^{3+}+nSCN^- \Longrightarrow [Fe(NCS)_n]^{3-n}\ (n=1\sim6)$$

可定性鉴定 Fe^{3+}，也可根据溶液红色深浅，用比色法确定溶液中 Fe^{3+} 的含量。

又如，利用 $K_4[Fe(CN)_6]$ 可与 Fe^{3+} 和 Cu^{2+} 分别形成 $Fe_4[Fe(CN)_6]_3$ 蓝色沉淀和 $Cu_2[Fe(CN)_6]$ 红棕色沉淀，定性鉴定 Fe^{3+} 和 Cu^{2+}。

③ 离子的定量测定　配位滴定法是一种十分重要的定量分析方法，利用配位剂与金属离子之间的配位反应来准确测定金属离子的含量，应用十分广泛。

一些配位剂也常常用作分光光度法中的显色剂。

④ 掩蔽剂　掩蔽剂可掩蔽某些离子对其他离子的干扰作用。

例如，在含有 Co^{2+} 和 Fe^{3+} 的混合溶液中加入 KSCN 检测 Co^{2+} 时，利用了下列反应：

$$\underset{\text{粉红色}}{[Co(H_2O)_6]^{2+}}+4SCN^- \Longrightarrow \underset{\text{宝石蓝色}}{[Co(NCS)_4]^{2-}}+6H_2O$$

但 Fe^{3+} 也可与 SCN^- 反应，形成血红色的 $[Fe(NCS)]^{2+}$，妨碍了对 Co^{2+} 的鉴定。如果预先在鉴定溶液中加入足量的 NaF 或 NH_4F，使 Fe^{3+} 生成稳定的无色 $[FeF_6]^{3-}$，就可以防止 Fe^{3+} 对 Co^{2+} 鉴定的干扰。这种防止干扰的作用称为掩蔽效应，所用配位剂 NaF 就称为掩蔽剂。

(2) 在工业上的应用

配位化合物主要用于湿法冶金。湿法冶金就是用特殊的水溶液直接从矿石中将金属以化合物的形式浸取出来，再进一步还原为金属的过程，广泛用于从矿石中提取稀有金属和有色金属。在湿法冶金中金属配位化合物的形成起着重要的作用。

① 提炼金属　例如，在金的提取中，$E^{\ominus}(Au^+/Au)$ (1.68V) 远大于 $E^{\ominus}(O_2/OH^-)$ (0.401V)，金不能被 O_2 氧化。但当有 NaCN 存在时，形成 $[Au(CN)_2]^-$，$E^{\ominus}\{[Au(CN)_2]^-/Au\}$ (−0.56V) 比 $E^{\ominus}(O_2/OH^-)$ 小得多，因而空气中的 O_2 可在 NaCN 存在时将矿石中的金氧化为 $[Au(CN)_2]^-$：

$$4Au+8CN^-+2H_2O+O_2 = 4[Au(CN)_2]^-+4OH^-$$

然后用锌还原 $[Au(CN)_2]^-$，即可得到单质金：

$$Zn+2[Au(CN)_2]^- = 2Au+[Zn(CN)_4]^{2-}$$

② 分离金属　例如，由天然铝矾土（主要成分是水合氧化铝）制取 Al_2O_3 时，首先要使铝与杂质铁分离，分离的基础就是 Al^{3+} 可与过量的 NaOH 溶液形成可溶性的 $[Al(OH)_4]^-$ 进入溶液：

$$Al_2O_3+2OH^-+3H_2O = 2[Al(OH)_4]^-$$

而 Fe^{3+} 与 NaOH 反应则形成 $Fe(OH)_3$ 沉淀，澄清后加以过滤，即可除去杂质铁。

③ 电镀　电镀是通过电解使阴极上析出均匀、致密、光亮金属层的过程。大多数金属从其水合离子溶液中析出时只能获得晶粒粗大、且无光泽的镀层。若在电镀液中加入适当的配位剂与金属离子生成较难还原的配离子，降低金属晶体的形成速率，便可得到均匀、致密、光滑的镀层。以往电镀常用有毒的 CN^- 作配体，现在更多采用无氰电镀。如氨三乙酸根与 Zn^{2+} 生成配离子，作辅助配位剂的 NH_4^+ 解离出的 NH_3 也可与 Zn^{2+} 形成一系列的配位化合物，可以降低 Zn^{2+} 浓度，减缓 Zn 的析出速率，从而得到均匀、细致的锌镀层。

配位化合物广泛用于催化、印染、化肥、农药等工业中，也可用于改良土壤、防腐工艺、硬水软化等。

(3) 配位化合物在生物、医药等方面的应用

配位化合物在生命活动中起着十分重要的作用。

生物体内有一类重要的物质——酶，不少酶含有金属元素。酶主要是 Fe^{2+}、Zn^{2+}、Mg^{2+}、Co^{2+}、Mo^{2+}、Mn^{2+}、Cu^{2+}、Cu^+ 和 Ca^{2+} 等金属离子和氨基酸侧链基团形成的金属配位化合物。这些配位化合物在生物体内能量的转换和传递、电荷的转移、化学键的形成或断裂以及伴随这些过程出现的能量变化和分配等过程中起着重要的作用。例如，植物中起光合作用的叶绿素是 Mg^{2+} 的配位化合物；在动物血液中起输送氧气作用的血红素是 Fe^{2+} 的配位化合物。在固氮菌中，能够固定大气中氮的固氮酶实际上是铁钼蛋白，是以 Fe 和 Mo 为中心的复杂配位化合物——分子量约 5 万的铁蛋白及分子量约 27 万的钼蛋白。

在医药工业中，维生素 B_{12} 是 Co 的配合物；EDTA 是排除人体内 U、Th、Pu 等放射性元素的高效解毒剂；Pt、Rh、Ir 的配位化合物能使肿瘤萎缩，有可能成为治疗癌症的基础。

近二十年来在金属配位化合物基础上发展起来的生物无机化学是一门新兴边缘学科，它将在解决科学研究三大前沿问题之一——生命的起源问题中发挥巨大的作用。

7.2　配位化合物的价键理论

配位化合物中的化学键是指配位化合物内中心离子（或原子）与配体之间的化学键。

1931 年鲍林首先将分子结构的价键理论应用于配位化合物，后经他人修正补充，逐步

完善形成了近代配位化合物的价键理论。

7.2.1 配位化合物价键理论的基本要点

价键理论认为：中心离子（或原子）M 与配体 L 形成配位化合物时，中心离子（或原子）以空的杂化轨道接受配体提供的孤对电子，形成 σ 配键（一般用 M←L 表示），即中心离子（或原子）空的杂化轨道与配位原子孤对电子所在的原子轨道重叠，形成配位共价键。中心离子（原子）杂化轨道的类型与配位离子的空间构型和配位化合物类型（内轨型或外轨型配位化合物）密切相关。

7.2.2 配位化合物的形成和空间构型

由于中心离子（原子）的杂化轨道具有一定的方向性，所以配位化合物具有一定的空间构型。以下分别举例加以说明。

（1）$[Ni(NH_3)_4]^{2+}$ 的形成

$_{28}Ni^{2+}$ 的价电子层结构为：

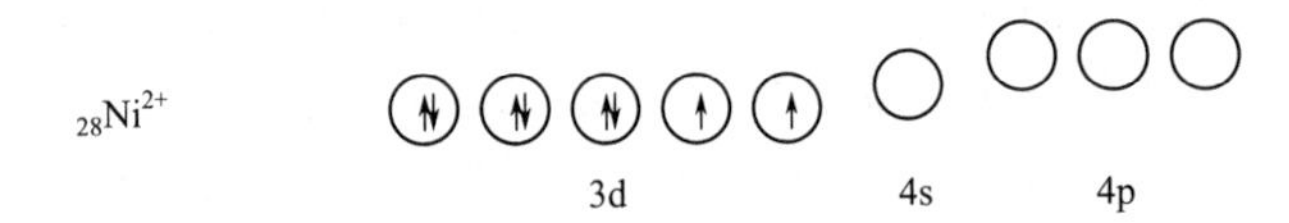

当 Ni^{2+} 与四个氨分子接近，结合为 $[Ni(NH_3)_4]^{2+}$ 时，Ni^{2+} 的价电子层能级相近的一个 4s 和三个 4p 空轨道杂化，形成四个等价的 sp^3 杂化轨道，容纳四个氨分子中四个 N 原子提供的四对孤对电子，形成四个配键（虚线内杂化轨道中的共用电子对是由氮原子提供的）：

$[Ni(NH_3)_4]^{2+}$

3d　　sp^3杂化轨道

所以，$[Ni(NH_3)_4]^{2+}$ 的空间构型为正四面体形。Ni^{2+} 位于正四面体的中心，四个配位原子 N 在正四面体的四个顶角上（见表 7-1）。

表 7-1 常见轨道杂化类型与配位化合物空间构型以及中心离子（原子）配位数的关系

杂化类型	配位数	空间构型	实例
sp	2	直线型(linear)	$[Cu(NH_3)_2]^+$、$[Ag(NH_3)_2]^+$、$[CuCl_2]^-$、$[Ag(CN)_2]^-$
sp^2	3	平面三角形(planar triangle)	$[CuCl_3]^{2-}$、$[HgI_3]^-$、$[Cu(CN)_3]^{2-}$
sp^3	4	正四面体形(tetrahedron)	$[Ni(NH_3)_4]^{2+}$、$[Zn(NH_3)_4]^{2+}$、$[Ni(CO)_4]$、$[HgI_4]^{2-}$、$[BF_4]^-$

续表

杂化类型	配位数	空间构型	实例
dsp^2	4	正方形 (square planar)	$[Ni(CN)_4]^{2-}$、$[Cu(NH_3)_4]^{2+}$、$[PtCl_4]^{2-}$、$[Cu(H_2O)_4]^{2+}$
dsp^3	5	三角双锥形 (trigonal bipyramid)	$[Fe(CO)_5]$、$[Ni(CN)_5]^{3-}$
sp^3d^2	6	正八面体 (octahedron)	$[FeF_6]^{3-}$、$[Fe(H_2O)_6]^{3+}$、$[Co(NH_3)_6]^{2+}$、
d^2sp^3	6		$[Fe(CN)_6]^{3-}$、$[Fe(CN)_6]^{4-}$、$[Co(NH_3)_6]^{3+}$、$[PtCl_6]^{2-}$

（2）$[Ni(CN)_4]^{2-}$ 的形成

当 Ni^{2+} 与四个 CN^- 接近，结合为 $[Ni(CN)_4]^{2-}$ 时，Ni^{2+} 在配体 CN^- 的影响下，3d 电子重新分布，原有的自旋平行的未成对电子数减少，空出一个 3d 轨道，与一个 4s、两个 4p 空轨道杂化，形成四个等价的 dsp^2 杂化轨道，容纳四个 CN^- 中四个 C 原子所提供的四对孤对电子，形成四个配键：

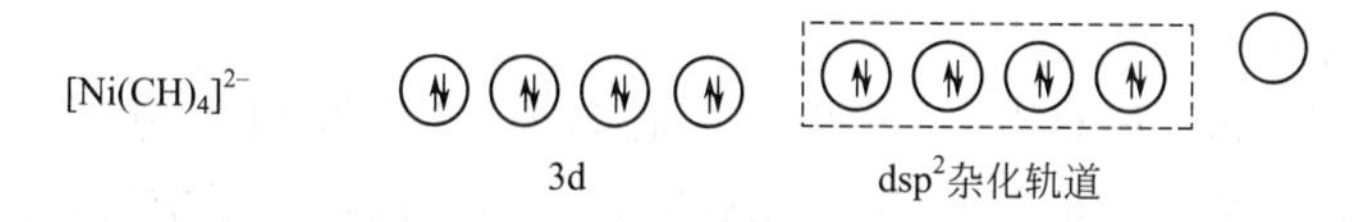

四个 dsp^2 杂化轨道位于同一平面上，相互间的夹角为 90°，各杂化轨道的方向是从平面正方形的中心指向四个顶角，所以 $[Ni(CN)_4]^{2-}$ 的空间构型为平面正方形。Ni^{2+} 位于正方形的中心，四个配位原子 C 在正方形的四个顶角上（见表 7-1）。

（3）$[FeF_6]^{3-}$ 的形成

$_{26}Fe^{3+}$ 的价电子层结构为：

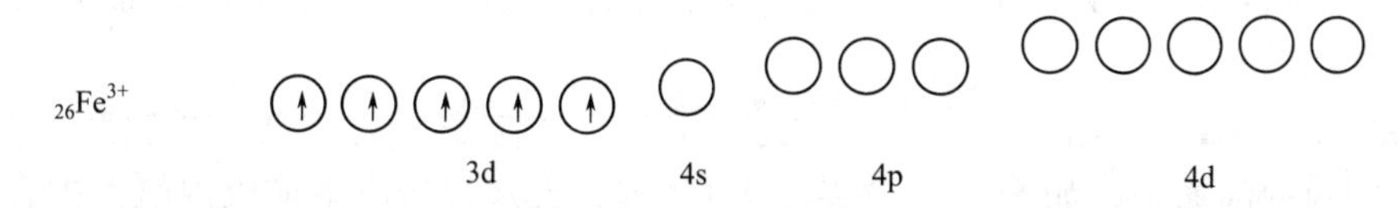

当 Fe^{3+} 与六个 F^- 形成 $[FeF_6]^{3-}$ 时，Fe^{3+} 的一个 4s、三个 4p 和两个 4d 空轨道杂化，形成六个等价的 sp^3d^2 杂化轨道，容纳由六个 F^- 提供的六对孤对电子，形成六个配键。六个 sp^3d^2 杂化轨道在空间是对称分布的，指向正八面体的六个顶角，轨道间的夹角为 90°，所以 $[FeF_6]^{3-}$ 的空间构型为正八面体形。Fe^{3+} 位于正八面体的中心，六个配离子在正八面

体的六个顶角上（见表 7-1）。

(4) $[Fe(CN)_6]^{3-}$的形成

当 Fe^{3+}与 CN^-结合时，Fe^{3+}在配体 CN^-的影响下，3d 电子重新分布，原有的自旋平行的未成对电子数减少，空出两个 3d 轨道，与一个 4s、三个 4p 空轨道杂化，形成六个 d^2sp^3 杂化轨道（正八面体形），容纳六个 CN^-中六个 C 原子所提供的六对孤对电子，形成六个配键：

$[Fe(CN)_6]^{3-}$ ⇅ ⇅ ↑ [⇅ ⇅ ⇅ ⇅ ⇅ ⇅]

3d d^2sp^3杂化轨道

六个 d^2sp^3 杂化轨道是空间对称分布的，指向正八面体的六个顶角，所以 $[Fe(CN)_6]^{3-}$的空间构型为正八面体构型（见表 7-1）。

常见轨道杂化类型与配合物空间构型以及中心离子（原子）配位数的关系列于表 7-1。可见，中心离子（原子）所采用的杂化轨道类型与配位化合物的空间构型以及中心离子（原子）的配位数有明确的对应关系。

7.2.3 外轨型配合物与内轨型配合物

(1) 外轨型配合物

在 $[Ni(NH_3)_4]^{2+}$和 $[FeF_6]^{3-}$中，中心离子 Ni^{2+}和 Fe^{3+}分别以最外层的 ns、np 和 ns、np、nd 轨道组成 sp^3 和 sp^3d^2 杂化轨道，再与配位原子成键，这样形成的配键称为外轨配键，所形成的配合物称为外轨型（outer orbital）配合物。属于外轨型配合物的还有 $[HgI_4]^{2-}$、$[CdI_4]^{2-}$、$[Fe(H_2O)_6]^{3+}$、$[Co(H_2O)_6]^{3-}$、$[CoF_6]^{3-}$、$[Co(NH_3)_6]^{2+}$等。

在形成外轨型配合物时，中心离子的电子排布不受配体的影响，仍保持自由离子的电子层构型，所以配合物中心离子的未成对电子数和自由离子的未成对电子数相同，此时具有较多的未成对电子数。

(2) 内轨型配合物

在 $[Ni(CN)_4]^{2-}$和 $[Fe(CN)_6]^{3-}$中，中心离子 Ni^{2+}和 Fe^{3+}分别以次外层 $(n-1)$d 和外层的 ns、np 轨道组成 dsp^2 和 d^2sp^3 杂化轨道，再与配位原子成键，这样形成的配键称为内轨配键，所形成的配合物为内轨型（inner orbital）配合物。属于内轨型配合物的还有 $[Cu(CN)_4]^{2-}$、$[Fe(CN)_6]^{4-}$、$[Co(NH_3)_6]^{3+}$、$[Co(CN)_6]^{4-}$、$[PtCl_6]^{2-}$等。

形成内轨型配合物时，中心离子的电子排布在配体的影响下发生了变化，配合物中心离子的未成对电子数比自由离子的未成对电子数少，此时具有较少的未成对电子数，共用电子对深入了中心离子的内层轨道。

配合物是内轨型还是外轨型，主要取决于中心离子的电子构型、离子所带的电荷和配体的性质。

具有 d^{10}构型的离子，如 $Zn^{2+}(3d^{10})$、$Ag^+(4d^{10})$，只能用外层轨道形成外轨型配合物；

具有 d^8 构型的离子，如 Ni^{2+}、Pt^{2+}、Pd^{2+}等，大多数情况下形成内轨型配合物；

具有其他构型的离子，既可形成内轨型，又可形成外轨型配合物。

中心离子的电荷增多有利于形成内轨型配合物。因为中心离子的电荷较多时，对配位原子孤对电子的引力较强。此外，$(n-1)$d 轨道中电子数较少，也有利于中心离子空出内层 d 轨道参与成键。如 $[Co(NH_3)_6]^{2+}$为外轨型，而 $[Co(NH_3)_6]^{3+}$为内轨型。

通常，电负性大的F、O等原子不易给出孤对电子，在形成配合物时，中心离子外层轨道与之成键，因此倾向于形成外轨型配合物。电负性较小的C原子作配位原子（如在CN^-中）时，则倾向于形成内轨型配合物。而N原子（如在NH_3中）则随中心离子不同，既有外轨型，又有内轨型配合物。

不同配体对形成内轨型配合物的影响大体上有如下规律：

$CO>CN^->NO_2^->en>RNH_2>NH_3>H_2O>C_2O_4^{2-}>OH^->F^->Cl^->SCN^->S^{2-}>Br^->I^-$

一般情况下，NH_3以前的配体容易形成内轨型配合物；NH_3以后的配体容易形成外轨型配合物；NH_3则视中心离子情况不同而不同。但例外也不少，如$[PtCl_6]^{2-}$是内轨型配合物等。

7.2.4 配位化合物的稳定性和磁性

(1) 配位化合物的稳定性

对于同一中心离子，由于sp^3d^2杂化轨道的能量比d^2sp^3杂化轨道的能量高，sp^3杂化轨道的能量比dsp^2杂化轨道的能量高，故同一中心离子形成相同配位数的配离子时，一般内轨型配合物比外轨型配合物要稳定，在溶液中内轨型配合物比外轨型配合物要难解离。例如，$[Fe(CN)_6]^{3-}$比$[FeF_6]^{3-}$要稳定，$[Ni(CN)_4]^{2-}$比$[Ni(NH_3)_4]^{2+}$要稳定。

配合物的键型也影响配合物的氧化还原性质。

(2) 配位化合物的磁性

物质的磁性是指在外加磁场的影响下，物质所表现出来的顺磁性或反磁性。

物质的磁性与组成物质的原子、分子或离子的性质有关，主要与物质中电子的自旋运动有关。如果物质中正自旋电子数和反自旋电子数相等（即电子皆已成对），电子自旋所产生的磁效应相互抵消，物质就不被外磁场所吸引，表现为反磁性。如果物质中正、反自旋电子数不等（即有成单电子），则总磁效应就不能相互抵消，多出的一种自旋电子所产生的磁矩就使物质可被外磁场所吸引，表现为顺磁性。所以，物质的磁性强弱与物质内部未成对的电子数多少有关。

物质的磁性强弱用磁矩（μ）表示：

$\mu=0$的物质，电子皆已成对，具有反磁性；

$\mu>0$的物质，有未成对电子，具有顺磁性。

假定配体中的电子皆已成对，则d区过渡元素所形成的配离子的磁矩可用下式作近似计算：

$$\mu=\sqrt{n(n+2)} \tag{7-1}$$

μ的单位为玻尔磁子，简写为B. M.。n为中心离子的未成对电子数。

根据式(7-1)，可计算出与未成对电子数$n=1\sim5$相对应的理论μ值。因此，由磁天平测定配合物的磁矩，就可以了解中心离子的未成对电子数，进而可以确定该配合物是内轨型还是外轨型配合物。

例如，Fe^{3+}中有5个未成对d电子，根据式(7-1)可算出Fe^{3+}的磁矩的理论值为：

$$\mu_{理}=\sqrt{5(5+2)}=5.92\text{B. M.}$$

实验测得$[FeF_6]^{3-}$的磁矩为5.90B. M.，故可以推知，$[FeF_6]^{3-}$中仍有5个未成对电子，Fe^{3+}以sp^3d^2杂化轨道与F^-结合，形成外轨配键。而实验测得$[Fe(CN)_6]^{3-}$的磁矩为

2.0B.M.，此数值与根据式(7-1)计算出的具有一个未成对电子对应的磁矩理论值1.73B.M.很接近，表明在成键过程中，中心离子的d电子发生了重新分布，未成对的d电子数减少了，Fe^{3+}以d^2sp^3杂化轨道与CN^-结合，形成内轨配键。

价键理论根据配离子形成时所采用的杂化轨道类型成功地说明了配离子的空间结构，解释了外轨型与内轨型配合物的稳定性和磁性差别，但是其应用价值有一定的局限性。例如，它不能解释配合物的可见和紫外吸收光谱以及过渡金属配合物普遍具有特征颜色的现象。因此从20世纪50年代后期以来，价键理论已逐渐为配合物的晶体场理论和配位场理论所取代。

7.3 配位平衡及其影响因素

与多元弱酸(弱碱)的解离相类似，多配体配离子在水溶液中的解离也是分步进行的，最后达到某种平衡状态。配离子解离反应的逆反应是配离子的形成反应，其形成反应也是分步进行的，最后也达到了某种平衡状态，这就是配位平衡。

7.3.1 配离子的稳定常数

(1) 配离子的稳定常数$K^{\ominus}_{稳}$

配离子形成反应达到平衡时的平衡常数，称为配离子的稳定常数(stability constant)。在溶液中配离子的形成是分步进行的，每一步都相应有一个稳定常数，称为逐级稳定常数(或分步稳定常数)。

例如，$[Cu(NH_3)_4]^{2+}$配离子的形成过程：

$$Cu^{2+}+NH_3 \rightleftharpoons [Cu(NH_3)]^{2+}$$

$$K^{\ominus}_{稳_1}=\frac{[Cu(NH_3)^{2+}]}{[Cu^{2+}][NH_3]}=10^{4.31}$$

$$[Cu(NH_3)]^{2+}+NH_3 \rightleftharpoons [Cu(NH_3)_2]^{2+}$$

$$K^{\ominus}_{稳_2}=\frac{[Cu(NH_3)_2^{2+}]}{[Cu(NH_3)^{2+}][NH_3]}=10^{3.67}$$

$$[Cu(NH_3)_2]^{2+}+NH_3 \rightleftharpoons Cu[(NH_3)_3]^{2+}$$

$$K^{\ominus}_{稳_3}=\frac{[Cu(NH_3)_3^{2+}]}{[Cu(NH_3)_2^{2+}][NH_3]}=10^{3.04}$$

$$Cu[(NH_3)_3]^{2+}+NH_3 \rightleftharpoons [Cu(NH_3)_4]^{2+}$$

$$K^{\ominus}_{稳_4}=\frac{[Cu(NH_3)_4^{2+}]}{[Cu(NH_3)_3^{2+}][NH_3]}=10^{2.30}$$

请注意平衡常数表达式中配离子电荷的表示法。

逐级稳定常数随着配位数增大而减小。因为配位数增大时，配体之间的斥力增大，同时中心离子对每个配体的吸引力减小，故配离子的稳定性减弱。

逐级稳定常数的乘积等于该配离子的总稳定常数：

$$Cu^{2+}+4NH_3 \rightleftharpoons [Cu(NH_3)_4]^{2+}$$

$$K^{\ominus}_{稳}=K^{\ominus}_{稳_1}\cdot K^{\ominus}_{稳_2}\cdot K^{\ominus}_{稳_3}\cdot K^{\ominus}_{稳_4}=\frac{[Cu(NH_3)_4^{2+}]}{[Cu^{2+}][NH_3]^4}=10^{13.32}$$

$K^{\ominus}_{稳}$值越大，表示该配离子在水中越稳定。因此，用$K^{\ominus}_{稳}$可以判断配位反应完成的程度，判断其能否用于滴定分析。一些常见配离子的稳定常数见书末附录6。

若将逐级稳定常数依次相乘，就得到各级累积稳定常数（β_i）：

$$\beta_1 = K^{\ominus}_{稳_1} = \frac{[Cu(NH_3)^{2+}]}{[Cu^{2+}][NH_3]}$$

$$\beta_2 = K^{\ominus}_{稳_1} \cdot K^{\ominus}_{稳_2} = \frac{[Cu(NH_3)_2^{2+}]}{[Cu^{2+}][NH_3]^2}$$

$$\beta_3 = K^{\ominus}_{稳_1} \cdot K^{\ominus}_{稳_2} \cdot K^{\ominus}_{稳_3} = \frac{[Cu(NH_3)_3^{2+}]}{[Cu^{2+}][NH_3]^3}$$

$$\beta_4 = K^{\ominus}_{稳_1} \cdot K^{\ominus}_{稳_2} \cdot K^{\ominus}_{稳_3} \cdot K^{\ominus}_{稳_4} = K^{\ominus}_{稳} = \frac{[Cu(NH_3)_4^{2+}]}{[Cu^{2+}][NH_3]^4}$$

配离子在水溶液中会发生逐级解离，这些解离反应是配离子各级形成反应的逆反应，解离生成了一系列各级配位数不等的配离子，其各级解离程度可用相应的逐级不稳定常数 $K^{\ominus}_{不稳}$ 表示，例如，$[Cu(NH_3)_4]^{2+}$ 在水溶液中的解离：

$$[Cu(NH_3)_4]^{2+} \rightleftharpoons [Cu(NH_3)_3]^{2+} + NH_3$$

$$K^{\ominus}_{不稳_1} = \frac{[Cu(NH_3)_3^{2+}][NH_3]}{[Cu(NH_3)_4^{2+}]} = 10^{-2.30}$$

$$[Cu(NH_3)_3]^{2+} \rightleftharpoons [Cu(NH_3)_2]^{2+} + NH_3$$

$$K^{\ominus}_{不稳_2} = \frac{[Cu(NH_3)_2^{2+}][NH_3]}{[Cu(NH_3)_3^{2+}]} = 10^{-3.04}$$

$$[Cu(NH_3)_2]^{2+} \rightleftharpoons [Cu(NH_3)]^{2+} + NH_3$$

$$K^{\ominus}_{不稳_3} = \frac{[Cu(NH_3)^{2+}][NH_3]}{[Cu(NH_3)_2^{2+}]} = 10^{-3.67}$$

$$[Cu(NH_3)]^{2+} \rightleftharpoons Cu^{2+} + NH_3$$

$$K^{\ominus}_{不稳_4} = \frac{[Cu^{2+}][NH_3]}{[Cu(NH_3)^{2+}]} = 10^{-4.31}$$

显然，逐级不稳定常数分别与相对应的逐级稳定常数互为倒数：

$$K^{\ominus}_{不稳_1} = \frac{1}{K^{\ominus}_{稳_4}},\ K^{\ominus}_{不稳_2} = \frac{1}{K^{\ominus}_{稳_3}},\ K^{\ominus}_{不稳_3} = \frac{1}{K^{\ominus}_{稳_2}},\ K^{\ominus}_{不稳_4} = \frac{1}{K^{\ominus}_{稳_1}}$$

同样

$$[Cu(NH_3)_4]^{2+} \rightleftharpoons Cu^{2+} + 4NH_3$$

$$K^{\ominus}_{不稳} = K^{\ominus}_{不稳_1} \cdot K^{\ominus}_{不稳_2} \cdot K^{\ominus}_{不稳_3} \cdot K^{\ominus}_{不稳_4} = \frac{1}{K^{\ominus}_{稳}} = 10^{-13.32}$$

$K^{\ominus}_{稳}$、β_i 和 $K^{\ominus}_{不稳}$ 在使用时切勿混淆。

必须注意，在 $[Cu(NH_3)_4]^{2+}$ 的水溶液中，总存在 $[Cu(NH_3)_3]^{2+}$、$[Cu(NH_3)_2]^{2+}$ 和 $[Cu(NH_3)]^{2+}$ 等各级配位数低的离子，因此不能认为溶液中 $[Cu^{2+}]$ 与 $[NH_3]$ 之比是1∶4。

还必须指出，只有在类型相同的情况下，才能根据 $K^{\ominus}_{稳}$ 值大小直接比较配离子的稳定性。

一般配离子的逐级稳定常数彼此相差不大，因此在计算离子浓度时必须考虑各级配离子的存在。但在实际工作中，总是加入过量的配位剂，这时绝大部分金属离子处在最高配位数的状态，其他较低配位数的离子可忽略不计。此时若只求简单金属离子的浓度，只需按总的

$K^{\ominus}_{不稳}$（或 $K^{\ominus}_{稳}$）进行计算，这样可使计算大为简化。

（2）配离子稳定常数的应用

配离子 $ML_x^{(n-x)+}$、金属离子 M^{n+} 及配体 L^- 在水溶液中存在下列平衡：

$$M^{n+} + xL^- \rightleftharpoons ML_x^{(n-x)+}$$

如果向溶液中加入某种试剂（包括酸、碱、沉淀剂、氧化还原剂或其他配位剂），这些试剂与 M^{n+} 或 L^- 可能发生各种化学反应，必将导致上述配位平衡发生移动，其结果是原溶液中各组分的浓度发生变动。该过程涉及的就是配位平衡与其他化学平衡之间相互联系的多重平衡。

利用配离子的稳定常数 $K^{\ominus}_{稳}$，可以计算配合物溶液中有关离子的浓度，判断配位平衡与沉淀溶解平衡之间、配位平衡与配位平衡之间相互转化的可能性，计算有关氧化还原电对的电极电势。

① 计算配合物溶液中有关离子的浓度

[例 7-1] 计算溶液中与 1.0×10^{-3} mol·L^{-1} $[Cu(NH_3)_4]^{2+}$ 和 1.0mol·L^{-1} NH_3 处于平衡状态的游离 Cu^{2+} 浓度。

解： 设处于平衡状态的游离 Cu^{2+} 浓度为 x

$$Cu^{2+} + 4NH_3 \rightleftharpoons [Cu(NH_3)_4]^{2+}$$

平衡浓度/mol·L^{-1}　　x　　1.0　　1.0×10^{-3}

已知 $[Cu(NH_3)_4]^{2+}$ 的 $K^{\ominus}_{稳} = 10^{13.32} = 2.1\times10^{13}$，将上述各项平衡浓度代入稳定常数表达式：

$$\frac{[Cu(NH_3)_4^{2+}]}{[Cu^{2+}][NH_3]^4} = K^{\ominus}_{稳}$$

$$\frac{1.0\times10^{-3}}{x\times(1.0)^4} = 2.1\times10^{13}$$

$$x = \frac{1.0\times10^{-3}}{2.1\times10^{13}}$$

$$= 4.8\times10^{-17}(\text{mol}\cdot\text{L}^{-1})$$

游离 Cu^{2+} 的浓度为 4.8×10^{-17} mol·L^{-1}。

② 配位平衡与沉淀溶解平衡之间的转化

[例 7-2] 若在 1.0L 例 7-1 所述的溶液中加入 0.0010mol NaOH，有无 $Cu(OH)_2$ 沉淀生成？若加入 0.0010mol Na_2S，有无 CuS 沉淀生成？

解： ① 当加入 0.0010mol NaOH 后，溶液中$[OH^-]$=0.0010mol·L^{-1}

$$K^{\ominus}_{sp}\{Cu(OH)_2\} = 2.2\times10^{-20}$$

该溶液中相应离子浓度幂的乘积：

$$[Cu^{2+}][OH^-]^2 = 4.8\times10^{-17}\times(1.0\times10^{-3})^2 = 4.8\times10^{-23}$$

$$4.8\times10^{-23} < K^{\ominus}_{sp}\{Cu(OH)_2\}$$

故加入 0.0010mol NaOH 后，无 $Cu(OH)_2$ 沉淀生成。

② 若加入 0.0010mol Na_2S 后，溶液中$[S^{2-}]$=0.0010mol·L^{-1}（未考虑 S^{2-} 的水解）

$$K^{\ominus}_{sp}(CuS) = 6.3\times10^{-36}$$

该溶液中相应离子浓度幂的乘积：

$$[Cu^{2+}][S^{2-}] = 4.8\times10^{-17}\times1.0\times10^{-3} = 4.8\times10^{-20}$$

$$4.8\times10^{-20} > K^{\ominus}_{sp}(CuS)$$

故加入 0.0010molNa_2S 后，有 CuS 沉淀产生。

[例 7-3] 已知 AgCl 的 $K^{\ominus}_{sp}$ 为 1.8×10^{-10}，AgBr 的 $K^{\ominus}_{sp}$ 为 5.4×10^{-13}。试比较完全溶解 0.010mol AgCl 和完全溶解 0.010mol AgBr 所需要氨水的浓度（以 mol·L^{-1}表示）。

解： AgCl 在氨水中的溶解反应为：

$$AgCl + 2NH_3 \rightleftharpoons [Ag(NH_3)_2]^+ + Cl^-$$

其平衡常数为：

$$K^{\ominus} = \frac{[Ag(NH_3)_2^+][Cl^-]}{[NH_3]^2}$$

$$= \frac{[Ag(NH_3)_2^+][Ag^+][Cl^-]}{[Ag^+][NH_3]^2}$$

$$= K^{\ominus}_{稳}\{Ag(NH_3)^{2+}\} \cdot K^{\ominus}_{sp}(AgCl)$$

因
$$K^{\ominus}_{sp}(AgCl) = 1.8 \times 10^{-10}$$

$$K^{\ominus}_{稳}\{Ag(NH_3)_2{}^+\} = 1.1 \times 10^7$$

则
$$K^{\ominus} = 1.1 \times 10^7 \times 1.8 \times 10^{-10} = 2.0 \times 10^{-3}$$

平衡时
$$[NH_3] = \sqrt{\frac{[Ag(NH_3)_2^+][Cl^-]}{K^{\ominus}}}$$

设 AgCl 溶解后，全部转化为 $[Ag(NH_3)_2]^+$，则 $[Ag(NH_3)_2{}^+] = 0.010mol \cdot L^{-1}$，$[Cl^-] = 0.010mol \cdot L^{-1}$，有：

$$[NH_3] = \sqrt{\frac{0.010 \times 0.010}{2.0 \times 10^{-3}}} = 0.22(mol \cdot L^{-1})$$

在溶解 0.010molAgCl 的过程中，消耗 NH_3：

$$2 \times 0.010 = 0.020(mol \cdot L^{-1})$$

故溶解 0.010molAgCl 所需要氨水的原始浓度为：

$$0.22 + 0.020 = 0.24(mol \cdot L^{-1})$$

同理，可以求出溶解 0.010molAgBr 所需要氨水的浓度至少为 $4.14mol \cdot L^{-1}$。

配位平衡与沉淀溶解平衡之间的相互转化关系可以用下述实验事实说明。在 $AgNO_3$ 溶液中，加入数滴 KCl 溶液，立即产生白色 AgCl 沉淀。再滴加氨水，由于生成 $[Ag(NH_3)_2]^+$，AgCl 沉淀即溶解。若向此溶液中再加入少量 KBr 溶液，则有淡黄色 AgBr 沉淀生成。再滴加 $Na_2S_2O_3$ 溶液，则 AgBr 又将溶解。如若再向溶液中滴加 KI 溶液，则又将析出溶解度更小的黄色 AgI 沉淀。再滴加 KCN 溶液，AgI 沉淀又溶解。此时若再加入 $(NH_4)_2S$ 溶液，则最终生成棕黑色的 Ag_2S 沉淀。以上各步实验过程为：

$$Ag^+(aq) + Cl^-(aq)\text{(加沉淀剂)} \xrightleftharpoons{K^{\ominus}_{sp}=1.77\times10^{-10}} AgCl(s)$$

$AgCl(s)$ + $2NH_3(aq)$(加配位剂) $\xrightleftharpoons{K^{\ominus}_{稳}=1.12\times10^{7}}$ $[Ag(NH_3)_2]^+(aq)$

$$2NH_3(aq) + AgBr(s) \xrightleftharpoons{K^{\ominus}_{sp}=5.35\times10^{-13}} [Ag(NH_3)_2]^+(aq) + Br^-(aq)\text{(加沉淀剂)}$$

$AgBr(s)$ + $2S_2O_3^{2-}(aq)$(加配位剂) $\xrightleftharpoons{K^{\ominus}_{稳}=2.88\times10^{13}}$ $[Ag(S_2O_3)_2]^{3-}(aq)$

$$[Ag(S_2O_3)_2]^{3-}(aq) + I^-(aq)\text{(加沉淀剂)} \xrightleftharpoons{K^{\ominus}_{sp}=8.52\times10^{-17}} AgI(s)$$

$AgI(s)$ + $2CN^-(aq)$(加配位剂) $\xrightleftharpoons{K^{\ominus}_{稳}=1.26\times10^{21}}$ $[Ag(CN)_2]^-(aq)$

$$2CN^-(aq) + \frac{1}{2}Ag_2S(s) \xrightleftharpoons{K^{\ominus}_{sp}=2.0\times10^{-49}} [Ag(CN)_2]^-(aq) + \frac{1}{2}S^{2-}(aq)\text{(加沉淀剂)}$$

与沉淀生成和溶解相对应的分别是配合物的解离和形成，决定上述各反应方向的是 $K^{\ominus}_{稳}$ 和 $K^{\ominus}_{sp}$ 的相对大小以及配位剂与沉淀剂的浓度。配合物的 $K^{\ominus}_{稳}$ 值越大，沉淀越易溶解形成相应配合物；沉淀的 $K^{\ominus}_{sp}$ 越小，则配合物越易解离转变成相应的沉淀。

③ 配位平衡之间的转化　配离子之间的相互转化和配离子与沉淀之间的转化类似，转化反应向着生成更稳定配离子的方向进行。两种配离子的稳定常数相差越大，转化将越完全。

[例 7-4]　向含有 $[Ag(NH_3)_2]^+$ 的溶液中分别加入 KCN 和 $Na_2S_2O_3$，此时发生下列反应：

$$[Ag(NH_3)_2]^+ + 2CN^- \rightleftharpoons [Ag(CN)_2]^- + 2NH_3 \tag{1}$$

$$[Ag(NH_3)_2]^+ + 2S_2O_3^{2-} \rightleftharpoons [Ag(S_2O_3)_2]^{3-} + 2NH_3 \tag{2}$$

在相同的情况下，哪个转化反应进行得较完全？

解： 反应式(1) 的平衡常数表示为：

$$\begin{aligned} K^{\ominus}_1 &= \frac{[Ag(CN)_2^-][NH_3]^2}{[Ag(NH_3)_2^+][CN^-]^2} \\ &= \frac{[Ag(CN)_2^-][NH_3]^2[Ag^+]}{[Ag(NH_3)_2^+][CN^-]^2[Ag^+]} \\ &= \frac{K^{\ominus}_{稳}\{Ag(CN)_2^-\}}{K^{\ominus}_{稳}\{Ag(NH_3)_2^+\}} \\ &= \frac{1.26\times10^{21}}{1.12\times10^{7}} = 1.13\times10^{14} \end{aligned}$$

同理，可求出反应式(2) 的平衡常数 $K^{\ominus}_2 = 2.57\times10^6$。

由计算得知，反应式(1) 的平衡常数 $K^{\ominus}_1$ 比反应式(2) 的平衡常数 $K^{\ominus}_2$ 大，说明反应 (1) 比反应 (2) 进行得较完全。

④ 计算氧化还原电对的电极电势　氧化还原电对的电极电势会因配合物的生成而改变，相应物质的氧化还原性能也会发生改变。

[例 7-5]　已知 $E^{\ominus}(Au^+/Au) = 1.692V$，$[Au(CN)_2]^-$ 的 $K^{\ominus}_{稳} = 2.00\times10^{38}$，试计算 $E^{\ominus}\{[Au(CN)_2]^-/Au\}$。

解： 首先根据题意，要计算 $E^{\ominus}\{[Au(CN)_2]^-/Au\}$ 的值，配离子 $[Au(CN)_2]^-$ 和配体 CN^- 的浓度均为 $1mol \cdot L^{-1}$，则可以由 $K^{\ominus}_{稳}$ 值计算平衡时相应的 Au^+ 的浓度。

$$[Au(CN)_2]^- \rightleftharpoons Au^+ + 2CN^-$$

$$\begin{aligned} K^{\ominus} &= \frac{[Au^+][CN^-]^2}{[Au(CN)_2^-]} \\ &= \frac{1}{K^{\ominus}_{稳}\{[Au(CN)_2]^-\}} \end{aligned}$$

则

$$[Au^+] = \frac{1}{K^{\ominus}_{稳}\{[Au(CN)_2]^-\}} = 5.00\times10^{-39}(mol \cdot L^{-1})$$

将 $[Au^+]$ 代入能斯特方程式：

$$\begin{aligned} E^{\ominus}\{[Au(CN)_2]^-/Au\} &= E(Au^+/Au) = E^{\ominus}(Au^+/Au) + 0.0592lg[Au^+] \\ &= +1.692 + 0.0592(lg5.00 - 39) \end{aligned}$$

$$=-20.982(\mathrm{V})$$

可以看出，当 Au^{+} 形成稳定的 $[Au(CN)_2]^-$ 配离子后，$E(Au^+/Au)$ 减小，此时 Au 的还原能力增强，即在配体 CN^- 存在时 Au 易被氧化为 $[Au(CN)_2]^-$，这就是 7.1.4 中介绍的湿法冶金提炼金所依据的原理。

7.3.2　EDTA 与金属离子的配合物

(1) EDTA

在与金属离子配合的各种配位剂中，氨羧配位剂是一类十分重要的化合物，可与金属离子形成很稳定的螯合物。目前配位滴定中最重要、应用最广的氨羧配位剂是乙二胺四乙酸（EDTA）。乙二胺四乙酸为四元弱酸，常用 H_4Y 表示。乙二胺四乙酸两个羧基上的 H^+ 常转移到 N 原子上，形成双偶极离子：

```
HOOCH₂C              H                 CH₂COO⁻
        \ H          H/
         N—CH₂—CH₂— N
        /+           +\
⁻OOCH₂C                CH₂COOH
```

由于乙二胺四乙酸在水中的溶解度很小（室温下，每 100mL 水中只能溶解 0.02g），故常用它的二钠盐（$Na_2H_2Y \cdot 2H_2O$，一般也称 EDTA）。它的溶解度较大（室温下，每 100mL 水中能溶解 11.2g），其饱和溶液的浓度约为 $0.3\mathrm{mol \cdot L^{-1}}$。

在酸度很高的溶液中，EDTA 的两个羧基负离子可再接受两个 H^+，形成 H_6Y^{2+}，这时，EDTA 就相当于一个六元酸。

(2) 金属离子-EDTA 配合物的特点

EDTA 的配位能力很强，能通过 2 个 N 原子、4 个 O 原子总共 6 个配位原子与金属离子结合，形成很稳定的具有 5 个五原子环的螯合物，甚至能和很难形成配合物的、半径较大的碱土金属离子（如 Ca^{2+}、Sr^{2+}、Ba^{2+} 等）形成稳定的螯合物。一般情况下，EDTA 与一至四价金属离子都能形成配位比 1∶1 的易溶于水的螯合物：

$$Ca^{2+}+Y^{4-} \rightleftharpoons CaY^{2-}$$

$$Fe^{3+}+Y^{4-} \rightleftharpoons FeY^{-}$$

$$Sn^{4+}+Y^{4-} \rightleftharpoons SnY$$

Ca^{2+}、Fe^{3+} 与 EDTA 的螯合物结构如图 7-1 所示。

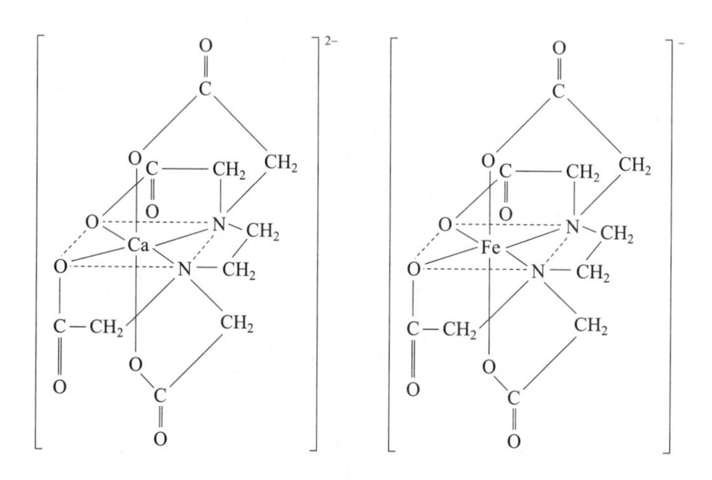

图 7-1　Ca^{2+}、Fe^{3+} 与 EDTA 的螯合物结构示意图

EDTA 与金属离子生成螯合物时，不存在分步配位现象，螯合物都比较稳定，所以配位反应比较完全，故用于配位滴定时，分析结果的计算就十分方便。

无色金属离子与 EDTA 形成的螯合物仍为无色，有利于用指示剂确定滴定终点。有色金属与 EDTA 形成螯合物颜色将加深。

以上特点说明 EDTA 和金属离子的配位反应符合滴定分析的要求。

金属离子与 EDTA 形成 1∶1 的螯合物，为了讨论方便，常可略去离子的电荷：

$$M + Y \rightleftharpoons MY$$

其稳定常数为：

$$K^{\ominus}_{MY} = \frac{[MY]}{[M][Y^{4-}]} = \frac{[MY]}{[M][Y]} \tag{7-2}$$

螯合物的稳定性主要取决于金属离子和配体的性质。在一定的条件下，每一个螯合物都有其特有的稳定常数。一些常见金属离子与 EDTA 形成螯合物的稳定常数可参见书末附录。

书末附录所列 $K^{\ominus}_{MY}$ 数据是指配位反应达到平衡且 EDTA 全部为 Y^{4-} 时的稳定常数，并未考虑 EDTA 其他的存在形式。但是，仅在 pH>12 的强碱性溶液中，$[Y]_{总}$ 才等于 $[Y^{4-}]$，且在金属离子的浓度未受其他条件影响时，式(7-2) 才适用。

由书末附录可见，金属离子与 EDTA 形成的螯合物大多比较稳定，但是金属离子不同，差别仍然较大：

碱金属离子的螯合物最不稳定；

碱土金属离子的螯合物：$\lg K^{\ominus}_{MY} \approx 8 \sim 11$；

过渡元素、稀土元素、Al^{3+} 的螯合物：$\lg K^{\ominus}_{MY} \approx 15 \sim 19$；

三价、四价金属离子和 Hg^{2+} 的螯合物：$\lg K^{\ominus}_{MY} > 20$。

这些螯合物稳定性的差别主要取决于金属离子本身的电荷、半径和电子层结构。

此外，溶液的酸度、温度和其他配位剂的存在等外界因素也影响螯合物的稳定性。其中，酸度的影响最为重要。

7.3.3 配位反应的完全程度及其影响因素

(1) EDTA 的解离平衡

在水溶液中，EDTA 有六级解离平衡：

$$H_6Y^{2+} \rightleftharpoons H^+ + H_5Y^+ \quad \frac{[H^+][H_5Y^+]}{[H_6Y^{2+}]} = K^{\ominus}_1 = 10^{-0.9}$$

$$H_5Y^+ \rightleftharpoons H^+ + H_4Y \quad \frac{[H^+][H_4Y]}{[H_5Y^+]} = K^{\ominus}_2 = 10^{-1.6}$$

$$H_4Y \rightleftharpoons H^+ + H_3Y^- \quad \frac{[H^+][H_3Y^-]}{[H_4Y]} = K^{\ominus}_3 = 10^{-2.0}$$

$$H_3Y^- \rightleftharpoons H^+ + H_2Y^{2-} \quad \frac{[H^+][H_2Y^{2-}]}{[H_3Y^-]} = K^{\ominus}_4 = 10^{-2.67}$$

$$H_2Y^{2-} \rightleftharpoons H^+ + HY^{3-} \quad \frac{[H^+][HY^{3-}]}{[H_2Y^{2-}]} = K^{\ominus}_5 = 10^{-6.16}$$

$$HY^{3-} \rightleftharpoons H^+ + Y^{4-} \quad \frac{[H^+][Y^{4-}]}{[HY^{3-}]} = K^{\ominus}_6 = 10^{-10.26}$$

在任何水溶液中，EDTA 总是以 H_6Y^{2+}、H_5Y^+、H_4Y、H_3Y^-、H_2Y^{2-}、HY^{3-}、

Y^{4-}等7种形式存在。各种存在形式的分布系数与溶液pH的关系如图7-2所示。

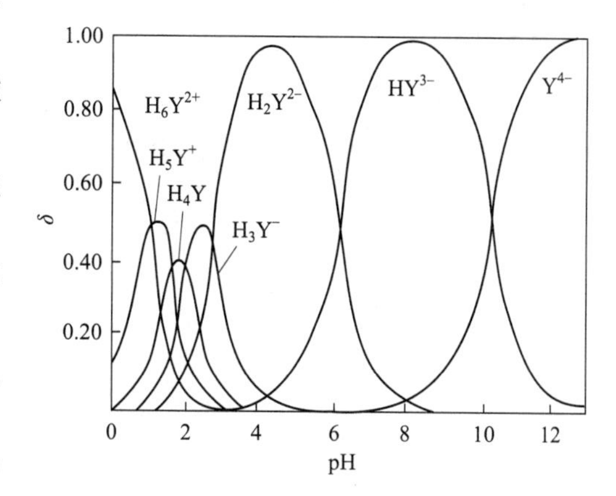

图7-2 EDTA溶液中各种存在形式的分布系数与溶液pH的关系曲线

可以看出，酸度越高，[Y^{4-}]越小；酸度越低，[Y^{4-}]越大。

在pH<0.9的强酸性溶液中，EDTA主要以H_6Y^{2+}的形式存在。

在pH=0.9～1.6的溶液中，EDTA主要以H_5Y^+的形式存在。

在pH=1.6～2.0的溶液中EDTA主要以H_4Y的形式存在。

在pH=2.0～2.67的溶液中，EDTA的主要存在形式是H_3Y^-。

在pH=2.67～6.16的溶液中，EDTA的主要存在形式是H_2Y^{2-}。

在pH很大(≥12)的碱性溶液中，EDTA才几乎完全以Y^{4-}的形式存在。

(2) 配位反应的副反应和副反应系数

在EDTA滴定中，被测金属离子M与Y配位，生成配合物MY，这是主反应。与此同时，反应物M、Y及反应产物MY也可能与溶液中的其他组分发生各种副反应：

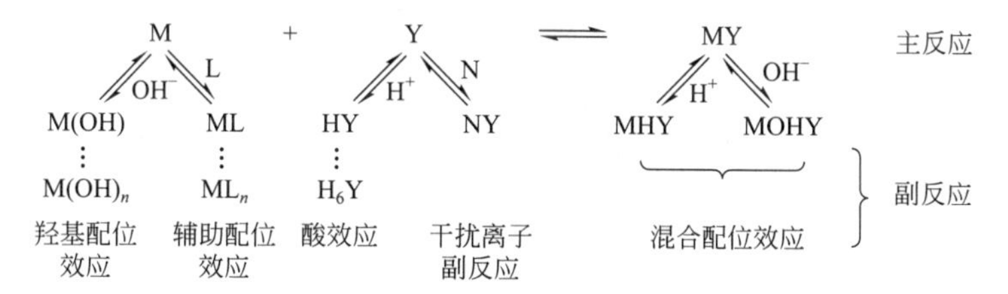

这些副反应都将影响主反应进行的程度，从而影响MY的稳定性。反应物M、Y的副反应不利于主反应进行，而反应产物MY的副反应则有利于主反应进行。

为了定量地表示副反应进行的程度，引入副反应系数α。根据平衡关系计算副反应的影响，即求得未参加主反应的组分M或Y的总浓度与平衡浓度[M]或[Y]的比值，就得到副反应系数α。

下面着重讨论酸效应和配位效应及其副反应系数。

① EDTA的酸效应与酸效应系数$\alpha_{Y(H)}$ H^+与Y^{4-}发生副反应使EDTA参加主反应的能力下降，这种现象称为酸效应。

酸效应的大小用酸效应系数[$\alpha_{Y(H)}$]来衡量。酸效应系数表示未参加配位反应的EDTA各种存在形式的总浓度与参加配位反应的Y^{4-}的平衡浓度之比：

$$\alpha_{Y(H)}=\frac{[Y]_{总}}{[Y^{4-}]}$$

$$=\frac{[Y^{4-}]+[HY^{3-}]+[H_2Y^{2-}]+[H_3Y^-]+[H_4Y]+[H_5Y^+]+[H_6Y^{2+}]}{[Y^{4-}]}$$

$$=1+\frac{[H^+]}{K_6^{\ominus}}+\frac{[H^+]^2}{K_6^{\ominus}K_5^{\ominus}}+\frac{[H^+]^3}{K_6^{\ominus}K_5^{\ominus}K_4^{\ominus}}+\frac{[H^+]^4}{K_6^{\ominus}K_5^{\ominus}K_4^{\ominus}K_3^{\ominus}}+\frac{[H^+]^5}{K_6^{\ominus}K_5^{\ominus}K_4^{\ominus}K_3^{\ominus}K_2^{\ominus}}+\frac{[H^+]^6}{K_6^{\ominus}K_5^{\ominus}K_4^{\ominus}K_3^{\ominus}K_2^{\ominus}K_1^{\ominus}}$$

溶液的pH越小，即[H^+]越大，$\alpha_{Y(H)}$就越大，表示Y^{4-}的平衡浓度越小，EDTA的副反应越严重。故 $\alpha_{Y(H)}$ 反映了副反应进行的严重程度。

在多数情况下，$[Y]_{总}$ 总是大于 $[Y^{4-}]$ 的。只有在 pH≥12 时，EDTA 的酸效应系数 $\alpha_{Y(H)}$ 才等于 1，$[Y]_{总}$ 才几乎等于有效浓度 $[Y^{4-}]$，此时没有发生副反应。

不同 pH 时酸效应系数 $\alpha_{Y(H)}$ 的对数列于表 7-2 中。

表 7-2 不同 pH 时的 $\lg\alpha_{Y(H)}$

pH	$\lg\alpha_{Y(H)}$	pH	$\lg\alpha_{Y(H)}$	pH	$\lg\alpha_{Y(H)}$	pH	$\lg\alpha_{Y(H)}$	pH	$\lg\alpha_{Y(H)}$
0.0	23.64	2.0	13.51	4.0	8.44	6.0	4.65	8.5	1.77
0.4	21.32	2.4	12.19	4.4	7.64	6.4	4.06	9.0	1.29
0.8	19.08	2.8	11.09	4.8	6.84	6.8	3.55	9.5	0.83
1.0	18.01	3.0	10.60	5.0	6.45	7.0	3.32	10.0	0.45
1.4	16.02	3.4	9.70	5.4	5.69	7.5	2.78	11.0	0.07
1.8	14.27	3.8	8.85	5.8	4.98	8.0	2.26	12.0	0.00

从表 7-2 可以看出，多数情况下 $\alpha_{Y(H)}$ 不等于 1，$[Y]_{总}$ 不等于 $[Y^{4-}]$。而式(7-2) 中的稳定常数 $K^{\ominus}_{MY}$ 是 $[Y]_{总}=[Y^{4-}]$ 时的稳定常数，故不能在 pH 小于 12 时应用。要了解不同酸度下配合物 MY 的稳定性，就必须从 $[Y^{4-}]$ 与 $[Y]_{总}$ 的关系来考虑。

$$[Y^{4-}]=\frac{[Y]_{总}}{\alpha_{Y(H)}}$$

将上式代入式(7-2)，有：

$$K^{\ominus}_{MY}=\frac{[MY]}{[M][Y^{4-}]}=\frac{[MY]\cdot\alpha_{Y(H)}}{[M][Y]_{总}}$$

整理后得：

$$\frac{[MY]}{[M][Y]_{总}}=\frac{K^{\ominus}_{MY}}{\alpha_{Y(H)}}=K^{\ominus\prime}_{MY} \tag{7-3a}$$

式中，$K^{\ominus\prime}_{MY}$ 是考虑了酸效应后 MY 配合物的稳定常数，称为条件稳定常数，即在一定酸度条件下用 EDTA 溶液总浓度 $[Y]_{总}$ 表示的稳定常数。

条件稳定常数说明在溶液酸度影响下配合物 MY 的实际稳定程度。

式(7-3a) 在实际应用中常以对数形式表示，即

$$\lg K^{\ominus\prime}_{MY}=\lg K^{\ominus}_{MY}-\lg\alpha_{Y(H)} \tag{7-3b}$$

条件稳定常数 $K^{\ominus\prime}_{MY}$ 可通过式(7-3) 由 $K^{\ominus}_{MY}$ 和 $\alpha_{Y(H)}$ 计算而得，它随溶液的 pH 变化而变化。

应用条件稳定常数 $K^{\ominus\prime}_{MY}$ 比用稳定常数 $K^{\ominus}_{MY}$ 能更正确地判断金属离子 M 和 Y 的配位情况，故 $K^{\ominus\prime}_{MY}$ 在选择配位滴定的 pH 条件时有着十分重要的意义。

[例 7-6] 计算 pH=2.0 和 pH=5.0 时的 $\lg K^{\ominus\prime}_{ZnY}$。

解： 因为 $\lg K^{\ominus}_{ZnY}=16.4$

① 查表 7-2，pH=2.0 时，$\lg\alpha_{Y(H)}=13.5$，由式(7-3b) 得：

$$\lg K^{\ominus\prime}_{ZnY}=\lg K^{\ominus}_{ZnY}-\lg\alpha_{Y(H)}=16.4-13.5=2.9$$

② 查表 7-2，pH=5.0 时，$\lg\alpha_{Y(H)}=6.5$，由式(7-3b) 得：

$$\lg K^{\ominus\prime}_{ZnY}=\lg K^{\ominus}_{ZnY}-\lg\alpha_{Y(H)}=16.4-6.5=9.9$$

可见，若在 pH=2.0 时滴定 Zn^{2+}，副反应严重，ZnY 很不稳定，配位反应进行不完

全。而在 pH=5.0 时滴定 Zn^{2+}，$\lg K_{ZnY}^{\ominus'}=9.9$，ZnY 就很稳定，配位反应可以进行得很完全。

从表 7-2 和式(7-3) 可知，pH 愈大，$\lg\alpha_{Y(H)}$ 值愈小，副反应愈少，条件稳定常数 $K_{MY}^{\ominus'}$ 愈大，配位反应愈完全，对配位滴定愈有利。然而要注意的是，pH 太大时，许多金属离子会水解生成沉淀，此时就难以用 EDTA 直接滴定该种金属离子了。pH 降低，条件稳定常数 $K_{MY}^{\ominus'}$ 减小，对于稳定性较高的配合物，溶液的 pH 即使稍低些，可能仍然可以进行准确滴定，而对于稳定性较差的配合物，若溶液的 pH 降低，可能就无法进行准确滴定了。因此滴定不同的金属离子，有着不同的最低允许 pH。

② 金属离子 M 的副反应及其副反应系数 α_M　金属离子 M 若发生副反应，会使金属离子参加主反应的能力下降。金属离子 M 的副反应系数用 α_M 表示，表示未与 Y 配位的金属离子各种存在形式的总浓度 $[M]_总$ 与游离金属离子浓度 [M] 之比：

$$\alpha_M=\frac{[M]_总}{[M]}$$

在进行配位滴定时，为了掩蔽干扰离子，常加入某些其他的配位剂 L，这些配位剂称为辅助配位剂。辅助配位剂 L 与被滴定的金属离子发生的副反应称为辅助配位效应，其副反应系数用 $\alpha_{M(L)}$ 表示：

$$\alpha_{M(L)}=\frac{[M]+[ML]+[ML_2]+\cdots+[ML_n]}{[M]}$$
$$=1+\beta_1[L]+\beta_2[L]^2+\cdots+\beta_n[L]^n$$

其中，β_i 为金属离子与辅助配位剂 L 形成配合物的各级累积稳定常数。

由溶液中的 OH^- 与金属离子 M 形成羟基配合物所引起的副反应称为羟基配位效应，其副反应系数用 $\alpha_{M(OH)}$ 表示：

$$\alpha_{M(OH)}=\frac{[M]+[M(OH)]+[M(OH)_2]+\cdots+[M(OH)_n]}{[M]}$$
$$=1+\beta_1[OH^-]+\beta_2[OH^-]^2+\cdots+\beta_n[OH^-]^n$$

其中，β_i 为金属离子羟基配合物的各级累积稳定常数。

对于含有辅助配位剂 L 的溶液，α_M 应包括 $\alpha_{M(L)}$ 和 $\alpha_{M(OH)}$ 两项，即

$$\alpha_M=\frac{[M]_总}{[M]}=\frac{[M]+[ML]+\cdots+[ML_n]+[M(OH)]+\cdots+[M(OH)_n]}{[M]}$$
$$=\alpha_{M(L)}+\alpha_{M(OH)}-1\approx\alpha_{M(L)}+\alpha_{M(OH)}$$

利用金属离子的副反应系数 α_M，可以在其他配位剂 L 存在下，对有关平衡进行定量处理。

将式 $\alpha_M=\frac{[M]_总}{[M]}$ 代入式(7-2)，整理后可得：

$$\frac{[MY]}{[M]_总[Y^{4-}]}=\frac{K_{MY}^{\ominus}}{\alpha_M}=K_{MY}^{\ominus'} \qquad (7\text{-}4)$$

这是只考虑金属离子副反应（辅助配位效应和羟基配位效应）时 MY 配合物的条件稳定常数。

由于 EDTA 的酸效应总是存在的，因此在其他配位剂 L 存在时，应该同时考虑 α_M 和 $\alpha_{Y(H)}$，此时的条件稳定常数 $K_{MY}^{\ominus'}$ 就为：

$$\frac{[MY]}{[M]_{总}[Y]_{总}}=\frac{K_{MY}^{\ominus}}{\alpha_M \alpha_{Y(H)}}=K_{MY}^{\ominus'} \tag{7-5a}$$

或表示为：

$$\lg K_{MY}^{\ominus'}=\lg K_{MY}^{\ominus}-\lg\alpha_M-\lg\alpha_{Y(H)} \tag{7-5b}$$

条件稳定常数 $K_{MY}^{\ominus'}$ 是在一定外因（H^+ 和 L）的影响下，用副反应系数校正后 MY 配合物的实际稳定常数。用 $K_{MY}^{\ominus'}$ 能更正确地判断 MY 配合物在该条件下的稳定性。

③ MY 配合物的副反应系数 α_{MY}　酸度较高时，MY 配合物会与 H^+ 发生副反应，生成酸式配合物 MHY；碱度较高时，MY 会与 OH^- 发生副反应，生成 $M(OH)Y$、$M(OH)_2Y$ 等碱式配合物。这两种副反应称为混合配位效应，会使平衡右移，总的配合物略有增加，也就是配合物的稳定性略有增大。但是这些混合配合物一般不太稳定，可以忽略不计。

从以上讨论可见，配位滴定中的影响因素很多，在一般情况下，主要是 EDTA 的酸效应和 M 的配位效应。

确定 EDTA 滴定金属离子的适宜酸度范围时，首先要考虑酸效应，溶液的 pH 应大于允许的最小 pH。其次，溶液的 pH 不能太大，不能有金属离子的水解产物析出。最后，还应考虑金属指示剂变色对 pH 的要求，同时要考虑避免其他共存金属离子的干扰。综合考虑这些因素后，就能确定滴定某金属离子的适宜 pH 范围。在实际工作中，这一 pH 范围是通过选用合适的缓冲溶液来控制的。

但也应该指出，如果加入的辅助配位剂与金属离子形成的配合物比 EDTA 与金属离子形成的配合物更稳定，则会掩蔽金属离子，使其不能被 EDTA 滴定。

习　题

7-1　命名下列配合物，并指出中心离子、配体、配位原子和配位数。

配合物	名　称	中心离子	配　体	配位原子	配位数
$Cu[SiF_6]$					
$K_3[Cr(CN)_6]$					
$[Zn(OH)(H_2O)_3]NO_3$					
$[CoCl_2(NH_3)_3(H_2O)]Cl$					
$[Cu(NH_3)_4][PtCl_4]$					

7-2　已知 $[MnBr_4]^{2-}$ 和 $[Mn(CN)_6]^{3-}$ 的磁矩分别为 5.9B. M. 和 2.8B. M.，试根据价键理论推测这两种配离子中 d 电子的分布情况、中心离子的杂化类型以及它们的空间构型。

7-3　实验测得下列配离子的磁矩数值如下：

$[CoF_6]^{3-}$　4.5B. M.；　$[Fe(CN)_6]^{4-}$　0B. M.

试指出中心离子的配位数和配离子的杂化类型，判断哪个是内轨型，哪个是外轨型，并预测其空间构型。

7-4　0.1g 固体 AgBr 能否完全溶解于 100mL $1mol\cdot L^{-1}$ 氨水中？

7-5　通过计算比较 1L $6mol\cdot L^{-1}$ 氨水和 1L $1mol\cdot L^{-1}$ KCN 溶液哪一个可溶解较多的 AgI。

7-6　试比较 $[Ag(NH_3)_2]^+$ 和 $[Ag(CN)_2]^-$ 氧化能力的相对强弱，并计算说明。

7-7　计算下列电对的 $E^{\ominus}$：

$$[Ni(CN)_4]^{2-} + 2e \rightleftharpoons Ni + 4CN^-$$
$$[HgI_4]^{2-} + 2e \rightleftharpoons Hg + 4I^-$$

7-8　通过计算说明下列反应能否向右进行：

① $2[Fe(CN)_6]^{3-} + 2I^- = 2[Fe(CN)_6]^{4-} + I_2$

② $[Cu(NH_3)_4]^{2+} + Zn = [Zn(NH_3)_4]^{2+} + Cu$

7-9　有一标准 EDTA 溶液，其浓度为 $0.01000mol \cdot L^{-1}$，1mLEDTA 溶液相当于 Zn、MgO、Al_2O_3 各多少毫克？

7-10　称取 0.1005g 纯 $CaCO_3$，溶解后用容量瓶配成 100.0mL 溶液。吸取 25.00mL，在 pH>12 时，用钙指示剂指示终点，用 EDTA 标准溶液滴定，用去 24.90mL。试计算：

① EDTA 溶液的浓度；

② 每毫升 EDTA 溶液相当于 ZnO、Fe_2O_3 各多少克。

7-11　假设 Mg^{2+} 和 EDTA 的浓度皆为 $10^{-2}mol \cdot L^{-1}$，在 pH=6 时，Mg^{2+} 与 EDTA 配合物的条件稳定常数是多少（不考虑水解等副反应）？在此 pH 下能否用 EDTA 标准溶液滴定 Mg^{2+}？如不能滴定，求其允许的最低 pH。

7-12　水的硬度有用 $mg \cdot L^{-1}$CaO 表示的，也有用硬度度数表示的（每升水中含 10mg CaO 称为 1 度）。今吸取水样 100mL，用 $0.0100mol \cdot L^{-1}$ EDTA 溶液测定硬度，用去 2.41mL，计算水的硬度：①用 $mg \cdot L^{-1}$CaO 表示；②用硬度度数表示。

7-13　称取 1.032g 氧化铝试样，溶解后，移入 250mL 容量瓶，稀释至刻度。吸取 25.00mL，加入 $T(Al_2O_3) = 1.505mg \cdot mL^{-1}$ 的 EDTA 标准溶液 10.00mL，以二甲酚橙为指示剂，用 $Zn(Ac)_2$ 标准溶液进行返滴定，至红紫色达到终点，消耗 $Zn(Ac)_2$ 标准溶液 12.20mL。已知 1mL $Zn(Ac)_2$ 溶液相当于 0.6812mL EDTA 溶液，求试样中 Al_2O_3 的质量分数。

7-14　称取 0.5000g 煤试样，灼烧并使其中硫完全氧化为 SO_4^{2-}，处理成溶液，除去重金属离子后，加入 $0.05000mol \cdot L^{-1}$ $BaCl_2$ 溶液 20.00mL，使之生成 $BaSO_4$ 沉淀。过量的 Ba^{2+} 用 $0.02500mol \cdot L^{-1}$ EDTA 溶液滴定，用去 20.00mL。计算煤中硫的质量分数。

7-15　分析含铜锌镁合金时，称取 0.5000g 试样，溶解后用容量瓶配成 100.0mL 溶液。吸取 25.00mL，调至 pH=6，用 PAN 作指示剂，用 $0.05000mol \cdot L^{-1}$ EDTA 标准溶液滴定铜和锌，用去 37.30mL。另外又吸取 25.00mL 溶液，调至 pH=10，加 KCN，以掩蔽铜和锌，用同浓度的 EDTA 溶液滴定镁，用去 4.10mL。然后滴加甲醛以解蔽锌，又用同浓度 EDTA 溶液滴定锌，用去 13.40mL。计算试样中铜、锌、镁的质量分数。

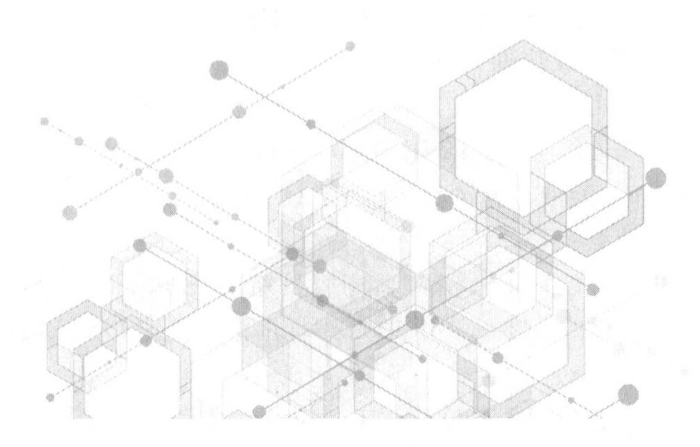

第8章　高分子化合物

高分子科学是当代发展最迅速的学科之一。高分子科学既是一门应用科学，又是一门基础科学。高分子科学已经发展成高分子化学和高分子物理两个主要分支。高分子化学是研究高分子化合物（简称高分子）合成（聚合）和化学反应的一门学科，同时还涉及聚合物的结构和性能，这一部分常列为高分子物理的内容。

8.1　高分子的基本概念

高分子也称聚合物（高聚物）。有时高分子可指一个大分子，而聚合物则指许多大分子的聚集体。常用的高分子的分子量一般高达几万、几十万，甚至上百万，范围在 $10^4 \sim 10^7$。

一个大分子往往由许多相同的、简单的结构单元通过共价键重复连接而成。例如聚苯乙烯由苯乙烯结构单元重复连接而成。

$$n\,CH_2{=}CH(C_6H_5) \xrightarrow{\text{聚合}} \sim\!\sim CH_2-CH(C_6H_5)-CH_2-CH(C_6H_5)-CH_2-CH(C_6H_5)\sim\!\sim$$

上式中符号～～代表碳链骨架，略去了端基。为方便起见，上式可缩写成下式：

$$\left[CH_2-CH(C_6H_5) \right]_n$$

对于聚苯乙烯类高聚物，方（或圆）括号内是结构单元（structure unit），也就是重复单元（repeating unit）或链节（chain element）；括号表示重复连接；n 代表重复单元数，有时定义为聚合度（DP）。许多结构单元连接成线型大分子，类似一条链子，因此结构单元俗称链节。

合成聚合物的化合物称作单体（monomer），单体通过聚合反应，才转变成大分子的结构单元。聚苯乙烯的结构单元与单体的元素组成相同，只是电子结构有所改变，因此可称为单体单元（monomer unit）。

根据上式，很容易看出，聚合物的分子量 M 是重复单元的分子量 M_0 与重复单元数 n 或聚合度（DP）的乘积，即

$$M = DP \times M_0 \tag{8-1}$$

由一种单体聚合而成的聚合物称为均聚物，如上述的聚苯乙烯。由两种以上单体共聚而成的聚合物则称作共聚物，如氯乙烯-乙酸乙烯酯共聚物。

聚酰胺类聚合物的结构式有着另一特征，例如聚己二酰己二胺（尼龙-66）：

$$H_2N(CH_2)_6NH_2 + HOOC(CH_2)_4COOH$$

$$\downarrow$$

$$H\text{-}[NH(CH_2)_6NH—CO(CH_2)_4CO]_n\text{-}OH + (2n-1)\ H_2O$$

← 结构单元 → ← 结构单元 →

←—— 重复结构单元 ——→

上式中括号内的重复单元由—$NH(CH_2)_6NH$—和—$CO(CH_2)_4CO$—两种结构单元组成，是己二胺 $NH_2(CH_2)_6NH_2$ 和己二酸 $HOOC(CH_2)_4COOH$ 两种单体经聚合反应失去水后的结果。

8.2 聚合物的分类和命名

聚合物的种类日益增多，迫切需要一个科学的分类方法和系统命名法。

8.2.1 聚合物的分类

可以从不同专业角度对聚合物进行多种分类，例如按来源、合成方法、用途、热行为、结构等来分类。按来源可分为天然高分子、合成高分子、改性高分子。按用途可粗分成合成树脂和塑料、合成橡胶、合成纤维等。按热行为可分成热塑性聚合物和热固性聚合物。按聚集态可以分成橡胶态、玻璃态、部分结晶态等。但从有机化学和高分子化学角度考虑，则按主链结构将聚合物分成碳链聚合物、杂链聚合物和元素有机聚合物三大类，在这基础上，再进一步细分，如聚烯烃、聚酰胺等。

（1）碳链聚合物

大分子主链完全由碳原子组成，绝大部分烯类和二烯类的加成聚合物属于这一类，如聚乙烯、聚氯乙烯、聚丁二烯、聚异戊二烯等。

（2）杂链聚合物

大分子主链中除了碳原子外，还有氧、氮、硫等杂原子，如聚醚、聚酯、聚酰胺等缩聚物和杂环开环聚合物，天然高分子多属于这一类。这类聚合物都有特征基团，如醚键（—O—）、酯键（—OCO—）、酰胺键（—NHCO—）等。

（3）元素有机聚合物（半有机高分子）

大分子主链中没有碳原子，主要由硅、硼、铝和氧、氮、硫、磷等原子组成，但侧基多半是有机基团，如甲基、乙基、乙烯基、苯基等。聚硅氧烷（有机硅橡胶）是典型的例子。

如果主链和侧基均无碳原子，则称为无机高分子，如硅酸盐类。

8.2.2 聚合物的命名

聚合物常以单体或聚合物结构来命名，所谓习惯命名法。有时也会有商品俗名。1972年，

国际纯粹和应用化学联合会（IUPAC）对线型聚合物提出了结构系统命名法。

（1）习惯命名法

聚合物名称常以单体名为基础。烯类聚合物以烯类单体名冠以“聚”字来命名，例如乙烯、氯乙烯的聚合物分别称为聚乙烯、聚氯乙烯。

对于由两种单体合成的共聚物，常摘取两单体的简名，后缀“树脂”两字来命名，例如苯酚和甲醛的缩聚物称为酚醛树脂。这类产物的形态类似天然树脂，因此有合成树脂之统称。目前已扩展到将未加助剂的聚合物粉料和粒料也称为合成树脂。合成橡胶往往从共聚单体中各取一字，后缀“橡胶”二字来命名，如丁苯橡胶、乙（烯）丙（烯）橡胶等。

杂链聚合物还可以进一步按其特征结构来命名，如聚酰胺、聚酯、聚碳酸酯、聚砜等。这些都代表一类聚合物，具体品种另有专名，如聚酰胺中己二胺和己二酸的缩聚物学名为聚己二酰己二胺，国外商品名为尼龙-66（聚酰胺-66）。尼龙后的前一数字代表二元胺的碳原子数，后一数字则代表二元酸的碳原子数；如只有一位数，则代表氨基酸的碳原子数，如尼龙-6（锦纶）是己内酰胺或氨基乙酸的聚合物。我国习惯以“纶”字作为合成纤维商品名的后缀字，如聚对苯二甲酸乙二醇酯称涤纶，聚丙烯腈称腈纶，聚乙烯醇纤维称维尼纶等，其他如丙纶、氯纶则代表聚丙烯纤维、聚氯乙烯纤维。

有些聚合物若按单体名来命名容易引起混淆，例如结构式为$\lbrack OCH_2CH_2 \rbrack_n$的聚合物，可用环氧乙烷、乙二醇、氯乙醇或氯乙醚来合成，只因环氧乙烷单体最常用，故通常称作聚环氧乙烷，按结构，应称作聚氧乙烯。

（2）结构系统命名法

为了做出更严格的科学系统命名，国际纯粹和应用化学联合会（IUPAC）对线型聚合物提出下列命名原则和程序：先确定重复单元结构，继而排好其中次级单元次序，给重复单元命名，最后冠以“聚”字，就成为聚合物的名称。写次级单元时，先写侧基最少的元素，继而写有取代的亚甲基，再写无取代的亚甲基。这一次序与习惯写法有些不同，现举 3 例如下：

	$—CH(Cl)CH_2—$	$—CH═CHCH_2CH_2—$	$—O—CH(F)CH_2—$
系统命名：	聚 1-氯代亚乙基	聚 1-亚丁烯基	聚氧化 1-氟代亚乙基
习惯命名：	聚氯乙烯	聚丁二烯	聚氧化氟乙烯

IUPAC 系统命名法比较严谨，但有些聚合物，尤其是缩聚物的名称过于冗长，例如：

$\lbrack NH(CH_2)_5CO \rbrack_n$	聚己内酰胺	聚[亚氨基(1-氧代己基)]
$\lbrack NH(CH_2)_6NHOC(CH_2)_4CO \rbrack_n$	聚己二酰己二胺	聚(亚氨基亚己基亚氨基己二胺)
$\lbrack O(CH_2)_2OOCC_6H_4CO \rbrack_n$	聚对苯二甲酸乙二醇酯	聚(氧亚乙基氧对苯二甲酰)

为方便起见，许多聚合物都有缩写符号，例如聚甲基丙烯酸甲酯的符号为 PMMA。书刊中第一次出现不常用符号时，应注出全名。在学术性比较强的论文中，虽然并不反对使用能够反映单体结构的习惯名称，但鼓励尽量使用系统命名，并不希望用商品俗名。

8.3 聚合反应

由低分子单体合成聚合物的反应总称作聚合。聚合反应有两种重要分类方法。

8.3.1 按单体结构和反应类型分类

按单体结构和反应类型可将聚合反应分成三大类：①官能团间的缩聚；②双键的加聚；③环状单体的开环聚合。这一分类比较简明，目前仍在使用。

（1）缩聚

缩聚是缩合聚合的简称，是官能团单体多次缩合成聚合物的反应，除形成缩聚物外，还有水、醇、氨或氯化氢等低分子量副产物产生。缩聚物的结构单元要比单体少若干原子，己二胺和己二酸反应生成聚己二酰己二胺（尼龙-66）就是缩聚的典型例子。

$$n\,H_2N(CH_2)_6NH_2+n\,HOOC(CH_2)_4COOH \longrightarrow H\!\left[NH(CH_2)_6NHOC(CH_2)_4CO\right]_n OH+(2n-1)H_2O$$

（2）加聚

烯类单体π键断裂后加成聚合起来的反应称作加聚反应，产物称作加聚物，聚乙烯加聚成聚氯乙烯就是例子。加聚物结构单元的元素组成与其单体相同，仅仅是电子结构有所变化，因此加聚物的分子量是单体分子量的整数倍，如：

$$n\,CH_2{=}\underset{\displaystyle Cl}{\underset{|}{CH}} \longrightarrow \left[CH_2\underset{\displaystyle Cl}{\underset{|}{CH}}\right]_n$$

烯类加聚物多属于碳链聚合物。单烯类聚合物（如聚苯乙烯）为饱和聚合物，而双烯类聚合物（如聚异戊二烯）大分子中则留有双键，可进一步反应。

（3）开环聚合

环状单体σ键断裂后聚合成线型聚合物的反应称作开环聚合。杂环开环聚合物是杂链聚合物，其结构类似缩聚物；反应时无低分子量副产物产生，又有点类似加聚。例如环氧乙烷开环聚合成聚氧乙烯，己内酰胺开环聚合成聚酰胺-6（尼龙-6）。

$$n\,\underset{\displaystyle O}{CH_2{-}CH_2} \longrightarrow \left[OCH_2CH_2\right]_n$$

环氧乙烷　　聚氧乙烯

$$n\,\underbrace{HN(CH_2)_5CO} \longrightarrow \left[HN(CH_2)_5CO\right]_n$$

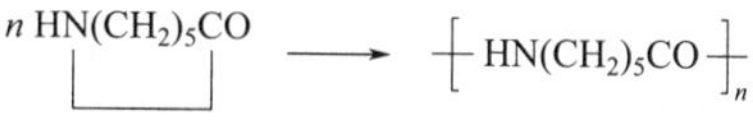

己内酰胺　　聚酰胺-6

除以上三类之外，还有多种聚合反应，如聚加成、消去聚合、异构化聚合等。这些聚合反应很难归入上述分类中去，待发展到足够程度，再来考虑归属问题。

8.3.2　按聚合机理分类

20世纪中叶，Flory根据机理和动力学，将聚合反应分成逐步聚合和连锁聚合两大类。这两类聚合反应的转化率和聚合物分子量随时间的变化均有很大的差别。个别聚合反应可能介于两者之间。

（1）逐步聚合

多数缩聚和加聚反应都是逐步聚合的，其特征是低分子转变成高分子在缓慢逐步进行，每步反应的速率和活化能大致相同。两单体分子反应，形成二聚体；二聚体与单体反应，形成三聚体；二聚体相互反应，形成四聚体。反应早期，单体很快聚合成二、三、四聚体等低聚物，短期内单体转化率很高，反应基团的转化率却很低。随后，低聚物间相互缩聚，分子量缓慢增大，直至基团转化率很高（>98%）时，分子量才达到较高的数值，如图8-1中的曲线3。在逐

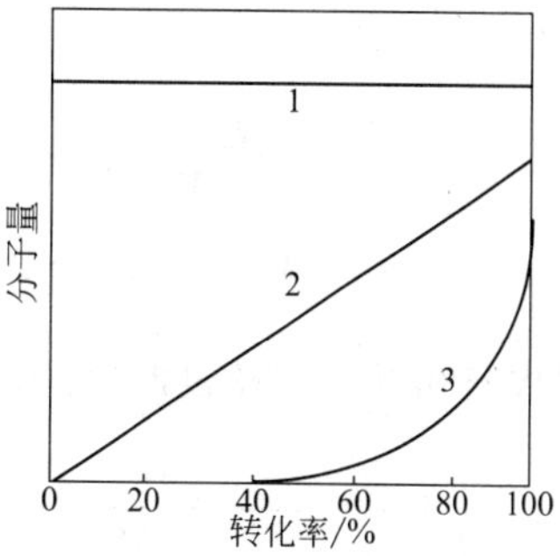

图8-1　分子量-转化率关系图

1—自由基聚合；2—活性阴离子聚合；3—缩聚反应

步聚合过程中，体系由单体和分子量递增的一系列中间产物组成。

（2）连锁聚合

多数烯类单体的加聚反应具有连锁机理。连锁聚合需要活性中心，活性中心可以是自由基、阴离子或阳离子，因此有自由基聚合、阴离子聚合和阳离子聚合。连锁聚合反应由链引发、增长、终止等基元反应组成，各基元反应的速率和活化能差别很大。链引发是活性中心的形成阶段，活性中心与单体加成，使链迅速增长，活性中心的破坏就是链终止阶段。自由基聚合过程中，分子量变化不大，如图 8-1 曲线 1，除微量引发剂外，体系始终由单体和高分子量聚合物组成，没有分子量递增的中间产物，转化率却随时间延长而增大，单体则相应减少。活性阴离子聚合的特征是分子量随转化率增大线性增大，如图 8-1 曲线 2。

根据聚合机理特征，可以按照不同规律来控制聚合速率、分子量等重要指标。

8.4 分子量及其分布

聚合物主要用作材料，强度是材料的基本要求，而分子量则是影响强度的重要因素。因此，在聚合物合成和成型中，分子量总是评价聚合物的重要指标。

低分子物和高分子物的分子量并无明确的界限。低分子物的分子量一般在 1000 以下，而高分子多在 10000 以上，其间是过渡区，如表 8-1。

表 8-1 低分子物和高分子物的分子量

名称	分子量	碳原子数	分子长度/nm
甲烷	16	1	0.125
低分子	<1000	$1\sim10^2$	$0.1\sim10$
过渡区	$10^3\sim10^4$	$10^2\sim10^3$	$10\sim100$
高分子	$10^4\sim10^6$	$10^3\sim10^5$	$100\sim10000$

聚合物强度随分子量增大而增加，如图 8-2。A 点是初具强度的最低分子量，以千计。但非极性和极性聚合物的 A 点最低聚合度有所不同，如聚酰胺约 40，纤维素 60，乙烯基聚合物则在 100 以上。A 点以上强度随分子量增大而迅速增加，到临界点 B 后，强度变化趋缓。C 点以后，强度不再显著增加。关于 B 点的聚合度，聚酰胺约 150，纤维素 250，乙酰基聚合物则在 400 以上。常用缩聚物的聚合度约 100～200，而烯类聚合物则在 500～1000，相当于分子量 2 万～30 万，天然橡胶和纤维素超过此值。常用聚合物的分子量如表 8-2。

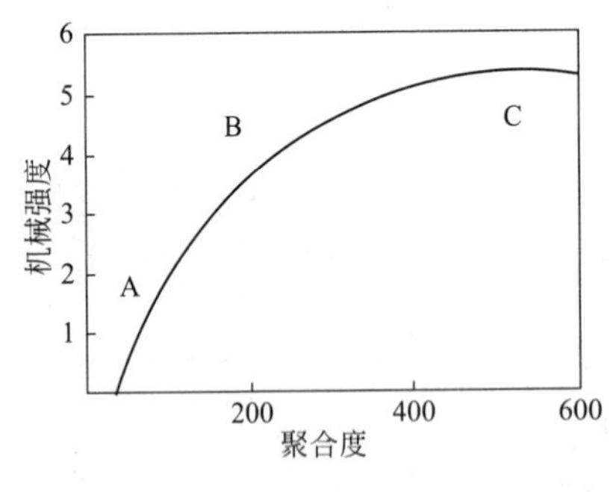

图 8-2 聚合物强度-分子量关系

表 8-2 常用聚合物的分子量

塑料	分子量/万	塑料	分子量/万	纤维	分子量/万
高密度聚乙烯	6～30	聚苯乙烯	10～30	涤纶	1.8～2.3
聚氯乙烯	5～15	聚碳酸酯	2～6	尼龙-66	1.2～1.8

续表

纤维	分子量/万	橡胶	分子量/万	橡胶	分子量/万
维尼纶	6～7.5	天然橡胶	20～40	顺丁橡胶	25～30
纤维素	50～100	丁苯橡胶	15～20	氯丁橡胶	10～12

8.4.1　平均分子量

与乙醇、苯等低分子或酶一类的生物高分子不同，同一聚合物试样往往由分子量不等的同系物混合而成，分子量存在一定的分布，通常所指的分子量是平均分子量。平均分子量有多种表示法，最常用的是数均分子量和重均分子量。

（1）数均分子量（number-average molecular weight）

数均分子量通常由渗透压、蒸气压等依数性方法测定，其定义是某体系的总质量 m 被分子总数所平均。

$$\overline{M_{\mathrm{N}}} \ll \frac{W}{N_i} \ll \frac{N_i M_i}{N_i} \ll \frac{W_i}{(W_i/M_i)} \ll N_i M_i$$

低分子量部分对数均分子量有较大的贡献。

（2）重均分子量（weight-average molecular weight）

重均分子量通常由光散射法测定，其定义如下：

$$\overline{M_{\mathrm{N}}} \ll \frac{W_i M_i}{W_i} \ll \frac{N_i M_i^2}{N_i M_i} \ll W_i M_i$$

高分子量部分对重均分子量有较大的贡献。

以上两式中 W_i、N_i、M_i 分别代表 i 聚体的质量、分子数和分子量。对于所有大小的分子，从 $i=1$ 到 $i=\infty$进行加和。

凝胶渗透色谱可以同时测得数均分子量和重均分子量。

（3）黏均分子量（viscosity-average molecular weight）

聚合物分子量经常用黏度法来测定，因此有黏均分子量。

$$\overline{M_{\mathrm{V}}} = \left[\frac{\sum W_i M_i^2}{\sum W_i}\right]^{1/\alpha} = \left(\frac{\sum N_i M_i^{1+\alpha}}{\sum N_i M_i}\right]^{1/\alpha}$$

式中，α 是高分子稀溶液特性黏度-分子量关系式（$[\gamma_i]=KM^{\alpha}$）中的指数，一般在 0.5～0.9 之间。三种分子量大小依次为：$\overline{M_{\mathrm{W}}} > \overline{M_{\mathrm{V}}} > \overline{M_{\mathrm{N}}}$。深入研究时，还会出现 Z 均分子量。

8.4.2　分子量分布

合成聚合物总存在一定的分子量分布，常称作多分散性。分布有两种表示方法。

（1）分子量分布指数

其定义为$\overline{M_{\mathrm{W}}}/\overline{M_{\mathrm{N}}}$比值，可用来表征分布宽度。对于均一分子量，$\overline{M_{\mathrm{W}}}=\overline{M_{\mathrm{N}}}$，即$\overline{M_{\mathrm{W}}}/\overline{M_{\mathrm{N}}}=1$。合成聚合物分布指数可在 1.5～2.0 至 20～50 之间，随合成方法而定。比值愈大，则分布愈宽，分子量愈不均一。

（2）分子量分布曲线

如图 8-3，横坐标上注有$\overline{M_W}$、$\overline{M_V}$、$\overline{M_N}$的相对大小。聚合物的分子量处于分布曲线顶峰附近，可以近似地理解为聚合物的平均分子量。

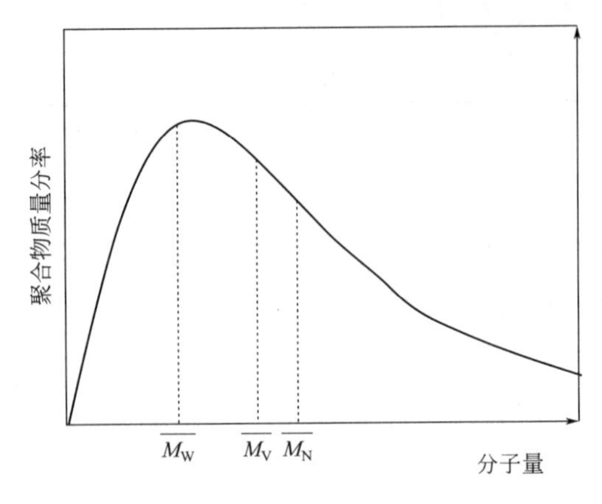

图 8-3　分子量分布典型曲线

平均分子量相同，其分布可能不同，因为同分子量部分所占的百分比不一定相等。

分子量分布也是影响聚合物性能的重要因素。低分子部分将使聚合物固化温度和强度降低，分子量过高又使塑化成型困难。不同高分子材料应有合适的分子量分布，合成纤维的分子量分布宜窄，而合成橡胶的分子量分布较宽。

控制分子量和分子量分布是高分子合成的重要任务。

8.5　大分子微结构

大分子具有多层次微结构，由结构单元及其键接方式引起，包括结构单元的本身结构、结构单元相互键接的序列结构、结构单元在空间排布的立体构型等。

结构单元由共价键重复键接成大分子。共价键的特点是键能大（130～630kJ・mol^{-1}），原子间距离小（0.11～0.16nm），两键间夹角基本一定，例如碳—碳键角为 109°28′。

线型大分子内结构单元间可能有多种键接方式，乙烯基聚合物以头尾键接为主，杂有少量头头或尾尾键接。以聚氯乙烯大分子为例：

```
~~ CH2 — CH — CH2 — CH ~~        ~~ CH2 — CH — CH — CH2 — CH2 — CH ~~
          |           |                     |    |                 |
          Cl          Cl                    Cl   Cl                Cl
        头尾结构                                头头、尾尾结构
```

两种或多种单体共聚时，结构单元间键接的序列结构将有更多的变化。

大分子链上结构单元中的取代基在空间可能有不同的排布方式，形成多种立体构型，主要有手性构型和几何构型两类。

8.5.1　手性构型

聚丙烯中的叔碳原子具有手性特征，在空间的排布方式如图 8-4(a)。为方便说明，将主链拉直成锯齿形，排在一平面上，如基团 R 全部处在平面的上方，则形成全同（等规）构型；基团 R 如规则相间地处于平面的两侧，则形成间同（间规）构型；如基团 R 无规排布在平面的两侧，则形成无规构型。因 R 基团不能绕主链的碳—碳键旋转而改变构型。上述 3 种构型的聚丙烯性能差别很大。聚合物的立体构型主要由引发体系来控制。

8.5.2　几何构型

几何构型是大分子链中双键引起的。丁二烯类 1，4-加成聚合物主链中有双键，与双键

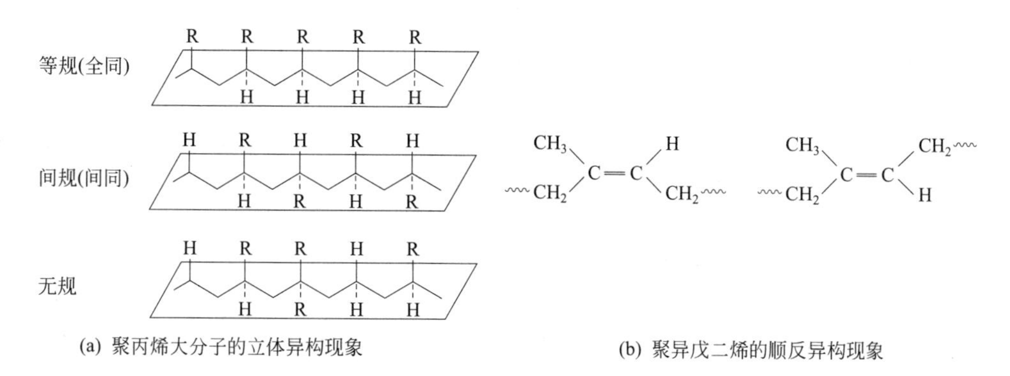

(a) 聚丙烯大分子的立体异构现象　　(b) 聚异戊二烯的顺反异构现象

图 8-4　大分子立体构型

连接的碳原子不能绕主链旋转，因此形成了顺式和反式两种几何异构体。顺式和反式聚合物性能有很大的差异，例如顺式聚异戊二烯（天然橡胶）是性能优良的橡胶，而反式聚异戊二烯则是半结晶的塑料，其结构如图 8-4(b)。

高分子微结构也是高分子合成中需要研究和控制的内容。

8.6 线型、支链型和交联型

大分子中结构单元可键接成线型，还可能发展成支链型和交联型，如图 8-5。线型聚合物可能带有侧基，侧基并不能称作支链。图中支链仅仅是简单的示意图，实际上，还可能有星型、梳型、树枝型等更复杂的结构。

形成线型大分子的单体只有两个官能团，如缩聚中的二元醇和二元酸，加聚反应中烯类的 π 键，开环聚合中杂环的单键。含两个以上官能团的单体聚合，可能形成交联结构，如二元酸和三元醇的缩聚，苯乙烯和二元烯基苯的共聚。在交联以前，先形成支链。

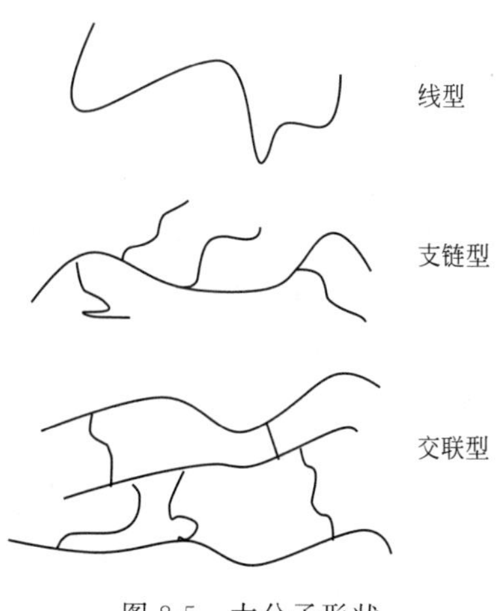

图 8-5　大分子形状

有些双官能团单体聚合时，可能通过链转移反应产生支链，例如低密度聚乙烯和聚氯乙烯；有些甚至进一步交联，如转化率在 60%～62%以上的丁苯橡胶；有时还有目的地在大分子链上接上另一结构的支链，形成接枝共聚物，使其具有两种结构单元的双重性能。

线型或支链型大分子以物理力聚集成聚合物，可溶于适当溶剂中，加热时可熔融塑化，冷却时则固化成型，这类聚合物就称作热塑性聚合物，聚乙烯、聚氯乙烯、聚苯乙烯、涤纶、尼龙等都属于热塑性聚合物。支链型聚合物不容易结晶，高度支链甚至难溶解，只能溶胀。

交联聚合物可以看作许多线型大分子由化学键连接而成的体型结构。交联程度浅的网状结构受热时尚可软化，但不熔融；适当溶剂可使其溶胀，但不溶解。交联程度深的体型结构受热时不再软化，也不易被溶剂所溶胀，是刚性固体。除无规体型结构外，还可以有多种规整的特殊结构，如梯形、稠环片状（如石墨）、三度稠环（如金刚石）等。

不少聚合物，如酚醛树脂、脲醛树脂、醇酸树脂等，在树脂合成阶段，需控制原料配比和反应条件，停留在线型或少量支链的低分子预聚物阶段。成型时，加热可使预聚物中潜在官能团继续反应形成交联结构而固化。这类聚合物则称作热固性聚合物。天然橡胶、丁苯橡胶等原来都是线型高聚物，加工时，再加入适当交联剂（如硫或有机硫），便交联成体型聚合物。交联程度不深时，具有高弹性，却消除了大分子间的相互滑移和永久形变。高度交联的聚合物则呈刚性，尺寸稳定，如硬橡皮和酚醛塑料制品。

8.7 聚集态和热转变

单体以结构单元的形式通过共价键连接成大分子，大分子链再以次价键聚集成聚合物。与共价键（130～630kJ·mol^{-1}）相比，分子间的次价键物理力（约 8.4～42kJ·mol^{-1}）要弱得多，分子间的距离（0.3～0.5nm）比分子内原子间的距离（0.11～0.16nm）也要大得多。

8.7.1 聚集态结构

聚合物的聚集态涉及固态结构多方面的行为和性能，如混合、相分离、结晶和其他相转变等行为，影响强度、弹性、大分子取向等因素，温度和溶剂对这些行为和性能的影响，以及气、液、离子透过聚合物膜的传递行为。分子结构和聚集态结构从不同层次上影响着这些行为。

聚合物聚集态可以粗分成非晶态（无定形态）和晶态两类。许多聚合物处于非晶态；有些部分结晶，有些高度结晶，但结晶度很少到达 100%。聚合物的结晶能力与大分子微结构有关，涉及规整性、分子链柔性、分子间力等。结晶程度还受拉力、温度等条件的影响。

线型聚乙烯分子结构简单规整，易紧密排列成结晶，结晶度可高达 90%以上；带支链的聚乙烯结晶度就低得多（55%～65%）。聚四氟乙烯结构与聚乙烯相似，结构对称而不呈现极性，氟原子比较小，容易紧密堆砌，结晶度高。

聚酰胺-66 分子结构与聚乙烯有点相似，但酰胺基团间有较强的氢键，反而有利于结晶。涤纶树脂分子结构并不复杂，也比较规整，但其中苯环赋予分子链一定的刚性，且无强极性基团，结晶比较困难，需要在适当的温度下经过拉伸才能达到一定的结晶程度。

聚氯乙烯、聚苯乙烯、聚甲基丙烯酸甲酯等带有体积较大的侧基，分子难以紧密堆砌而呈非晶态。

天然橡胶和有机硅橡胶分子中含有双键或醚键，分子链具有柔性，在室温下处于无定形的高弹状态。如温度适当，经拉伸，则可规则排列而暂时结晶；拉力一旦去除，规则排列不能维持，立刻恢复到原来的完全无序状态。

还有一类结构特殊的液晶高分子。这类晶态高分子受热熔融（热致性）或被溶剂溶解（溶致性）后，失去了固体的刚性，转变成液体，但其中晶态分子仍有序排列，呈各向异性，形成兼有晶体和液体双重性质的过渡状态，称为液晶态。

8.7.2 玻璃化温度和熔点

无定形和结晶热塑性聚合物低温时都呈玻璃态，受热至某一较窄（2～5℃）温度，则转变成橡胶态或柔韧的可塑状态，这一转变温度称作玻璃化温度 T_g，代表链段能够运动或主链中价键能扭转的温度。晶态聚合物继续受热，则出现另一热转变温度——熔点 T_m，这代表整个大分子分子链开始运动的温度。

分子量是表征大分子的重要参数，而 T_g 和 T_m 则是表征聚合物聚集态的重要参数。

玻璃化温度可在膨胀计内由聚合物比体积-温度曲线的斜率求得，如图 8-6。在 T_g 以下，聚合物处于玻璃态，性脆，黏度大，链段（运动单元）运动受到限制，比体积随温度的变化率小，即曲线起始斜率较小。T_g 以上聚合物转变成高弹态，链段能够比较自由地运动，比体积随温度的变化率变大。由曲线转折处或两直线延长线的交点即可求得 T_g。

T_g 也可用热机械曲线仪来测定。测定原理是试样在一定荷重下加热升温，观察形变随温度的变化，结果如图 8-7。起初，形变随温度的变化较小，即曲线斜率较小，处于玻璃态。准备进入高弹态时，形变迅速增大，进入高弹态后，形变变化又趋平。转折温度就定为玻璃化温度。如继续升温，形变又迅速变大，进入黏流态。从高弹态到黏流态的转折温度定义为黏流温度。玻璃态、高弹态、黏流态是聚合物所特有的力学行为，力学行为中的应力、应变、时间、温度四变量互有关系。

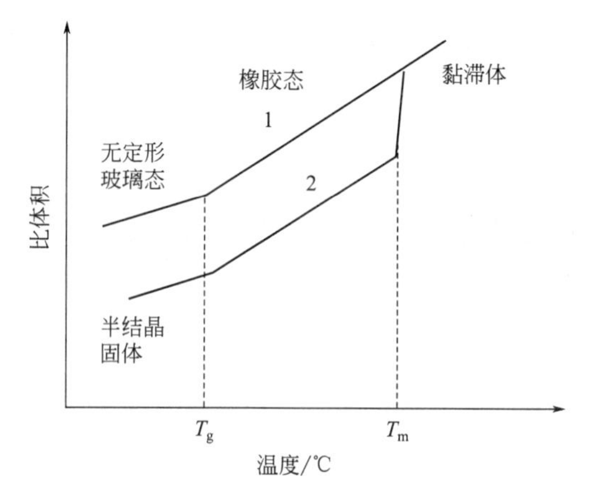

图 8-6　无定形和部分结晶聚合物比体积与温度的关系

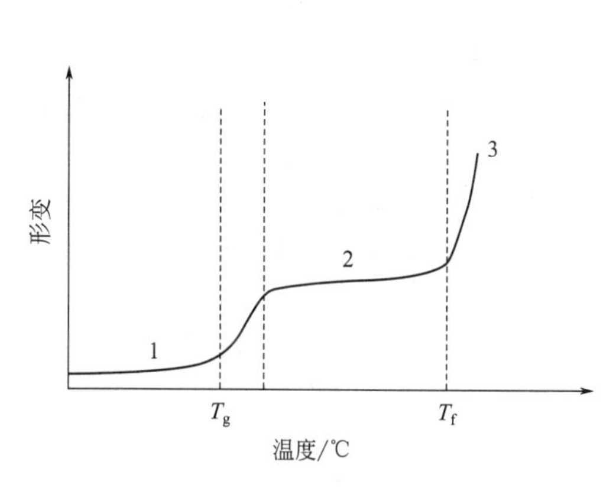

图 8-7　聚合物形变-温度曲线

1—玻璃态；2—高弹态；3—黏流态

在玻璃化温度以上，无定形聚合物先从硬的橡胶慢慢转变成软的、可拉伸的弹性体，再转变成胶状体，最后成为液体，每一转变都是渐变过程，并无突变。而结晶聚合物的行为却有所不同，在玻璃化温度以上、熔点以下，一直保持着橡胶高弹态或柔韧状态，熔点以上，直接液化。晶态聚合物往往结晶不完全，存在缺陷，加上分子量有一定的分布，因此有一熔融温度范围，并不显示一定熔点。

液晶高分子除了有玻璃化温度和熔点之外，还有清亮点 T_i。固态液晶加热至一定温度（熔点），先转变成能流动的浑浊液晶相，继续升高至另一临界温度，液晶相消失，转变成透明的液体，这一转变温度就定义为清亮点 T_i。清亮点可用来评价液晶的稳定性。

玻璃化温度和熔点可用来评价聚合物的耐热性。塑料处于玻璃态或部分晶态，玻璃化温度是非晶态聚合物的使用上限温度，熔点则是晶态聚合物的使用上限温度。实际使用时，将处于 T_g 或 T_m 以下一段温度。对于非晶态塑料，一般要求 T_g 比室温高 50～75℃；对于晶态塑料，则 T_g 可以低于室温，而 T_m 高于室温。橡胶处于高弹态，玻璃化温度为其使用下限温度，实际也在高于 T_g 的一段温度下使用。一般其 T_g 需要比室温低 75℃。大部分合成纤维是结晶性聚合物，如尼龙、涤纶、维尼纶、丙纶等，其 T_m 往往比室温高 150℃以上，便于烫熨。也有非晶态纤维，如腈纶、氯纶等，但其分子排列有一定的规整性和取向。一般液晶高分子的熔点比较高，例如大于 250～300℃，清亮点更高。

在大分子中引入芳杂环、极性基团和交联基团是提高玻璃化温度和耐热性的三大重要措施。

8.8 高分子材料和力学性能

合成树脂和塑料、合成纤维、合成橡胶统称为三大合成（高分子）材料，涂料和胶黏剂不过是合成树脂的某种应用形式。从用途上考虑，则可将合成材料分为结构材料和功能材料两大类。力学性能是结构材料的必要条件，即使是功能材料，除了突出功能以外，对力学强度也有一定的要求。

聚合物力学性能可以用拉伸试验的应力-应变曲线中四个重要参数来表征。

① 弹性模量。代表物质的刚性、对变形的阻力，以起始应力除以相对伸长率来表示，即应力-应变曲线的起始斜率。

② 拉伸强度。使试样破坏的应力（$N \cdot cm^{-2}$）。

③（最终）断裂伸长率（%）。

④ 高弹伸长率。以可逆伸长程度来表示。

分子量、热转变温度（玻璃化温度和熔点）、微结构、结晶度往往是聚合物合成阶段需要表征的参数，而力学性能则是聚合物成型制品的质量指标，与上述参数密切相关。一般极性、结晶度、玻璃化温度越高，则力学强度也越大，而伸长率则较小。

（1）橡胶

橡胶具有高弹性，很小的作用力就能产生很大的形变（500%～1000%），外力除去后，能立刻恢复原状。橡胶类往往是非极性非晶态聚合物，分子链柔性大，玻璃化温度低（例如−55～−220℃），室温下处于卷曲状态，拉伸时伸长，有序性增加，减熵。除去应力后，增熵而回缩。少量交联可以防止大分子滑移。拉伸起始弹性模量小（$<70N \cdot cm^{-2}$），拉伸后诱导结晶，弹性模量和拉伸强度增大。伸长率为400%时，拉伸强度可增至$1500N \cdot cm^{-2}$；伸长率为500%时拉伸强度为$2000N \cdot cm^{-2}$。

（2）纤维

与橡胶相反，纤维不易变形，伸长率小（<10%～50%），弹性模量（$>35000N \cdot cm^{-2}$）和拉伸强度（$>35000N \cdot cm^{-2}$）都很高。纤维用聚合物往往带有一些极性基团，以增加次价力，并有较高的结晶能力，拉伸可以提高结晶度。纤维的熔点应该在200℃以上，以利于热水洗涤和熨烫，但不宜高于300℃，以便熔融纺丝。纤维用聚合物应能溶于适当溶剂中，以便溶液纺丝，但不应溶于干洗溶剂中。纤维用聚合物的T_g应适中，过高，不利于拉伸，过低，则易使织物变形。尼龙-66是典型的合成纤维，其中酰胺基团有利于在分子间形成氢键，拉伸后，结晶度高，T_m(265℃）和T_g(50℃）适宜，拉伸强度（$500000N \cdot cm^{-2}$）和弹性模量（$500000N \cdot cm^{-2}$）都很高，而拉伸率却很低（<20%）。

（3）塑料

塑料的力学性能介于橡胶和纤维之间，有很大的范围，从接近橡胶的软塑料到接近纤维的硬塑料都有。

聚乙烯是典型的软塑料，弹性模量$20000N \cdot cm^{-2}$，拉伸强度$2500N \cdot cm^{-2}$，伸长率500%。聚丙烯和尼龙-66也可归于软塑料。软塑料结晶度中等，T_m和T_g范围较宽，拉伸强度（$1500～7000N \cdot cm^{-2}$）、弹性模量（$15000～35000N \cdot cm^{-2}$）、伸长率（20%～800%）都可以从中到高。

硬塑料的特点是刚性大，难变形，抗张强度（3000～8500N·cm^{-2}）和弹性模量（70000～350000N·cm^{-2}）较高，而断裂伸长率却很低（0.5%～3%）。硬塑料用聚合物多具有刚性链，属非晶态。酚醛和脲醛树脂因交联而使刚性增加，聚苯乙烯（T_g=95℃）和聚甲基丙烯酸甲酯（T_g=105℃）因有较大的侧基而使刚性增加。

习 题

8-1 举例说明单体、单体单元、结构单元、重复单元、链节等名词的含义、相互关系和区别。

8-2 举例说明低聚物、聚合物、高聚物、高分子、大分子诸名词的含义、关系和区别。

8-3 写出聚氯乙烯、聚苯乙烯、涤纶、尼龙-66、聚丁二烯和天然橡胶的结构式（重复单元）。选择其常用分子量，计算聚合度。

8-4 写出下列单体的聚合反应式以及单体、聚合物的名称。

① $CH_2{=}CHF$ ② $CH_2{=}C(CH_3)_2$ ③ $HO(CH_2)_5COOH$ ④ $\begin{array}{l}CH_2{-}CH_2\\ |\quad\quad\ |\\ CH_2{-}O\end{array}$

⑤ $NH_2(CH_2)_6NH + HOOC(CH_2)_4COOH$

8-5 按分子式写出聚合物和单体名称以及聚合反应式，属于加聚、缩聚还是开环聚合？连锁还是逐步聚合？

① $\left[CH_2{=}C(CH_3)\right]_n$ ② $\left[NH(CH_2)_6NHCO(CH_2)_4CO\right]_n$

③ $\left[NH(CH_2)_5CO\right]_n$ ④ $\left[CH_2C(CH_3){=}CHCH_2\right]_n$

8-6 写出下列聚合物的单体分子式和常用的聚合反应式：

聚丙烯腈，天然橡胶，丁苯橡胶，聚甲醛，聚苯醚，聚四氟乙烯，聚二甲基硅氧烷

8-7 举例说明和区别线型和体型结构，热塑性和热固性聚合物，非晶态和结晶聚合物。

8-8 举例说明橡胶、纤维、塑料的结构-性能特征和主要差别。

8-9 什么叫玻璃化温度？聚合物的熔点有什么特征？为什么要将热转变温度与大分子微结构、平均分子量并列为表征聚合物的重要指标？

8-10 求下列混合物的数均聚合度、重均聚合度和分子量分布指数。

① 组分A：质量=10g，分子量=30000 ② 组分B：质量=5g，分子量=70000

③ 组分C：质量=1g，分子量=100000

8-11 等质量的聚合物A和聚合物B共混，计算共混物的$\overline{M_N}$和$\overline{M_W}$。

聚合物A：$\overline{M_N}$=35000，$\overline{M_W}$=90000

聚合物B：$\overline{M_N}$=15000，$\overline{M_W}$=300000

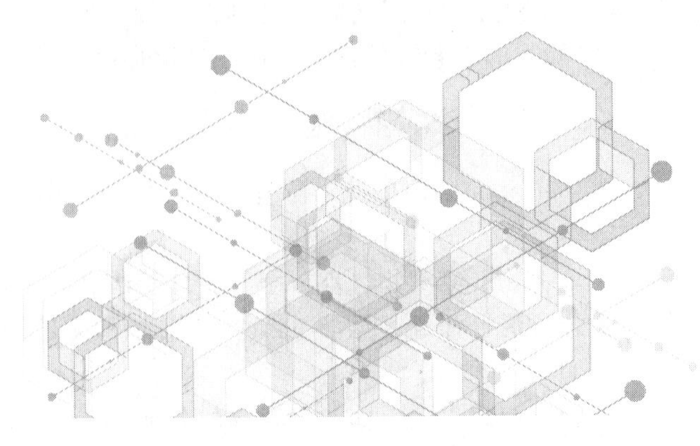

附 录

附录 1 我国法定计量单位

我国法定计量单位主要包括下列单位。

（1）国际单位简称（SI）基本单位

量的名称	单位名称	单位符号
长度	米	m
质量	千克[公斤]	kg
时间	秒	s
电流	安[培]	A
热力学温度	开[尔文]	K
物质的量	摩[尔]	mol
发光热度	坎[德拉]	cd

（2）国际单位制的辅助单位

量的名称	单位名称	单位符号
平面角	弧度	rad
立体角	球面度	sr

（3）国际单位制中具有专门名称的导出单位（摘录）

量的名称	单位名称	单位符号	其他表达方式
频率	赫[兹]	Hz	s^{-1}
力，重力	牛[顿]	N	$kg \cdot m/s^2$
压力，压强，应力	帕[斯卡]	Pa	N/m^2
能量，功，热	焦[耳]	J	$N \cdot m$

续表

量的名称	单位名称	单位符号	其他表达方式
功率,辐射通量	瓦[特]	W	J/s
电荷量	库[仑]	C	A·s
电位,电压,电动势	伏[特]	V	W/A
电容	法[拉]	F	C/V
电阻	欧[姆]	Ω	V/A
电导	西[门子]	S	A/V
摄氏温度	摄氏度	℃	

(4) 国家选定的非国际单位制单位(摘录)

量的名称	单位名称	单位符号	换算关系和说明
时间	分 [小]时 天(日)	min h d	1min=60s 1h=60min=3600s 1d=24h=86400s
平面角	[角]秒 [角]分 度	(″) (′) (°)	1″=(π/648000)rad (π 为圆周率) 1′=60″=(π/10800)rad 1°=60′=(π/180)rad
质量	吨 原子质量单位	t u	$1t=10^3kg$ $1u\approx1.6605402\times10^{-27}kg$
体积	升	L,(l)	$1L=1dm^3=10^{-3}m^3$
能	电子伏	eV	$1eV\approx1.60217733\times10^{19}J$

(5) 用于构成十进倍数和分数单位的词头

所表示的因数	词头名称	词头符号
10^{24}	尧[它]	Y
10^{21}	泽[它]	Z
10^{18}	艾[可萨]	E
10^{15}	拍[它]	P
10^{12}	太[拉]	T
10^{9}	吉[咖]	G
10^{6}	兆	M
10^{3}	千	k
10^{2}	百	h
10^{1}	十	da
10^{-1}	分	d
10^{-2}	厘	c
10^{-3}	毫	m
10^{-6}	微	μ
10^{-9}	纳[诺]	n

续表

所表示的因数	词头名称	词头符号
10^{-12}	皮[可]	p
10^{-15}	飞[母托]	f
10^{-18}	阿[托]	a
10^{-21}	仄[普托]	z
10^{-24}	幺[科托]	y

附录 2　一些基本物理常数

物理量	符号	数值
真空中的光速	c	$2.99792458\times10^{8}m\cdot s^{-1}$
元电荷(电子电荷)	e	$1.60217733\times10^{-19}C$
质子质量	m_p	$1.6726231\times10^{-27}kg$
电子质量	m_e	$9.1093897\times10^{-31}kg$
摩尔气体常数	R	$8.314510\times10^{-1}J\cdot mol^{-1}\cdot K^{-1}$
阿伏伽德罗(Avogadro)常数	N_A	$6.022136\times10^{23}mol^{-1}$
里德伯(Rydberg)常数	R_∞	$1.0973731534\times10^{7}m^{-1}$
普朗克(Planck)常量	h	$6.6260755\times10^{-34}J\cdot s$
法拉第(Faraday)常数	F	$9.6485309\times10^{4}C\cdot mol^{-1}$
玻尔茨曼(Boltzmann)常数	k	$1.380658\times10^{-23}J\cdot K^{-1}$
电子伏	eV	$1.60217733\times10^{-19}J$
原子质量单位	u	$1.6605402\times10^{-27}kg$

附录 3　标准热力学数据（$p^{\ominus}=100kPa$，$T=298.15K$）

物质(状态)	$\frac{\Delta_f H_m^{\ominus}}{kJ\cdot mol^{-1}}$	$\frac{\Delta_f G_m^{\ominus}}{kJ\cdot mol^{-1}}$	$\frac{S_m^{\ominus}}{J\cdot mol^{-1}\cdot K^{-1}}$
Ag(s)	0	0	42.55
Ag^{+}(aq)	105.579	77.107	72.68
AgBr(s)	−100.37	−96.90	170.1
AgCl(s)	−127.068	−109.789	96.2
AgI(s)	−61.68	−66.19	115.5
Ag_2O(s)	−30.05	−11.20	121.3
Ag_2CO_3(s)	−505.8	−436.8	167.4
Al^{3+}(aq)	−531	−485	−321.7
$AlCl_3$(s)	−704.2	−628.8	110.67
Al_2O_3(s、α、刚玉)	−1675.7	−1582.3	50.92

续表

物质(状态)	$\frac{\Delta_f H_m^\ominus}{kJ \cdot mol^{-1}}$	$\frac{\Delta_f G_m^\ominus}{kJ \cdot mol^{-1}}$	$\frac{S_m^\ominus}{J \cdot mol^{-1} \cdot K^{-1}}$
AlO_2^-(aq)	−918.8	−823.0	−21
Ba^{2+}(aq)	−537.64	−560.77	9.6
$BaCO_3$(s)	−1216.3	−1137.6	112.1
BaO(s)	−553.5	−525.1	70.42
$BaTiO_3$(s)	−1659.8	−1572.3	107.9
Br_2(l)	0	0	152.231
Br_2(g)	30.907	3.110	245.463
Br^-(aq)	−121.55	−103.96	82.4
C(s,石墨)	0	0	5.740
C(s,金刚石)	1.8966	2.8995	2.377
CH_3OCH_3(g,甲醚)	−184.05	−112.59	266.38
C_2H_5OH(g,乙醇)	235.10	168.49	282.70
CCl_4(l)	−135.44	−65.21	216.40
CO(g)	−110.525	−137.168	197.674
CO_2(q)	−393.5	−394.359	213.8
CO_3^{2-}(aq)	−677.14	−527.81	−56.9
HCO_3^-(aq)	−691.99	−586.77	91.2
Ca(s)	0	0	41.42
Ca^{2+}(aq)	−542.83	−553.58	−53.1
$CaCO_3$	−1207.6	−1128.8	91.7
$CaCO_3$(s,方解石)	−1206.92	−1128.79	92.9
CaO(s)	−634.9	−604.03	38.2
$Ca(OH)_2$(S)	−986.09	−898.49	83.39
$CaSO_4$(s,不溶解)	−1413.11	−1321.79	106.7
$CaSO_4 2H_2O$(s,透石膏)	−2022.63	−1797.28	194.1
Cl_2(g)	0	0	223
Cl^-(aq)	−167.16	−131.26	56.5
Co(s,α)	0	0	30.04
$CoCl_2$(s)	−312.5	−269.8	109.16
Cr(s)	0	0	23.77
Cr^{3+}(aq)	−1999.1	—	—
Cr_2O_3(s)	−1139.7	−1058.1	81.2
$Cr_2O_7^{2-}$(aq)	−1490.3	−1301.1	261.9
Cu(s)	0	0	33.150
Cu^{2+}(aq)	64.77	65.249	−99.6

续表

物质(状态)	$\frac{\Delta_f H_m^{\ominus}}{kJ \cdot mol^{-1}}$	$\frac{\Delta_f G_m^{\ominus}}{kJ \cdot mol^{-1}}$	$\frac{S_m^{\ominus}}{J \cdot mol^{-1} \cdot K^{-1}}$
$CuCl_2$(s)	−220.1	−175.7	108.07
CuO(s)	−157.3	−129.7	42.63
Cu_2O(s)	−168.6	−146.0	93.14
CuS(s)	−53.1	−53.6	66.5
F_2(g)	0	0	202.78
Fe(s,α)	0	0	27.28
Fe^{2+}(aq)	−89.1	−78.90	−137.7
Fe^{3+}(aq)	−48.5	−4.7	−315.9
$Fe_{0.947}O$(s,方铁矿)	−266.27	−245.12	57.49
FeO(s)	−272.0	—	—
Fe_2O_3(s,赤铁矿)	−824.2	−742.2	87.40
Fe_3O_4(s,磁铁矿)	−1118.4	−10515.4	146.4
$Fe(OH)_2$(s)	−569.0	−486.5	88
$Fe(OH)_3$(s)	−823.0	−696.5	106.7
H_2(g)	0	0	130.6
H^+(aq)	0	0	0
H_2CO_3(aq)	−699.65	−623.16	187.4
HBr(g)	−36.4	−53.45	198.59
HCl(g)	−92.31	−95.27	186.7
HF(g)	−271.1	−273.2	173.79
HI(g)	26.48	1.70	206.48
HNO_3(l)	−174.10	−80.79	155.60
H_2O(g)	−241.82	−228.572	188.825
H_2O(l)	−286	−237.129	69.91
H_2O_2(l)	−187.78	−120.35	109.6
H_2O_2(aq)	−191.17	−134.03	143.9
H_2S(g)	−20.63	−33.56	205.79
HS(aq)	−17.6	12.08	62.8
S^{2-}(aq)	33.1	85.8	−14.6
Hg(g)	61.317	31.820	174.96
Hg(l)	0	0	76.02
HgO(s,红)	−90.83	−58.539	70.29
I_2(g)	62.438	19.327	260.6
I_2(s)	0	0	116.135
I^-(aq)	−55.19	−51.59	111.3

续表

物质(状态)	$\frac{\Delta_f H_m^\ominus}{kJ \cdot mol^{-1}}$	$\frac{\Delta_f G_m^\ominus}{kJ \cdot mol^{-1}}$	$\frac{S_m^\ominus}{J \cdot mol^{-1} \cdot K^{-1}}$
K(s)	0	0	64.18
K^+(aq)	−252.38	−283.27	102.5
KCl(s)	−436.747	−409.14	82.59
Mg(s)	0	0	32.68
Mg^{2+}(aq)	−466.85	−454.8	−138.1
$MgCl_2$(s)	−641.32	−591.79	89.62
MgO(s,粗粒的)	−601.70	−569.44	26.94
$Mg(OH)_2$(s)	−924.54	−833.51	63.18
N_2	0	0	191.5
NH_3(g)	−46.11	−11.42	192.67
NO(g)	90.25	27.44	210.76

附录4 一些弱电解质在水溶液中的解离常数

酸	温度(T)/℃	$K_a^\ominus$	$pK_a^\ominus$
亚硫酸(H_2SO_3)	18	($K_{a_1}^\ominus$)1.54×10^{-2}	1.85
	18	($K_{a_2}^\ominus$)1.02×10^{-7}	7.20
磷酸(H_3PO_4)	25	($K_{a_1}^\ominus$)6.92×10^{-3}	2.16
	25	($K_{a_2}^\ominus$)6.23×10^{-8}	7.21
	18	($K_{a_3}^\ominus$)4.8×10^{-13}	12.32
亚硝酸(HNO_2)	12.5	4.6×10^{-4}	3.37
氢氟酸(HF)	25	3.53×10^{-4}	3.45
甲酸(HCOOH)	20	1.77×10^{-4}	3.75
醋酸(CH_3COOH)	25	1.74×10^{-5}	4.76
碳酸(H_2CO_3)	25	($K_{a_1}^\ominus$)4.47×10^{-7}	6.35
	25	($K_{a_2}^\ominus$)4.68×10^{-11}	10.33
氢硫酸(H_2S)	18	($K_{a_1}^\ominus$)8.9×10^{-8}	7.05
	18	($K_{a_2}^\ominus$)1.26×10^{-14}	13.90
次氯酸(HClO)	18	2.95×10^{-8}	7.53
硼酸(H_3BO_3)	20	($K_{a_1}^\ominus$)5.75×10^{-10}	9.2
氢氰酸(HCN)	25	6.17×10^{-10}	9.31
碱	温度(T)/℃	$K_b^\ominus$	$pK_b^\ominus$
氨(NH_3)	25	1.79×10^{-5}	4.75

附录 5　一些共轭酸的解离常数

酸	$K_a^\ominus$	碱	$K_b^\ominus$
HNO_2	4.6×10^{-4}	NO^{2-}	2.2×10^{-11}
HF	3.53×10^{-4}	F^-	2.83×10^{-11}
HAc	1.74×10^{-5}	Ac^-	5.74×10^{-10}
H_2CO_3	4.47×10^{-7}	$4CO_3^-$	2.2×10^{-8}
H_2S	8.9×10^{-8}	HS^-	1.1×10^{-7}
$H_2PO_4^-$	6.23×10^{-8}	HPO_4^{2-}	1.61×10^{-7}
NH^{4+}	5.65×10^{-10}	NH_3	1.79×10^{-5}
HCN	6.17×10^{-10}	CN^-	1.62×10^{-5}
$4CO_3^-$	4.68×10^{-11}	CO_3^{2-}	2.14×10^{-4}
HS^-	1.26×10^{-14}	S^{2-}	0.79×10^{-3}
HPO_4^{2-}	4.8×10^{-13}	PO_4^{3-}	2.1×10^{-2}

附录 6　一些配离子的稳定常数 $K_f^\ominus$ 和不稳定常数 $K_i^\ominus$

配离子	$K_f^\ominus$	$\lg K_f^\ominus$	$K_i^\ominus$	$\lg K_i^\ominus$
$[AgBr_2]^-$	2.14×10^{7}	7.33	4.67×10^{-8}	−7.33
$[Ag(CN)_2]^-$	1.26×10^{21}	21.1	7.94×10^{-22}	−21.1
$[AgCl_2]^-$	1.10×10^{5}	5.04	9.09×10^{-6}	−5.04
$[AgI_2]^-$	5.5×10^{11}	11.74	1.82×10^{-12}	−11.74
$[Ag(NH_3)_2]^+$	1.1×10^{7}	7.05	8.93×10^{-8}	−7.05
$[Ag(S_2O_3)]^{3+}$	2.88×10^{13}	13.46	3.46×10^{-14}	−13.46
$[Co(NH_3)_6]^{2+}$	1.29×10^{5}	5.11	7.75×10^{-6}	−5.11
$[Cu(CN)_2]^-$	1×10^{24}	24.0	1×10^{-24}	−24.0
$[Cu(NH_3)_2]^+$	7.24×10^{10}	10.86	1.38×10^{-11}	−10.86
$[Cu(NH_3)_4]^{2+}$	2.1×10^{13}	13.32	4.78×10^{-14}	−13.32
$[Cu(P_2O_7)]^{6-}$	1×10^{9}	9.0	1×10^{-9}	−9.0
$[Cu(SCN)_2]^-$	1.52×10^{5}	5.18	6.58×10^{-6}	−5.18
$[Fe(CN)_6]^{3-}$	1×10^{42}	42.0	1×10^{-42}	−42.0
$[HgBr_4]^{2-}$	1×10^{21}	21.0	1×10^{-21}	−21.0
$[Hg(CN)_4]^{2-}$	2.51×10^{41}	41.4	3.98×10^{-42}	−41.4
$[HgCl_4]^{2-}$	1.17×10^{15}	15.07	8.55×10^{-16}	−15.07
$[HgI_4]^{2-}$	6.76×10^{29}	29.83	1.48×10^{-30}	−29.83

续表

配离子	$K_f^\ominus$	$\lg K_f^\ominus$	$K_i^\ominus$	$\lg K_i^\ominus$
$[Ni(NH_3)_6]^{2+}$	5.50×10^{8}	8.74	1.82×10^{-9}	−8.74
$[Ni(en)_3]^{2+}$	2.14×10^{18}	18.33	4.67×10^{-19}	−18.33
$[Zn(CN)_4]^{2-}$	5.0×10^{16}	16.7	2.0×10^{-17}	−16.7
$[Zn(NH_3)_4]^{2+}$	2.87×10^{9}	9.46	3.48×10^{-10}	−9.46
$[Zn(en)_2]^{2+}$	6.76×10^{10}	10.83	1.48×10^{-1}	−10.83

附录 7　一些物质的溶度积 $K_{sp}^\ominus$（25℃）

难溶电解质	$K_{sp}^\ominus$	难溶电解质	$K_{sp}^\ominus$
AgBr	5.4×10^{-13}	Ag_2S	6.69×10^{-50}(α 型) 2.0×10^{-49}(β 型)
AgCl	1.8×10^{-10}		
Ag_2CrO_4	1.12×10^{-12}	Ag_2SO_4	1.20×10^{-5}
AgI	8.52×10^{-17}	$Al(OH)_3$	1.3×10^{-33}
$BaCO_3$	2.58×10^{-9}	CaF_2	3.45×10^{-11}
$BaSO_4$	1.08×10^{-10}	$CaCO_3$	3.36×10^{-9}
$BaCrO_4$	1.17×10^{-10}	$Ca_3(PO_4)_2$	2.07×10^{-33}
$CaSO_4$	4.93×10^{-5}	$Mg(OH)_2$	5.61×10^{-12}
CdS	8.0×10^{-27}	$Mn(OH)_2$	1.9×10^{-13}
$Cd(OH)_2$	5.27×10^{-15}	MnS	4.65×10^{-14}
$Cr(OH)_3$	6.3×10^{-31}	$Ni(OH)_2$ NiS	5.48×10^{-16} 1.0×10^{-24}
CuS	6.3×10^{-36}	$PbCO_3$	1.46×10^{-13}
$Fe(OH)_2$	4.87×10^{-17}	$PbCl_2$	1.17×10^{-5}
$Fe(OH)_3$	2.79×10^{-39}	PbI_2	8.49×10^{-9}
FeS	1.59×10^{-19}	PbS	9.04×10^{-29}
HgS	6.44×10^{-53}(黑)	$PbCO_3$	1.82×10^{-8}
	2.00×10^{-53}(红)	$ZnCO_3$	1.19×10^{-10}
$MgCO_3$	6.82×10^{-6}	$Zn(OH)_2$	3×10^{-17}
$Cu(OH)_2$	2.2×10^{-20}	$PbSO_4$	2.53×10^{-8}

附录 8　标准电极电势

电对 （氧化态/还原态）	电极反应 （氧化态 $+ne \rightleftharpoons$ 还原态）	标准电极 电势 $\varphi^\ominus$/V
Li^+/Li	$Li^+(aq)+e \rightleftharpoons Li(s)$	−3.0401
K^+/K	$K^+(aq)+e \rightleftharpoons K(s)$	−2.931

续表

电对（氧化态/还原态）	电极反应（氧化态$+ne \rightleftharpoons$还原态）	标准电极电势 $\varphi^{\ominus}/V$
Ca^{2+}/Ca	$Ca^{2+}(aq)+2e \rightleftharpoons Ca(s)$	−2.868
Na^{+}/Na	$Na^{+}(aq)+e \rightleftharpoons Na(s)$	−2.71
Mg^{2+}/Mg	$Mg^{2+}(aq)+2e \rightleftharpoons Mg(s)$	−2.372
Al^{3+}/Al	$Al^{3+}(aq)+3e \rightleftharpoons Al(s)(0.1mol \cdot L^{-1}NaOH)$	−1.662
Mn^{2+}/Mn	$Mn^{2+}(aq)+2e \rightleftharpoons Mn(s)$	−1.185
Zn^{2+}/Zn	$Zn^{2+}(aq)+2e \rightleftharpoons Zn(s)$	−0.7618
Fe^{2+}/Fe	$Fe^{2+}(aq)+2e \rightleftharpoons Fe(s)$	−0.447
Cd^{2+}/Cd	$Cd^{2+}(aq)+2e \rightleftharpoons Cd(s)$	−0.4030
Co^{2+}/Co	$Co^{2+}(aq)+2e \rightleftharpoons Co(s)$	−0.28
Ni^{2+}/Ni	$Ni^{2+}(aq)+2e \rightleftharpoons Ni(s)$	−0.257
Sn^{2+}/Sn	$Sn^{2+}(aq)+2e \rightleftharpoons Sn(s)$	−0.1375
Pb^{2+}/Pb	$Pb^{2+}(aq)+2e \rightleftharpoons Pb(s)$	−0.1262
H^{+}/H_2	$H^{+}(aq)+e \rightleftharpoons \frac{1}{2}H_2(g)$	0
$S_4O_6^{2-}/S_2O_3^{2-}$	$S_4O_6^{2-}(aq)+2e \rightleftharpoons 2S_2O_3^{2-}(aq)$	+0.08
S/H_2S	$S(s)+2H^{+}(aq)+2e \rightleftharpoons H_2S(aq)$	+0.142
Sn^{4+}/Sn^{2+}	$Sn^{4+}(aq)+2e \rightleftharpoons Sn^{2+}(aq)$	+0.151
SO_4^{2-}/H_2SO_3	$SO_4^{2-}(aq)+4H^{+}(aq)+2e \rightleftharpoons H_2SO_3(aq)+H_2O$	+0.172
Hg_2Cl_2/Hg	$Hg_2Cl_2(s)+2e \rightleftharpoons 2Hg(l)+2Cl^{-}(aq)(1mol \cdot L^{-1}Cl^{-})$	+0.2830
Hg_2Cl_2/Hg	$Hg_2Cl_2(s)+2e \rightleftharpoons 2Hg(l)+2Cl^{-}(aq)$(饱和 KCl 溶液)	+0.2445
Hg_2Cl_2/Hg	$Hg_2Cl_2(s)+2e \rightleftharpoons 2Hg(l)+2Cl^{-}(aq)(0.1mol \cdot L^{-1}Cl^{-})$	+0.3356
Cu^{2+}/Cu	$Cu^{2+}(aq)+2e \rightleftharpoons Cu(s)$	+0.3419
O_2/OH^{-}	$^{1}/_{2}O_2(g)+H_2O+2e \rightleftharpoons 2OH^{-}(aq)$	+0.401
Cu^{+}/Cu	$Cu^{+}(aq)+e \rightleftharpoons Cu(s)$	+0.521
I_2/I^{-}	$I_2(s)+2e \rightleftharpoons 2I^{-}(aq)$	+0.5355
O_2/H_2O_2	$O_2(g)+2H^{+}(aq)+2e \rightleftharpoons H_2O_2(aq)$	+0.695
Fe^{3+}/Fe^{2+}	$Fe^{3+}(aq)+e \rightleftharpoons Fe^{2+}(aq)$	+0.771
$Hg_2{}^{2+}/Hg$	$^{1}/_{2}Hg_2^{2+}(aq)+e \rightleftharpoons Hg(l)$	+0.7973
Ag^{+}/Ag	$Ag^{+}(aq)+e \rightleftharpoons Ag(s)$	+0.7996
$Ag/AgCl$	$AgCl_{(s)}+e \rightleftharpoons Ag(s)+Cl^{-}(1mol \cdot L^{-1}Cl^{-})$	+0.2223
$Ag/AgCl$	$AgCl_{(s)}+e \rightleftharpoons Ag(s)+Cl^{-}$(饱和 KCl 溶液)	+0.2000
Hg^{2+}/Hg	$Hg^{2+}(aq)+2e \rightleftharpoons Hg(l)$	+0.851
NO_3^{-}/NO	$NO_3^{-}(aq)+4H^{+}(aq)+3e \rightleftharpoons NO(g)+2H_2O$	+0.957
HNO_2/NO	$HNO_2(aq)+H^{+}(aq)+e \rightleftharpoons NO(g)+H_2O$	+0.983
Br_2/Br^{-}	$Br_2(l)+2e \rightleftharpoons 2Br^{-}(aq)$	+1.066

续表

电对 （氧化态/还原态）	电极反应 （氧化态+ne$\rightleftharpoons$还原态）	标准电极 电势 $\varphi^{\ominus}$/V
MnO_2/Mn^{2+}	$MnO_2(s)+4H^+(aq)+2e \rightleftharpoons Mn^{2+}(aq)+2H_2O$	+1.224
O_2/H_2O	$O_2(g)+4H^+(aq)+4e \rightleftharpoons 2H_2O$	+1.229
$Cr_2O_7^{2-}/Cr^{3+}$	$Cr_2O_7^{2-}(aq)+14H^+(aq)+6e \rightleftharpoons 2Cr^{3+}(aq)+7H_2O$	+1.232
Cl_2/Cl^-	$Cl_2(g)+2e \rightleftharpoons 2Cl^-(aq)$	+1.358
MnO_4^-/Mn^{2+}	$MnO_4^-(aq)+8H^+(aq)+5e \rightleftharpoons Mn^{2+}(aq)+4H_2O$	+1.507
H_2O_2/H_2O	$H_2O_2(aq)+2H^+(aq)+2e \rightleftharpoons 2H_2O$	+1.776
$S_2O_8^{2-}/SO_4^{2-}$	$S_2O_8^{2-}(aq)+2e \rightleftharpoons 2SO_4^{2-}(aq)$	+2.010
F_2/F^-	$F_2(g)+2e \rightleftharpoons 2F^-(aq)$	+2.866

参考文献

[1] 浙江大学普通化学教研组. 普通化学 [M]. 北京：高等教育出版社，2019.
[2] 王国清. 无机化学 [M]. 北京：中国医药科学出版社，2015.
[3] 杨晓达. 大学基础化学 [M]. 北京：北京大学出版社，2008.
[4] 张天蓝. 无机化学 [M]. 北京：人民卫生出版社，2011.
[5] 周公度. 结构化学基础 [M]. 北京：北京大学出版社，2008.
[6] 李发美. 分析化学 [M]. 北京：人民卫生出版社，2011.
[7] 李三鸣. 物理化学 [M]. 北京：人民卫生出版社，2011.